Frank J. Furrer
Industrieautomation mit Ethernet-TCP/IP und Web-Technologie

Frank J. Furrer

Industrieautomation mit Ethernet-TCP/IP und Web-Technologie

3., neu bearbeitete und erweiterte Auflage

 Hüthig Verlag Heidelberg

Dr. Frank J. Furrer, Jahrgang 1945, ist in der Schweiz im eigenen Ingenieurbüro als Berater für industrielle Automation, Datenkommunikation und moderne Softwaretechnologien tätig. Arbeitsschwerpunkt ist z. Zt. die Software-Architektur für Großsysteme.

Diejenigen Bezeichnungen von im Buch genannten Erzeugnissen, die zugleich eingetragene Warenzeichen sind, wurden nicht besonders kenntlich gemacht. Es kann also aus dem Fehlen der Markierung ™ oder ® nicht geschlossen werden, dass die Bezeichnung ein freier Warenname ist. Ebensowenig ist zu entnehmen, ob Patente oder Gebrauchsmusterschutz vorliegen.

Autor und Verlag haben alle Texte und Abbildungen mit großer Sorgfalt erarbeitet. Dennoch können Fehler nicht ausgeschlossen werden. Deshalb übernehmen weder Autor noch Verlag irgendwelche Garantien für die in diesem Buch gegebenen Informationen. In keinem Fall haften Autor oder Verlag für irgendwelche direkten oder indirekten Schäden, die aus der Anwendung dieser Informationen folgen.

Das Werk ist urheberrechtlich geschützt. Die dadurch begründeten Rechte, insbesondere die der Übersetzung, des Nachdrucks, der Entnahme von Abbildungen, der Funksendung, der Wiedergabe auf fotomechanischem oder ähnlichem Wege und der Speicherung in Datenverarbeitungsanlagen bleiben, auch bei nur auszugsweiser Verwertung, vorbehalten. Bei Vervielfältigungen für gewerbliche Zwecke ist gemäß § 54 UrhG eine Vergütung an den Verlag zu zahlen, deren Höhe mit dem Verlag zu vereinbaren ist.

ISBN 3-7785-2860-2

3., neu bearbeitete und erweiterte Auflage
© 2003 Hüthig GmbH & Co. KG Heidelberg
Printed in Germany
Druck und Bindung: J. P. Himmer GmbH & Co. KG, Augsburg
Umschlaggestaltung: R. Schmitt, Lytas, Mannheim

Vorwort

Die Akzeptanz der zweiten Auflage durch die Leser war wiederum derart gut, dass innerhalb von zwei Jahren diese dritte Auflage möglich wurde. Der Autor bedankt sich dafür bei der Leserschaft und hat dies als Ansporn für eine weitere, fast vollständige Überarbeitung des Buches genommen.

In den zwei Jahren seit dem Erscheinen der zweiten Auflage haben im Wesentlichen drei Strömungen den Verlauf der Ethernet-TCP/IP Technologie in der Industrieautomation bestimmt:

1. Die Durchdringung von Ethernet-TCP/IP in der gesamten Industrieautomation hat weiterhin angehalten – oder hat sich sogar nochmals verstärkt[1].
2. Technologieelemente aus dem Internet/World Wide Web haben eine sichtbare und wichtige Rolle in der Industrieautomation übernommen.
3. Die Verschmelzung von Systemsoftware, Kommunikationssoftware und Anwendungsunterstützung in Richtung von Middleware[2] ist weiter fortgeschritten.

Der Einbezug der Web-Technologie in den Stoffumfang dieser dritten Auflage hat auch eine Anpassung des Buchtitels zur Folge gehabt[3].

Das Ziel dieses Buches ist die verständliche Vermittlung des technischen Grundlagenwissens über die Ethernet-TCP/IP- und Web-Technologien für die Anwendung in der Industrieautomation. Es wird mit Absicht nicht auf Produkte, Firmenphilosophien oder Benutzergruppenstrategien eingetreten. Das Buch soll wieder als ein zuverlässiger Begleiter für die eigene, intelligente Arbeit des Lesers auf dem wichtigen und faszinierenden Gebiet der Kommunikation in der Industrieautomation verwendet werden.

Ethernet-TCP/IP hat sich seit dem Erscheinen der ersten Auflage dieses Buches (Herbst 1997) von einem exotischen, damals noch belächelten, industriellen Kommunikationssystem zum eigentlichen Industriestandard entwickelt. Die zwei Hauptnachteile – fehlende Echtzeitfähigkeit und mangelhafte Industrietauglichkeit der damaligen Implementationen – sind in der Zwischenzeit durch beeindruckende technologische Entwicklungen behoben worden. Ethernet-TCP/IP kann heute sogar als der Haupttreiber für die Entwicklung der Industrieautomation (Integration, Interoperabilität, Softwaretechnologie, verteilte Systeme) bezeichnet werden.

Falls ein Leser mit dem Autor direkt in Verbindung treten möchte, so ist dies über E-Mail unter: `frank.j.furrer@synergy-it-consulting.com` möglich. Der Autor ist für Anregungen, konstruktive Kritik und Hinweise der Leser dankbar.

Herbst 2002   *Frank J. Furrer*

---

[1] Was sich unter anderem in den neuen, von wesentlichen Industriegruppen getragenen Anwendungsprotokollen zeigt.
[2] Industrielle Middleware ist in der Ansicht des Autors die Zukunft der Industrieautomation.
[3] Buchtitel der ersten und der zweiten Auflage: „Ethernet-TCP/IP für die Industrieautomation".

Danksagung

Der Autor dankt allen Personen und den Europäischen Projekten, welche Informationen zu dieser 3. Auflage beigesteuert haben. Für die liebenswürdige Unterstützung durch meine Frau Silvia bedanke ich mich wieder ganz herzlich.

Die Danksagungen für die zweite Auflage seien hier nochmals aufgeführt. Ornulf Jan Rodseth (SINTEF, Norwegen) und Matthias Kissmer (SIEMENS Nürnberg) haben wertvolle Unterlagen und Diskussionen geliefert. Wesentliche Informationen verdankt der Autor auch seiner Arbeit mit den Europäischen Projekten EP 20693 ARCHES (Application, Refinement and Consolidation of HIC Exploiting Standards), EP-26867 ANIA (ATM Real-Time Network for Industrial Automation), EP 28742 SWIFT (Switch for Integrated Telecommunications) und EP 25530 JEDI-FIRE (JAVA Extensive Software Defined Internetworking Flexible Electronic Commerce Firewall). Karlheinz Lammer vom Hüthig-Fachverlag gebührt Dank für die sorgfältige Durchsicht des Manuskriptes. Danke auch an Frau Hart vom Hüthig-Fachverlag für die Leitung dieses Buchprojektes.

Ebenfalls soll die Danksagung für die erste Auflage wiederholt werden: Der Autor dankt an dieser Stelle allen Mitarbeitern der Firmen SYSLOGIC DATENTECHNIK AG (besonders Marco Galli und Urban Müller) und TECHNOSOFTWARE AG (besonders Kurt Haus und Thomas Johannhson), die an den Ethernet-Projekten mitgearbeitet haben, für die vielen Diskussionen und Detailversuche in Hardware und Software. Ein ganz persönlicher Dank geht an Pawel Gburzynski (University of Alberta, Kanada) für die ständige Unterstützung bei der SMURPH-Programmierung, an Boris Sigrist (SYSLOGIC DATENTECHNIK AG) für die unermüdliche Durchführung der Simulationen, an Ornulf Jan Rodseth und an Sigurd Lone (beide SINTEF, Norwegen), sowie an Matthias Kissmer und an Peter Stühler (beide SIEMENS Nürnberg). Frau Uta-Dorothé Hart (Lektorat Elektrotechnik Hüthig Verlag) hat durch ihre sorgfältige Korrektur wesentlich zur sichtbaren Qualität des Werkes beigetragen – auch hier mein bester Dank. Für die ständige Unterstützung durch meine Frau Silvia bedanke ich mich einmal mehr ganz herzlich. Nicht zuletzt sollen in diesem Zusammenhang die ausgezeichneten Ethernet- und TCP/IP-Lehrbücher erwähnt werden, die ebenfalls als Quellen benutzt wurden (vgl. Literaturverzeichnis).

Inhaltsverzeichnis

1	Einführung		1
	1.1	Industrieautomation	1
	1.2	Die drei Zeitalter der Industrieautomation	3
		1.2.1 Vorzeit: Programmierbare Steuerungen	3
		1.2.2 Erstes Zeitalter: Proprietäre Kommunikation	3
		1.2.3 Zweites Zeitalter: Bus-Hierarchien	4
		1.2.4 Drittes Zeitalter: Systemweite Middleware	6
		1.2.5 Die Rolle von Ethernet-TCP/IP	9
		1.2.6 Sachzwänge aus der kommerziellen Informationstechnologie	10
	1.3	Elemente der industriellen Automation	10
	1.4	Abgrenzung des Begriffes „Industrieautomation"	12
		1.4.1 Betrieb und Management der Anlage	12
		1.4.2 Wartung und Evolution der Anlage	13
		1.4.3 Prozess- und Fertigungsengineering	13
		1.4.4 Produkt-Engineering	14
2	Dezentrale Steuerung		15
	2.1	Grundidee der dezentralen Steuerung	15
	2.2	Kommunikationsanforderungen	16
	2.3	Der Begriff „Echtzeit"	17
		2.3.1 Echtzeitanforderungen	18
		2.3.2 Echtzeitverhalten	19
		2.3.3 Echtzeitmodell	19
	2.4	Dezentrale Software	21
	2.5	Steuerungsarchitektur	22
	2.6	Bussysteme für die Industrieautomation	25
		2.6.1 Anforderungen an einen Feldbus	25
		2.6.2 Feldbusse	26
		2.6.3 Auswahl der industriellen Kommunikationssysteme	29
	2.7	Middleware für die Industrieautomation	30
	2.8	Internet und Industrieautomation	32
3	Netzwerke und Dienstqualität		33
	3.1	Netzwerkgrundlagen	33
		3.1.1 Der Begriff „Netzwerk"	33
		3.1.2 Intranets, Extranets, Internet und VPNs	34
		3.1.3 OSI-Modell	35
		3.1.4 Tunnelprotokolle	37

	3.1.5	Repeater, Hubs, Bridges, Router und Gateways	37
	3.1.6	Switches	42
3.2	Dienstqualität (Quality of Service)		42
	3.2.1	Der Begriff „QoS"	43
	3.2.2	QoS im OSI-Modell	45
	3.2.3	Serviceklassen (CoS)	46
	3.2.4	QoS-Implementation	46
3.3	QoS-Netzwerke		48
	3.3.1	QoS-Architektur und Management	49
	3.3.2	QoS in Netzwerken für die Industrieautomation	50
3.4	IP QoS		51
	3.4.1	IP Integrated Services Architecture	51
	3.4.2	IP Differentiated Services Framework	52
	3.4.3	IP QoS-Implementation	53
	3.4.4	IEEE 802.1p	54
3.5	Weiterentwicklungen		55

4 Ethernet ... 57

4.1	Ethernet-Entwicklungsgeschichte		57
4.2	Klassisches Ethernet (10 MBit/s)		58
	4.2.1	Ethernet-Struktur und -Topologie	58
	4.2.2	Zugriffsverfahren CSMA/CD	60
	4.2.3	Bewältigung von Kollisionen	62
	4.2.4	Übergeordnete Kommunikationssoftware	65
	4.2.5	Ethernet Paket	65
	4.2.6	Ethernet-Adresse	67
4.3	Ethernet Standards		68
4.4	Fast Ethernet (100 Mbit/s)		70
	4.4.1	Fast Ethernet Topologie	70
	4.4.2	Full-Duplex Betrieb	72
	4.4.3	Autonegotiation	72
	4.4.4	Flusssteuerung (Flow Control)	72
	4.4.5	Trunking	73
4.5	Gigabit-Ethernet (1000 Mbit/s)		73
	4.5.1	Gigabit-Ethernet Topologie	73
	4.5.2	MAC Erweiterungen	74
4.6	10 Gbit/s Ethernet		75

5 IP, UDP und TCP ... 77

5.1	TCP/IP-Protokollfamilie		77
	5.1.1	Vergleich mit OSI-Architektur	79
	5.1.2	Geschachtelte Protokolle	80
5.2	Paket-Driver		80
5.3	Internet-Protokoll IPv4		81
	5.3.1	Internet-Funktionen	82
	5.3.2	IPv4 Internet-Paket (IPv4 Datagramm)	82

	5.3.3	IPv4 Internet-Adressen	84
	5.3.4	Adress Resolution Protocol ARP	85
	5.3.5	Internet Control Message Protocol ICMP	85
5.4	**Internet-Protokoll IPv6**		**86**
	5.4.1	Neue Eigenschaften von IPv6	86
	5.4.2	IPv6 Internet-Paket (IPv6 Datagramm)	87
	5.4.3	IPv6 Internet-Adressen	89
	5.4.4	IPv6 Einfluss auf übergeordnete Protokolle	90
	5.4.5	IPv6 QoS und Sicherheit	90
5.5	**Transmission Control Protocol TCP**		**90**
	5.5.1	TCP-Eigenschaften	91
	5.5.2	TCP-Segment	92
	5.5.3	TCP-Sicherungsmechanismen	92
	5.5.4	Zugriff auf die TCP-Funktionen	95
5.6	**Übergeordnete Funktionen und Programminterfaces**		**97**
5.7	**User Datagram Protocol UDP**		**97**
	5.7.1	UDP Eigenschaften	97
	5.7.2	UDP-Segment	98
5.8	**UDP – TCP Vergleich**		**99**
6	**Socket-Interface**		**103**
6.1	**Socket-Interface Betriebsphilosophie**		**103**
6.2	**Client-/Server-Beziehungen**		**105**
6.3	**Socket-Library Funktionen**		**108**
	6.3.1	Socket Library	108
	6.3.2	Verbindungsaufbau	108
	6.3.3	Blockierung	109
	6.3.4	Programmierung der Socket-Library	111
	6.3.5	Socket-Library für IPv6	112
6.4	**Remote Procedure Calls**		**112**
	6.4.1	Der Begriff „RPC"	112
	6.4.2	RPCs über Ethernet-TCP/IP	112
	6.4.3	Probleme mit RPCs	113
	6.4.4	RPC-Implementationen	114
6.5	**ISO Transprotprotokoll über TCP/IP**		**114**
7	**Ethernet mit Lastbeschränkung**		**117**
7.1	**QoS Parameter für die Industrieautomation**		**117**
7.2	**Ethernet Kollisionsbereiche (Collision Domains)**		**118**
	7.2.1	Kollisionsbereiche	118
	7.2.2	Größe eines Kollisionsbereichs	118
	7.2.3	Kollisionshäufigkeit	120
7.3	**Kollisionsvermeidung**		**120**
7.4	**Ethernet-Theorie: Mittelwerte**		**120**
7.5	**Ethernet-Theorie: Worst-case**		**127**

7.6	**Ethernet-Simulation: Lastbeschränkung**		**128**
	7.6.1 Simulationsmodell für das Ethernet		129
	7.6.2 Simulationsmodell für die Netzwerktopologie		129
	7.6.3 Verifikation der theoretischen Mittelwerte		131
	7.6.4 „Predictable" Ethernet		132
	7.6.5 Deterministisches Anwendungsprotokoll		132
	7.6.6 Lastbeschränkung		133
	7.6.7 Die Bezeichnung „Predictable Ethernet"		135
7.7	**Simulation mit Lastbeschränkung (10 MBit/s)**		**135**
	7.7.1 Simulationsmodell für die einzelnen Stationen		136
	7.7.2 Poisson-Prozesse		136
	7.7.3 Meldungslängengenerator		138
	7.7.4 Wartezeitgenerator		138
	7.7.5 Resultierende Meldungsrate der Netzwerkstation		138
	7.7.6 Simulationsumgebung		139
	7.7.7 Simulationsparameter		140
7.8	**Simulationsresultate: Einfaches Quellenmodell**		**141**
	7.8.1 Simulationsreihen		141
	7.8.2 Simulationsresultate für das einfache Quellenmodell		141
	7.8.3 Zusammenfassung der Simulationsresultate		159
	7.8.4 Schlussfolgerungen aus den Simulationsresultaten mit dem einfachen Quellenmodell		160
7.9	**Simulationsresultate: Erweitertes Quellenmodell**		**160**
	7.9.1 Status-/Control-Meldungen		161
	7.9.2 Datenmeldungen		161
	7.9.3 Koexistenz von Status-/Control- und von Datenmeldungen		161
	7.9.4 Erweitertes Quellenmodell		162
	7.9.5 Netzwerktopologie und Stationstypen		163
	7.9.6 Simulationsumgebung		164
	7.9.7 Simulationsreihen		165
	7.9.8 Simulationsresultate		165
	7.9.9 Schlussfolgerungen aus den Simulationsresultaten		175
7.10	**Einfluss des TCP/IP-Transportprotokolles**		**176**
	7.10.1 Positive Einflüsse von TCP/IP		176
	7.10.2 Negative Einflüsse von TCP/IP		176
	7.10.3 Lastbeschränkung		177
8	**Ethernet mit Switching**		**179**
	8.1	**Switching**	**179**
	8.2	**Switch-Architekturen**	**181**
		8.2.1 Blockierung	183
		8.2.2 Switch-Steuerungssoftware	183
		8.2.3 Switch-Managementsoftware	184
		8.2.4 Zeitverhalten eines Switches	185
	8.3	**Netzwerktopologie mit Switches**	**185**
	8.4	**Switching-Hierarchien**	**186**
	8.5	**Die Zukunft des Switchings**	**188**

9 Ethernet-TCP/UDP APIs ... 189
9.1 Einführung ... 189
9.1.1 API/ALIs ... 191
9.1.2 Anwendungsprotokolle ... 192
9.2 TCP/IP Instrument Protocol ... 192
9.2.1 Grundlagen ... 192
9.2.2 TCP/IP Instrument Protocol ... 193
9.2.3 IEEE-488 Funktionen über TCP/IP ... 194
9.3 Interface for Distributed Automation (IDA) ... 197
9.3.1 Grundlagen ... 197
9.3.2 IDA Architektur ... 198
9.3.3 Real-Time Publish-Subscribe Wire Protocol ... 198
9.3.4 Safety Protocol ... 199
9.3.5 IDA Web-Technologie ... 200
9.3.6 IDA Komponentenmodell und Engineering ... 200
9.4 ProfiNet ... 201
9.4.1 Grundlagen ... 201
9.4.2 ProfiNet Architektur ... 202
9.4.3 ProfiNet Komponentenmodell und Engineering ... 203
9.5 EtherNet Industrial Protocol ... 204
9.5.1 Grundlagen ... 204
9.5.2 EtherNet/IP Architektur ... 206
9.5.3 Control and Information Protocol CIP ... 206
9.6 Foundation Fieldbus ... 207
9.6.1 Grundlagen ... 207
9.6.2 Foundation Fieldbus Architektur ... 208
9.7 ANSI/ISA-95 ... 209
9.7.1 Grundlagen ... 209
9.7.2 Business to Manufacturing Markup Language ... 210
9.8 Maritime Information Technology Standard (MiTS) ... 210
9.8.1 MiTS Übersicht ... 210
9.8.2 MiTS Softwarestruktur ... 212
9.8.3 MiTS T-Profile ... 214
9.8.4 MiTS A-Profile ... 215
9.8.5 MiTS Companion Standards ... 215
9.9 Industrial CORBA ... 215
9.10 OPC DX ... 217
9.10.1 Einführung: OPC und OPC DX ... 217
9.10.2 OPC ... 217
9.10.3 OPC DX ... 222
9.11 APIs auf der Basis von XML ... 224
9.11.1 XML (Extensible Markup Language) ... 225
9.11.2 Message-Definition ... 226
9.12 API-Standardisierung ... 227

10 Dezentrale Softwarearchitekturen ... 229
10.1 Dezentrale Software ... 229
10.2 Dezentrale Software-Mechanismen ... 230
- 10.2.1 Einführung ... 230
- 10.2.2 Remote Procedure Calls ... 230
- 10.2.3 Messages ... 231
- 10.2.4 Globale Daten ... 232
- 10.2.5 Globaler Clock ... 233

10.3 Event-Triggered- und Time-Triggered-Architekturen ... 234
- 10.3.1 Dezentrale Event-Triggered Architektur (ETA) ... 234
- 10.3.2 Dezentrale Time-Triggered Architektur (TTA) ... 235

10.4 Beispiele von dezentralen Softwarearchitekturen ... 235
- 10.4.1 Dezentrale SPS im asynchronem Betrieb ... 235
- 10.4.2 Dezentrale SPS im synchronen Betrieb ... 237
- 10.4.3 Dezentrales Objektsystem ... 237

10.5 Integration in unternehmensweite Netzwerke ... 241

11 Sicherheit in industriellen Netzen ... 243
11.1 Sicherheitsbegriff in der Industrieautomation ... 243
- 11.1.1 Abgrenzung des Sicherheitsbegriffes ... 243
- 11.1.2 Netzwerk- und Rechnersicherheit ... 244
- 11.1.3 Messung der Sicherheit ... 245

11.2 Sicherheitsbereiche ... 246
11.3 Bedrohung ... 247
- 11.3.1 Technische Bedrohung ... 247
- 11.3.2 Wahrscheinlichkeit eines Angriffes ... 248

11.4 Sicherheitsmechanismen ... 251
11.5 Planung der Sicherheit ... 251
- 11.5.1 Sicherheitsstrategie ... 254
- 11.5.2 Sicherheitsperimeter ... 256
- 11.5.3 Bedrohung ... 256
- 11.5.4 Sicherheitsarchitektur und Sicherheitsmechanismen ... 257
- 11.5.5 Überwachung ... 260

11.6 IPSec ... 260

12 Redundanz und Fehlertoleranz ... 263
12.1 Verfügbarkeit und Fehlertoleranz ... 263
12.2 Netzwerkredundanz (Ethernet-Redundanz) ... 264
- 12.2.1 Fehleranalyse für das Automatisierungsnetzwerk ... 264
- 12.2.2 Redundanz ... 265
- 12.2.3 Wechsel auf das redundante Netzwerk ... 267

12.3 Steuerungsredundanz ... 269
- 12.3.1 Hardwareredundanz ... 270
- 12.3.2 Softwareredundanz ... 270

13 Ethernet-TCP/IP Planung und Einsatz ... 273
13.1 Planung ... 273
13.2 Zeitverhalten ... 277
13.3 Sicherheit ... 279
13.4 Netzwerkarchitektur und Topologie ... 280
- 13.4.1 Netzwerkarchitektur ... 280
- 13.4.2 Netzwerktopologie ... 283

13.5 Industrietaugliche Installation ... 284
- 13.5.1 Industrielle Umgebung ... 284
- 13.5.2 Galvanische Isolation ... 284
- 13.5.3 Erdung ... 285
- 13.5.4 Stromversorgung ... 285
- 13.5.5 Zerstörungsschutz ... 285
- 13.5.6 Übertragungsmedien ... 286
- 13.5.7 Kabel und Stecker ... 287

13.6 Implementierung ... 287
- 13.6.1 Produkte ... 287
- 13.6.2 Lastbeschränkung ... 288
- 13.6.3 TCP/IP-Treibersoftware ... 290
- 13.6.4 Intelligente Netzwerkadapter ... 290

13.7 Betrieb ... 291
13.8 Normen für die Installation ... 292

14 Internet und Web-Technologie ... 293
14.1 Internet und World Wide Web ... 293
14.2 Internet ... 294
- 14.2.1 Internet Grundlagen ... 294
- 14.2.2 Internet-Technologieelemente ... 295
- 14.2.3 Internet-Sicherheitsmechanismen ... 297

14.3 World Wide Web ... 299
- 14.3.1 Grundlage des World Wide Web ... 299
- 14.3.2 World Wide Web Technologieelemente ... 300
- 14.3.3 World Wide Web Sicherheitsmechanismen ... 305

14.4 Web-Technologie in der Industrieautomation ... 309
- 14.4.1 Vertikale Integration ... 310
- 14.4.2 Horizontale Integration ... 313
- 14.4.3 E-Manufacturing ... 314

15 Industrieautomation als Systemintegration ... 317
15.1 Einführung ... 317
15.2 Ziel der Industrieautomation ... 318
15.3 Architektur einer industriellen Automationslösung ... 318
15.4 Methodik ... 319

Literaturverzeichnis **321**
    Bücher und Zeitschriften (Bibliografie) **321**
    Internet-Adressen (Cybergrafie) **332**
Abkürzungen **337**
Sachwörterverzeichnis **341**

1 Einführung

Der Begriff „Industrieautomation" umfasst die Steuerung und Überwachung von technischen Prozessen durch Rechner (genauer: durch Software). Damit dies möglich ist, muss eine hochentwickelte, zuverlässige und möglichst standardisierte Infrastruktur zur Verfügung stehen. Diese Infrastruktur stellt der Steuerungssoftware Kommunikation, Betriebssysteme, Konfigurations- und Wartungshilfsmittel, Rechnerplattformen, Sensoren und Aktoren etc. zur Verfügung.

Die Entwicklung der Industrieautomation von den Anfängen bis heute lässt sich in drei Zeitalter unterteilen, die sich jeweils quantensprungweise in der Infrastruktur unterscheiden. Wir befinden uns heute (im Jahre 2002) mitten im Übergang vom zweiten zum dritten Zeitalter. Eine wesentliche Voraussetzung für diesen Übergang ist die (industrietauglich implementierte) Ethernet-TCP/IP Technologie.

Dieses Kapitel definiert die Grundbegriffe und steckt den Stoffumfang des Buches ab. Es stellt gleichzeitig eine „Roadmap" für die erwartete Weiterentwicklung der Industrieautomation dar.

1.1 Industrieautomation

Das moderne Verständnis des Begriffes *Industrieautomation* umfasst die Steuerung und die Überwachung von *technischen Prozessen* durch Rechner – oder genauer: Durch *Software* in den Rechnern. Die Unterscheidung zwischen technischen Prozessen und kommerziellen Prozessen[4] ist, je länger je mehr, nur noch durch die Ablaufbedingungen[5] und die Betriebsumgebungen[6] gegeben. Es ist deshalb verständlich, dass technologische Entwicklungen, die mit enormem Aufwand im kommerziellen Bereich erarbeitet wurden, Einzug in die Industrieautomation finden. Dies zeigt sich heute sehr deutlich auf der Hardwareebene (PC-Technologie), in der Systemsoftware und bei den Kommunikationssystemen (z. B. Ethernet-TCP/IP und Internet-Technologien).

Der Begriff „Technischer Prozess" wird heute auf eine sehr breite Palette von Systemen angewendet. Diese erstreckt sich von den klassischen Produktions- und Verfahrenstechniken im Anlagen- und Maschinenbau über „Embedded Systeme" (Prozessorsteuerung von Waschmaschinen, TV-Geräten, Mobiltelefonen etc. etc.) bis zu Anwendungen in Fahrzeugen, Flugzeugen, Schiffen und Robotern. Das Grundprinzip der *Steuerung durch Software* ist in der **Abbildung 1-1** dargestellt.

---

[4] Auch *Business-Prozesse* (Geschäftsprozesse im Unternehmen) genannt.

[5] Technische Prozesse erfordern die Einhaltung von strikten zeitlichen Bedingungen (vgl. Echtzeitverhalten), häufig in der Größenordnung von Mikrosekunden. Kommerzielle Prozesse sind in dieser Beziehung toleranter.

[6] Ein Teil der Steuerungselemente von technischen Prozessen muss häufig in unangenehmer Betriebsumgebung installiert werden (z. B. hohe, tiefe oder stark wechselnde Temperaturen, Vibrationen, Schockbelastungen, Schmutz, aggressive Gase und Flüssigkeiten etc.).

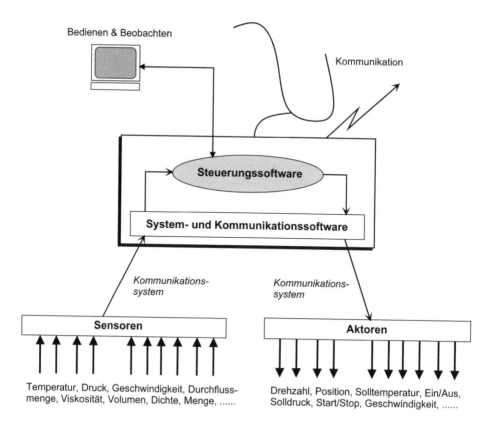

Abbildung 1-1: *Steuerung eines technischen Prozesses durch Software*

Ein softwaregesteuertes System besteht aus:

- *Sensoren*: Die Sensoren[7] erfassen und messen die physikalischen Größen des technischen Prozesses, setzen diese in geeignete – meist digitale – Werte um und stellen diese in geeigneter Form und unter definierten, deterministischen Bedingungen der Steuerungssoftware zur Verfügung.
- *System- und Kommunikationssoftware*: Diese stellt der Steuerungssoftware alle Grundfunktionen zur Verfügung und garantiert häufig auch die zeitlichen Ablaufbedingungen im System.
- *Steuerungssoftware* (auch: Anwendungssoftware): Die Gesamtheit dieser Programme steuert, regelt und überwacht den technischen Prozess. Gleichzeitig werden alle notwendigen Daten und Parameter für die Qualitätssicherung, für die Nachweisverpflichtungen und für die Archivierung gesammelt. Die Steuerungssoftware wird durch Bedien- und Beobachtungsstationen mit ihren menschlichen Operateuren beeinflusst und kommuniziert mit neben- und mit übergeordneten Systemen.
- *Aktoren*: Die Aktoren[8] beeinflussen die Ausführungselemente (Motoren, Ventile etc.) und wirken damit auf den technischen Prozess ein.

---

[7] Die Sensoren entsprechen den *Sinnesorganen* der Steuerung.

[8] Die Aktoren entsprechen den *Muskeln* der Steuerung.

1.2 Die drei Zeitalter der Industrieautomation

Alle aufgeführten Elemente haben im Verlauf der Entwicklung der Industrieautomation beeindruckende Fortschritte durchlaufen. Vom ursprünglichen Schwergewicht „Hardware" hat sich die Bedeutung zuerst zur Kommunikation (dezentrale Systeme) und im modernen Umfeld mehr und mehr zur *Softwaretechnologie*[9] verschoben. Man kann in diesem Sinne von einer Vorzeit und von folgenden drei „Zeitaltern" der Industrieautomation sprechen.

1.2.1 Vorzeit: Programmierbare Steuerungen

Die Geburtsstunde der softwaregesteuerten Industrieautomation liegt in den 60-er Jahren und beruht auf der Grundidee, Verknüpfungen nicht mehr durch Relais, sondern durch Instruktionen in einer programmierbaren Maschine ausführen zu lassen ([62], [96]). Damit wurde die speicherprogrammierbare Steuerung (SPS, PLC) geboren. Die SPS hat in den folgenden Jahren den Steuerungsbau revolutioniert und hat die anspruchsvollen, zeitkritischen Herstellungsprozesse für die modernen Güter erst ermöglicht. In der Vorzeit bildete jede SPS eine Steuerungsinsel, d. h. sie beherrschte autonom einen oder mehrere Arbeitsschritte im technischen Prozess. Die Kommunikation und Synchronisation zwischen den selbstständig arbeitenden SPS'en geschah über digitale Signale: Die „sendende" SPS benutzte einen digitalen Ausgang, der auf einen digitalen Eingang der „empfangenden" SPS verdrahtet war. Ereignisse (wie z. B. „Werkstück fertig bearbeitet – bitte übernehmen") wurden über solche Hardware-Bit übermittelt. Bei größeren Anlagen war es durchaus üblich, hunderte von digitalen Ein-/Ausgängen für die SPS-zu-SPS Kommunikation zu vergeben.

1.2.2 Erstes Zeitalter: Proprietäre Kommunikation

Das erste Zeitalter der Industrieautomation (ca. 1975 – 1985) ist durch serielle Punkt-zu-Punkt Verbindungen zwischen den SPS'en selbst und zwischen den SPS'en und den übergeordneten Systemen gekennzeichnet (**Abbildung 1-2**). Gleichzeitig wurden in den SPS-Programmiersprachen die *globalen Merker* eingeführt. Globale Merker sind Bit, Bytes oder Worte, die aus einer anderen SPS stammen, aber im Prozessabbild der eigenen SPS zur Verfügung stehen. Man ersetzte damit in einem gewissen Maße – abgesehen von der Reaktionsschnelligkeit – die Benutzung von digitalen Signalen zur Kommunikation zwischen den SPS'en und führte die neuen Kommunikationsobjekte „Bit", „Byte" und „Word" ein. Damit ließen sich auch Mess- und Stellwerte oder mehrstufige Entscheide kommunizieren.

Die seriellen Schnittstellen beruhten entweder auf den RS-232, den 20 mA oder den RS-422 Standards. Alle SPS-Hersteller entwickelten ihre eigenen – meist inkompatiblen – Kommunikationsprotokolle für diese Verbindungen. Da diese Kommunikationsprotokolle eng in die Laufzeitumgebung der entsprechenden SPS eingebunden waren, war die serielle Kommunikation herstellerübergreifend häufig schwierig. Drittprodukte ermöglichten die Konversion von Protokollen oder die Anbindung von Drittprodukten.

---

[9] Funktionalität, Betriebszuverlässigkeit, Verfügbarkeit und Kosten moderner Automatisierungssysteme sind weitgehend durch die System- und Anwendungssoftware definiert. Die Anbieter von Automatisierungssystemen betreiben einen erheblichen Aufwand für die Bereitstellung von leistungsfähigen, anwenderfreundlichen Programmier-, Konfigurations- und Engineering-Tools.

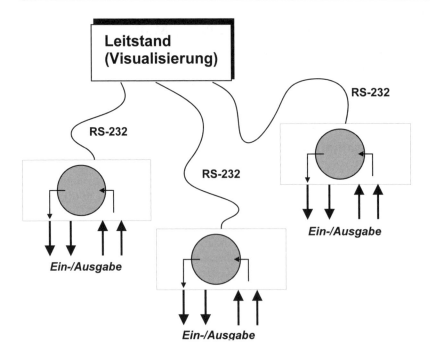

Abbildung 1-2: Proprietäre Kommunikation

1.2.3 Zweites Zeitalter: Bus-Hierarchien

Mit dem Auftreten von industriellen Lokalnetzwerken im Jahre 1984 (BITBUS durch INTEL, vgl. [13]) wurde eine serielle *Kommunikation in Echtzeit* über ein gemeinsames Kommunikationsmedium (= Bus) zwischen Steuerungen möglich. Die kurzen Antwortzeiten (typisch: 2 ... 5 ms pro Meldung mit 50 Nutzdatenbytes) erlaubten den Steuerungen auch bei schnelleren Prozessen rechtzeitig – d. h. in Echtzeit – Prozessdaten, Synchronisationstelegramme und Zustandsinformationen anderer Anlagenteile zu übergeben. Damit wurde es theoretisch möglich, die Steuerungsaufgaben für einen Anlagenteil nicht mehr in einer einzigen Steuerung zu konzentrieren, sondern auf mehrere, kommunikationsmäßig eng gekoppelte Steuerungsknoten zu verteilen. Damit war die Idee der *dezentralen Steuerung* (Distributed Control) nicht nur geboren, sondern auch technisch möglich geworden.

Da die Kommunikationsanforderungen[10] für verschiedene Funktionen in der dezentralen Steuerung sehr unterschiedlich sind, wurden verschiedene Bussysteme eingesetzt: Es entstand eine *Bus-Hierarchie* (**Abbildung 1-3**). Diese Hierarchie umfasste mindestens die drei Ebenen:

- Leitebene (= Ebene der übergeordneten Systeme)
- Steuerungsebene (= Ebene der Echtzeit-Steuerungen)
- Sensor-/Aktorebene (= Ebene der physikalischen Schnittstellen zum Prozess).

Für jede Ebene wurden geeignete Bussysteme entwickelt: Es bildete sich eine Systemarchitektur mit *Factory-Bus*, *Feldbus* und *Sensor-/Aktorbus* heraus. Zum Leidwesen der

---

[10] vor allem bezüglich Datenmengen, Übertragungszeiten und Echtzeitanforderungen (vgl. Kapitel 2).

1.2 Die drei Zeitalter der Industrieautomation 5

Anwender und der Systemintegratoren konnte sich die Industrie nicht auf gemeinsame Bussysteme einigen, sondern von verschiedenen Herstellern und Interessengruppen wurden inkompatible Bussysteme entwickelt (vgl. [15], [16], [17], [13], [53], [N-12] bis [N-26]).

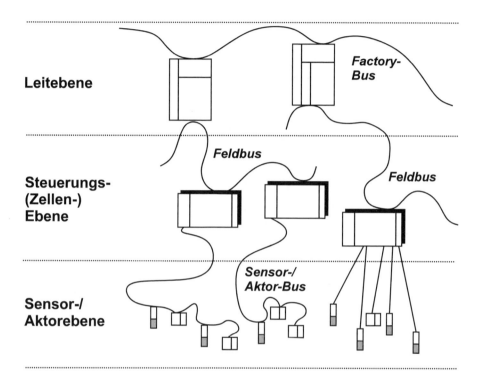

Abbildung 1-3: Bus-Hierarchie

Die Softwarearchitektur in diesem Zeitalter ist durch das „Client-/Server"-Konzept (**Abbildung 1-4**) gekennzeichnet. Die dezentralen Steuerungen – d. h. die Rechner, die den Prozess steuern – bilden dabei die Server[11]: Sie bieten die Dienstleistung „Anlagenteil steuern" an. Ihre Aufträge (Rezepte, Produktionsvorgaben, Parameter, Koordinationsinformation usw.) erhalten sie vom Client „Leitsystem", bzw. vom Client „Produktionssteuerung". Das Leitsystem betreut und koordiniert eine Anzahl von Servern und hat dadurch die Steuerung, Überwachung und Datenerfassung der Gesamtanlage unter Kontrolle. Das Leitsystem ist aber nicht der einzige Client in der Anlage, in Abbildung 1-4 sind z. B. zwei weitere Clients vorhanden:
- eine Visualisierungsstation,
- ein Qualitätssicherungssystem.

Der Client *Visualisierung* fordert von den Servern – also von den dezentralen, autonomen Steuerungen – Zustandsinformationen an und stellt diese in interpretierter und bediener-

---

[11] Das Konzept wurde noch weiter getrieben, indem die Sensoren-/Aktoren ebenfalls als Server zu ihren Clients (den Steuerungen oder übergeordneten Systemen) auftraten, vgl. z. B. OPC ([N-28], [N-29]).

freundlicher Weise auf seinem Bildschirm dar. Nötigenfalls wirkt der Visualisierungs-Client, bzw. die Bedienperson davor, interaktiv auf einen Prozess in einem Server ein. Der Client *Qualitätssicherungssystem* holt sich von den Servern ebenfalls die benötigte Information, kombiniert und überprüft diese und archiviert sie anschließend.

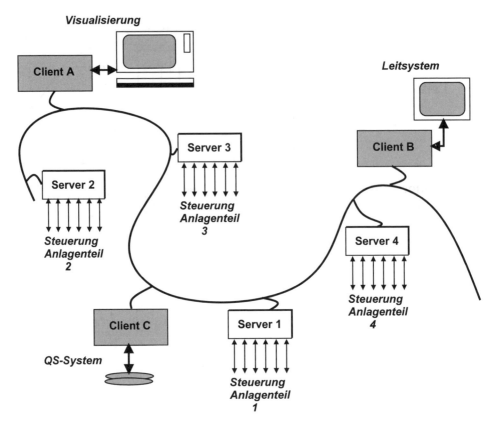

Abbildung 1-4: *Client-/Server Softwarearchitektur in der dezentralen Steuerung*

1.2.4 Drittes Zeitalter: Systemweite Middleware

Im Verlaufe des zweiten Zeitalters der Industrieautomation haben zwei Trends eine zentrale Bedeutung erhalten:

1. Die **Komplexität** der Steuerungsaufgaben ist ständig gestiegen: Einerseits wurden die Anforderungen von den Anwendungen her immer umfangreicher und andererseits wurden die zugrundeliegenden Systeme (Kommunikationsbusse, Systemsoftware, intelligente Sensoren/Aktoren etc.) immer komplizierter und vielfältiger. Als Resultat daraus muss der Anwendungsprogrammierer anspruchsvolle Entwicklungswerkzeuge und vielfältige Technologien beherrschen.

2. Die Notwendigkeit der **Wiederverwendbarkeit** von Softwarekomponenten wurde zwingend: Dem Zeit- und Kostendruck bei der Implementation von Steuerungs-

programmen lässt sich nur durch die (unveränderte) Wiederverwendung[12] von bewährten Softwarekomponenten erfolgreich begegnen. Dazu gehört auch – oder vor allem –, dass Softwarekomponenten von spezialisierten Drittlieferanten nahtlos in das eigene System integriert werden können.

Glücklicherweise waren diese Trends bei den kommerziellen Systemen schon Jahre früher wirksam und im Umfeld der kommerziellen Informationstechnologie wurden geeignete Technologien entwickelt. Die zwei grundlegenden Konzepte sind:

- Einsatz einer erweiterten Systemsoftwareschicht – *Middleware*[13] genannt –, welche die Steuerungsprogramme von allen plattformabhängigen Details isoliert und alle benötigten Funktionen und Dienste in herstellerunabhängiger Form anbietet.
- Einführung einer *komponentenbasierten Softwarearchitektur*: Alle Softwarekomponenten im System (Steuerungsprogramme, Visualisierungssysteme, Sensor-/Aktortreiberprogramme etc.) sind gemäß einem standardisierten, plattform- und herstellerunabhängigen Komponentenmodell gebaut.

Middleware

Die Middleware ist die konsequente Weiterentwicklung der Netzwerkbetriebssysteme: die Middleware integriert alle notwendigen Betriebssystem-, Kommunikations- und Netzwerkfunktionen und bietet zusätzlich noch einen Satz von Diensten an, der von allen Komponenten im System benutzt werden kann (**Abbildung 1-5**). Typische Dienste einer Middleware für die Industrieautomation sind in der **Tabelle 1-1** gelistet.

Tabelle 1-1: Typische Dienste einer systemweiten Middleware (Auswahl)

Dienst	Funktionen	Bemerkungen
Verbindungen mit QoS	Datenverbindung zwischen zwei (oder mehreren) Komponenten	Garantierte Übertragungsparameter (z. B. Verzögerung, Bitrate etc.)
Globale Zeitbasis	Absolute, in allen Netzwerkstationen synchrone Zeitbasis	Gleichlaufende Uhren mit z. B. 50 µs Auflösung und max. 100 µs gegenseitige Abweichung
Komponentenverwaltung	Aktivierung, Deaktivierung, Suche, Zustandsspeicherung etc.	
Ereignishandling	Soft-„Interrupt"-Funktionen	Schnelle Ereignissignalisierung
Transaktionen	Konsistenter Ablauf von Transaktionen über mehrere Komponenten	
Sicherheit	Regelung des Zugriffes auf die Komponenten und Ressourcen im System	Datenschutz, Authentizierung etc.

---

[12] Die ersten – teilweise erfolgreichen – Ansätze für die systemunabhängige Wiederverwendung von Steuerungsprogrammen wurden durch die standardisierte Programmiersprache IEC-1131 und durch normierte Client-/Server-Interfaces (z. B. OPC) implementiert.

[13] Der Begriff Middleware umfasst das Betriebssystem, die Kommunikationssoftware, alle notwendigen Dienste und ein standardisiertes API (Application Programming Interface).

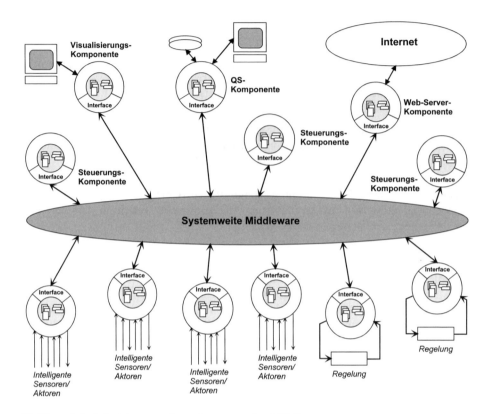

Abbildung 1-5: *Industrieautomation mit systemweiter Middleware*

Zur Zeit sind noch keine Standards und Produkte für industrielle Middleware vorhanden. Es bestehen Aktivitäten, Middleware aus dem kommerziellen Umfeld mit geeigneten unterliegenden Kommunikations- und Echtzeitbetriebssystemen zu kombinieren, um die gewünschte Funktionalität und Performance zu erreichen. Aussichtsreichster Kandidat ist dabei CORBA (Common Object Request Broker Architecture, [92]) der OMG (Object Management Group).

Komponentenmodelle

Das zweite Konzept ist die Verwendung von *Komponenten*: Im objektorientierten Umfeld hat der Begriff „Komponente" (genauer: Softwarekomponente) eine präzise Bedeutung (vgl. [89]):

1. Sie sind (abstrahierte) Nachbildungen von Objekten oder Konzepten aus dem realen Anwendungsbereich.
2. Sie verfügen über formal definierte, sprach- und implementationsunabhängige Interfaces (Software-Schnittstellen).

Das gesamte Automatisierungssystem kann dadurch modelliert werden: Für alle Objekte und Konzepte in der Anlage (Sensoren, Aktoren, Regelungsschlaufen, Visualisierung etc.) werden möglichst entsprechende Softwaremodule – eben Komponenten – definiert. Die Anlagenprogrammierung besteht anschließend darin, die Beziehungen (Verknüpfungen, zeitliche Abläufe) zwischen den Komponenten zu definieren und zu implementieren. Das

Softwaresystem wird dadurch (fast) eine 1:1 Abbildung des realen Systems und gewinnt eine hervorragende Übersichtlichkeit, Modularität und Wartbarkeit/Erweiterbarkeit. Taylor ([102]) bezeichnet dies als *Convergent Engineering*. Dank dem Convergent Engineering wird auch der Dialog zwischen den verschiedenen Partnern in der Automatisierung (Prozessingenieure, Verfahrenstechniker, Anlagenplaner, Programmierer, Wartungspersonal etc.) ganz erheblich erleichtert.

Standardisierte, systemweite Middleware und die Komponentenidee reichen noch nicht vollständig zur Erreichung der Ziele im dritten Zeitalter der Industrieautomation aus. Es wird zusätzlich eine Möglichkeit benötigt, die *Interfaces* (= Softwareschnittstellen) der Komponenten sprach-, plattform- und herstellerunabhängig zu definieren und formal zu beschreiben. Zu diesem Zwecke wurden im kommerziellen Umfeld formale Interfacedefinitionssprachen – genannt *Interface Definition Language* (IDL[14]) – eingeführt. Mittels dieser Beschreibungssprachen können Schnittstellen formal exakt definiert und beschrieben werden. Die Entwicklungswerkzeuge akzeptieren IDL als Eingabe und generieren daraus die entsprechenden, sprachabhängigen Interfaces (z. B. für VB, VC++, Java, C++).

1.2.5 Die Rolle von Ethernet-TCP/IP

Ethernet-TCP/IP hat im zweiten Zeitalter der Industrieautomation aus den folgenden Gründen seine hervorragende Bedeutung erlangt:

- TCP/IP unterstützt das Client-/Server-Konzept optimal[15].
- Ethernet-TCP/IP stellt einen wirklich umgesetzten, herstellerunabhängigen und weit akzeptierten Standard für den Datentransport dar.
- TCP/IP ermöglicht eine nahtlose Anbindung an die kommerzielle Welt (PCs und Mainframe-Systeme).
- TCP/IP erlaubt den Datenaustausch über das Internet und über Intranets (= firmeneigene Netzwerke).
- Ethernet und TCP/IP entwickeln sich aufwärtskompatibel weiter und halten Schritt mit den Möglichkeiten der neuen Technologien (100 MBit/s, 1 GBit/s, Switching, neue Verkabelungssysteme, Protokolle für die Sicherheit).

Ethernet-TCP/IP kann allerdings nicht unbesehen aus der Büroautomation in die Industrieumgebung übernommen werden. Es müssen Maßnahmen getroffen werden, um die geforderten Zeitverhältnisse zu erreichen (vgl. „Echtzeit"), um geeignete API's anzubieten und um eine industrietaugliche Installation zu gewährleisten. In der heutigen Anforderungslandschaft müssen zudem die Fragen der Netzwerksicherheit, der hohen Verfügbarkeit und der Standardisierung von APIs, Middleware und Software-Komponenten geklärt werden.

Bezüglich des dritten Zeitalters der Industrieautomation beinhaltet die Vision der systemweiten Middleware implizit nur noch *eine* einzige Bus-Technologie. Die einzigen zwei Kandidaten, die für diese Rolle in Frage kommen, sind Ethernet und ATM[16]. Es sind

---

[14] Leider existiert mehr als eine IDL. Die zwei wichtigsten Vertreter sind die OMG-IDL (Object Management Group) und die COM-IDL (Microsoft).

[15] Das Client-/Server-Konzept für dezentrale Systeme wurde durch die Kombination des UNIX-Betriebssystems mit der TCP/IP-Kommunikation überhaupt erst eingeführt.

[16] ATM = Asynchronous Transfer Mode ist eine sehr schnelle Paketvermittlungstechnologie, die mit kurzen Paketen konstanter Länge (55 Bytes) und hohen Übertragungsraten arbeitet (vgl. [81], [82]).

auch keine Entwicklungen in Aussicht, welche diese Auswahl in der Zukunft sinnvoll ergänzen könnten.

Da sich ATM im industriellen Einsatz seit dem Jahr 2000 nach heutiger Beurteilung nicht durchzusetzen vermochte, verbleibt einzig Ethernet als Technologiebasis für eine systemweite Middleware auf der Basis einer einzigen Bus-Technologie[17].

1.2.6 Sachzwänge aus der kommerziellen Informationstechnologie

Die Entwicklung von Systemsoftware und von Kommunikationssystemen ist eine außerordentlich zeit- und kostenintensive Aufgabe. Es hat sich gezeigt, dass nur noch eine Umlegung der Kosten auf *sehr* viele Anwender (Lizenznehmer) kostendeckend ist. Dies ist heute vorab im kommerziellen Markt (PCs, Server etc.) möglich, deshalb findet der softwaremäßige Technologiefortschritt im kommerziellen Markt statt (vgl. [N-31]). Der industrielle Markt wird gezwungen, diese Basistechnologien über kurz oder lang – mit kleineren Anpassungen in Richtung Industrietauglichkeit – zu übernehmen. Auf diese Weise sind der PC (als iPC – Industrie-PC), gewisse Betriebssysteme, das Client-/Serverkonzept (z. B. als OPC [N-28], [N-29]), Ethernet-TCP/IP (als Industrial Ethernet [N-9], [N-10]), die modernen Programmiersprachen (C++, Java) in die Industrieautomation eingedrungen. Das gleiche geschieht zur Zeit mit der Objekt- und Middleware-Technologie (vgl. [N-27]). Die treibende Kraft ist dabei der Produktivitätsfortschritt welcher in der Steuerungsprogrammierung durch die neuen Technologien erreichbar ist. Die hemmende Kraft ist das konservative Denken im Industriesektor und die lange Lebensdauer von industriellen Automatisierungssystemen[18].

1.3 Elemente der industriellen Automation

Für die weitere Arbeit in diesem Buch wird industrielle Automation etwas detaillierter als in Abschnitt 1.1 in die folgenden Elemente aufgeteilt (vgl. **Abbildung 1-6**):

Sensoren/Aktoren: Diese stellen die Schnittstellen zum gesteuerten Prozess dar und wandeln die physikalischen Signale in geeignete Daten um.

Intelligente Sensoren/Aktoren: Gleiche Funktion wie die Sensoren/Aktoren, aber zusätzliche Vorverarbeitung oder lokale, selbständige Funktionen implementiert.

Steuerungsknoten: Die Steuerungsknoten sind die programmierbaren Elemente, welche die Anwendungssoftware (Steuerungssoftware) ausführen. In den Steuerungsknoten findet die Echtzeitverarbeitung statt.

Übergeordnete Systeme: Die übergeordneten Systeme dienen der Datenverwaltung, Datenarchivierung, Bedienung & Beobachtung des Systems. Dazu zählen auch weitere Anschlüsse über Internet oder Extranets.

Kommunikationssysteme: Die Kommunikationssysteme verbinden die verschiedenen Elemente untereinander und gewährleisten eine zuverlässige Datenkommunikation im industriellen Umfeld.

---

[17] Der Einsatz einer einzigen Bus-Technologie ist keinesfalls Voraussetzung für eine systemweite Middleware. Es ist gerade das Kennzeichen der Middleware, dass sie die unterliegende Hardware- und Kommunikationsinfrastruktur vom Anwendungsprogrammierer isoliert (vgl. Kapitel 10).

[18] Und damit der Zwang zur Rückwärtskompatibilität, d. h. zur Interoperabilität mit alten, bereits installierten Systemen (= Legacy-Systeme).

1.3 Elemente der industriellen Automation

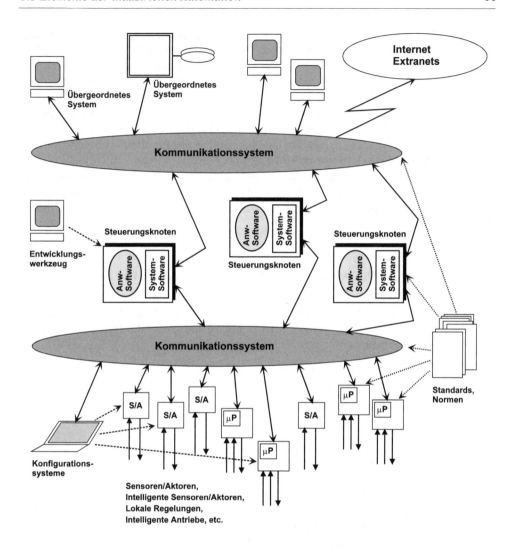

Abbildung 1-6: Elemente der industriellen Automation

Kommunikations- und Systemsoftware: Diese bildet das Fundament für die Anwendungssoftware (Steuerungs-, Regelungs-, Bedien-, Verwaltungsprogramme etc.). Diese Grundfunktionen in einem dezentralen Automationssystem werden unter dem Begriff *Middleware* ([159]) zusammengefasst.

Konfigurationssysteme: Sensoren, Aktoren, Kommunikationssysteme, Steuerungsprogramme etc. verfügen heute meist über eine größere Anzahl konfigurierbarer Parameter, Optionen und Funktionen. Diese Konfigurationsdaten und ihre gegenseitigen Abhängigkeiten werden über ein Konfigurationssystem (= interaktives Programm) gewählt, gespeichert und für die Systeminitialisierung verwendet.

Entwicklungswerkzeuge: Ziel der dezentralen Steuerungssoftware ist ein kurzer, adaptiver und kostengünstiger Entwicklungszyklus für zuverlässige, leistungsstarke und wartbare Systeme. Hochstehende Entwicklungswerkzeuge sind dabei sehr wichtig.

Standards und Normen: Standards und Normen haben in der heterogenen Hersteller- und Anbieterlandschaft der industriellen Automation eine große Wichtigkeit: Interoperabilität und Kooperation der Komponenten in der dezentralen Anlage können nur durch die Festschreibung, Beachtung und Implementation von – vorzugsweise stabilen, sinnvollen und offenen[19] – Standards und Normen erreicht werden.

Anwendungssoftware: Die Funktionen der Steuerung werden durch Anwendungssoftware auf allen Stufen der Hierarchie realisiert. Die Anwendungssoftware hängt von der jeweiligen Anwendung ab und ist meist für die Systemperformance, Betriebszuverlässigkeit, Ausbaubarkeit – und für einen wesentlichen Teil der Kosten – verantwortlich.

Die Themen dieses Buches sind die Kommunikationssysteme (Schwergewicht: Ethernet-TCP/IP), die Kommunikations- und Systemsoftware, Standards und Normen, sowie einige systemtechnische Aspekte wie z. B. die physische und logische Architektur, Sicherheits- und Installationsbelange.

1.4 Abgrenzung des Begriffes „Industrieautomation"

Die Abgrenzung des Begriffes „Industrieautomation" ist nicht einfach[20]: verschiedene Autoren benutzen unterschiedliche Definitionen. Für dieses Buch soll die Abgrenzung aus der **Abbildung 1-7** verwendet werden. Man kann eine Einteilung der Hauptfunktionen in vier Gruppen vornehmen:

- Betrieb und Management der Anlage
- Wartung und Evolution der Anlage
- Prozess- und Fertigungsengineering
- Produkt-Engineering

1.4.1 Betrieb und Management der Anlage

Dies ist der Kernbereich der Industrieautomation: Hier findet man die (vernetzten) Steuerungen, die lokale Bedienerführung, die gesamte Hardware für die Interfacetechnik, die ausführbaren Steuerungsprogramme etc. – den gesamten steuerungstechnischen „Inhalt" der Anlage. Hier sind auch alle Funktionen angesiedelt, welche für den Betrieb und das Management der Anlage und ihrer Prozesse notwendig sind. Das vorliegende Buch beschreibt vorwiegend Technologie, die in diesem Kernbereich verwendet wird.

---

[19] Unter einem *offenen* Standard versteht man eine vollständige, eindeutige, stabile, umfassend dokumentierte, uneingeschränkt erhältliche und nutzbare Spezifikation eines Teilsystemes. Derartige Standards werden von Firmen (z. B. Microsoft DCOM, Sun Enterprise JavaBeans), von Nutzerorganisationen (z. B. OPC, CORBA) oder von Standardisierungsgremien (z. B. IEEE, ISO, IEC etc.) geschaffen.

[20] Und ist durch den Einbezug des Internet/World Wide Web noch komplizierter geworden.

1.4 Abgrenzung des Begriffes „Industrieautomation"

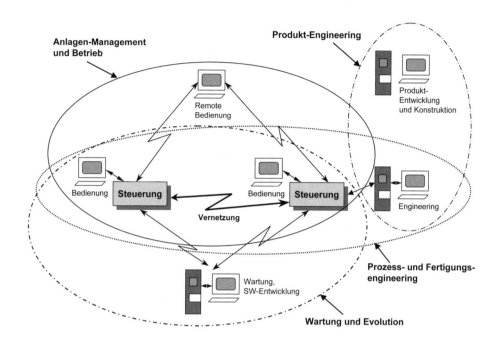

Abbildung 1-7: Der Begriff „Industrieautomation"

1.4.2 Wartung und Evolution der Anlage

Die meisten automatisierten Produktions- und Fertigungsanlagen werden im Laufe der Zeit verändert: Produktionserweiterungen, Technologiewechsel, zusätzliche Funktionen etc. verlangen Änderungen an den Steuerungselementen. Man unterscheidet dabei häufig zwischen korrektiver Wartung (= Behebung von Fehlern) und adaptiver Wartung (= Einführung neuer Funktionalität, Evolution). Besonders auf dem Gebiet der Steuerungssoftwareentwicklung setzen sich neue Abläufe durch, so z. B. die Entwicklung der Software außerhalb der Anlage und die Simulation/Ausprüfung über Telekommunikation. Ebenfalls Fehlerdiagnose und Remote-Maintenance werden immer mehr wichtige Themen in der Optimierung der Kosten und Verfügbarkeit einer Anlage. Hier ist der Einfluss der Web-Technologie deutlich sichtbar.

1.4.3 Prozess- und Fertigungsengineering

Die Definition und die Optimierung der Produktions- und Fertigungsprozesse sind heute integrale und entscheidende Schritte für die moderne Industrieautomation. Die Vorgaben der Prozessingenieure dienen der Programmierung der Steuerungen. Auch hier wird die Vernetzung (sowohl der Systeme wie auch der Entwicklungsprozesse) stark voran getrieben.

1.4.4 Produkt-Engineering

Moderne Produkte werden bereits derart entwickelt, dass sie gut automatisch hergestellt werden können. Die Zusammenarbeit zwischen der Produktentwicklung, dem Prozess-/Fertigungsengineering und den Automatisierungsfachleuten wird deshalb immer enger. Da naturgemäß diese Arbeitsgruppen geografisch getrennt sind, kommt der Kommunikation und den kompatiblen Werkzeugen eine immer größere Bedeutung zu. Dieses Gebiet ist nicht Gegenstand des vorliegenden Buches, eine interessante Übersicht und Einführung gibt [150] und zwei wegweisende Werkzeuge sind [N-84] für das Supply Chain Management und [N-85] für firmenübergreifende Produktentwicklung und -abstimmung (WebTime-Engineering).

Ausgewählte Literatur zu Kapitel 1:

Douglass, Bruce: **Real-Time UML – Developing Efficient Objects for Embedded Systems** (Literaturverzeichnis [101])

Die Vision für das dritte Automationszeitalter sind vollständig modellierte, formal beschriebene, objektorientierte Systeme aus herstellerunabhängigen Softwarekomponenten, die über eine plattformunabhängige Middleware kooperieren. Dieses Buch gibt eine gute Einführung in die Modellierung mittels UML (= Unified Modeling Language) und rechtfertigt den Einsatz von Objekten im Echtzeitumfeld.

Taylor, David: **Object Technology – A Manager's Guide** (Literaturverzeichnis [102])

Die Objekttechnologie hat in den letzten Jahren die kommerziellen Anwendungen grundlegend revolutioniert: Man kann ohne Übertreibung sagen, dass die modernen Anforderungen an die dezentralen, kommerziellen Systeme ohne konsequenten Einsatz der Objekttechnologie nicht mehr erfüllbar sind. Das berühmte, sehr klar geschriebene Buch von D. Taylor zeigt dies – und die Gründe dafür – in aller Deutlichkeit. Die Überlegungen lassen sich sehr gut auch auf die Zukunft der industriellen Automation anwenden.

Britton, Chris: **IT Architectures and Middleware – Strategies for Building Large, Integrated Systems**. (Literaturverzeichnis [159])

Britton's Buch hat nichts mit Industrieautomation zu tun. Es stellt aber sehr schön den Zusammenhang und die gegenseitige, enge Abhängigkeit zwischen Softwarearchitektur und Middleware bei kommerziellen Großsystemen dar. Es ist sehr zu erwarten, dass die Industrieautomation in den nächsten Jahren die gleiche Entwicklung – also zu definierten Softwarearchitekturen, welche durch standardisierte Middleware unterstützt werden – durchlaufen wird. Britton's Buch kann in diesem Sinne als eine technische Prognose dienen.

2 Dezentrale Steuerung

Moderne Konzepte für die Industrieautomation beruhen auf der Idee der dezentralen Steuerung: Die Steuerungsaufgabe wird auf geografisch und funktional optimal dezentralisierte Steuerungsknoten aufgeteilt. Die Steuerungsknoten kommunizieren untereinander mit der ebenfalls dezentralisierten Peripherie und mit den übergeordneten Systemen über industrielle Lokalnetzwerke. Den industriellen Lokalnetzwerken kommt eine zentrale Bedeutung sowohl als störsicheres Kommunikationsmittel, wie auch als Standardisierungsinstrument für das Zusammenspiel von Komponenten verschiedener Hersteller zu. Die Wahl des industriellen Lokalnetzwerkes bestimmt in hohem Maße die Leistungsfähigkeit, die Kostenstruktur, die Modularität und die Kompatibilität der darauf beruhenden dezentralen Steuerung.

2.1 Grundidee der dezentralen Steuerung

Die dezentrale Steuerung (= Distributed Control) beruht auf zwei Grundideen, welche in der **Abbildung 2-1** dargestellt sind:
1. Der *geografischen* Dezentralisierung der Funktionen,
2. der *hierarchischen* Aufteilung der Aufgaben.

Die *geografische Dezentralisierung* der Funktionen hat die optimale Installation der Steuerungskomponenten vor Ort und damit die Reduktion des Verkabelungs-/Installationsaufwandes zum Ziel. Die *hierarchische Aufteilung* der Aufgaben bewirkt die Ausführung der Funktionen auf der jeweils optimal geeigneten Plattform (= Rechner, Betriebssystem). In einer dezentralen Steuerung müssen *beide* Eigenschaften vorhanden sein[21].

Die funktionale Hierarchie teilt die Aufgaben – im Sinne einer Funktionsaufteilung – grob drei Ebenen zu (vgl. Abbildung 2-1): Der *Datenmanagementebene* (Verwaltung und Archivierung der Daten, Visualisierung, Bedienen & Beobachten, Qualitätssicherungsfunktionen etc.), der *Steuerungsebene* (Steuern, Regeln, Echtzeitfunktionen) und der *Sensor-/Aktorebene* (Messen, Stellen, Bewegen, Schalten etc.). Die Schwierigkeiten bei der Realisierung von Systemen mit dezentralen Steuerungen liegen nicht in der technischen Implementation, sondern in der sinnvollen *Funktionsaufteilung*. Der Systemingenieur muss die Steuerungsfunktionen bei einer Automatisierungsaufgabe aufteilen, damit eine entsprechende Programmierung der einzelnen Steuerungsknoten möglich wird. Diese Funktionsaufteilung ist eine schwierige Aufgabe, da eine Vielzahl von Anforderungen gleichzeitig berücksichtigt werden muss. Es gibt Anlagen (z. B. Förder- und Transportanlagen), die sich in offensichtlicher Weise optimal für Funktionsaufteilungen eignen und andere Anlagen, bei denen eine sinnvolle Funktionsaufteilung

---

[21] Bei der älteren Auffassung genügte bereits die geografische Dezentralisierung von Steuerungskomponenten für die Bezeichnung „dezentrale Steuerung". Heute ist die Funktionsaufteilung (d. h. die sinnvolle Aufteilung der Steuerungsprogramme) auf die dezentralen Steuerungskomponenten das entscheidende Merkmal.

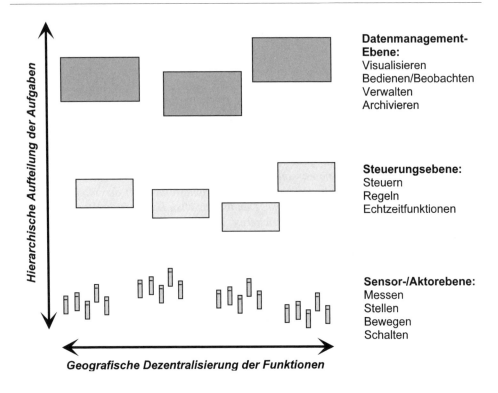

Abbildung 2-1: *Merkmale der dezentralen Steuerung*

sehr schwierig oder sogar unmöglich ist. Die Vorteile einer dezentralen Steuerung mit einer gelungenen Funktionsaufteilung sind überzeugend: Die Steuerung wird modular, man arbeitet mit kleineren Einheiten, die Programme sind übersichtlicher und die Betriebssicherheit ist deutlich höher. Auch die Ausbaubarkeit, die Wartbarkeit und die Installationsfreundlichkeit sind spürbar besser. Im Allgemeinen zeigen sich diese Vorteile in einer deutlichen Kostenreduktion der Steuerung über den gesamten Lebenszyklus.

2.2 Kommunikationsanforderungen

In der Abbildung 2-1 bestehen sowohl zwischen den Elementen auf den gleichen Ebenen, wie auch zwischen den Ebenen selbst *Kommunikationsbedürfnisse*. Zwischen der Sensor-/Aktorebene und der Steuerungsebene müssen die Prozesszustände übermittelt werden (Sensordaten und Aktorbefehle). Zwischen den intelligenten Steuerungsknoten werden Synchronisationstelegramme, Statusinformationen und Ablaufdaten ausgetauscht. Die Steuerungsknoten erhalten von den übergeordneten Systemen Produktionsdaten, Ablaufanweisungen, Programme (download) usw. und geben selbst Resultate, Fehlermeldungen, Zustandsinformationen und Qualitätssicherungsdaten zurück. Die übergeordneten Systeme sind untereinander auch wieder kommunikationsfähig und umfassen vielfach auch den Zugang zu Extranets und zum Internet.

Die *Kommunikationsanforderungen* zwischen den verschiedenen Ebenen unterscheiden sich deutlich. Man kann die Kommunikationsanforderungen mit den zwei Parametern „Verzögerung" und „Nutzdatenlänge" charakterisieren (**Abbildung 2-2**). Der Parameter

2.3 Der Begriff „Echtzeit"

Verzögerung definiert dabei die Zeit, welche das Kommunikationssystem zur Übertragung des Datentelegrammes von der Quelle bis zum Empfänger benötigt[22]. Die Nutzdatenlänge bezeichnet die Anzahl Bit oder Bytes von Nutzdaten (d. h. ohne Protokollbytes), die im entsprechenden Telegramm transportiert werden.

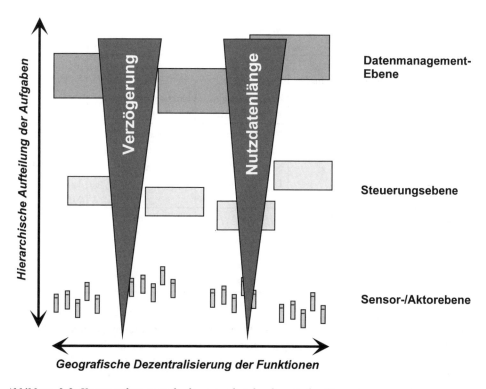

Abbildung 2-2: Kommunikationsanforderungen bei der dezentralen Steuerung

Kennzeichnend für die Kommunikationsanforderungen in der dezentralen Industrieautomation sind die kurzen Verzögerungszeiten und die kurzen Nutzdatenpakete auf der Sensor-/Aktorebene und die Zunahme sowohl der erlaubten Verzögerungszeiten wie auch der Länge der Nutzdatenpakete auf den höheren Ebenen. Typische Werte für diese Parameter sind in der **Tabelle 2-1** angegeben.

2.3 Der Begriff „Echtzeit"

In der industriellen Automation wird häufig der Begriff *Echtzeit* verwendet. Bei vielen Anwendungen ist die „Echtzeitfähigkeit" einer Rechnersteuerung ein kritischer Faktor und bestimmt die Wahl der Steuerungsplattform, der Kommunikationssysteme und der Programmierwerkzeuge.

---

[22] Die Parameter von Kommunikationssystemen werden im Kapitel 3 (Dienstqualität – QoS) genau definiert.

Tabelle 2-1: Typische Kommunikationsanforderungen der verschiedenen Ebenen

von – zu:	Sensor-/Aktor-ebene	Steuerungsebene	Datenmanagement-ebene	Extranets, Internet
Sensor-/Aktor-ebene	Verzögerung: 20 ... 100 µs Nutzdatenlänge: 1 Bit ... 10 Bytes	Verzögerung: 20 µs ... 1 ms Nutzdatenlänge: 1 Bit ... 32 Bytes	—	—
Steuerungsebene	Verzögerung: 20 µs ... 1 ms Nutzdatenlänge: 1 Bit ... 32 Bytes	Verzögerung: 1 ... 10 ms Nutzdatenlänge: 10 ... 500 Bytes	Verzögerung: 5 ... 50 ms Nutzdatenlänge: 1 ... 500 k Bytes	—
Datenmanagement-ebene	—	Verzögerung: 5 ... 50 ms Nutzdatenlänge: 1 ... 500 k Bytes	Verzögerung: 5 ... 50 ms Nutzdatenlänge: 1 kByte .. 10 MByte	Verzögerung: 50 ms ... 5 s Nutzdatenlänge: 1 kByte .... 50 MByte
Extranets, Internet	—	—	Verzögerung: 50 ms ... 5 s Nutzdatenlänge: 1 kByte .... 50 MByte	—

Der Begriff „Echtzeit" muss im Zusammenhang mit der dezentralen Steuerung definiert werden, damit anschließend die abgeleiteten Begriffe wie z. B. „Echtzeitanforderung", „Echtzeitverhalten" einen präzisen Inhalt erhalten. Es ist sehr wichtig, zu erkennen, dass die Definition des Begriffes „Echtzeit" oder gar numerische Angaben für ein „Echtzeitverhalten" nicht akademisch allgemein, sondern *nur im Zusammenhang mit einer bestimmten Anwendung* der dezentralen Steuerung Gültigkeit haben.

2.3.1 Echtzeitanforderungen

Eine dezentrale Steuerung besteht aus einer Vielzahl von Elementen, beginnend bei den Sensoren und Aktoren, über die Steuerungsknoten, den übergeordneten Systemen und den verbindenden Kommunikationssystemen (vgl. Abbildung 1-6). Die *Echtzeitanforderung* an eine dezentrale Steuerung muss deshalb wie folgt formuliert werden:

> *„Die Steuerung kann unter allen Betriebsbedingungen rechtzeitig (und richtig) auf alle auftretenden Ereignisse reagieren".*

Es ist offensichtlich, dass eine solche Definition der Echtzeitanforderung einerseits wesentlich von der *Struktur* der dezentralen Steuerung abhängt (z. B.: durch wie viele Rechner und Kommunikationsstrecken läuft die Verarbeitungskette „Ereignis (Sensoreingang) ⇒ Ereigniserkennung (Rechner) ⇒ Ereignisverarbeitung (Rechner) ⇒ Reaktion (Rechner) ⇒ Wirkung auf den Prozess (Aktor) ⇒ Trägheit des Aktors (Zeitkonstante)") und andererseits von der Art des gesteuerten Prozesses abhängt. In der Verfahrenstechnik sind Reaktionszeiten von mehreren Sekunden durchaus schnell genug, während z. B. im Werkzeugmaschinenbereich häufig Reaktionszeiten im Bereich von weit unter einer

Millisekunde gefordert werden. Während des Systementwurfes der dezentralen Steuerung müssen deshalb die Echtzeitanforderungen an die *einzelnen Systemteile* definiert werden, und zwar derart, dass alle Echtzeitanforderungen der vorliegenden Steuerungsanwendung garantiert werden. In gewissen Fällen erkennt man während dieser Spezifikationsschritte, dass die gewählte Struktur der dezentralen Steuerung – die Steuerungsarchitektur – verändert werden muss (z. B. andere Funktionsaufteilung wählen) um die Echtzeitanforderungen des Prozesses zu erfüllen oder um übertrieben harte Echtzeitanforderungen an einzelne Systemteile zu vermeiden.

2.3.2 Echtzeitverhalten

Sobald die Echtzeitanforderungen an die einzelnen Systemteile definiert worden sind, kann ihr *Echtzeitverhalten* quantifiziert werden. Dabei entsteht für jeden einzelnen Systemteil – im Sinne einer Detailspezifikation – eine zahlenmäßige Angabe, wie z. B.:

> *„Die Zykluszeit für das Einlesen eines Prozesssignales (Erkennung einer Änderung) in die Steuerungssoftware muss in jeder Situation kleiner als σ Millisekunden sein".*

> *„Die Verzögerung (Meldungsübertragungszeit) zwischen zwei beliebigen Steuerungsknoten muss in allen Fällen kleiner als τ Millisekunden sein".*

> *„Die Verarbeitungszeit in der Steuerung (Rechenzeit, Latency etc.) muss in allen Betriebsfällen weniger als ρ Millisekunden betragen".*

Das Echtzeitverhalten der dezentralen Steuerung setzt sich aus den Beiträgen ihrer einzelnen Systemteile zusammen. Es ist die Aufgabe des Systemarchitekten, zu gewährleisten, dass die einzelnen Systemteile im späteren Betrieb die spezifizierten Echtzeitanforderungen tatsächlich erfüllen. Im Bezug auf die Kommunikationssysteme wird dies durch die Einführung der Dienstqualität (QoS – Quality of Service, vgl. Kapitel 3) erreicht.

2.3.3 Echtzeitmodell

Einer der ganz wichtigen Parameter für die Erfüllung von Echtzeitanforderungen ist die *Verzögerung*. Die Verzögerung setzt sich in den meisten Fällen aus mehreren Teilverzögerungen zusammen, welche von verschiedenen Systemteilen her stammen. Es ist daher notwendig, dass man sich vom System zuerst ein *Verzögerungsmodell* erstellt. Dies ist im nachfolgenden Beispiel für eine typische, dezentrale Steuerung gezeigt.

Beispiel 2-1: Verzögerungen in einem dezentralen industriellen Steuerungssystem

Die Gesamtverzögerung (= Reaktionszeit) in einem dezentralen industriellen Steuerungssystem setzt sich aus einer Anzahl von Verzögerungszeiten der einzelnen Elemente zusammen. Diese sind für ein beispielhaftes System in der **Abbildung 2-3** dargestellt und umfassen:

Verzögerung 1: Verzögerung im *Sensor* (z. B. infolge der Tiefpassfilterung digitaler Eingänge oder der Wandlungszeit analoger Eingangssignale).
Verzögerung 2: Verzögerung des Sensor-/Aktorkommunikationssystemes.
Verzögerung 3: Verzögerung des Eingangssignales über Kommunikationssystem und Treiber.
Verzögerung 4: Verzögerung des Eingangssignales bis es der Anwendungssoftware zur Verfügung steht.
Verzögerung 5: Verzögerung in der Steuerungssoftware A (= Verarbeitungszeit).

Verzögerung 6: Verzögerung im Systembus zwischen den Steuerungen.

Verzögerung 7: Verzögerung des Kommunikationssystemes zwischen der Steuerung A und der Steuerung B (inkl. Betriebssystem, Treiber und Kommunikationssystem).

Verzögerung 8: Verzögerung zwischen den zwei Steuerungssoftwaren in der Steuerung A und in der Steuerung B (inkl. Kommunikationssystem, alle Treiber und die ALIs).

Verzögerung 9: Verzögerung in der Steuerungssoftware B (= Verarbeitungszeit).

Verzögerung 10: Verzögerung des Sensor-/Aktorkommunikationssystems [typisch: 0,1 ... 1 ms].

Verzögerung 11: Verzögerung des Aktors (z. B. infolge der Trägheit des Aktors oder der Wandlungszeit analoger Ausgangssignale).

Verzögerung 12: Verzögerung des Ausgangssignales vom Moment der Ausgabe aus der Anwendungssoftware bis zur Wirkung im Prozess.

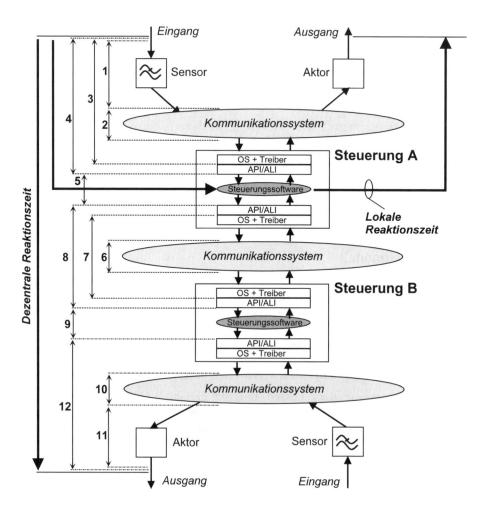

Abbildung 2-3: Verzögerungen in einem industriellen Steuerungssystem

Die lokale Verzögerung (Lokaler Eingang ⇒ lokaler Ausgang) ist die Summe von zwei Mal der Verzögerung 4 (einmal vom Sensor zur Steuerungssoftware/einmal von der Steuerungssoftware zum Aktor) und ein Mal der Verzögerung 5. Die dezentrale Verzögerung (Eingang im System A ⇒ Ausgang im System B) ist die Summe der Verzögerung 4 (Sensor zu Anwendungssoftware im System A), der Verzögerung 5 (Verarbeitungszeit in der Steuerungssoftware A), der Verzögerung 8 (Kommunikation von Steuerungssoftware A zu Steuerungssoftware B), der Verzögerung 9 (Verarbeitungszeit in der Steuerungssoftware B) und der Verzögerung 12 (Ausgabe aus Steuerungssoftware B bis zur Wirkung auf den Prozess über den Aktor).

2.4 Dezentrale Software

Das entscheidende Kennzeichen der dezentralen Steuerung ist die *dezentrale Software* (vgl. Abschnitt 2.1): Die Anwendungssoftware wird dabei gemäß einer sinnvollen Funktionsaufteilung auf alle programmierbaren Elemente im System verteilt und über die Kommunikationssysteme verbunden. Damit wird die gesamte Steuerungssoftware in kleinere Module aufgeteilt, welche je für sich einen abgeschlossenen Teil der Aufgabe lösen und über die Datenkommunikation miteinander Daten, Befehle und Synchronisationsinformationen austauschen. Abhängig von der gewählten Steuerungsarchitektur kann dies zu einer Vielzahl von Ausführungsplattformen führen – und damit die Funktionsaufteilung zu einem anspruchsvollen Problem gestalten.

Beispiel 2-2: Dezentrale Software für Steuerungsarchitektur mit 2 Bus-Technologien

In der **Abbildung 2-4** ist eine Steuerungsarchitektur mit *zwei* Bus-Technologien dargestellt: Die eine Bus-Architektur verbindet die Steuerungsknoten und die übergeordneten Systeme, die andere Bus-Architektur verbindet die Elemente auf der Sensor-/Aktorebene mit den Steuerungen. Die Steuerungen selbst können miteinander wahlweise über beide Busse kommunizieren. Die Wahl der Bus-Technologien wird in einem späteren Abschnitt betrachtet (vgl. Beispiel 2-4).

Bei dieser Steuerungsarchitektur findet man Anwendungssoftware[23] in den folgenden Elementen:

- In den übergeordneten Systemen (z. B. Visualisierung, Bedienen & Beobachten, Datenverwaltung, Datenarchivierung, Anbindung an Extranets/Internet etc.).
- In den Steuerungsknoten (z. B. Steuern, Regeln, Echtzeitfunktionen, Qualitätsdatenerfassung etc.).
- In den E/A-Knoten (z. B. Vorverarbeitung, Überwachung, Interruptbehandlung, lokale Regelung, sehr schnelle Verknüpfungen etc.).
- In den Sensoren und Aktoren (z. B. Vorverarbeitung, Überwachung, schnelle Verknüpfungen über direkte Sensor-zu-Aktor Kommunikation etc.).

---

[23] Unter Anwendungssoftware versteht man ausschließlich Funktionalität, die in der Steuerungsaufgabe enthalten ist – Betriebssystemfunktionen, Kommunikationssoftware, Initialisierungs- und Set-Up Software gehören nicht zur Anwendungssoftware.

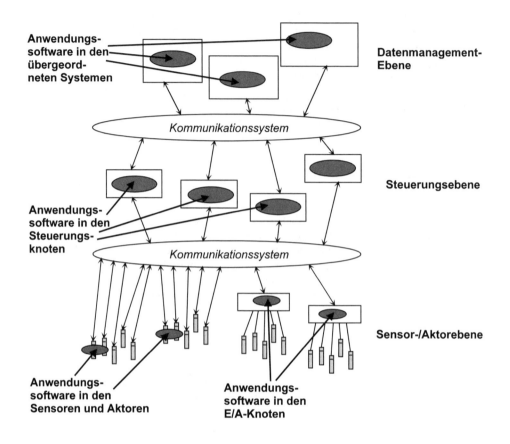

Abbildung 2-4: Dezentrale Software für Steuerungsarchitektur mit 2 Bus-Technologien

Eine solche Steuerungsarchitektur bietet der darauf aufbauenden Softwarearchitektur sehr großzügige Möglichkeiten (stellt aber gleichzeitig sehr hohe Anforderungen an das Software-Engineering und an die Entwicklungswerkzeuge).

2.5 Steuerungsarchitektur

Bei der dezentralen Steuerung vervielfachen sich die Möglichkeiten für die Auswahl und für die Kombination von Kommunikationssystemen, Steuerungsplattformen etc. Beim Entwurf einer dezentralen Steuerung muss daher zuerst eine geeignete *Steuerungsarchitektur* definiert werden[24]. Da die Steuerungsarchitektur alle wichtigen Bereiche, wie die Leistungsdaten, die Ausbaubarkeit, die Wartbarkeit, die Kosten usw. beeinflusst, ist die sorgfältige Wahl der Steuerungsarchitektur einer der wichtigsten Schritte in der Automation – meistens der erfolgsentscheidende Schritt!

Die Steuerungsarchitektur besteht aus zwei Teilen (**Abbildung 2-5**):

---

[24] Viele Hersteller bieten ihre eigenen Steuerungsarchitekturen an. Diese können häufig als Grundlage – ergänzt mit Elementen von Drittherstellern – für die eigene, optimale Steuerungsarchitektur verwendet werden.

2.5 Steuerungsarchitektur

- Der *physischen Architektur*: Die physische Architektur umfasst alle *Hardwareelemente* (Rechner, Kommunikationssysteme, Bedienterminals, Sensoren, Aktoren, Interfaces, Installationstopologie, redundante Systemteile, Ausfallsicherungsmechanismen etc.) sowie die gesamte *Systemsoftware* (Betriebssysteme, Kommunikationsprotokolle, Datenbanken, Middleware, Prozessabbilder, globale Datenbereiche etc.).
- Der *logischen Architektur*: Die logische Architektur beinhaltet alle Module der *Anwendungssoftware* (Daten und Verarbeitungsprogramme) und ihre gegenseitigen Beziehungen, d. h. die dezentrale Anwendungssoftware.

Die logische Architektur wird auf die physische Struktur abgebildet, indem die Module der Anwendungssoftware in geeigneter Weise auf die Elemente der physischen Architektur verteilt werden. Die Möglichkeiten der gewählten physischen Architektur beschränken häufig die Abbildung, d. h. eine gewünschte, optimale logische Architektur lässt sich nicht vollständig implementieren. Es ist deshalb notwendig – und wie die Erfahrung aus den kommerziellen Systemen gezeigt hat: kostenoptimal –, dass zuerst die logische Architektur festgelegt wird, d. h. dass die Struktur der Anwendungssoftware definiert wird. Aus der logischen Architektur entstehen auch die geforderten Leistungsparameter (Echtzeitanforderungen, Datendurchsätze, Ausfallsicherungen etc.). Die physische Architektur wird in der kommerziellen Informationstechnologie als *Plattform* bezeichnet ([N-104]).

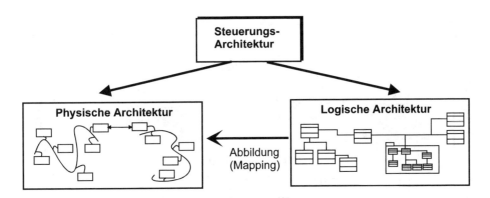

Abbildung 2-5: Die zwei Bestandteile der Steuerungsarchitektur

Beispiel 2-3: Physische Steuerungsarchitektur mit zwei Bus-Technologien

In der **Abbildung 2-6** ist eine mögliche physische Steuerungsarchitektur auf der Grundlage von *zwei* Bus-Technologien dargestellt. Die zwei verwendeten Bus-Technologien sind *Ethernet* für die Steuerungs- und die Managementebene und *CAN* (Controller Area Network) für die Sensor-/Aktorebene. Hier wurde bezüglich der Bus-Technologien die klare Wahl der Kombination eines Systembusses (= Ethernet) und eines Sensor-/Aktorbusses (= CAN) getroffen.

Der Systembus *Ethernet* ist in der Abbildung 2-6 in zwei Bereiche – symbolisch durch einen Switch getrennt – aufgeteilt. Diese Darstellung soll daran erinnern, dass für die Gewährleistung des erforderlichen Zeitverhaltens von Ethernet zusätzliche Maßnahmen im Betrieb und in der Installation notwendig sind (vgl. Kapitel 3, 7, 8 und 13). Dadurch wird z. B. der Ethernet-Teil auf der Steuerungsebene nicht durch unnötige Telegramme der Managementebene belastet.

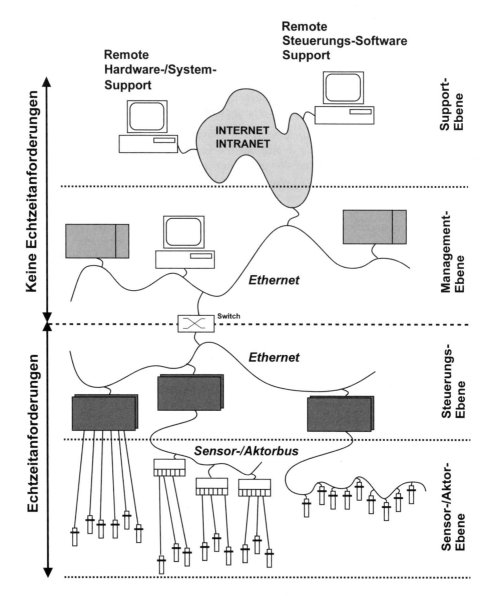

Abbildung 2-6: Physische Steuerungsarchitektur mit zwei Bus-Technologien

Interessant sind auch die neueren Entwicklungen auf dem Gebiet des Sensor-/Aktorbusses: während früher die Sensoren und Aktoren *direkt* über 2-, 3- oder 4-Draht Anschlusstechnik an die Interfaces der Steuerung verdrahtet wurden, wird heute meist ein dezentrales Peripheriekonzept eingesetzt. Dabei werden Ein-/Ausgabebaugruppen (= E/A-Knoten) dezentral vor Ort installiert und untereinander und mit der Steuerung über einen Sensor-/Aktorbus verbunden. Die neuesten Entwicklungen erlauben sogar, die Sensoren und Aktoren direkt an den Sensor-/Aktorbus anzuschließen: Der S/A-Bus versorgt dabei die Sensoren und Aktoren nicht nur mit Daten, sondern gleichzeitig auch noch mit der notwendigen Betriebsspannung. Der große Gewinn bei der Anschaltung der Sensoren und Aktoren direkt über den S/A-Bus besteht darin, dass die Sensoren und Aktoren nicht nur die Prozessdaten, sondern zusätzlich *Diagnoseinformationen* an die Steuerung übertragen können. Sensoren und Aktoren können sich selbst überwachen, Alterung oder Leistungsverluste selbst erkennen und vielfach vor ihrem Ausfall die Steuerung benachrichtigen („Pre-Failure" Diagnose). Mit diesen Konzepten lassen sich die Ausfallzeiten größerer Anlagen wesentlich reduzieren.

Die Elemente der Sensor-/Aktorebene, der Steuerungsebene und ein Teil der Elemente der Managementebene befinden sich geografisch in der Anlage. Die Elemente der Supportebene, sowie ggf. ein Teil der Elemente der Managementebene können sich an irgend einem telekommunikationsmäßig erreichbaren Ort der Welt befinden, also z. B. im Support-Center des Steuerungsherstellers, resp. im Unterstützungszentrum des System-Integrators oder des Steuerungsprogrammierers.

2.6 Bussysteme für die Industrieautomation

Die Vernetzungstechnik auf der Basis von lokalen Netzwerken (LAN's) wurde für die Kommunikation im kommerziellen Bereich entwickelt und die Idee hat sich erst später in der Industrieautomation eingebürgert. Die im Office-Bereich eingesetzten LANs konnten nicht unverändert in die Industrieautomation übernommen werden, da sowohl die Betriebsbedingungen wie auch die Leistungsanforderungen verschieden waren.

Für die industrielle Automation, vor allem im Maschinen- und im Anlagenbau und in der Verfahrenstechnik wurden deshalb eigene, industrietaugliche Bussysteme unter dem Sammelbegriff *Feldbus* entwickelt.

2.6.1 Anforderungen an einen Feldbus

Die Anforderungen an einen Feldbus sind in der **Tabelle 2-2** aufgelistet. Einige der Anforderungen benötigen noch zusätzliche Bemerkungen. Die „garantierte *Antwortzeit*", resp. auch „garantierte *Meldungsübertragungszeit*" ist ein wichtiger Parameter für die Implementierung von Echtzeit-Systemen: Das Steuerungsprogramm (resp. der Programmierer) muss die Gewissheit haben, dass jede gesendete Meldung innerhalb von einer begrenzten, garantierten Zeit beim Empfänger ankommt. Diese Forderung hat nicht nur eine Wirkung auf den Feldbus, sondern auch auf das Echtzeit-Multitasking-Betriebssystem und häufig sogar auf die Softwarearchitektur im Steuerungsknoten (vgl. Kapitel 3: Netzwerke und Dienstqualität).

Die *Betriebsphilosophie* des gesamten Systems hängt stark von der Automatisierungsaufgabe ab: In vielen Anwendungen hat man von der Struktur her eine Master-Slave-Beziehung, dann ist auch ein Master-Slave-Bus geeignet. In anderen Anwendungen müssen alle Stationen oder Gruppen von Stationen jederzeit untereinander kommunikationsfähig sein, dann benötigt man ein symmetrisches System. Die Erfordernis von Broadcast- (unquittierte Meldung an alle Stationen) oder Multicast- (unquittierte Meldung an eine Gruppe von Stationen) Betrieb ist ebenfalls eine Frage der Anwendung.

Die *Installationstechnik* (Verkabelung, Anschlusstechnik) muss industrietauglich sein, d. h. robust, EMV-gerecht und durch den Betriebselektriker handhabbar. Untersuchungen haben gezeigt, dass 90 % der Probleme beim Betrieb von industriellen Lokalnetzwerken von der Installationstechnik verursacht werden (falsche oder wacklige Anschlüsse, Erdschlaufen, fehlende galvanische Isolation, Verletzung von Installationsrichtlinien usw.).

Die *Schnittstelle zur Anwendungssoftware* (das so genannte „Application Layer Interface" = „ALI" oder „Applications Programming Interface" = „API") ist das für den Programmierer sichtbare Interface zum Kommunikationssystem. Hier entscheidet sich die Funktionalität und Anwendungsfreundlichkeit eines Feldbusses. Man kann die ALI-/API-Funktionen in die Gruppen einteilen:

- Kommunikations-Funktionen (z. B. SEND MESSAGE, RECEIVE MESSAGE, ...).
- Grundfunktionen (z. B. DOWNLOAD PROGRAM, READ OBJECT, ...).
- Dienste (z. B. Sicherheitsfunktionen, Objektdienste, Datenbankservices, ...).
- Anwendungsspezifische Funktionen (z. B. Profile, virtuelle Geräte).

Bei allen Feldbussen sind die Kommunikations-Funktionen standardisiert, d. h. Inhalt der entsprechenden Norm. Bei den meisten Feldbussen bilden auch die Grundfunktionen einen Bestandteil der Norm. Die anwendungsspezifischen Funktionen werden für eine bestimmte Gruppe von Benutzern (z. B. Hersteller von Antrieben, von Niederspannungsschaltern, von Textilmaschinen usw.) definiert – eine Arbeit, die häufig von den entsprechenden *Nutzerorganisationen* durchgeführt wird und den Status einer Empfehlung hat. Für solche Empfehlungen wird häufig der Begriff „Profil" benutzt. Der Begriff *offenes System* ist in der heutigen Umgebung von großer Wichtigkeit. Ein System gilt als offen (im Gegensatz zu firmenspezifischen Systemen), wenn dessen Spezifikationen vollständig in der Form eines anerkannten Standards oder einer verabschiedeten Norm vorliegen (als DIN-, IEEE-, ISO- ANSI-Standard etc.). Diese Tatsache garantiert, dass jeder Hersteller und alle Anwender die Spezifikationen leicht beschaffen können und dass Änderungen nur mit der Zustimmung des Standardisierungsgremiums oder der Normenbehörde stattfinden können (Stabilitätsgarantie).

Der letzte Punkt – die „ce"-Zertifizierung – ist mit konstruktiven Maßnahmen zu gewährleisten. Das „ce"-Zertifikat für elektronische Geräte wird erteilt, wenn eine Reihe von Vorschriften der Europäischen Gemeinschaft (CE) nachweisbar durch Typenmessungen in einem Prüflabor erfüllt sind. Ein FeldBussystem muss insbesondere die EMV-Richtlinien (Stabilität und Schutz bei Einwirkung von elektromagnetischen Störungen, sowie Beschränkung der abgestrahlten Leistung in der Elektronik, den Steckerübergängen und den Leitungen) erfüllen.

2.6.2 Feldbusse

Seit der Einführung der industriellen Lokalnetzwerke (1984) ist eine große Zahl von verschiedenen Implementationen von Feldbussen auf dem Markt erschienen, die sich in Zugriffsverfahren, Leistungsdaten, Funktionsumfang und Installationstechnik unterscheiden. In der **Tabelle 2-3** ist eine konzentrierte Übersicht über die in den Anwendungen eingesetzten Bus-Systeme angegeben. Diese Tabelle ist keineswegs vollständig, zeigt aber die Vielfalt der entwickelten Bus-Systeme.

Die Feldbus-Technologie ist heute ein weitreichendes Fachgebiet mit einer reichen Literatur geworden. Für eine Vertiefung sind die folgenden Stellen empfohlen:

Literatur: [15], [16], [17], [18], [53], [103], [105].

Web-Sites: [N-12] bis [N-26].

Tabelle 2-2: Anforderungen an einen Feldbus zur Vernetzung von intelligenten Systemen

Anforderung	Definition	Bemerkungen
Störsichere Übertragung	eingebaute Fehlererkennungs- und Fehlerkorrekturverfahren	im industriellen Umfeld sind Bitfehler und Burstfehler wahrscheinlich
Betriebszuverlässigkeit	zuverlässige Funktion in allen Betriebszuständen, auch nach massiven Störungen in der Anlage	Schutzmaßnahmen auf allen Stufen
Garantierte Antwortzeit (Definierte Dienstqualität)	die maximale End-to-End Übertragungszeit ist garantiert und wird unter allen Betriebsbedingungen eingehalten	Verlangte Übertragungszeit hängt von der Anwendung ab, z. B.: „< 3 ms bei Meldungen mit 64 Bytes"
Meldungslänge	Minimale und maximale Meldungslängen sind definiert und können unter allen Betriebsbedingungen ausgenutzt werden	Notwendige Meldungslängen hängen von der Anwendung ab, z. B.: „L_{min} = 1 Byte, L_{max} = 256 Bytes" (Nutzdatenbytes !)
Betriebsphilosophie	Master-Slave, symmetrisch, Broadcast-/Multicast, Anmeldung neuer Stationen, etc.	Die Betriebsphilosophie hängt von der Anwendung ab.
Adress-Management	Zuweisung, Verwaltung und Verteilung der Adressen für die Bus-Teilnehmer	sinnvolles, beherrschbares System notwendig. On-Line-Konfiguration
Installationstechnik	Topologie Medium Anschlusstechnik Handhabbarkeit	optimale Topologie für das Gebäude, verschiedene Übertragungsmedien kombinierbar (RS-485, LWL, WLAN, usw.)
Schnittstelle zur Anwendungssoftware (ALI/API)	anwendungsfreundlicher Zugriffsmechanismus auf die Dienste des Feldbus	große Vielfalt der Möglichkeiten
Diagnosefähigkeiten	Erkennung und Diagnose von Fehlfunktionen	wichtige Nebenfunktion für den Betrieb
Offenes System Standard/Norm vorhanden	Standardisierung, in einer Norm festgeschriebenes System, inkl. ALI/API	Gewährleistet Interoperabilität Heute werden weitgehend nur noch offene Bus-Systeme gewünscht
Spezielle Anforderungen	Eigenschaften für den Einsatz unter besonderen Bedingungen	z. B.: • EX (Explosionsgefährdete Bereiche) • Synchronizität (exakte Gleichzeitigkeit bei Achsensteuerungen)
EU-Richtlinien erfüllt	z. B. EMV-Richtlinie	„ce"-Zertifizierung in den meisten Fällen notwendig

Tabelle 2-3: Übersicht über die Feldbussysteme (Auswahl)

Bus	Haupteinsatzgebiet	Weitere Einsatzgebiete
ABUS	Fahrzeugtechnik	
ARCnet	PC-Netzwerk	Industrieautomation
ASI	Industrieautomation	
ATM-LANs	Rechnernetzwerk	Wide-Area Networks (WANs)
BITBUS, IEEE-1118	Industrieautomation	Eisenbahntechnik, Sendernetze
CAN	Fahrzeugtechnik	Industrieautomation, Gebäude
ControlNet	Industrieautomation	
DeviceNet	Industrieautomation	
DIN-Messbus	Messtechnik	Industrieautomation
EIB	Gebäudeinstallationstechnik	
ETHERNET	Rechnernetzwerk	Industrieautomation
FAIS	Industrieautomation	
FDDI	Rechnernetzwerk	Vermittlungstechnik
FIP	Industrieautomation	
Firewire	Rechnerperipherienetzwerk	Industrie-PCs
FlexRay	Fahrzeugtechnik	
Foundation Fieldbus	Industrieautomation	
IEC-Bus, IEEE-488	Messtechnik	
IEC-Fieldbus	Industrieautomation	
Interbus-C	Industrieautomation	
Interbus-S	Industrieautomation	
ISP	Industrieautomation	
LON	Gebäudeleittechnik	Industrieautomation
MAP	Industrieautomation	
MIL-553B	Flugzeugtechnik	militärische Fahrzeugtechnik
MiTS	Marinetechnik	
MODNET	Industrieautomation	Eisenbahntechnik
MODBUS	Industrieautomation	
MVB	Bahntechnik	
OLCHFA (WLAN)	Industrieautomation	Qualitätssicherungsnetzwerke
P-NET	Industrieautomation	
PROFIBUS-DP	Industrieautomation	
PROFIBUS-FMS	Industrieautomation	
PROFIBUS-PA	Industrieautomation	
SERCOS	Antriebstechnik	
SINEC-H1	Industrieautomation	Büroautomation
SINEC-L2	Industrieautomation	
SM-200VR	Eisenbahn-Fahrzeugbus	
SP-50	Industrieautomation	
SSI	Antriebstechnik	
SUCONET	Industrieautomation	
TCP/IP	Rechnernetzwerk	Industrieautomation
Token Bus	Rechnernetzwerk	
Token Ring	Rechnernetzwerk	
TOP	Industrieautomation	
TTP/C	Fahrzeugbus	Industrieautomation
UBS	Rechnerperipherienetzwerk	Industrie-PCs
WORLD-FIP	Industrieautomation	

2.6.3 Auswahl der industriellen Kommunikationssysteme

Die Auswahl eines geeigneten industriellen Kommunikationssystems ist ein vielschichtiges Problem. Es spielen dabei nicht nur die technischen Eigenschaften des Kommunikationssystems eine Rolle, sondern auch der Anwendungsbereich, die Präferenzen der Kunden, nationale Überlegungen etc. In der Literatur und an unzähligen Vorträgen sind Busvergleiche[25] angestellt worden, sodass genug Vergleichsmaterial vorhanden ist.

Ein sinnvolles Vorgehen bei der Auswahl der Kommunikationssysteme ist die parallele Entwicklung der physischen und der logischen Steuerungsarchitektur (Abschnitt 2.5). Dabei beginnt man mit den *zwingenden* Anforderungen, sowohl für die physische („Hardware"-) wie auch für die logische („Software"-) Architektur. In vielen Fällen wird man heute durch zwingende Anforderungen (z. B. EX-Sicherheit, Interoperabilität mit Kunden- oder Legacy-Systemen[26], Betriebsmittelvorschriften des Kunden etc.) zu einer Steuerungsarchitektur mit mehreren Bussystemen – vielfach einem Systembus und einem oder mehreren spezialisierten Sensor-/Aktorbussen – geführt. Der heute häufigste Fall ist die Steuerungsarchitektur mit zwei Bus-Technologien (vgl. Beispiel 2-2).

Neuere Bestrebungen zielen auf eine physische Steuerungsarchitektur, welche mit nur *einer* Bus-Technologie auskommt, hin (vgl. [N-9], [N-10], [N-11] und gewisse Hersteller). Die anvisierte Bus-Technologie ist dabei Ethernet. Wo dies nicht möglich ist, wird durch den Transport von Ethernet-TCP/IP Funktionen und APIs durch den Feldbus versucht, wenigstens der logischen Steuerungsarchitektur eine einzige Bus-Technologie anzubieten (diese Verfahren werden als Tunnelprotokolle bezeichnet, vgl. Kapitel 3).

Beispiel 2-4: Physische Steuerungsarchitektur mit einer Bus-Technologie

In der **Abbildung 2-7** ist eine physische Steuerungsarchitektur mit nur *einer* Bus-Technologie dargestellt. Als Kommunikationssystem ist in diesem Falle Ethernet denkbar. Da diese eine Bus-Technologie den gesamten Bereich von schneller Echtzeit bei kurzen Meldungen bis zu größeren File-Transfers und Internet-/Extranet-Transaktionen beherrschen muss, werden sowohl an die Installation (Topologie, Segmentierung, Verkehrstrennung, Lastbegrenzung etc.), wie auch an den Betrieb (Konfiguration, Initialisierung, Routing etc.) erhebliche Anforderungen gestellt.

Falls eine solche physische Architektur in der vorgesehenen Anwendung möglich ist, eröffnen sich dank der durchgängigen Kommunikation neue Möglichkeiten der datenmäßigen Integration der Steuerung in die unternehmensweiten Informationsstrukturen – mit enormem Rationalisierungs- und Qualitätsverbesserungspotenzial. Diese neuen Möglichkeiten zeigen sich noch deutlicher beim Einsatz der Objekt-Technologie für die Spezifikation und Implementierung der Steuerungssysteme.

Allerdings setzt man auf diese Weise das industrielle Automationssystem auch neuen Bedrohungen aus. Durch seine Öffnung nach außen (Intranet, Extranets, Internet) wird es ggf. auch für Unberechtigte oder Schadensstifter zugänglich. Entsprechende Sicherheitsmechanismen sind daher unerlässlich (vgl. Kapitel 11).

---

[25] Über längere Zeit herrschte in den Fachzeitschriften und an Fachveranstaltungen ein regelrechter „Bus-Krieg", der sich über die Nutzerorganisationen fortsetzte.

[26] *Legacy*-Systeme sind bereits installierte „Altsysteme" (geerbte Systeme), die auf älterer Technologie beruhen und aus Kostengründen noch nicht ersetzt werden können.

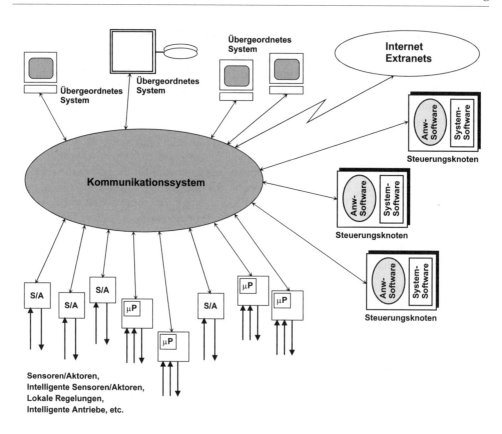

Abbildung 2-7: Physische Steuerungsarchitektur mit einer Bus-Technologie

2.7 Middleware für die Industrieautomation

Die „klassische" Entwicklung in der Industrieautomation folgte dem Schema:

Betriebliches Bedürfnis ⇨ Produktentwicklung ⇨ Programmierung-/Engineeringtools.

Haupttreiber waren lange Zeit die betrieblichen Bedürfnisse[27], welche – durchaus gerechtfertigt – die Vielzahl der heute vorhandenen industriellen Kommunikationssysteme hervorbrachte. Die Vielfalt der betrieblichen Bedürfnisse ist nicht kleiner geworden: Neue Anforderungen, wie z. B. Sicherheitsbusse (Safety Busses), Kommunikationssysteme für die Anwendung in explosionsgefährdeten Umgebungen, drahtlose Subsysteme usw. erweitern die betrieblichen Anforderungen stetig.

---

[27] Stark unterstützt vom Willen verschiedener Hersteller, das eigene System anbieten zu können und damit die Kundenbindung zu erhöhen.

2.7 Middleware für die Industrieautomation

Leider ging mit dem „klassischen" Entwicklungsparadigma untrennbar eine Explosion der Anzahl verschiedener Programmierungs- und Engineeringwerkzeuge einher. Es war nicht ungewöhnlich, dass in einer großen Anlage die Techniker 3...5 verschiedene Werkzeuge beherrschen und verwenden mussten.

Die grundsätzlich verschiedenen Anforderungen und Anwenderbedürfnisse des *Anlagenbauers* (= betriebliche Anforderungen durch die Dezentralisierung), des *Engineerings* (Systemkonfiguration, Systemmanagement, Versionierung), der *Programmierer* (Steuerungs-/Anlagensoftwareerstellung) und zusätzlich jetzt noch der *Vernetzung* nach außen (Firmennetzwerk, Partnernetzwerke, Internet) rufen dringend nach einer Entkopplung der spezifischen Lösungen. Dies ist von der Industrie erkannt worden und wird in den ersten Ansätzen versucht: Programmiersysteme wie die IEC-1131 und wiederverwertbare Komponenten für die Vereinheitlichung der Steuerungsprogrammierung, Verschmelzung ausgewählter Bussysteme unter gemeinsamen Schnittstellen usw. bilden Schritte in diese Richtung. Leider werden aber erst Teilgebiete vereinheitlicht: Erforderlich wären uniforme, einheitliche und integrierte Werkzeuge, die sich über die *gesamte* Infrastruktur (alle Bussysteme, alle Steuerungstypen, ...) erstrecken. Die Erfüllung dieser Vision ist das Ziel einer systemweiten, industriellen Middleware[28] (**Abbildung 2-8**).

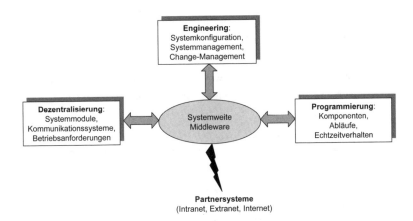

Abbildung 2-8: Das Spannungsfeld „Dezentralisierung" – „Engineering" – „Programmierung"

Der Weg zu einer[29] systemweiten, industriellen Middleware ist noch weit. Die zwingende Entwicklung wird aber in den kommerziellen Systemen vorgezeichnet (vgl. [159]) und Middleware-Technologien aus dem kommerziellen EDV-Gebiet dringen in die Industrieautomation ein (Beispiele: DCOM, .net, CORBA, http:, HTML/XML).

---

[28] Die Definition des Begriffes *Middleware* ist schwierig: Britton benutzt „Middleware is software that makes it possible in practice to build distributed applications" ([159], S. 91).
[29] Oder wenigstens: einer kleinen Anzahl von Middlewares.

2.8 Internet und Industrieautomation

Das Internet beeinflusst die Industrieautomation auf zwei völlig verschiedene Weisen:

1. Internet schafft eine weitere *Dezentralisierungsebene* in der Steuerungsarchitektur.
2. Internet-/World Wide Web-*Technologieelemente* werden direkt in der Industrieautomation eingesetzt.

Über die weitere Dezentralisierungsebene kann die eigene Anlage mit Anlagen oder Diensten von Partnern, Kunden, Lieferanten etc. gekoppelt werden. Damit können Funktionen wie Fernbedienung, Ferndiagnose, Fernwartung, kollaborative Prozesse, Ressourcenoptimierung, zentralisierte Softwareentwicklung, u.v.m. implementiert werden. Die Zukunft wird hier viel Neues bringen[30].

Gewisse Internet-/World Wide Web-Technologieelemente haben bereits heute einen direkten und unverzichtbaren Platz in der Industrieautomation. Neben ihrer technischen Nützlichkeit haben sie einen unerwartet starken – und sehr willkommenen – de-facto Standardisierungseffekt ausgelöst. Diese Einflüsse sind Gegenstand von Kapitel 14.

Ausgewählte Literatur zu Kapitel 2:

Jordan, J.R.: **Serial Networked Field Instrumentation** (Literaturverzeichnis [18])

Konzentrierte Übersicht über die Probleme und Lösungen beim Einsatz von seriellen Bussystemen in der industriellen Umgebung. Beschreibt anschließend einige der früh standardisierten Bussysteme.

Bass, L.; Clements, P.; Kazman, R.: **Software Architecture in Practice** (Literaturverzeichnis [106])

Architekturzentrierte Softwareentwicklung ist ein eher neues Gebiet und Anwendungen auf die Industrieautomation sind noch kaum vorhanden. Je stärker sich das Gewicht aber von Hardware (Physische Architektur) auf die Software (Logische Architektur) des industriellen Steuerungssystems verschiebt, umso wichtiger wird dieses Gebiet. Dieses Werk gibt eine relativ umfassende Einführung in eine Technik der architekturzentrierten Softwareentwicklung für dezentrale, kommerzielle Systeme.

Britton, C.: **IT-Architecture and Middleware** (Literaturverzeichnis [159])

Zeigt die unverzichtbare Rolle von Middleware beim Bau von (kommerziellen), dezentralisierten Systemen. Die Industrieautomation – wenigstens bei den großen Anlagen – wird diesem vorgezeichneten Weg folgen müssen.

---

[30] Nicht Gegenstand des vorliegenden Buches.

3 Netzwerke und Dienstqualität

Industrielle Netzwerke bilden die Grundlage der dezentralen Industrieautomation. Als Folge der besonderen Anforderungen der Industrieautomation müssen die dafür eingesetzten Netzwerke gewisse Eigenschaften aufweisen. Neben den installations- und betriebstechnischen Aspekten umfassen diese die Gewährleistung von Übertragungsparametern, wie z. B. Meldungsverzögerungszeiten oder Datendurchsatzraten. Die Definition, Quantifizierung, Implementierung und Einhaltung von Übertragungsparametern wird durch die Dienstqualität (QoS – Quality of Service) eines Netzwerkes erreicht.

In diesem Kapitel werden einerseits die wichtigsten Netzwerkgrundlagen eingeführt und andererseits wird ausführlich auf die Dienstqualität (QoS) von industriellen Netzwerken, speziell von Ethernet-TCP/IP eingegangen.

3.1 Netzwerkgrundlagen

Dieser Abschnitt führt in kurz gefasster Form die für die weitere Arbeit wichtigen Netzwerkgrundlagen ein. Als weiterführende Literatur werden [25], [26] und [30] empfohlen.

3.1.1 Der Begriff „Netzwerk"

Der Begriff „Netzwerk" hat im Verlauf der letzten Jahrzehnte seine Bedeutung verändert: Heute versteht man unter einem Netzwerk ein beliebiges Kommunikationssystem, welches zwischen einer (größeren) Anzahl von Teilnehmern den Austausch von Daten ermöglicht. Die notwendigen Kennzeichen eines Netzwerkes sind (**Abbildung 3-1**):

1. Jeder Teilnehmer (= jede Netzwerkstation) hat eine *Netzwerkanschaltung*, d. h. eine physische Schnittstelle zum Netzwerk[31].
2. Jeder Teilnehmer hat seine eigene und eindeutige *Netzwerkadresse*. Über seine Netzwerkadresse kann er von den Kommunikationspartnern unverwechselbar angesprochen werden.
3. Das Netzwerk unterhält eine *Adresstabelle*: Über die Adresstabelle können alle Teilnehmer im Netzwerk aufgefunden werden. Die Netzwerktabelle kann auch auf die einzelnen Stationen aufgeteilt sein (mit einem geeigneten Verfahren, die gewünschten Kommunikationspartner und deren Netzwerkadressen finden zu können).
4. Alle Übertragungsvorgänge über das Netzwerk finden nach strikt definierten Regeln statt: Dieser Satz von Regeln wird *Protokoll* (Netzwerkprotokoll) genannt und muss von allen Netzwerkstationen eingehalten werden. Das Protokoll deckt nicht nur die regulären Datenübertragungsfunktionen ab, sondern auch die Fehlerfälle, die Netzwerkkonfiguration etc.

---

[31] Die Netzwerkanschaltung wird aus historischen Gründen immer noch als NIC (= Network Interface Adapter bezeichnet).

Netzwerke können auf Grund von weiteren Eigenschaften charakterisiert werden, z. B.:
- Nach ihrer *Ausdehnung*: LAN (= Local Area Network, einige km), MAN (= Metropolitan Area Network, einige 10 km), WAN (= Wide Area Network, einige 100 km).
- Nach ihrer *Betriebsart*: Single-Master/Multi-Slave, Multi-Master/Multi-Slave, symmetrische Netzwerke (kein zentraler Master) etc.
- Nach ihrer *Basistechnologie*: Ethernet, ATM, Start-Stop etc.
- Nach ihrem *Netzwerkprotokoll*: Ethernet-TCP/IP, Profibus, Bitbus etc.
- Nach ihrer *Größe*: 128, 1024, 2^{24}, 23^{32}, 2^{128}, ... Teilnehmer.
- Nach ihrem *Medium*: Kupfer, optische Fasern, Funk (WLAN = Wireless Local Area Network), Infrarot, Mikrowellen, GSM etc.
- Nach ihrem *API* (Application Programming Interface): Socket-Interface, Prozessabbild, S7-Funktionen, MiTS etc.
- Nach ihrer *Topologie*: Bus, Stern, Baum, Ring etc.

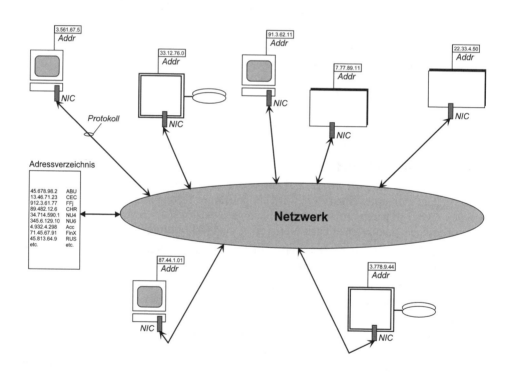

Abbildung 3-1: Grundlegende Eigenschaften eines Netzwerkes

3.1.2 Intranets, Extranets, Internet und VPNs

Eine wichtige Unterscheidung der Netzwerke geschieht auf Grund ihres Besitzers[32].
- **Intranets**: Alle Netzwerkkomponenten und Teilnehmer gehören dem gleichen Besitzer („uns", d. h. wir sind Teil des Intranets. Dazu gehören z. B. Firmen-, Univer-

---

[32] d. h. der verantwortlichen juristischen Einheit.

sitätsnetze). Intranets benutzen vielfach die vollständige Internet-Technologie, also Web-Server, Browser etc., aber stellen ihre Dienste nicht Dritten zur Verfügung.

- *Extranets*: Alle Netzwerkkomponenten und Teilnehmer gehören dem gleichen, aber fremden Besitzer (fremde, geschlossene Teilnehmergruppe). Der Zugang zu einem Extranet kann unter gewissen Umständen für bekannte Teilnehmer erlaubt werden, z. B. als Kunden-Lieferantenbeziehung, innerhalb einer firmenübergreifenden Workflowkette etc.
- *Internet*: Offenes, weltweit zugängliches Netzwerk mit einer weltweit eindeutigen Adressstruktur (Domain Names). Zugang erfolgt über einen Internet Service Provider (ISP). Große Vielfalt von Services, z. B. World Wide Web (WWW), File download, E-Mail, Suchmaschinen etc. Auf Grund seiner riesigen Ausdehnung, seinem freien Zugang und der Anonymität im Internet stellt es ein signifikantes Sicherheitsrisiko für die angeschlossenen Rechner (Teilnehmer) dar (vgl. [97], [98]).
- *Virtual Private Networks* (VPNs): VPNs stellen eine Entwicklung in der Kommunikationstechnik dar. Das Ziel von VPNs ist es, die kostengünstige und weltweit verfügbare Internet-Infrastruktur zu benutzen und gleichzeitig Maßnahmen zu treffen, damit eine geschlossene Benutzergruppe (z. B. eine weltweit tätige Firma) genügende Sicherheit für ihre Daten, Programme, Resourcen und Mitarbeiter erreicht. Ein VPN ist damit ein privates, sicheres Netzwerk. Der Begriff „virtual" bezieht sich darauf, dass das Netzwerk nicht physisch existiert, sondern jeweils Internet-Verbindungswege verwendet werden[33] ([107], [N-32]).

3.1.3 OSI-Modell

Das OSI-Modell („Open Systems Interconnection") wurde von der ISO („International Standards Organization") als Modell für die Funktionsaufteilung in Kommunikationssystemen und als Basis für die Normierung eingeführt. Gleichzeitig ist das OSI-Modell heute Denkmodell und „Bauplan" für moderne Kommunikationssysteme geworden. Die große praktische Bedeutung des OSI-Modelles kommt daher, dass die Funktionen der Schichten und die Schnittstellen zwischen den einzelnen Schichten klar definiert sind. Dadurch ist es in einem OSI-konformen System möglich, einzelne Schichten durch andere technische Implementationen zu ersetzen, ohne an den übrigen Schichten Änderungen vornehmen zu müssen (Modularitätsgedanke). Bezogen auf Sensor-/Aktorbusse bedeutet dies, dass die Schicht 1 (= z. B. RS-485 Übertragungsmedium mit Datenrate 375 kBit/s) gegen neue Übertragungsmedien (z. B. Lichtwellenleiter mit 1,5 MBit/s, Twinax-Kabel mit 268,8 kBit/s oder einen Funkkanal) ausgetauscht werden kann. Alle Eigenschaften der oberen Schichten des Sensor-/Aktorbusses bleiben dabei unverändert erhalten.

Das OSI-Modell besitzt 7 Schichten (Layers), die jeweils genau definierte Aufgaben haben (**Abbildung 3-2**). Die Funktionen der einzelnen Schichten lauten in Stichworten (vgl. [12] und [14]):

- *Schicht 1*: besorgt die Übertragung von einzelnen Bit. Definiert Übertragungsmedium, Stecker, Modulation, maximale Datenübertragungsrate etc. und die physikalischen Parameter der Installation (= „Bitübertragungsschicht").
- *Schicht 2*: besorgt die fehlergesicherte Übertragung von Datenblöcken (ohne Berücksichtigung des Inhaltes) von einem Sender an einen Empfänger, resp. an mehrere oder an alle Empfänger als Multicast und Broadcast (= „Sicherungsschicht").

---

[33] Dadurch können allerdings Verfügbarkeits- und QoS-Probleme entstehen.

- *Schicht 3*: Suche und Benutzung von Pfaden durch eines oder mehrere Netzwerke zwischen dem Sender und dem Empfänger, ev. über Knoten- oder Kommunikationsrechner (= „Vermittlungsschicht"). Das „IP" (= Internet-Protokoll) implementiert die Funktionen der OSI-Schicht 3.
- *Schicht 4*: Steuerung und fehlerfreie, sequenzgerechte Ablieferung des Datenflusses (= „Transportschicht"). Das „TCP" (= Transmission Control Protocol) implementiert die Funktionen der OSI-Schicht 4.
- *Schicht 5*: Aufbau, Unterhalt, Abbau von Verbindungen zwischen den Partnern (= „Kommunikationssteuerungsschicht").
- *Schicht 6*: Sie stellt die Unabhängigkeit von Zeichencodierung, Daten-, Bildschirm-, File-Formaten etc. sicher oder konvertiert diese in die für den entsprechenden Rechner geeignete Darstellung (= „Darstellungsschicht").
- *Schicht 7*: Nach dem OSI-Modell bietet diese Schicht Dienste für die anderen Teilnehmer im Netz, z. B. die Übertragung von Files („Network File System"), den Zugriff auf ein Rechenzentrum („TELNET") etc. an (= „Anwendungsschicht"). In der neueren Literatur wird diese Schicht noch einmal feiner unterteilt, in eine Schicht 7a und 7b: Die Schicht 7a stellt die Schnittstelle zu den Anwendungsprogrammen (ALI = Application Layer Interface, resp. API = Applications Program Interface) zur Verfügung, während die Schicht 7b die eigentlichen Anwendungsprogramme beinhaltet. ALIs/APIs sind im OSI-Modell nicht definiert, sondern werden anwendungsspezifisch entwickelt und dokumentiert (vgl. Kapitel 9).

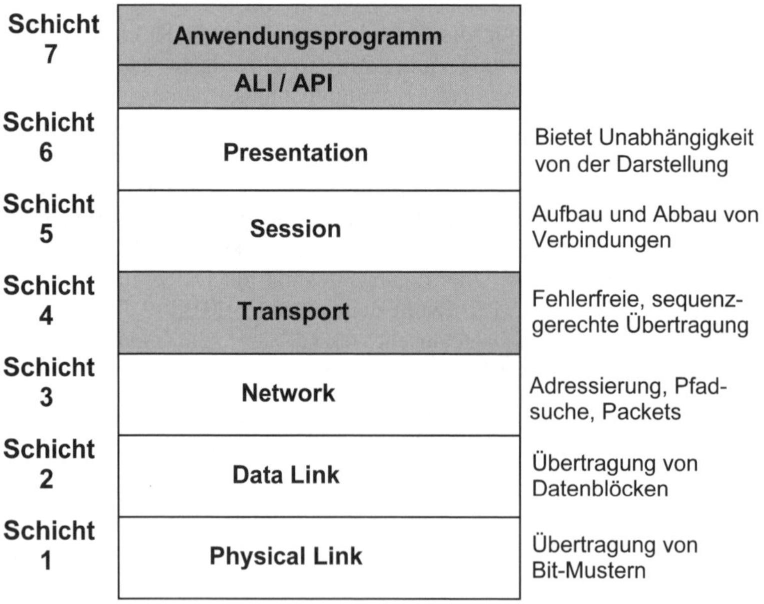

Schicht	Schicht	Beschreibung
Schicht 7	Anwendungsprogramm	
	ALI / API	
Schicht 6	Presentation	Bietet Unabhängigkeit von der Darstellung
Schicht 5	Session	Aufbau und Abbau von Verbindungen
Schicht 4	Transport	Fehlerfreie, sequenzgerechte Übertragung
Schicht 3	Network	Adressierung, Pfadsuche, Packets
Schicht 2	Data Link	Übertragung von Datenblöcken
Schicht 1	Physical Link	Übertragung von Bit-Mustern

Abbildung 3-2: Das OSI-Schichtenmodell für ein Kommunikationssystem

3.1.4 Tunnelprotokolle

Bei gewissen Anwendungen kann es vorkommen, dass von der Anwendungssoftware (ALI) das eine Netzwerkinterface gewünscht wird, auf der Installationsebene aber ein anderes (z. B. wegen EX-Forderung oder weil bereits ein Netzwerk installiert ist). Dieser Fall tritt zur Zeit häufig zwischen den etablierten Feldbussen und Ethernet-TCP/IP auf. Man kann sich hier mit der Abbildung des einen Busses auf den anderen Bus behelfen: Solche Abbildungen von Protokollen auf andere Protokolle werden Tunneling, resp. Tunnelprotokolle[34] genannt (**Abbildung 3-3**).

In oberen Fall von Abbildung 3-3 verlangt die Anwendung auf beiden Seiten ein bestimmtes Feldbusprotokoll (z. B. Profibus), die Installation stellt aber nur Ethernet-TCP/IP zur Verfügung. Man benutzt daher das unveränderte Ethernet-TCP/IP zur Übertragung, aber die Nutzdaten bestehen aus den Feldbus-Telegrammen. Die Feldbus-Telegramme werden unverändert von Applikation zu Applikation transportiert.

In unteren Fall von Abbildung 3-3 ist die umgekehrte Situation dargestellt: Die Anwendungen arbeiten mit TCP/IP-Schnittstellen und in der Installation ist bereits ein Feldbus (z. B. Interbus-S) vorhanden. Hier werden über das Interbus-S Protokoll – über einen im Interbus-S vorgesehenen simulierten seriellen Kanal – die TCP/IP-Segmente übertragen.

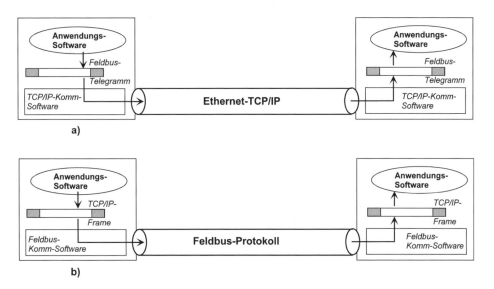

Abbildung 3-3: *Abbildung inkompatibler Protokolle aufeinander (Tunnelprotokolle)*

3.1.5 Repeater, Hubs, Bridges, Router und Gateways

Wichtige Bestandteile von TCP/IP-Kommunikationssystemen sind *Repeater*, *Bridges*, *Router* und *Gateways*. Diese Elemente erlauben größere Flexibilität in der Installation, den Zusammenschluss von verschiedenen Transportnetzwerken und die Kommunikation zwischen Teilnehmern in Transportnetzwerken mit anderen Protokollen. Den Unterschied

---

[34] Tunnelprotokolle können das Zeitverhalten und die Performance der Verbindungen wesentlich beeinflussen.

zwischen den vier Elementen sieht man gut anhand ihrer Funktionalität im OSI-Modell (**Abbildung 3-4**). Je nach Schichtzugehörigkeit berücksichtigen sie einen kleineren oder größeren Teil der Information im IP- oder TCP-Header zur Erfüllung ihrer Funktionen. Insbesondere Router und Gateways sind komplizierte Geräte mit rechenintensiven Funktionen.

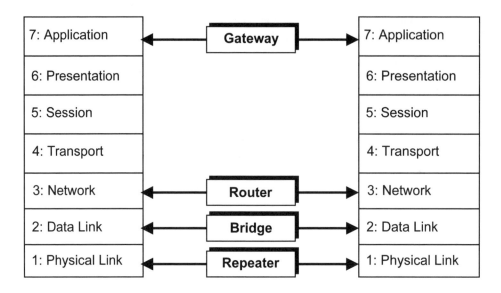

Abbildung 3-4: Repeater, Bridge, Router und Gateway im OSI-Modell

Repeater

Ein *Repeater* („Verstärker") berücksichtigt überhaupt keine Header Information: Er ist ein reiner Umsetzer für die elektrischen oder optischen Signale auf dem Übertragungssystem und erlaubt den Aufbau von topologisch komplizierten Netzen (Baumstrukturen), geografisch weiter ausgedehnten Netzen (Verstärker) oder den Wechsel des Kommunikationsmediums (z. B. 10base5 auf 10baseT oder auf Lichtwellenleiter).

Bridge

Eine *Bridge* ("Brücke") verbindet zwei oder mehrere (Multiport Bridge) Netzwerke und tauscht Pakets zwischen diesen aus. Bridges sind intelligente Elemente, die den gesamten Verkehr in den angeschlossenen Netzwerken mithören, Pakets auf Grund ihrer physikalischen Adresse und des Paket-Typs analysieren und mit Hilfe von internen Tabellen entscheiden, ob Pakets unverändert weitergegeben, umgeformt weitergegeben oder ignoriert werden (**Abbildung 3-5**). Bei gleichen Netzwerken – z. B. eine Bridge zwischen Ethernet und Ethernet – wird ausschließlich auf Grund der Ethernet-Adresse entschieden, ob das Paket an das andere Netzwerk weitergegeben wird. Falls sich die Destination-Adresse im gleichen Netzwerk befindet, so wird das Paket ignoriert. Falls sich die Destination-Adresse in einem der anderen Netzwerke befindet, so wird das Paket an dieses Netzwerk weitergegeben. Befindet sich die Bridge zwischen zwei verschiedenen Netzwerken (z. B. Ethernet zu Token-Ring) wird das Paket verarbeitet, d. h. es werden

Felder im Paket verändert, ergänzt oder weggelassen, damit das Paket dem neuen Netzwerkprotokoll entspricht. Gegebenenfalls werden ganze Pakete – die im zweiten Netzwerk nicht existieren – unterdrückt oder es werden für das zweite Netzwerk selbstständig neue Pakets erzeugt.

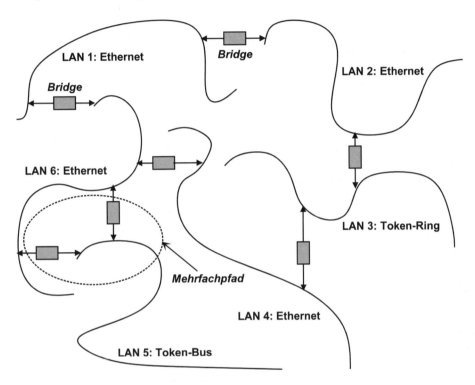

Abbildung 3-5: Verwendung von Bridges

Eine Bridge arbeitet nach dem "Store-and-Forward"-Prinzip: Ein ankommendes Paket wird aufgenommen, geprüft, zwischengespeichert[35], analysiert, eventuell an die Formate und Regeln des angekoppelten Netzwerkes angepasst und weitergesendet. Falls die Prüfung ein fehlerhaftes Frame zeigt (Formatfehler, Prüfsummenfehler), so wird es sofort ignoriert.

Eine Bridge unterhält zum Entscheid über die Weiterleitung von Pakets verschiedene Tabellen: eine *Adress-Korrespondenztabelle* und eine *Filtertabelle*. In der Adress-Korrespondenztabelle sind die Teilnehmer (Destination-Adressen) mit ihrer Netzwerkzugehörigkeit gespeichert. Die Filtertabelle zeigt an, welche Pakete in der Bridge unterdrückt werden sollen (z. B. im anderen Netzwerk unbekannte Paket-Typen, Ausschluss von Adressgruppen oder Multicast-Funktionen usw.). In früheren Bridges wurden diese Tabellen vom Netzwerkmanager manuell eingegeben und bei jeder Änderung im Netzwerk mussten die Bridges neu konfiguriert werden. Heute "lernen" die Bridges und bauen ihre Adress-Korrespondenztabellen selbst auf (adaptive Algorithmen).

---

[35] Bei sehr hoher Netzwerklast können in Bridges Bufferprobleme auftreten und als Resultat können Pakete verworfen werden.

Durch die Beobachtung aller Pakets auf den Netzwerken und über die Analyse der Source-Adressen erkennen sie, welche Teilnehmer sich in welchem Netz befinden (dynamisches Tabellenmanagement). Falls für ein Paket die Netzwerkzugehörigkeit unbekannt ist, so gibt die Bridge das Paket an alle anderen angeschlossenen Netzwerke weiter. Damit die Adress-Korrespondenztabelle in einer Bridge nicht ständig wächst, wird jeder Adresseintrag mit einem Alterungszähler verbunden. Der Alterungszähler wird jedes Mal zurück gesetzt, wenn die entsprechende Adresse als Source-Adresse in einem Paket erkannt wird. Hat ein Alterungszähler einen bestimmten Wert erreicht – und zeigt damit an, dass diese Adresse seit langem nicht mehr erschienen ist – so wird die zugehörige Adresse aus der Tabelle entfernt.

Die beschriebene Arbeitsweise einer Bridge funktioniert einwandfrei, solange zwischen zwei Netzwerken nur *eine* einzige Bridge – d. h. nur ein einziger Verbindungspfad – vorhanden ist. Wären zwei Bridges vorhanden (Mehrfachpfad, vgl. Abbildung 3-5), so würde jede von ihnen ein ankommendes Paket an das abgehende Netzwerk weitergeben: Das Paket wäre dann plötzlich zweimal vorhanden! Noch schlimmer zeigt sich die gleiche Situation bei Broadcast-Meldungen: Aus der einen Broadcast-Meldung im ankommenden Netzwerk entstehen zwei Broadcast-Meldungen im abgehenden Netzwerk. Diese werden aber wiederum von jeweils der anderen Bridge aufgenommen und weitergegeben, sodass die Broadcast-Meldungen ewig zirkulieren oder sich sogar vervielfachen können. Im schlimmsten Falle kann dies zu einem "Broadcast Collapse" führen, welcher die Netzwerke lahm legt. Um solche Situationen zu vermeiden, ist ein spezieller Algorithmus für Bridges entwickelt worden (vgl. [2], Abschnitt 4.2.2). Dieser Algorithmus wird STA (= Spanning Tree Algorithm) genannt und gewährleistet eine gegenseitige "Absprache" unter den Bridges, sodass nur ein einziger Pfad zwischen den verschiedenen Netzwerken ausgenutzt wird. Die Bridges "lernen" dabei die Topologie des Gesamt-Netzwerkverbundes und speichern diese als *aktive Topologie* (Active Topology). Die aktive Topologie gewährleistet, dass jeweils zwischen zwei beliebigen Stationen im gesamten Netzwerkverbund nur ein einziger Pfad benutzt werden kann, d. h. jeweils nur eine einzige Bridge (oder Router) bei mehreren Möglichkeiten wirklich aktiv ist.

Router

Die allgemeinste Situation im Internet umfasst die Zusammenarbeit einer Vielzahl von verschiedenen Kommunikationssystemen. Ein IP-Datagramm, das von einem Teilnehmer abgesendet wird, durchläuft möglicherweise 5, 10 oder 20 unabhängige Netzwerke. Es wird z. B. in einem PC erzeugt, durchläuft das eigene, lokale Computernetzwerk (Ethernet), geht von dort aus in das öffentliche Telefonnetz, dann weiter über eine internationale Satellitenstrecke, in der Empfängerstadt in ein WAN (Wide Area Network), dann im Gebäude des Empfängers wieder auf ein Computer-Lokalnetzwerk (Token-Ring) und trifft schließlich im Rechner des Empfängers ein. Während der Übertragung der aufeinander folgenden IP-Datagramme fällt vielleicht die Satellitenstrecke aus (Überlastung) und ein Teil der IP-Datagramme wird über das Transatlantikkabel geleitet. Dem IP-Datagramm stehen eine große Anzahl möglicher Wege (paths) vom Sender zum Empfänger zur Verfügung.

Im IP-Datagramm ist nur die Destination-Adresse vorhanden und das IP-Datagramm trägt keine Weginformation mit sich. In den allermeisten Fällen ist dem Sender des IP-Datagramms nicht einmal bekannt, in welchem Kommunikationsnetzwerk sich der adressierte Empfänger befindet und schon gar nicht, wie die Netze untereinander verbunden sind. Bei jedem Schnittpunkt der verschiedenen Kommunikationsnetzwerke

3.1 Netzwerkgrundlagen

muss daher ein Vermittlungsrechner stehen, welcher entscheidet, wohin ein IP-Datagramm weitergegeben werden soll. Diese Vermittlungsrechner werden in der TCP/IP-Umgebung "Router" genannt: Router sind sehr wichtige Bauelemente für Internets, da nur sie die echte "Internet-Fähigkeit" – d. h. die Wegsuche durch verbundene Kommunikationsnetzwerke – möglich machen.

Im Internet werden die Begriffe "Direct Delivery" und "Indirect Delivery" verwendet (**Abbildung 3-6**): Direct Delivery bedeutet, dass sich Sender und Empfänger im gleichen Netzwerk befinden – oder in Netzwerken, die über *Bridges* gekoppelt sind. Der Sender kann in diesem Falle das IP-Datagramm direkt an den Empfänger adressieren. Falls sich der Empfänger in einem anderen – dem Sender meist nicht bekannten Netzwerk – befindet, so wird das IP-Datagramm an einen geeigneten Router adressiert. Der Router entscheidet nun (mittels Tabellen oder mittels des "IP Routing Algorithm", vgl. [20], Kapitel 8), an welches Netzwerk oder an welchen weiteren Router das IP-Datagramm weitergegeben wird. Ein IP-Datagramm "sucht" sich also auf diese Weise einen Weg durch das Internet zu seinem Empfänger. Die Router sind für die Zuverlässigkeit und Leistung von Internets entscheidend und haben heute einen sehr hohen technischen Stand erreicht (vgl. [20], Kap. 14, 15 und 16; [2], Abschnitt 4.3; [1], Kap. 13).

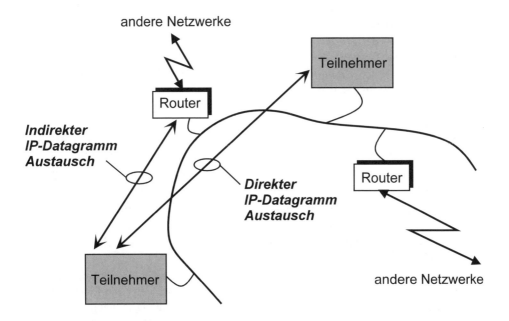

Abbildung 3-6: *Netzwerk mit Routers*

Gateways

Bridges sind in der Lage, Netzwerke mit unterschiedlichen Schicht-2-Protokollen zu verbinden (z. B. Ethernet zu Token-Ring). Router können nur in einer homogenen Schicht-3-Protokollumgebung arbeiten, d. h. alle Teilnehmer müssen das gleiche Netzwerkprotokoll benutzen. Es gibt natürlich in der Technik Fälle, bei welchen Rechner mit vollständig inkompatiblen Protokollen Daten austauschen sollen. Dies ist heute noch der Fall, wenn z. B. Maschinen mit herstellerspezifischen Kommunikationsmechanismen an

TCP/IP angeschlossen werden sollen. In solchen Situationen müssen *Gateways* eingesetzt werden. Diese transformieren die entsprechenden Kommunikationsfunktionen (teilweise mit viel Rechenaufwand) und gewährleisten so die Interoperabilität.

3.1.6 Switches

Das modernste Element zur Strukturierung von Netzwerken sind die *Switches*. Switches sind Vermittlungsknoten mit mehreren Ports. Auf einem Port ankommende Telegramme werden ausschließlich auf das Ausgangsport durchgeschaltet, welches die Empfängerstation kennt. Switches arbeiten mit sehr hoher Geschwindigkeit (Gigabit) und zum Teil mit sehr kurzen Verzögerungszeiten (wenige Bytes). Switches werden in Kapitel 8 behandelt.

3.2 Dienstqualität (Quality of Service)

Beim Einsatz von Rechnern und von Kommunikationssystemen für die industrielle Steuerung, sind die auftretenden Verzögerungen[36] entscheidend für die Echtzeitfähigkeiten des Automationssystems. Die Gesamtverzögerung setzt sich zusammen aus einzelnen Verzögerungen in den Systemteilen (vgl. Abbildung 2-3) und lässt sich in die drei wesentlichen Gruppen einteilen:

1. Verzögerungen in der **Hardware**: Filterkonstanten in den Sensoren, A/D- und D/A-Wandlungszeiten, Tiefpassfilter und Schutzschaltungen in den Interfaces etc.
2. Verzögerungen in den **Kommunikationssystemen**: Buffering und Queueing (Warteschlangen), Wartezeiten in den Routers, Switches etc.
3. Verzögerungen in der **Steuerungssoftware**: Zykluszeiten, Interrupt-Latencies, Rechenzeiten etc.

In diesem Kapitel und in den Kapiteln 7 und 8 werden die Ursachen und Wirkungen der Verzögerungen in Ethernet-TCP/IP Netzwerken, sowie Maßnahmen zu ihrer Minimierung und Stabilisierung behandelt. Im Kapitel 10 werden die Zeitverhältnisse bei verschiedenen Softwarearchitekturen der dezentralen Steuerungssoftware untersucht.

Verzögerungen in Kommunikationssystemen haben zwei Komponenten:

- Eine *konstante* Komponente: Diese stammt aus den physikalischen Laufzeiten des Mediums, aus konstanten Durchlaufzeiten durch Repeater, aus den Hardwareverzögerungen in den NICs etc.[37]
- Eine *variable* Komponente: Diese wird durch die variierenden Rechenzeiten in den Netzwerktreibern, durch Buffering und Warteschlagen, durch gewissen Eigenschaften der Netzwerkprotokolle (z. B. Prioritätssteuerungen), durch die lastabhängigen Durchlaufzeiten durch Router und Bridges, durch die Anzahl durchlaufener Netzwerkelemente etc. bestimmt.

Es ist eine bekannte Tatsache, dass die variable Verzögerungskomponente in vielen Netzwerken – und ganz besonders bei Ethernet-TCP/IP – mit zunehmender Netzwerklast (= Netzwerkverkehr) größer wird. Der Grund dafür ist, dass sich bei höherer Netzwerklast bei gewissen Komponenten *Stausituationen* (Contention) ergeben können, welche zu zusätzlichen Verzögerungen von Telegrammen oder Pakets führen. Stausituationen sind

---

[36] Genauer: Die auftretenden *maximalen* Verzögerungen und ihre *Schwankungen*.
[37] Die konstante Komponente ist im Vergleich zur variablen Komponente meist sehr klein.

3.2 Dienstqualität (Quality of Service)

sehr schwierig voraussehbar, weil sie vom statistischen Lastaufkommen, von zufälligen zeitlichen Verhältnissen, von den verwendeten Algorithmen in den Netzwerkkomponenten und von weiteren transienten Vorgängen abhängen.

Beispiel 3-1: Stausituation „Head-of-Line Contention"

In der **Abbildung 3-7** ist eine häufige Stausituation vereinfacht dargestellt: Bei einem Switch (oder Router/Bridge) wollen kurz aufeinander die drei Sender „1", „2" und „3" Daten an den gleichen Empfänger „B" senden. Die Eingangsdatenrate der drei eingehenden Datenströme übersteigt die Ausgangsdatenrate zum Empfänger B, sodass innerhalb des Switches (oder Router/Bridge) die Ausgangs-Warteschlange (Output Queue) zum Empfänger „B" gefüllt werden muss. Dadurch entstehen sofort Wartezeiten, welche in diesem Falle direkt vom Datenaufkommen am Eingang abhängig sind. Sobald die kumulierte Eingangsdatenrate unter die Ausgangsdatenrate fällt, leert sich die Output Queue wieder und die Verhältnisse werden wieder normal, d. h. die Wartezeiten verschwinden.

Es kann aber auch ein schlimmerer Fall auftreten: Die kumulierte Eingangsdatenrate ist über längere Zeit größer als die Ausgangsdatenrate und die Output Queue füllt sich deshalb mehr und mehr. Die Output Queue kann ihre Kapazitätsgrenze erreichen, d. h. es ist kein Platz mehr für eingehende Daten vorhanden – dieser Fall wird *Queue Overflow* (Warteschlangenüberlauf) genannt und die Konsequenz ist, dass Daten unwiederbringlich verloren gehen! Das Netzwerk zeigt also nicht nur eine variable Verzögerungszeit zwischen den Sendern und den Empfängern, sondern sogar die unangenehme Eigenschaft von *Datenverlusten*.

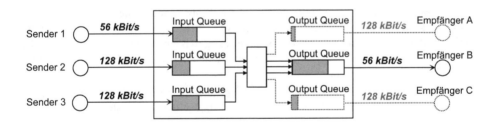

Abbildung 3-7: Stausituation „Head-of-Line Contention"

3.2.1 Der Begriff „QoS"

Variable – und ggf. zu lange – Verzögerungszeiten, schwankende Durchsatzraten durch das Netzwerk und der Verlust von Daten im Netzwerk verunmöglichen gewisse Anwendungen. In der Industrieautomation betrifft dies alle Steuerungsanwendungen, bei denen vom Prozess her harte Echtzeitanforderungen gestellt werden. Aber auch im kommerziellen Umfeld gibt es zunehmend mehr Anwendungen, die auf eine verlässliche Konstanz der Netzwerkparameter angewiesen sind: Beispiele sind die Internet-Telefonie (Voice-over-IP), Video- und Multimediaanwendungen und die Datenkommunikation zwischen geschäftskritischen dezentralen Applikationen. Sowohl bei der IETF (Internet Engineering Task Force) wie auch bei vielen Lieferanten (z. B. [108]) von Routern,

Switches etc. sind deshalb aufwändige Forschungen und Entwicklungen im Gange, um die TCP/IP-Netzwerke qualitätsmäßig zu verbessern.

Das Stichwort bei diesen Anstrengungen – und das Ziel der neuen Netzwerkgeneration – lautet QoS (= Quality of Service, Dienstqualität). Die Dienstqualität eines Netzwerkes[38] wird mit den folgenden Parametern charakterisiert:

- *Netzwerkverfügbarkeit* (Service Availability): Bezeichnet den Prozentsatz der Zeit, welche das Netz (resp. der Dienst) verfügbar ist. Eine Verfügbarkeit von 99,1 % bedeutet, dass das Netz im Mittel 0,9 % der betrachteten Zeitspanne nicht verfügbar war.
- *Paketverlustrate* (Paket Loss Rate): Paketverluste enstehen als Folge von unbewältigten Stausituationen im Netz (vgl. Beispiel 3-1). Netzwerkkomponenten wie Router, Switches, Bridges aber auch Endgeräte können gezwungen sein, aus Mangel an Bufferplatz ganze Telegramme (Pakete) zu ignorieren. Diese sind dann unwiederbringlich verloren.
- *Übertragungsverzögerung* (Delay, Latency): Bei Stausituationen oder Protokollkonflikten werden Telegramme (Pakete) variabel verzögert. Die *minimale* Übertragungsverzögerung entsteht dann, wenn das Netzwerk unbelastet ist („Leerlauf"). Die *maximale* Übertragungsverzögerung[39] entsteht im ungünstigsten der zugelassenen Fälle.
- *Schwankung* der Übertragungsverzögerung (Jitter): Der variable Teil der Übertragungsverzögerung unterliegt größeren Schwankungen, die von den Last-, Zeit- und gewissen Abhängigkeitsverhältnissen abhängen. Die Spannweite reicht von der minimalen zur maximalen Übertragungsverzögerung und wird durch eine Verteilungskurve charakterisiert (= Häufigkeitskurve).
- *Netzwerkdurchsatz* (Throughput): Netzwerkdurchsatz bedeutet die mittlere Bitrate im Netzwerk über eine bestimmte Zeit, z. B. 3'080'450 Bit/s über die letzten 10 Minuten. Der Netzwerkdurchsatz ist ebenfalls eine in gewissen Grenzen variable Größe, gekennzeichnet durch einen *minimalen* und einen *maximalen* Netzwerkdurchsatz, sowie einer Verteilungskurve.

Diese 5 Parameter (resp. ihre numerischen Werte) erlauben eine vollständige Spezifikation der Qualität eines Netzwerkes. Die 5 Parameter sind stark voneinander abhängig.

Das Ziel eines Netzwerkbetreibers (sei es ein Internet Service in der Zukunft oder das firmeneigene Netz für die dezentrale Steuerung) ist es, seinen Kunden die für die Anwendung erforderlichen QoS-Parameter zu *garantieren*.

Beispiel 3-2: Garantierte QoS-Parameter

Der Netzwerkbetreiber eines internen Netzes (Intranet) garantiert einer Anwendung (man wird später sehen, dass TCP/IP Verbindungen aufbaut, betreibt und anschließend wieder aufgibt) die folgenden QoS-Parameter:

Netzwerkverfügbarkeit: 99,8 % (= maximal 5,2 Stunden pro Monat nicht verfügbar).
Paketverlustrate: 10^{-6} (maximal jedes Millionste Paket kann verloren gehen).
Übertragungsverzögerung: maximal 800 µs.

---

[38] Genauer: eines Datenpfades durch das Netzwerk.
[39] Es werden nur die *fehlerfreien* Fälle – also z. B. keine Blockwiederholungen auf der TCP-Ebene infolge Prüfsummenfehler etc. – einbezogen.

3.2 Dienstqualität (Quality of Service)

Schwankung der Übertragungsverzögerung: *minimal* 120 µs / *maximal* 800 µs (Verteilung gemäß einer Grafik).
Netzwerkdurchsatz: *minimal* 116 kBit/s, *maximal* 212 kBit/s s (Verteilung gemäß einer Grafik).

3.2.2 QoS im OSI-Modell

Die QoS-Parameter können im OSI-Modell auf verschiedenen Schichten (Layers) definiert werden: Die drei sinnvollsten Möglichkeiten sind in der **Abbildung 3-8** gezeigt:

- Für das reine Übertragungssystem (Medium, Anschlussschaltungen etc.).
- Für die Transportschicht (gesicherte Meldungsübertragung im Netzwerk).
- Für die Anwendungsschicht (Parameter für die Funktionen zwischen den Anwendungssoftwaremodulen in den dezentralen Systemen).

In der Netzwerktechnik (Internet etc.) bewährt sich die Transportschicht-Definition. Für die Industrieautomation ist die Anwendungsschicht-Definition besser geeignet. In diesem Buch wird für Ethernet-TCP/IP die Transportebene betrachtet und anschließend wird auf die Wirkung der APIs/ALIs und der Softwarearchitektur für die Steuerungssoftware eingegangen.

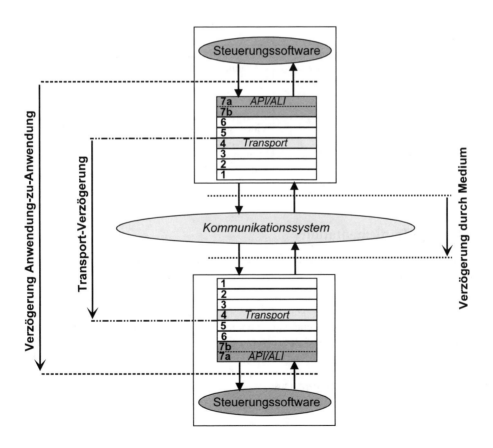

Abbildung 3-8: QoS-Parameterdefinition auf verschiedenen OSI-Schichten

3.2.3 Serviceklassen (CoS)

Die QoS-Parameter definieren das Verhalten einer Verbindung (Link) in einem Netzwerk. Bei genügender Netzwerkleistung ist es denkbar, jedem Link die von ihm gewünschten Parameter zuzugestehen – allerdings würde dies sowohl die Verwaltung wie auch die Gewährleistung der QoS sehr kompliziert gestalten. Man geht deshalb den Weg, nicht beliebige QoS-Parameter zuzulassen, sondern dem Netzwerkbenutzer Einschränkungen in der Form von vordefinierten *Serviceklassen* (Class of Service – CoS) anzubieten. Die Gestaltung und die Definition des Leistungsumfanges der Serviceklassen ist dem jeweiligen Netzwerkbetreiber überlassen. Die Tabelle 3-1 zeigt ein Beispiel für die Einteilung in drei Serviceklassen und deren Anwendung im kommerziellen und industriellen Umfeld.

Tabelle 3-1: Beispiele für Serviceklassen in einem Netzwerk mit QoS

Serviceklasse	Parameter	Kommerzielle Verwendung	Verwendung in der Industrieautomation
1 (Diese Serviceklasse entspricht dem heutigen Internet-Standard)	Verfügbarkeit: hoch Verlustrate: tief Verzögerung: unspezifiziert Jitter: unspezifiziert Durchsatz: unspezifiziert	Internet-Surfing E-Mail einfaches E-Commerce	Bedienen & Beobachten Internet-Zugriff Extranet-Anbindung QS-Datenerfassung
2	Verfügbarkeit: sehr hoch Verlustrate: sehr tief Verzögerung: kontrolliert Jitter: kontrolliert Durchsatz: kontrolliert	Geschäftskritische Anw. E-Commerce VPNs	Download Produktionsdaten Programmierung Debugging Monitoring
3	Verfügbarkeit: sehr hoch Verlustrate: sehr tief Verzögerung: tief+konstant Jitter: sehr klein Durchsatz: konstant	Video-Streaming Internet-Telefonie Multimedia Anw. Videoconferencing	Echtzeitanwendungen Synchronisation Fehlerbehandlung

3.2.4 QoS-Implementation

Bis zu diesem Punkt ist QoS eine Idee und ein Wunsch: Wie wird QoS in tatsächlichen Netzwerken implementiert?

QoS-Implementation ist eine sehr schwierige Aufgabe ([85]: Netzwerke weisen weit schwankende Lastbedingungen, statistische Verfahren (z. B. Ethernet-Arbitrierung), zufällige Mechanismen (z. B. Queue-Management, vgl. Beispiel 3-1) und eine sehr hohe Komplexität auf[40]. Zur Zeit sind viele Forschungs- und Entwicklungsvorhaben im Gange, um nur schon die Grundlagen und Grenzen von QoS-Implementationen zu verstehen. Weiterführende Arbeiten befassen sich mit der Einführung von QoS in die IP- (Internet-Protokoll) Welt, d. h. in die TCP/IP-Umgebung (Abschnitt 3.3.2). Die Versuche, QoS zu implementieren, lassen sich in zwei Gruppen einteilen (**Abbildung 3-9**).

---

[40] Eine Ausnahme bilden die ATM-Netzwerke, welche bereits vom Entwurf her mit QoS versehen wurden (vgl. [81], [82]).

3.2 Dienstqualität (Quality of Service)

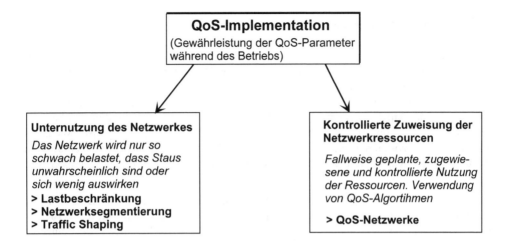

Abbildung 3-9: Implementationsmöglichkeiten für QoS

Im ersten Fall – der bewussten und massiven *Unternutzung des Netzwerkes* – wird das Netzwerk nur so schwach mit Verkehr belastet, dass Stausituationen unwahrscheinlich sind oder sich nur wenig auswirken. Bei Ethernet-Netzwerken bedeutet dies vor allem die *Vermeidung von Kollisionen* beim Zugriff der Stationen auf das gemeinsame Übertragungsmedium. Mehrfache Kollisionen können zu einem Aufschaukeln und damit zu Stausituationen führen[41], die einen Anstieg der Übertragungsverzögerung zur Folge haben. Zur Vermeidung von Kollisionen auf dem Ethernet-Medium stehen zwei Hauptinstrumente zur Verfügung:

1. Sinnvolle *Segmentierung* des Netzwerkes, damit das Verkehrsaufkommen möglichst lokal bleibt. Die Mittel dazu sind – neben einer guten Netzwerkplanung – *Switches* und *Bridges*.
2. Einführung einer *Lastbeschränkung* in den einzelnen Stationen[42], damit die Summe des Verkehrs aller Stationen – und damit auch die Übertragungsverzögerungen – unter einer vorgegebenen Grenze bleiben.

Diese Maßnahmen werden in Kapitel 7 (Ethernet mit Lastbeschränkung), Kapitel 8 (Ethernet mit Switching) und Kapitel 13 (Industrielle Ethernet-Installation) beschrieben. Bei der Netzwerkplanung werden *beide* Instrumente eingesetzt.

Im zweiten Fall werden die vorhandenen Netzwerkressourcen, d. h. die Linkdatenraten, die Durchsatzraten in den Routern, Bridges, Switches und Netzwerkrechnern, die Bufferverwaltungsalgorithmen in allen Teilnehmern etc. kontrolliert aufgeteilt und den einzelnen Verbindungen zugewiesen. Dies erfordert einen zusätzlichen Aufwand in *allen* Netzwerkressourcen und einen Mechanismus, um neuen Verbindungen einen Datenpfad mit den gewünschten QoS-Parametern zuzuweisen und während der Verbindungsdauer zu garantieren. Derartige Netzwerke, die in der Lage sind, QoS-Parameter für ihre Verbindungen zuzuteilen, werden *QoS-Netzwerke* genannt. QoS-Netzwerke auf der Basis von IP (Internet-Protokoll) sind neue, noch nicht abgeschlossene Entwicklungen und werden unter dem Begriff *IP QoS* zusammengefasst. Diese werden im nächsten Abschnitt behandelt.

---

[41] Dies ist eine Folge der Arbeitsweise des Ethernet-Kollisionsbewältigungsalgorithmus (Kapitel 4).

[42] Wird auch als *Traffic Shaping* (Verkehrsformung) bezeichnet.

3.3 QoS-Netzwerke

Ein Netzwerk verfügt immer nur über beschränkte Ressourcen. Es kann daher seine Datentransportleistung nur einer beschränkten Anzahl von Verbindungen zur Verfügung stellen. Falls ein Netzwerk QoS-Parameter garantieren will, so müssen die Ressourcen im Netzwerk – und auch ihre Grenzen und ihr Verhalten – genau bekannt sein. Falls dies der Fall ist, kann bei der Anforderung einer neuen Verbindung[43] (vor dem Verbindungsaufbau) entschieden werden, ob die Verbindung kapazitätsmäßig noch zulässig ist. Wenn die Kapazität noch vorhanden ist, wird der Verbindungsaufbau erlaubt. Diese Kenntnis und Aufteilung der Kapazität des Netzwerkes ist das erste große Problem bei QoS-Netzwerken.

Das zweite große Problem bei der QoS ist, dass *alle* Elemente im Datenpfad der Verbindung die zugesicherten QoS-Parameter erfüllen müssen (**Abbildung 3-10**). Die QoS-Parameter der Verbindung sind die Summe der QoS-Parameter der einzelnen Elemente im Datenpfad. Wenn auch nur ein einziges Element kurzzeitig die QoS-Parameter nicht einhalten kann, z. B. ein Telegram oder Paket zu lange verzögert, so sind die QoS-Parameter der Verbindung tangiert. Alle Elemente im Datenpfad (NICs, Netzwerktreiber, Routers, Switches etc.) müssen deshalb über eigene, lokale Mechanismen verfügen, um die „versprochenen" QoS-Parameter für die entsprechende Verbindung auch wirklich einhalten zu können.

QoS-Netzwerke benötigen einerseits eine geeignete QoS-Architektur und andererseits ein QoS-Management: Diese müssen definiert und standardisiert werden, damit alle Hersteller von Elementen in einem QoS-Netzwerk interoperabel sind.

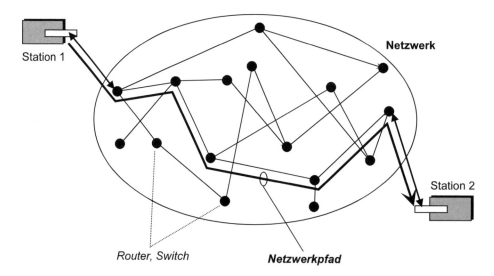

Abbildung 3-10: *QoS Netzwerk (Gewährleistung der QoS-Parameter über den ganzen Datenpfad)*

---

[43] Es wird wieder eine TCP/IP-Umgebung angenommen.

3.3.1 QoS-Architektur und Management

Ein Netzwerkbetreiber muss als Erstes die zulässigen QoS-Parameter – meist in der Form von Serviceklassen (vgl. Tabelle 3-1) – definieren, welche er seinen Netzwerkbenutzern anbieten will. Die Benutzer können vor dem Verbindungsaufbau wünschen, zu welcher Serviceklasse ihre Verbindung gehören soll[44]. Anschließend muss er eine Netzwerkarchitektur implementieren, welche die Netzwerkressourcen verwalten und zuteilen kann. Schließlich müssen alle Netzwerkelemente in der Lage sein, während des Betriebes die der Verbindung zugesicherten QoS-Parameter der entsprechenden Serviceklasse zu garantieren.

Beispiel 3-3: Einfache QoS-Architektur

In der **Abbildung 3-11** ist eine (sehr) einfache QoS-Architektur dargestellt: Sie besteht aus einem Router und zwei Switches und weiter dargestellt ist ein Verbindungspfad (= eine Verbindung) zwischen einem Teilnehmer „PC" und einem Teilnehmer „Steuerung". Neben dem Datenpfad sieht man noch je eine direkte Verbindung (welche natürlich als logische Verbindung über das gleiche Netzwerk realisiert ist) zwischen allen Netzwerkelementen und der QoS-Managementstation. Die QoS-Station hat die Aufgabe, die Netzwerkressourcen und ihre momentane Auslastung zu kennen und zu überwachen. Sie kennt zu jeder Zeit auch die freie Kapazität der einzelnen Netzwerkressourcen und kann daher entscheiden, ob neue Verbindungen mit einer gewünschten Serviceklasse akzeptiert werden können.

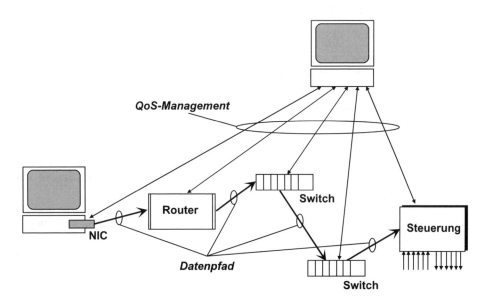

Abbildung 3-11: Einfache QoS-Architektur

---

[44] In kommerziellen Netzwerken, z. B. im Internet, wird die Kostenstruktur von den Serviceklassen abhängen. Eine Verbindung mit stabilen, guten und garantierten QoS-Parametern (Serviceklasse 3 in der Tabelle 3-1) wird wesentlich mehr kosten, als eine „best effort"-Verbindung.

Für eine QoS-Verbindung (genauer: CoS-Verbindung) sind die folgenden Schritte notwendig:
1. Der initiierende Teilnehmer fordert von der QoS-Managementstation eine Verbindung an und spezifiziert die gewünschte Serviceklasse (und natürlich den Partner).
2. Die QoS-Managementstation entscheidet, ob – und ggf. auf welchem Pfad durch das Netzwerk – die notwendigen Netzwerkressourcen vorhanden sind. In diesem Schritt wird auch abgeklärt, ob der gewünschte Verbindungspartner fähig ist, die entsprechende Verbindung mit der spezifizierten Serviceklasse zu akzeptieren. Anschließend wird die Verbindung bewilligt, resp. nicht bewilligt.
3. Die QoS-Managementstation setzt in allen Netzwerkelementen die entsprechenden Parameter, damit Telegramme/Datenpakete der neuen Verbindung mit der korrekten Priorität behandelt werden (QoS-Algorithmus in Routers, Switches etc.).
4. Die Verbindung wird aufgebaut.
5. Die Verbindung wird betrieben und alle Netzwerkelemente garantieren die Einhaltung der vereinbarten QoS-Parameter[45].
6. Die Verbindung wird wieder abgebaut.

QoS-Netzwerke beruhen auf Netzwerkelementen, welche QoS-fähig sind, d. h. QoS-fähige Switches, QoS-fähige Routers, QoS-fähige Netzwerkadapter, QoS-fähige Netzwerktreiber und Betriebssysteme[46]. Solche Elemente erscheinen jetzt langsam in großer Zahl auf dem Markt (vgl. [N-34], [N-35], u. a.). Die Normierung der QoS-Architektur, des QoS-Managements und der QoS-Protokolle auf der IP-Ebene wird in nächster Zeit abgeschlossen werden (vgl. Abschnitt 3.3.2), sodass auch interoperable QoS-Netzwerke entstehen werden.

3.3.2 QoS in Netzwerken für die Industrieautomation

Die QoS-Implementation in größeren Netzwerken ist ein relativ schwieriges und aufwändiges Unterfangen. Glücklicherweise ist die Situation in Netzwerken für die industrielle Automation wesentlich einfacher. Dies aus folgenden Gründen:
- Die Netzwerke sind abgeschlossen, übersichtlich und werden selten verändert.
- Die Teilnehmer sind bekannt und stabil, d. h. ihr Verkehrsaufkommen und ihre Verkehrsbedürfnisse sind bekannt und ändern sich wenig.
- Die meisten Verbindungen (sicher alle „Echtzeitverbindungen", d. h. alle Verbindungen mit strengen und garantierten QoS-Parametern) sind fest und werden nur einmal beim Aufstarten der Anlage aufgebaut.

Die Planung, Installation und der Betrieb eines QoS-Industrieautomationsnetzes ist deshalb um Größenordnungen einfacher und übersichtlicher. Vielfach genügt es schon, QoS-fähige Netzwerkelemente – meistens Switches – einzusetzen und diese einzeln zu konfigurieren. Einen speziellen Problembereich stellen die Anbindungen an die über-geordneten Netze (Kommerzielles Unternehmensnetz), an die Extranets und ggf. an das Internet dar. Dies ist gleichzeitig ebenfalls ein kritischer Bereich in Bezug auf die Sicherheit (Kapitel 11).

---

[45] Die Einhaltung ist im Allgemeinen nur im fehlerfreien Falle gewährleistet, d. h. nicht bei Netzwerkrekonfigurationen auf Grund von Ausfällen etc.

[46] z. B. Windows NT5.0 und gewisse LINUX-Varianten.

3.4 IP QoS

QoS ist ein sehr weitgefasster Begriff und wird auf die verschiedensten Netzwerktechnologien angewendet. Eine erfolgreiche QoS-Implementation darf nicht nur das Kommunikationssystem umfassen, sondern beinhaltet *alle* Teile zwischen zwei kommunizierenden Anwendungen (vgl. Abbildung 3-8). Da aus Gründen der offenen Interoperabilität auch bei der QoS-Architektur, dem QoS-Management und den QoS-Protokollen eine Standardisierung mit stabilen Normen notwendig ist, hat die IETF[47] entschieden, QoS auf dem Niveau des Internet-Protokolles zu definieren und zu standardisieren – und hat dafür den Begriff *IP-QoS* geprägt.

Bei der IETF arbeiten zwei Arbeitsgruppen intensiv an je einer QoS-Architektur: Diese sind ([85], [108]):

- Die *Integrated Services Architecture* (Abkürzung: Int-Serv)[48].
- Das *Differentiated Services Framework* (Abkürzung: Diff-Serv)[49].

3.4.1 IP Integrated Services Architecture

Die Int-Serv beruht auf dem Begriff eines Flusses: Als *Fluss* (Flow) wird eine Folge von Paketen bezeichnet, die ein gemeinsames Merkmal aufweisen. Im einfachsten Fall besteht das Flussmerkmal aus dem 4-Tupel „IP Source Address" + „UDP/TCP Source Port" + „IP Destination Address" + „UDP/TCP Destination Port". Das Flussmerkmal kann aber auch noch weitere Eigenschaften der Paketfolge beinhalten, so z. B. die Art der Anwendung („http:", „ftp:", Mail etc.). Ein Fluss entsteht, wenn zwei Netzwerkstationen eine Verbindung aufbauen und besteht so lange, bis die Verbindung geschlossen wird. Durch ein Netzwerk fließen also zu jeder Zeit eine größere Anzahl Flüsse, die sich dynamisch ändern. Der Mechanismus von Int-Serv beruht darauf, dass jeder Fluss einer Serviceklasse zugeordnet wird. Die drei zur Zeit für Int-Serv vorgeschlagenen Serviceklassen (CoS) sind in der **Tabelle 3-2** gezeigt.

Tabelle 3-2: CoS (Serviceklassen) für IP Int-Serv

CoS (Serviceklasse)	Eigenschaften
Guaranteed	Das Paket kommt innerhalb einer *maximalen* (garantierten) *Verzögerungszeit* an. Minimale Verzögerungszeit und Jitter sind nicht spezifiziert. Es werden *keine* Pakete verloren, sofern der Fluss seine vereinbarte Bandbreite (Datenrate) nicht überschreitet.
Controlled Load	Für diesen Fluss zeigt das Netzwerk die Eigenschaften eines unbelasteten Netzwerkes. Die QoS-Parameter sollten also unabhängig von der Netzwerklast konstant (aber nicht garantiert) sein.
Best-Effort	Heutige, netzwerklastabhängige „Best-Effort" Leistungen.

---

[47] Internet Engineering Task Force ([N-1]).

[48] Grundlage: **RFC 1633**, RFC 2205, RFC 2210, RFC 2211, RFC 2212 und RFC 2215 (kostenlos herunterladbar von [N-1]).

[49] Grundlage: RFC 1349, RFC 2474 und **RFC 2475** (kostenlos herunterladbar von [N-1]).

End-zu-End Dienstqualität wird bei Int-Serv dadurch erreicht, dass jeder Netzwerkknoten die zum Fluss zugehörige Serviceklasse erkennt und die Pakete aus dem Fluss entsprechend behandelt (vgl. Abbildung 3-10). Damit dies gewährleistet werden kann, müssen alle Netzwerkknoten im Pfad die entsprechenden Ressourcen zur Verfügung stellen können. Deshalb wird vor dem Aufbau einer neuen Verbindung – d. h. vor der Eröffnung eines neuen Flusses – geprüft, ob die Ressourcen in allen Netzwerkknoten vorhanden sind. Dies geschieht mittels des *Resource Reservation Protocols* (RSVP). RSVP gehört wie z. B. ICMP in die Kategorie der IP-Dienstprotokolle und dient der Ressourcenverwaltung in allen Routern und Switches im Pfad des Flusses. Jeder Netzwerkknoten unterhält einen *Soft State* für jeden aktiven Fluss, d. h. für jede aktive Verbindung, welche seine Ressourcen beansprucht. RSVP ist ein relativ aufwändiges und kompliziertes Protokoll (vgl. [85]). Da bei Int-Serv alle betroffenen Netzwerkknoten die Soft States der Flüsse unterhalten müssen, kann dies bei größeren Netzen bald zu sehr großen Tabellen und zu rechenintensiven Prozessen für deren dynamische Verwaltung führen. Verkehrsmessungen haben gezeigt, dass in gewissen Internetabschnitten gleichzeitig bis zu 250'000 Flüsse aktiv sind.

3.4.2 IP Differentiated Services Framework

Diff-Serv (IP Differentiated Services Framework) schlägt einen anderen Weg ein: Jedes Paket (IP-Telegramm) wird mit einem Prioritäts-Code versehen, welcher auf dem Weg durch das Netzwerk allen Routers, Switches und Bridges anzeigt, wie das Paket behandelt werden soll. Die CoS (Serviceklasse) muss also nicht mehr aus den Flow-Parametern errechnet und aus einer dynamischen Tabelle entnommen werden – die potenziell große Belastung der Netzwerkelemente wie beim Int-Serv entfällt damit und es können mit Diff-Serv auch sehr große Netzwerke realisiert werden, d. h. Diff-Serv ist *skalierbar*.

Bei einem Diff-Serv Netzwerk muss der Verkehr nur noch beim *Eintritt* in das Netzwerk untersucht, klassifiziert und überwacht werden. Dies geschieht meist in einem Boundary-Router. Sobald die Pakete durch den Boundary-Router mit dem Prioritäts-Code versehen wurden (in vielen Fällen kommen diese bereits mit dem korrekten Prioritäts-Code beim Boundary-Router an), können alle Netzwerkelemente ausschließlich mit diesem Code – also ohne gegenseitige Signalisierung oder dem Unterhalt von Flowtabellen – arbeiten.

Beim IPv4 (Internetprotokoll, Version 4, vgl. Kapitel 5) war QoS – und damit ein entsprechender Prioritäts-Code – nicht vorgesehen. Glücklicherweise existiert in IPv4 das 8-Bit Feld „Service Type" (**Abbildung 3-12**), das von Protokollimplementationen ganz selten verwendet wurde. Dieses Feld wird im RFC 2474[50] neu als DS-Feld (*Differentiated Services Field*) definiert und bietet 6 Bit (64 Möglichkeiten) zur Bezeichnung von Serviceklassen. Im IPv6 (vgl. Abschnitt 5-4) ist mit dem gleichen Zweck das Traffic Class Field vorhanden.

Die Bedeutung der 6 Bit im DS-Feld wird z. Zt. standardisiert. Die Wirkung der ersten 3 Bit – die *Precedence Bits* in IPv4 (vgl. Abbildung 3-12) – soll erhalten bleiben, da bereits Routers bestehen, welche mit diesen Bits die Routingprioritäten der Pakete steuern.

Die Reservation, Zuteilung und Verwaltung der Netzwerkressourcen für die Diff-Serv Architektur wird noch diskutiert. Sie ist deutlich einfacher als RSVP bei Int-Serv.

---

[50] ersetzt den RFC 1349.

3.4 IP QoS

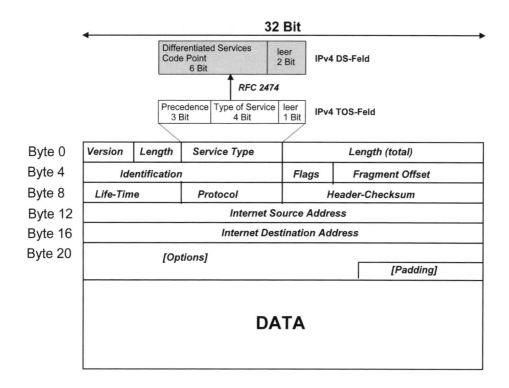

Abbildung 3-12: Einführung des QoS DS-Feldes in IPv4 (Differentiated Services Field)

3.4.3 IP QoS-Implementation

Die Implementation der QoS in den Netzwerkelementen (Switches, Routers, Bridges etc.) benötigt die folgenden Schritte (vgl. **Abbildung 3-13**):

1. Erkennung der Zieladresse (Destination Address) für die korrekte Weitergabe des Paketes.
2. Switching/Routing zum entsprechenden Output-Port Prozess (ggf. ist noch eine Input-Queue notwendig, z. B. wenn der Switch nicht non-blocking ist).
3. Klassifizierung des Paketes, d. h. Bestimmung seiner CoS (Serviceklasse) und damit seiner Behandlungsart/Priorität. Die Klassifizierung geschieht z. B. durch Errechnung aus den Header-Parametern und Nachschlagen in der Flow-Tabelle bei Int-Serv oder direkt aus dem DS-Feld bei Diff-Serv. Einfügen des Paketes in die entsprechende Output-Queue.
4. QoS-Algorithmus: Sobald mehr als ein Paket im Queue-System auf seine Weiterleitung über das Output-Port wartet, muss durch den QoS-Algorithmus eine Wahl getroffen werden. Die einfachste Idee, immer zuerst die höchstpriorisierten Pakete abzuschicken funktioniert nicht, da in ungünstigen Fällen tiefer priorisierte Pakete nie mehr abgeschickt werden könnten. Es sind deshalb ausgeklügelte Warteschlangenverwaltungsalgorithmen entwickelt worden (vgl. [85]), welche ein optimales QoS-Verhalten bewirken.

5. Der QoS-Algorithmus muss auch die *Paketverluste* steuern: Ein Netzwerk kann niemals derart überdimensioniert werden, dass ein Netzwerkelement unabhängig von der zugeführten Datenrate diese auf allen gewünschten Ausgangsports weitergeben kann. Unterschiedliches Datenaufkommen, Unerreichbarkeit von Netzwerkstationen auf dem Output-Port, unglückliche Verkehrsmuster etc. haben zur Folge, dass die Output-Queues in Abbildung 3-13 voll werden oder möglicherweise überlaufen. In solchen Fällen ist der QoS-Algorithmus gezwungen, Pakete aus den Queues zu entfernen und diese zu vernichten – also willentlich Paketverluste zu erzeugen! Auch für diese Aufgaben sind ausgeklügelte Verwaltungsalgorithmen bekannt (z. B. RED – Random Early Detection [85]).

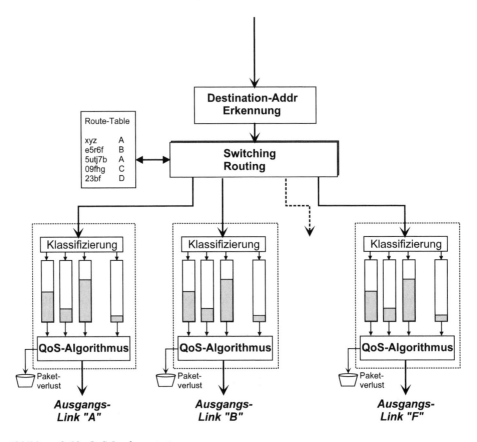

Abbildung 3-13: QoS-Implementation

3.4.4 IEEE 802.1p

Die moderne Denkweise zielt darauf ab, Switching/Routing und QoS auf dem *Layer 3* (Netzwerklayer) zu definieren und zu implementieren – also z. B. IP-QoS über Diff-Serv und Int-Serv. Eine IEEE-Arbeitsgruppe beschäftigt sich damit, QoS auf dem MAC-Layer zu definieren. Der Vorteil dieser Definition ist, dass er unabhängig vom Linkprotokoll wäre, also ebenso für Ethernet, Token-Ring etc. verwendet werden könnte.

3.5 Weiterentwicklungen

Zu diesem Zwecke wird ein Feld `user_priority` eingeführt, welches die Priorität (Serviceklasse) des Paketes signalisiert und netzwerkübergreifend transportiert werden kann. Die vorgeschlagenen Bedeutungen von `user_priority` sind in der Tabelle 3-x angegeben ([85]). Diese Arbeiten werden unter dem Standardvorschlag *IEEE 802.1p* zusammengefasst und bilden eine Ergänzung des MAC-Bridges Standards IEEE 802.1d.

Unglücklicherweise existiert genau im Ethernet-Frame *keine* Möglichkeit, ein Feld `user_priority` einzuführen (IEEE 802.3), sodass die `user_priority` aus den Header-Parametern der höheren Protokollschicht (z. B. IP wie bei Int-Serv) errechnet werden müsste.

Tabelle 3-3: Bedeutung von `user_priority` im IEEE 802.1p Standard

`user_priority`	Bedeutung
0	Schlechter als „Best Effort"
1	„Best Effort"
2	reserviert
3	reserviert
4	Controlled Load (vgl. Tabelle 3-2)
5	Garantierte Verzögerungszeit, max. 100 ms
6	Garantierte Verzögerungszeit, max. 10 ms
7	reserviert

3.5 Weiterentwicklungen

Zwei Weiterentwicklungen, welche in (fernerer) Zukunft ebenfalls in der Industrieautomation Einzug halten könnten, sind:

1. *Multiprotocol Label Switching* (MPLS): neue, Mehrfachprotokoll-fähige Technologie für das Paket-Switching. Wird mehr Flexibilität und das Mischen unterschiedlicher Datenströme erlauben (Literatur: [143]).
2. *Guarantee of Service* (GoS): QoS mit garantierten Qualitätskriterien. Schwierige, aber vielversprechende Netzwerktechnologie (vgl. [N-77]).

Ausgewählte Literatur zu Kapitel 3:

Tanenbaum, Andrew S.: **Computer Networks** (Literaturverzeichnis [25])

Als Lehrbuch, ist dieses Werk als breitbandige Übersicht über die gesamte Lokalnetzwerktechnologie kaum zu übertreffen. Es überdeckt in logischer Abfolge die einzelnen Teilgebiete, allerdings ohne auf spezielle Implementationen und Anwendungen einzugehen.

Ferguson, Paul; Huston, Geoff: **Quality of Service** (Literaturverzeichnis [85])

Dieses Lehrbuch gibt eine vollständige und gut organisierte Übersicht über das breite Gebiet der Dienstqualität in Netzwerken. Die ersten drei Kapitel behandeln die Grundlagen und definieren die Begriffe. Die nächsten drei Kapitel wenden QoS auf TCP/IP, Frame Relay und ATM an. Kapitel 7 und 8 befassen sich mit der Netzwerkdimensionierung. In den Kapiteln 9 und 10 geben die Autoren einen Ausblick auf offene Probleme, zukünftige Möglichkeiten und Implementierungshinweise.

4 Ethernet

Ethernet ist die Bezeichnung für eine weit verbreitete, standardisierte Kommunikationsinfrastruktur mit verschiedenen Kommunikationsmedien (Koaxialkabel, Zweidrahtleitungen, Lichtwellenleiter, Funkverbindungen) und mit verschiedenen Datenübertragungsraten (10 MBit/s, 100 MBit/s, 1 GBit/s und andiskutierte 10 GBit/s). Ethernet bildet – zusammen mit übergeordneter Kommunikationssoftware – die Basis für eine Vielzahl von Lokalnetzwerken. Ethernet besitzt gleichberechtigte Netzwerkstationen: Jede Station kann jederzeit mit einer anderen Station kommunizieren, ein Telegramm an eine Gruppe von Stationen oder an alle Stationen im Netzwerk schicken. Bei der Benutzung eines gemeinsamen Übertragungsmediums beruht die Zugriffsregelung auf einem Kollisionserkennungsverfahren und ergibt bei Kollisionen ein nicht-deterministisches, aber kontrollierbares Verhalten. Dank dem Einsatz von geeigneten Netzwerktopologien mit Switches kann das nicht-deterministische Verhalten von Ethernet minimiert werden.

4.1 Ethernet-Entwicklungsgeschichte

In den Jahren nach 1970 begannen die Datenkommunikationsbedürfnisse innerhalb von Büro- und Verwaltungsgebäuden schnell zu steigen. Parallel zum Eindringen von EDV-Lösungen in alle Gebiete der Büroarbeiten nahmen auch die Anzahl von Rechnern, Terminals und Peripheriegeräten rapide zu. Punkt-zu-Punkt-Datenkommunikation, auch über große Entfernungen, mittels MODEMs war eine etablierte Technologie. Allerdings führten die Punkt-zu-Punkt-Verbindungskonzepte zu großem Kabel- und Verlegungsaufwand.

Ende der 70-er Jahre stellte die amerikanische Firma XEROX in Palo Alto das innovative Konzept „Ethernet" vor, bei dem über 100 Netzwerkstationen mit der sehr hohen Datenübertragungsgeschwindigkeit von zuerst 3 MBit/s, später 10 MBit/s über ein 1'000 Meter langes Koaxialkabel miteinander kommunizieren konnten, ohne a priori voneinander etwas zu wissen. Eine Vielzahl von wissenschaftlichen Arbeiten und Untersuchungen verfeinerten das damals eingeführte Verfahren „Carrier Sense Multiple Access with Collision Detection" (CSMA/CD) zu einer konsistenten und leistungsfähigen Lokalnetzwerktechnologie. In verschiedenen Schritten wurde anschließend die Ethernet-Technologie verbessert und den neuen technischen Möglichkeiten angepasst (z. B. Erhöhung der Datenrate von ursprünglich 3 MBit/s auf 10 MBit/s, Einführung von neuen Kommunikationsmedien wie ThinNet und die verdrillte Zweidrahtleitung, noch später auch Lichtwellenleiter). Die Ethernet-Parameter sind heute auf eine maximale Länge des Koaxialkabels von 2'500 m (aufgeteilt in 5 Segmente zu je 500 m), auf maximal 1'024 Netzwerkstationen und auf eine Datenübertragungsrate von 10 MBit/s zugeschnitten.

Das IEEE (Institute of Electrical and Electronics Engineers, New York, USA) übernahm mit verschiedenen Arbeitsgruppen schon sehr früh die Koordination der Normierungsbemühungen. Da in den 80-er Jahren weitere, vom Ethernet abweichende und inkompatible Lokalnetzwerktechnologien entwickelt wurden (z. B. Token Ring, Token Bus etc.), definierte das IEEE ein Schichtenmodell, das eine Einpassung verschiedener Technologien ermöglichte. Diese Gruppe von Standards ist heute als „IEEE Std 802" bekannt und ist zweifellos für die große, kompatible und unproblematische Verbreitung der Lokalnetzwerke entscheidend. Das klare Schichtenmodell erlaubt auch eine kompatible Entwicklung von verschiedenen, übergeordneten Kommunikationssoftware-Schichten. Eine anschauliche Beschreibung der Entwicklung des Ethernets von seinem ursprünglichen, experimentellen Zustand zum heutigen Standard findet man in [10]. Diese Arbeit erklärt auch die Gründe für die Wahl der Ethernet-Systemparameter. Ein interessantes Porträt des „Vaters" des Ethernet – Robert M. Metcalfe – findet man in [54].

In den 90-er Jahren entwickelte sich die Ethernet-Technologie mit Schwergewicht auf drei Gebieten weiter ([32], [79], [80], [84]):

1. Höhere *Datenübertragungsraten* (Fast Ethernet mit 100 MBit/s, Gigabit-Ethernet mit 1'000 MBit/s, und Pläne für 10 Gigabit-Ethernet).
2. Weitere *Übertragungsmedien*.
3. Neue *Netzwerktopologien*, allen voran auf der Basis von Ethernet-Switches[51] zur Beherrschung des zeitlichen Verhaltens von Ethernet.

Dank der Breite der verfügbaren Ethernet-Technologie wird Ethernet in kommerziellen EDV-Systemen, in industriellen Automationssystemen, in Embedded Systemen etc. eingesetzt und bietet dem Systemarchitekten eine durchgängige, homogene und standardisierte Kommunikationsinfrastruktur.

Ethernet und die zugehörigen Kommunikationssoftware-Produkte bilden eine reife, zuverlässige und kostengünstige Technologie. Das Ethernet-Protokoll ist heute fast vollständig in Controller-Chips integriert, die sich für wenige Dollars erwerben lassen. Treibersoftware für die verschiedensten Netzwerkfunktionen ist ebenfalls leicht erhältlich (vor allem für UNIX, PCs und PC-ähnliche Plattformen, z. B. Embedded Systeme mit Mikrocontrollern).

4.2 Klassisches Ethernet (10 MBit/s)

4.2.1 Ethernet-Struktur und -Topologie

Ethernet ist ein logischer „Bus": Eine Netzwerkstation, die sendet, wird von allen anderen Netzwerkstationen gehört. Der Ethernet-Controller der Empfangsstation entscheidet auf Grund der „Destination Address" im Telegramm, welche Telegramme er aufnehmen will und welche Telegramme er ignorieren will. Es werden nur diejenigen Telegramme aufgenommen, welche die eigene Ethernet-Adresse als Destination-Adresse führen, oder Telegramme, die als Broadcast- oder Multicast-Telegramme gekennzeichnet sind. Alle anderen Telegramme werden ignoriert, d. h. sie erreichen nie die Kommunikationssoftware im Controller.

Der Ethernet Controller im Empfänger prüft alle für ihn bestimmten Telegramme auf Fehler: Falls das Telegramm fehlerhaft ist (Prüfsummenfehler, Längenfehler, Formatfehler etc.), so wird das Telegramm ebenfalls ignoriert. Ethernet ist kein „zuverlässiges" Übertragungsverfahren: Der Sender eines Telegramms hat keine Gewissheit, dass sein

---

[51] Genauer: IP-Switching (Switching auf Grund der IP = Layer-3 Adresse anstelle der Layer 2 = Ethernet-Adresse, vgl. Kapitel 8).

4.2 Klassisches Ethernet (10 MBit/s)

Telegramm beim Empfänger tatsächlich angekommen ist. Die Kontrolle über den Telegrammfluss, die Quittierung von Telegrammen und die Wiederholung von fehlerhaften oder von verlorenen Telegrammen ist Aufgabe der übergeordneten Kommunikationssoftware (in diesem Falle TCP/IP).

Der logische Bus wurde in der ursprünglichen Form des Ethernets tatsächlich auch als physischer Bus implementiert: Das Ethernet Koaxialkabel wurde bei jeder Netzwerkstation vorbeigeführt und jede Netzwerkstation wurde über ein kurzes Anschlusskabel „Stub" an das Ethernet Koaxialkabel angeschlossen. Diese als „Ethernet Cable", „Yellow Cable" oder „Trunk Cable" bezeichnete Verkabelung war in den Anfangszeiten von Ethernet die einzige Installationsform. Mit dem Fortschritt der Übertragungsverfahren haben sich weitere Kabelformen für Ethernet bewährt, sodass heutzutage Verkabelungssysteme (häufig auch gemischt) aus der **Tabelle 4-1** betrieben werden.

Tabelle 4-1: Ethernet-Übertragungsmedien

Bezeichnung	*Bedeutung*	*Distanz*
\multicolumn{3}{c}{10 MBit/s System}		
10Base5	Koaxialkabel (Original Ethernet Medium)	500 m
10Base2	Thin Koaxialkabel („BNC")	200 m
10 Broad36	Breitband über Kabel-TV Kanäle	3'600 m
10Base-T[FD]	2 Adernpaare (mindestens Kabelkategorie 3), STP + UTP	> 100 m
10Base-FL[FD]	2 x Multimode Fiber (asynchrone aktive Hubs)	2'000 m
10Base-FP	2 x Multimode Fiber (passive Hubs)	1'000 m
10Base-FB	2 x Multimode Fiber (synchrone aktive Hubs)	2'000 m
AUI	DTE-MAU	50 m
\multicolumn{3}{c}{100 MBit/s System}		
100Base-TX[FD]	2 Adernpaare (Kabelkategorie 5), UTP & STP (mit 150 Ω)	100 m
100Base-FX[FD]	2 x Multimode Fiber	412 m (HDX) 2'000 m (FDX)
100Base-T4	4 Adernpaare (Kabelkategorie 3, 4 oder 5), UTP	100 m
100Base-T2[FD]	2 Adernpaare (mindestens Kabelkategorie 3), UTP	100 m
MII	DTE-PHY	0.5 m
\multicolumn{3}{c}{1 GBit/s System}		
1000Base-CX[FD]	2 Adernpaare, 150 Ω, abgeschirmt	25 m
1000Base-SX[FD]	2 Multi- oder Single-Mode Fiber (Kurzwellige Laser)	275 m
1000Base-LX[FD]	2 x Single-Mode Fiber (Langwellige Laser)	320 m (HDX) 5'000 m (FDX)
1000Base-LX[FD]	2 x Multi-Mode Fiber (Langwellige Laser)	316 m (HDX) 550 m (FDX)
1000Base-T[FD]	4 Adernpaare (mindestens Kabelkategorie 5), UTP	100 m

Bemerkungen:
1) Die Bezeichnung des Kabelsystems besteht aus den drei Elementen:
   [Datenübertragungsrate in MByte/s][Baseband oder Broadband][Code für das Medium]
2) Die Kabelkategorie beinhaltet standardisierte Kabeleigenschaften (vgl. [79])
3) [FD] = Full-Duplex Betrieb möglich

Die Struktur eines Ethernet-Anschlusses ist in **Abbildung 4-1** dargestellt: diese Abbildung ist wichtig, weil die Terminologie eingeführt wird, die im Standard IEEE-802.3 ([5] bis [8]) ausschließlich benutzt wird. Die Abkürzungen bedeuten:

DTE: Data Terminal Equipment (Datenendgerät)
LLC: Logical Link Control (Protokoll-Steuerungssoftware)
MAC: Medium Access Control (Zugriffsregelung)
PLS: Physical Signalling (Signalaufbereitung)
AUI: Attachment Unit Interface (Leitungsanschluss-Schnittstelle)
MAU: Medium Access Unit (Leitungsanschluss)
PMA: Physical Medium Attachment (Leitungsankopplung)
MDI: Medium Dependent Interface (systemabhängige Schnittstelle)

Die Terminologie stammt deutlich sichtbar aus der ursprünglichen 10base5-Technologie: Dort waren das DTE (das Datenendgerät) und die MAU (die Leitungsanschlussbox) voneinander abgesetzt und über ein maximal 50 m langes Kabel gekoppelt. Heute ist die MAU direkt auf der Adapter-Karte integriert und das AUI (Attachment Unit Interface) hat seine Sichtbarkeit und Bedeutung verloren. Die Vielfalt der Kabelsysteme und die Geräte zum Wechsel von einem Kabelsystem zum anderen (z. B. „Multiport Repeaters") ermöglichen optimale Installationsformen sowohl im kommerziellen wie auch im industriellen Bereich.

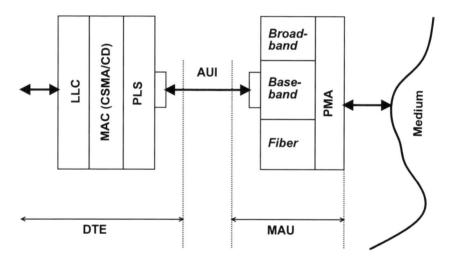

Abbildung 4-1: Struktur eines Ethernet-Anschlusses

4.2.2 Zugriffsverfahren CSMA/CD

Die Regelung des Zugriffes auf das gemeinsame Übertragungsmedium geschieht bei Ethernet über das Verfahren „Carrier-Sense Multiple-Access with Collision-Detection"

4.2 Klassisches Ethernet (10 MBit/s)

(Abkürzung: CSMA/CD). Diese drei Begriffe umschreiben das Verfahren und bilden das Kernstück der ursprünglichen – der klassischen – Ethernet-Technologie[52].

Die Ethernet-Stationen sind voneinander vollständig unabhängig: Sie werden nicht durch einen übergeordneten Netzwerkmaster oder durch ein herumgereichtes Token synchronisiert. Wenn eine Ethernet-Station senden will, so prüft sie zuerst, ob keine andere Kommunikation im Gange ist („Carrier Sense", Trägererkennung). Falls der „Ether" (das gemeinsame Übertragungsmedium) frei ist, so beginnt die Station sofort zu senden. Während des Sendens beobachtet jede sendende Station aber immer noch den „Ether", um mögliche Kollisionen nach dem eigenen Sendebeginn zu erkennen („Collision Detection", Kollisionserkennung). Kollisionen sind auf Grund der Übertragungszeit im Netzwerk während einer bestimmten Zeit nach Sendebeginn nämlich immer noch möglich. Das 10 MBit/s Ethernet wurde bezüglich der Kabellängen und der Signallaufzeiten auf dem Kabel derart dimensioniert, dass die maximale Signallaufzeit zwischen zwei Stationen 25,6 µs beträgt. Der schlimmste Fall tritt also dann auf, wenn die am weitesten entfernte Station zu senden begonnen hat und die neue Station nach 25,6 µs zu senden beginnt: Das Signal der Station mit dem früheren Sendebeginn hat die neue Station noch nicht erreicht, da die Signallaufzeit noch nicht abgelaufen ist – die zweite Station hat also zu Recht mit Senden begonnen. Bis das Signal der neuen Station zu der Station gelangt, die früher zu senden begonnen hat, vergehen wieder 25,6 µs, sodass die erste Station erst nach 51,2 µs die Kollision erkennt. Man nennt die Zeit von 51,2 µs das *Kollisionsfenster* (Collision Window). Falls das Kollisionsfenster verstreicht, ohne dass eine Kollision festgestellt wird, so kann die Übertragung ungestört stattfinden (**Abbildung 4-2**).

Stellt eine Station vor dem Senden (Carrier Sense) fest, dass bereits eine Datenübertragung im Gange ist, d. h. dass der Ether besetzt ist, so wartet sie mit dem Sendebeginn bis zum Ende der stattfindenden Übertragung und eine zusätzliche Zeit von 9,6 µs. Dann wird mit dem beschriebenen Verfahren zu senden begonnen.

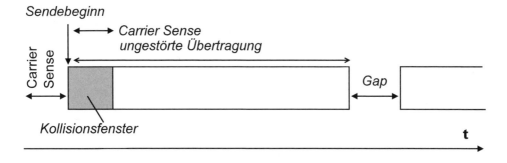

Abbildung 4-2: Vorgänge beim Ethernet-Sender

Ethernet ist ein ideales System, wenn *keine* Kollisionen stattfinden. In diesem Falle kann jede Netzwerkstation das volle Telegramm ungestört und sofort übertragen. Es wird keine Netzwerkbandbreite für Koordinationsfunktionen (wie z. B. beim Token Ring und bei Master/Slave-Verfahren) verloren. Lässt man die Stationen tatsächlich unkoordiniert

---

[52] Die Einführung von strukturierter Verkabelung (Sterntopologien, Hubs), von Full-Duplex Übertragungen zu den Netzwerkstationen und der Einsatz von Switches hat sowohl die Bedeutung wie auch die Wirkung der Protokolleigenschaften stark vermindert.

senden, so sind aber Kollisionen statistisch gesehen unvermeidlich: Es besteht eine gewisse Wahrscheinlichkeit dafür, dass zwei (oder sogar mehrere) Stationen innerhalb des Kollisionsfensters zu senden beginnen. In diesem Falle werden alle Telegramme zerstört und es muss ein Verfahren zur *Kollisionsbewältigung* in Kraft treten.

4.2.3 Bewältigung von Kollisionen

Erkennt eine sendende Station eine Kollision, so hört sie sofort mit der Übertragung auf und sendet unmittelbar das *Kollisionssignal* („Jamming Burst"). Das Kollisionssignal besteht aus 4 bis 6 Bytes mit dem Wert „FFH" (d. h.: 32 bis 48 Bit aufeinander folgende „1") und signalisiert allen Stationen, dass eine Kollision stattgefunden hat. Damit wird gewährleistet, dass alle Stationen mit senden aufhören. Dieser Schritt wird „back-off" (Rücktritt) genannt und ergibt sofort wieder Ruhe im Netz. Das Sendebedürfnis bei den zwei (oder mehreren) Stationen besteht aber natürlich immer noch, d. h. die Situation ist nicht bewältigt. Man muss jetzt vermeiden, dass die zwei (oder mehrere beteiligte) Stationen wieder zum gleichen Zeitpunkt zu senden beginnen und damit die nächste Kollision erzeugen.

Jede Station muss also einen Algorithmus besitzen, der ihr unabhängig von allen anderen Stationen und ohne weitere Kommunikation mit den anderen Stationen die Berechnung ihres nächsten Sendezeitpunktes erlaubt. Über derartige Algorithmen wurden umfangreiche Untersuchungen angestellt, die in der Literatur ausführlich beschrieben sind (vgl. z. B. [30]).

Ethernet benutzt zu diesem Zweck zufällig generierte *Wartezeiten* in jeder sendewilligen Netzwerkstation (**Abbildung 4-3**). Diese Wartezeiten werden in jeder Station unabhängig wie folgt erzeugt:

a) Nach der ersten Kollision wählen die sendewilligen Stationen zufällig eine Wartezeit von entweder 9.6 µs (= sofort senden) oder 9,6 µs plus 51,2 µs (= Dauer des Kollisionsfensters). Falls nur zwei Stationen an der Kollision beteiligt waren und keine neue Station in der Zwischenzeit sendebereit geworden ist, so besteht eine 50 %-Chance, dass die beiden Übertragungen stattfinden können (weil die beiden Stationen zufällig eine verschiedene Wartezeit gewählt haben). Mit Pech findet aber wieder eine Kollision zwischen den alten oder mit einer neuen Station statt.

b) Nach der zweiten Kollision wählen die sendewilligen Stationen zufällig eine Wartezeit von 9,6 µs plus [0, 1, 2 oder 3] mal 51,2 µs (= Dauer des Kollisionsfensters). Bei zwei kollidierenden Stationen beträgt jetzt die Wahrscheinlichkeit 75 %, dass die beiden Übertragungen stattfinden können (weil die beiden Stationen zufällig verschiedene Wartezeiten gewählt haben). Mit mehr Pech findet aber wieder eine Kollision zwischen den alten oder mit einer neuen Station statt.

c) Alle Stationen merken sich die Anzahl von aufeinander folgenden Kollisionen und verdoppeln die Menge der möglichen, zufälligen Wartezeiten nach jeder Kollision, also 9,6 µs plus [0, 1, 2, 3, 4, 5, 6 oder 7] mal 51,2 µs nach der dritten Kollision usw. Bei den letzten sechs Versuchen wird mit einer Menge von [0, 1, 2, 3, ..., 1023] mal 51,2 µs gearbeitet. Nach 15 aufeinander folgenden Kollisionen wird der Zugriffsalgorithmus abgebrochen: Das Telegramm gilt dann als „dropped", d. h. vom Kollisionsbewältigungsalgorithmus als nicht mehr übertragbar und die übergeordnete Kommunikationssoftware muss über die weiteren Aktionen entscheiden!

Die zunehmende Verlängerung der zufälligen Wartezeit in den kollidierenden Stationen hat noch einen anderen Effekt („Capture Effect"): Wenn während der Kollisionsbewältigung *neue* Stationen auf das gemeinsame Übertragungsmedium zugreifen, so haben diese eine höhere Wahrscheinlichkeit, ihr Telegramm übertragen zu können, als die bereits im Kollisionsbewältigungsalgorithmus involvierten Stationen. „Neue" Stationen können also ältere Stationen verdrängen, indem sie infolge ihrer kürzeren zufälligen Wartezeiten eher das Netz belegen können.

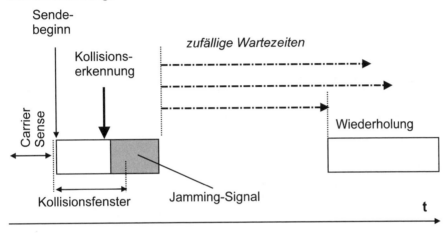

Abbildung 4-3: Kollision und Kollisionsbewältigung im Ethernet

Der beschriebene Zugriffsalgorithmus wird „Truncated Binary Back-Off Algorithm" genannt (aus offensichtlichen Gründen). Man erkennt aus der Beschreibung, dass in extremen Fällen durch diesen Algorithmus chaotische Verhältnisse auf dem Netz entstehen können. Auf jeden Fall kann ohne zusätzliche Maßnahmen nicht garantiert werden, dass eine Telegrammübertragung von einer Station zu einer anderen innerhalb einer garantierten Zeitspanne stattfinden kann. Man spricht deshalb beim Ethernet von einem „nicht-deterministischen" Netzwerk. Das Zeitverhalten wird natürlich um so schlechter, je höher die Netzwerkbelastung wird, da in diesem Falle die Wahrscheinlichkeit von Kollisionen zunimmt. Man erhält ein Gefühl für diese Zunahme aus **Abbildung 4-4** (Darstellung von gerechneten Mittelwerten).

Glücklicherweise haben aber aufwändige Modellrechnungen, Simulationen und Messungen in großen, stark belasteten Netzen gezeigt, dass der Ethernet-Zugriffsalgorithmus gut mit fast allen Situationen fertig wird. Chaotische Situationen und Netzwerkzusammenbrüche treten nur in sehr extremen Lastfällen auf. Diese Arbeiten sind ausführlich in [9] beschrieben und verlangen ein ziemliches Verständnis an Mathematik. Es sei hier daher nur das Resultat dieser Arbeiten in der Form von **Abbildung 4-5** (entspricht dem vereinfachten Bild 9,30 aus [9]) angegeben. Dieses Bild zeigt den erreichbaren Netzwerkdurchsatz, d.h die tatsächlich übertragbare Datenmenge in Abhängigkeit der Netzwerkbelastung (Verkehr). Es sind zwei Kurven in Abhängigkeit der normierten Übertragungszeit a (a = τ/m = maximale Laufzeit des Signales dividiert durch die Übertragungszeit des Pakets) aufgezeichnet:

1) a = 0,1: Laufzeit = 10 % der Paket-Übertragungszeit (kurze Pakete).

2) a = 0,01: Laufzeit = 1 % der Paket-Übertragungszeit (mittlere Pakete).

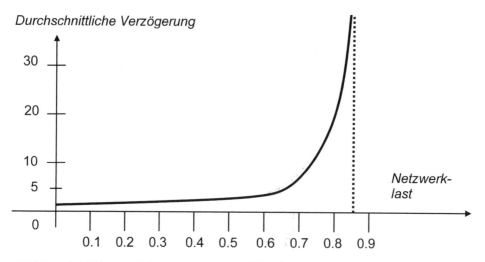

Abbildung 4-4: Ethernet Zeitverzögerungen infolge der Netzwerkbelastung (Kollisionen)

Man erkennt mit zunehmender Belastung zuerst einen guten Anstieg des Netzwerkdurchsatzes, dann ein Maximum und anschließend einen steilen Abfall bis zum Zusammenbruch (Netzwerkkollaps). Die quantitativen Werte sind hier nicht wichtig, wohl aber das „gefährliche" Zusammenbruchsverhalten (Blockierung) ab einer gewissen Netzwerklast! Es ist zu bemerken, dass die Netzwerklast für diese Resultate künstlich und absichtlich bis über den Punkt des Zusammenbruchs erhöht worden ist und gemäß der heutigen großen Erfahrung mit Ethernet nie der Realität entspricht.

Für den Einsatz als Echtzeit-Systembus für die Industrieautomation genügt aber dieses statistische Vertrauen nicht und es müssen auf den *übergeordneten Schichten* (vor allem in der Anwendungssoftware oder im ALI/API) oder in der *Installationstechnik* (vorwiegend mit Switches) Maßnahmen getroffen werden, um ein echtzeitgerechtes Zeitverhalten realisieren zu können.

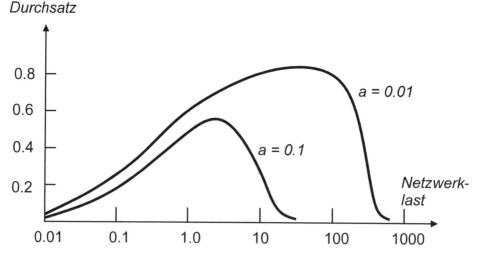

Abbildung 4-5: Ethernet Durchsatzverhalten in Abhängigkeit von der Netzwerklast ([9])

4.2.4 Übergeordnete Kommunikationssoftware

Die übergeordnete Kommunikationssoftware trägt die Hauptlast der Kommunikationsfunktionen. Sie stellt die Sicherung der Datenübertragung (Fehlererkennung und Fehlerkorrektur), die Flusskontrolle (Vollständigkeit und Korrektheit der Reihenfolge der Pakets), die Schnittstelle zur Anwendungssoftware und etliche Netzwerk- und Adress-Verwaltungsdienste zur Verfügung. Der Ethernet-Begriff und der Ethernet-Standard definieren *keine* übergeordnete Kommunikationssoftware, d. h. deren Wahl ist dem Benutzer überlassen. Es existieren auch mehrere Typen von übergeordneter Kommunikationssoftware (z. B. die in diesem Buch gewählte TCP/IP-Kommunikationssoftware oder das OSI-Transportprotokoll). Das Schichtmodell erlaubt glücklicherweise die unabhängige Wahl von Netzwerkmedium, Netzwerkprotokoll und übergeordneter Kommunikationssoftware.

4.2.5 Ethernet Paket

Die auf dem Übertragungsmedium ausgetauschten Telegramme werden „Ethernet Paket" oder kurz „Paket" genannt. Das Paket ist in **Abbildung 4-6** dargestellt und es besteht aus den folgenden Teilen:

	Protokoll-Bytes	*Nutzdaten-Bytes*	
PRE:	7 Bytes		Vorspann (Preamble)
SFD:	1 Byte		Startzeichen (Starting Frame Delimiter)
DA:	6 Bytes		Empfängeradresse (Destination Address)
SA:	6 Bytes		Absender-Adresse (Source Address)
LEN:	2 Bytes		Länge (Length)
Data:		46 - 1'500 Bytes	Daten (= Nutzdaten)
Pad:		0 - 46 Bytes	Ergänzungszeichen (Padding)
FCS:	4 Bytes		Prüfzeichen (Frame Check Sequence)

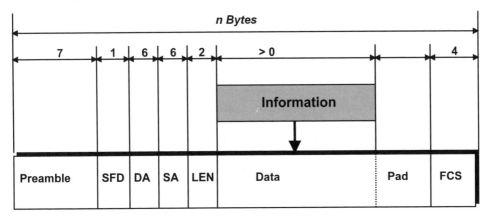

Abbildung 4-6: Ethernet Paket

Das Ethernet Paket transportiert minimal 46 und maximal 1'500 Nutzdatenbytes bei einer konstanten Anzahl von 26 Protokollbytes (= „Overhead"-Bytes). Die minimale Anzahl von 46 Nutzdatenbytes ist notwendig, um eine Telegrammlänge zu erhalten, welche eine einwandfreie Kollisionsbewältigung garantiert. Einige der übergeordneten Kommunikationssoftware-Implementationen beschränken künstlich die Anzahl der Nutzdatenbytes im Ethernet Paket auf einen deutlich tieferen Wert (z. B. auf 800 Nutzdatenbytes).

Die 7 Bytes *Vorspann* (Preamble) dienen der Bit-Synchronisation des Empfängers. Der Vorspann hat das Bitmuster „1010101010 ..." und hat bei gewissen Controller Chips sogar eine etwas größere Länge (z. B. 62 Bit beim DP-8390). Beim Durchgang durch Repeater gehen einige Bit aus dem Vorspann verloren, d. h. werden abgeschnitten[53]. Das *Startzeichen* („10101011") zeigt dem Empfänger an, dass ab jetzt die Information des Pakets folgt. Anschließend folgen die beiden *Adressen* (Destination und Source Address): Die Destination Address wird vom Adressfilter im Ethernet Controller ausgewertet und nur die gewünschten Pakets gelangen an die Kommunikationssoftware.

Das *Längenbyte* hat aus historischen Gründen eine doppelte Bedeutung: Im Ethernet-Standard (IEEE 802.3) gibt es die *Länge* des folgenden Datenfeldes an, d. h. die Anzahl der mit dem LLC (Link Layer Control) ausgetauschten Nutzdatenbytes. In den früheren Implementationen (XEROX) wurde dieses Feld als TYPE definiert, d. h. es wurde angezeigt, um welche Art von Paket es sich handelt. XEROX setzte hier z. B. 0600H ein, um die XNS-Pakets zu bezeichnen. Die Unterscheidung ist leicht möglich, da die maximale Länge des Datenfeldes 1'500 Bytes (LEN = 05DCH) ist und alle größeren Zahlen als TYPE interpretiert werden können. Mittels des TYPE-Feldes können ankommende Pakets an verschiedene übergeordnete Kommunikationssoftwarepakete in der Netzwerkstation geleitet werden, d. h. Ethernet kann gleichzeitig mit mehreren, verschiedenen übergeordneten Protokollen betrieben werden.

Das Datenfeld darf 46 bis 1'500 *Nutzdatenbytes* enthalten. Falls weniger als 46 Nutzdatenbytes vorhanden sind, so setzt der Ethernet-Controller selbstständig „Padding Bytes" (Füllbytes) ein, um die Gesamtzahl auf 46 zu bringen. Ab 46 Nutzdatenbytes sind keine Füllbytes mehr notwendig. Die 4 Prüfzeichen (32 Bit) werden im Sender mittels des fehlererkennenden Codepolynoms:

$$G(X) = x^{32} + x^{26} + x^{23} + x^{22} + x^{16} + x^{12} + x^{11} + x^{10} + x^8 + x^7 + x^5 + x^4 + x^2 + x + 1$$

erzeugt (vgl. z. B. [11]). Die Berechnung erstreckt sich über die Adressfelder einschließlich der Füllbytes. Die im Sender berechneten Prüfzeichen werden im FCS-Feld mitübertragen. Im Empfänger wird die gleiche Prüfzeichenberechnung mit den empfangenen Daten wiederholt und die neu berechneten Prüfzeichen werden mit den übermittelten Prüfzeichen verglichen. Bei Übereinstimmung besteht eine sehr hohe Wahrscheinlichkeit dafür, dass das Paket ungestört – also fehlerfrei – übertragen worden ist. Bei Nichtübereinstimmung ist sicher mindestens ein Übertragungsfehler vorhanden und das Paket wird ignoriert. Die Anwendungssoftware sieht dieses Paket nie.

Für die übergeordnete Kommunikationssoftware sind neben den zwei Adressen nur das Datenfeld (eventuell noch das TYPE-Feld) notwendig. Das Datenfeld ist transparent, d. h. es bestehen keine Einschränkungen für die Bitmuster und es kann von der Anwendungssoftware völlig frei ausgenutzt werden. Das Datenfeld muss vollständige Bytes (= ganzzahliges Vielfaches von 8 Bit) enthalten.

---

[53] Der Repeater benötigt diese Zeit zur Träger- und Richtungserkennung im Halb-Duplex Betrieb.

4.2.6 Ethernet-Adresse

Individuelle Ethernet-Adresse

Auf dem gemeinsamen Übertragungsmedium eines Lokalnetzwerkes benötigt jede Station eine *eindeutige Adresse*: Diese Adresse wird je nach Sprachgebrauch als „Ethernet-Adresse", als „physikalische Adresse", als „Stationsadresse", als „Adapter Card Address" oder als „MAC-Adresse" (= Medium Access Control Adresse) bezeichnet. Im Folgenden wird der Begriff *Ethernet-Adresse* verwendet. Die Ethernet-Adresse ist vom Hersteller der Module in fester Form dem physikalischen Netzwerkinterface zugewiesen und wird meist in einem ROM (Read-Only Memory) auf der Interface-Karte nichtflüchtig gespeichert.

Die Ethernet-Adresse hat eine feste Länge von 48 Bit (= 6 Bytes). Die 6 Bytes sind in zwei Gruppen von je 3 Bytes aufgeteilt. Die erste Gruppe beinhaltet den *Adresstyp* (2 Bit: A47 und A46) und die *Kennzeichnung für den Hersteller des Interface Adapters*, die zweite Gruppe ist eine *laufende Seriennummer* für den Interface Adapter. Dies erlaubt die folgende Anzahl von Ethernet-Teilnehmern:

D47, D46 reserviert (Adresstyp)
D45 bis D24 Hersteller-Identifikation: $(2^{22} - 2) = 4'194'302$ verschiedene Hersteller
D23 bis D0 Adapter Seriennummer: $(2^{24} - 2) = 16'777'214$ Adapter pro Hersteller

Die Ethernet-Adressen sind weltweit eindeutig, d. h. die gleiche Ethernet-Adresse wird nie doppelt (oder mehrfach) verwendet. Um dies zu gewährleisten, wird die Kennzeichnung für den Hersteller des Interface-Adapters durch das IEEE (Institute of Electrical and Electronics Engineers, New York, USA) zentral verwaltet. Jeder Hersteller von Ethernet-Adapter-Karten muss sich beim IEEE um eine entsprechende Hersteller-Identifikation bewerben. Die Adresse für die Zuteilung einer Hersteller-Identifikation lautet:

    IEEE Standards Department
    Institute of Electrical and Electronics Engineers, Inc.
    445 Hoes Lane - P.O. Box 1331
    PISCATAWAY, N.J. 08855-1331, USA
    FAX: USA-(908) 562-1571 / Tel: USA-(908) 562-3813

Die Registrierung und Zuteilung einer Hersteller-Identifikation (company_ID, gleichzeitig OUI = Organizationally Unique Identifier) dauert ca. 10 Tage und kostet 1'000.- US-Dollars. Vom IEEE kann auch eine Liste aller vergebenen und veröffentlichten Hersteller-Identifikationen (company_IDs) bezogen werden. Der Hersteller ist dafür verantwortlich, dass er die gleiche Adapter-Seriennummer (D23 - D0) nicht mehrmals verwendet.

Die zwei Bit im *Adresstyp* sind wie folgt ausgenutzt:

D47:	in Destination Address:	D47 = 0 entspricht einer individuellen Adresse.
		D47 = 1 entspricht einer Gruppenadresse.
D47:	in Source Address:	D47 = immer 0.
D46:	in Destination Address:	D46 = 0 zeigt an, dass diese Adresse global verwaltet (IEEE), d. h. weltweit eindeutig ist.
		D46 = 1 zeigt an, dass diese Adresse lokal verwaltet, d. h. nicht koordiniert ist.
D46:	in Source Address:	D46 = 0 zeigt an, dass diese Adresse global verwaltet (IEEE), d. h. weltweit eindeutig ist.
		D46 = 1 zeigt an, dass diese Adresse lokal verwaltet, d. h. nicht koordiniert ist.

Mit D46 = 1 können „private" Netze mit beliebiger Adresszuweisung implementiert werden, d. h. die Adressverwaltung in solchen Netzen ist nicht durch das IEEE koordiniert.

Rundspruchadresse (Broadcast)

Beim Senden eines Pakets zu einer individuellen Station ist das Ethernet-Destination-Address-Bit D47 = 0 (LSB des höchstwertigen Bytes der Hersteller-ID). Setzt der Sender das Bit D47 = 1 (und gleichzeitig D46 = 1), so gilt das Paket als Gruppenadresse, d. h., es geht an eine Mehrzahl von Empfängern. Sind gleichzeitig alle anderen Bit (D45 bis D0) der Destination-Adresse ebenfalls gleich 1, so gilt die Destination-Adresse als Broadcast-Adresse, d. h. FF'FF'FF'FF'FF'FF$_H$ = Broadcast-Adresse. *Alle* Stationen auf dem Ethernet nehmen diese Meldung auf, leiten sie an ihre Kommunikationssoftware weiter und geben keine Antwort.

Gruppenadresse (Multicast)

Erkennt der Empfänger das Bit D47 = 1 in der Destination Adresse, so prüft er das Bit D31. Findet er D31 = 1, so handelt es sich um die Rundspruchadresse (Broadcast-Adresse). Ist aber D31 = 0, so gilt das Paket als Gruppenadresse. Die Bits D30 bis D0 bestimmen die Gruppenidentifikation. Die Zuteilung von global verwalteten, d. h. weltweit eindeutigen Gruppenadressen (bei D46 = 0), geschieht ebenfalls durch das IEEE.

4.3 Ethernet Standards

Ethernet war von Beginn an für die Verwendung durch verschiedene, voneinander unabhängige Hersteller, Benutzer und Netzwerkbetreiber vorgesehen. Eine strikte Normierung über internationale, stabile und exakte Standards war daher zwingend. Glücklicherweise hat das IEEE diese wichtige Aufgabe nicht nur übernommen, sondern auch in ausgezeichneter Weise gelöst. Im Zusammenhang mit LANs/MANs wurden verschiedene IEEE-Standards erarbeitet. Speziell für das Ethernet sind die in der **Tabelle 4-2** aufgeführten Standards von Interesse. Die Standards unterliegen einer kontinuierlichen Entwicklung und werden immer wieder durch Supplements ergänzt.

4.3 Ethernet Standards

Tabelle 4-2: Ethernet Standards Übersicht

Standard	Bedeutung/Bereich
IEEE-802.3	**Ursprünglicher Ethernet Standard** (1985)
IEEE-802.3a	10Base2 Übertragungsmedium (RG58, BNC)
IEEE-802.3b	10Broad36 Übertragungsmedium (CATV)
IEEE-802.3c	10 MBit/s Repeater für 10Base2 und 10Base5
IEEE-802.3d	Punkt-zu-Punkt Fiber-Link (FOIRL) zwischen 2 Repeatern
IEEE-802.3e	1Base5: Sterntopologie mit twisted Pairs (AT&T Starlan, ersetzt durch 10BaseT)
IEEE-802.3h	Layer Management
IEEE-802.3i	10Base10 (UTP 3/4/5 mit 10 MBit/s)
IEEE-802.3j	10BaseF Fiber-Link (10Base-FL, 10Base-FB, 10Base-FP)
IEEE-802.3k	Repeater Management
IEEE-802.3l	PICS für 10BaseT Transceivers
IEEE-802.3m	Ergänzungen #2 des Standards (Punkte 1, 7, 8, 9, 10)
IEEE-802.3n	Ergänzungen #3 des Standards (Punkte 4, 6, 7, 8, 10)
IEEE-802.3p	10 MBit/s MAU Management
IEEE-802.3q	Guidelines for the Development of Managed Objects (GDMO)
IEEE-802.3r	Transceiver Beurteilung 10Base5
IEEE-802.3s	Ergänzungen #4 des Standards (Punkte 7, 8)
IEEE-802.3t	120 Ω Kabel in 10BaseT (statt 100 Ω Kabel)
IEEE-802.3u	**Fast Ethernet** (100BaseT, FX, TX, T4)
IEEE-802.3v	Geschirmtes 150 Ω Kabel in 10BaseT (STP)
IEEE-802.3w	MAC Ergänzungen
IEEE-802.3x	Full-Duplex (10/100/1000 MBit/s und Autonegotiation)
IEEE-802.3y	100BaseT (UTP, Kategorie 3/4/5)
IEEE-802.3z	**Gigabit-Ethernet** (1000BaseT, SX/LX/CX)
IEEE-802.3aa	100BaseT Ergänzungen (Maintenance)
IEEE-802.3ab	1000BaseT (Gigabit-Ethernet über UTP: 4 Paare Kategorie 5)
IEEE-802.3ac	Frame Format für VLANs (Abgleich zu 802.1Q Tagging)
IEEE-802.3ad	Trunking
IEEE-802.3ae	Draft 4.1: Supplement to CSMA/CD Access Method and Physical Layer Specifications – Media Access Control (MAC) Parameters, Physical Layer, and Management Parameters for **10 GBit/s** Operation
IEEE-802.3af	Powered Ethernet
Zusätzliche Standards	
IEEE-802.1p	QoS in Bridges (Multiple Queues)
IEEE-802.11	Wireless LAN (WLAN)

Die jeweils neueste Standardsliste ist auf http://standards.ieee.org verfügbar.

4.4 Fast Ethernet (100 Mbit/s)

Fast Ethernet ([32], [79], [80]) ist ein LAN-Standard für 100 MBit/s Datenübertragungsrate. Fast Ethernet ist eine natürliche Erweiterung des klassischen Ethernets (10 MBit/s) und ist betrieblich kompatibel[54]. Zusätzlich zur zehn Mal höheren Datenübertragungsrate sind mit Fast Ethernet neue Fähigkeiten – z. B. Full-Duplex Betrieb und Switching – eingeführt und standardisiert worden.

Die Kombination von Fast Ethernet mit Full-Duplex und Switching[55] hat der Ethernet-Technologie eine ungeahnte Erneuerung gebracht, welche leistungsfähige Netzwerke weit in die absehbare Zukunft garantiert.

Fast Ethernet benutzt das gleiche CSMA/CD-Protokoll mit dem gleichen Kollisionsbewältigungsalgorithmus wie das Standard Ethernet. Format, Länge, Fehlererkennung etc. des Pakets sind identisch, ebenso der InterPaket-Gap. Der Unterschied besteht darin, dass beim Fast Ethernet alle zeitlichen Parameter um einen Faktor 10 verkleinert sind. Das Kollisionsfenster ist auf 5,12 µs und der InterPaket-Gap ist auf 0,96 µs verkürzt. Dies hat zur Folge, dass auch alle Kabellängen bei *gemeinsamen* Medien um den gleichen Faktor verkürzt sind. Für die 100BaseT Anschlüsse können die gleichen – häufig in der Anlage bereits verlegten – Twisted Pairs (Kategorie 3, 4 und 5, vgl. Tabelle 4-1) weiterbenutzt werden.

Die neuen Eigenschaften von Fast Ethernet umfassen:
- Sterntopologie und die Möglichkeit eines externen Interfaces zum Übertragungsmedium
- Full-Duplex Betrieb[56]
- Autonegotiation
- Flusssteuerung (Flow Control)
- Trunking

4.4.1 Fast Ethernet Topologie

Installationstopologie

Die erlaubten Kabellängen beim Fast Ethernet (vgl. Tabelle 4-1) erlauben nur noch *eine* Topologie[57]: die mehrfache Sterntopologie (**Abbildung 4-7**). Die Netzwerkstationen sind dabei über verdrillte Paare (ungeschirmt UTP oder geschirmt STP) oder Fiber mit den Hubs/Switches verbunden und die Hubs/Switches kommunizieren untereinander über 100 MBit/s Fiber.

---

[54] Fast Ethernet ist <u>kein</u> neuer Standard, sondern eine Erweiterung des Basis-Standards IEEE-802.3. Seine Verfasser haben größte Sorgfalt darauf verwendet, die vollständige Kompatibilität – trotz der erweiterten Möglichkeiten – zu gewährleisten. Die Praxis zeigt, dass dies gelungen ist!

[55] Ethernet und Switching wurden früher als kompetitive Netzwerktechnologien betrachtet. Der durchschlagende Erfolg ihrer Vereinigung hat sogar Fachleute überrascht.

[56] Diese Eigenschaften wurden rückwirkend auch für das 10 MBit/s Ethernet definiert.

[57] Diese Topologie wurde bereits häufig auch beim Standard Ethernet für 10 MBit/s verwendet und dort als strukturierte Verkabelung bezeichnet.

4.4 Fast Ethernet (100 Mbit/s)

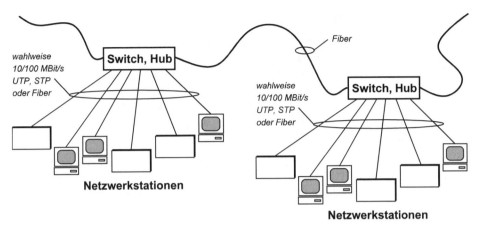

Abbildung 4-7: *Installationstopologie für Fast Ethernet (Mehrfache Sterntopologie)*

Anschluss des Übertragungsmediums

Zwei Gründe haben zu einer Änderung der Struktur des Anschlusses des Übertragungsmediums (gegenüber Abbildung 4-1) geführt: Einerseits war es nicht mehr möglich, für alle Übertragungsmedien die gleiche elektrische Codierung zu verwenden und andererseits wurde die neue Funktion „Autonegotiation" eingeführt. Die Struktur eines Fast Ethernet-Anschlusses ist in **Abbildung 4-8** dargestellt. Man sieht, dass gewisse Funktionen in die mit PHY[58] bezeichnete Blackbox verlegt wurden. Die Schnittstelle zwischen PHY und DTE wird als MII (= Media Independent Interface) bezeichnet und hat eine größere Funktionalität als das AUI beim Standard Ethernet. PHY kann als abgesetzte Einheit realisiert und über das MII-Kabel (< 50 cm) verbunden werden. Es steht den Herstellern allerdings frei, auch das PHY direkt auf der Adapterkarte zu implementieren.

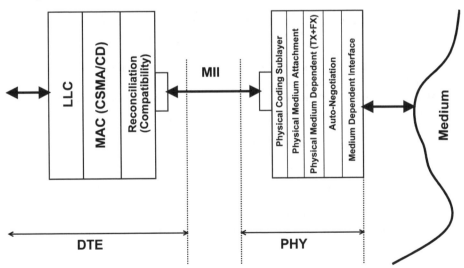

Abbildung 4-8: *Struktur des Fast Ethernet Netzwerkanschlusses*

---

[58] Die neuen Bezeichnungen PHY gegenüber der alten Bezeichnung MAU und MII gegenüber AUI wurden gewählt, um Verwechslungen auszuschließen.

4.4.2 Full-Duplex Betrieb

Full-Duplex (FDX) Betrieb bedeutet, dass die Verbindung zwischen zwei Stationen ein gleichzeitiges Senden und Empfangen erlaubt, d. h. die beiden Übertragungsrichtungen sind physisch und logisch getrennt. Dies erfordert nicht nur ein geeignetes Übertragungsmedium (z. B. je eine optische Faser für jede Richtung), sondern auch geeignete Transceiver und Softwaretreiber an beiden Enden. FDX führt zu den folgenden Vorteilen:

1. FDX verdoppelt (theoretisch) die Bandbreite – also auf 200 MBit/s.
2. Die Verbindung wird kollisionsfrei.

FDX Betrieb ist vor allem zwischen Switches und Stationen oder zwischen Switches untereinander vorteilhaft. Im FDX Betrieb werden die gleichen Pakete ausgetauscht, aber ohne das CSMA/CD-Protokoll (da keine Kollisionsbewältigung notwendig ist).

4.4.3 Autonegotiation

Die neuen Ergänzungen des Standards IEEE-802.3 (vgl. Tabelle 4-2) haben die Fähigkeiten der Netzwerkstationen deutlich erweitert. Damit Netzwerke aus Stationen mit verschiedenen Fähigkeiten überhaupt noch verwaltet werden können, musste eine Möglichkeit geschaffen werden, damit sich die Stationen jeweils untereinander (ohne Eingriff des Netzwerkadministrators) über die zu aktivierenden Fähigkeiten einigen können. Dies ist durch *Autonegotiation* (über 100BaseT) möglich geworden. Die zwei beteiligten Stationen[59] tauschen bei der Verbindungsaufnahme Kontroll-Frames aus, mit welchen sie sich gegenseitig über ihre Eigenschaften orientieren und einigen sich auf eine optimale Betriebsart. Die Parameter, welche einen gegenseitigen Abgleich bedingen ([79], 10.3), sind u. a.:

- Datenübertragungsgeschwindigkeit (10/100/1'000 MBit/s)
- Full-Duplex/Half-Duplex
- Flow Control Unterstützung

Autonegotiation findet im PHY (vgl. Abbildung 4-8) statt. Für das Autonegotiationverfahren wurde das in 10BaseT eingeführte *Link Pulse* Prinzip weiter entwickelt und kompatibel gehalten. Die Link Impulse[60] in 10BaseT dienen der kontinuierlichen Über-wachung des Link-Zustandes einer 10BaseT-Verbindung. Die Erweiterung führt *Fast Link Pulses* (FLPs) ein, welche den Datenaustausch über 16-Bit Codewörter zwischen PHYs erlauben. Dank Autonegotiation stellen sich die Stationen automatisch gegenseitig auf die optimalen Parameter ein.

4.4.4 Flusssteuerung (Flow Control)

Unter *Flusssteuerung* (= Flow Control) versteht man die Möglichkeit, einen Sender eines Datenstromes zu bremsen, d. h. diesen temporär anzuhalten. Dies ist immer dann gefordert, wenn in einem Netzwerkelement – man denkt in diesem Zusammenhang vor allem an einen Switch mit seinen beschränkten Buffers – Queue-Überläufe drohen. IEEE-802.3z definiert einen Mechanismus für die Flusssteuerung für 10/100/1'000BaseT. Bei der Flusssteuerung kann die empfangende Station der sendenden Station eine Meldung[61] – *Pause*

---

[59] Meistens ein Switch/Switching Hub auf der einen Seite und eine Steuerung/Workstation/Server auf der anderen Seite.

[60] Neue Bezeichnung: *Normal Link Pulses* NLPs.

[61] Zu diesem Zweck werden MAC Control Frames verwendet (vgl. [84], 6.2.2).

Message genannt – schicken, welche das Aussetzen des Sendens für eine bestimmte Zeit (von 0 bis 65'535 x 512 Bit-Times) verlangt. Die Flusssteuerung kann symmetrisch (beide Stationen können Pause Messages senden) oder asymmetrisch (nur der Switch kann Pause Messages senden) unterstützt werden. Die Flusssteuerungsfähigkeiten werden während der Autonegotiationphase ausgetauscht und beide Stationen stellen sich auf die beste gemeinsame Betriebsart ein.

4.4.5 Trunking

Unter Trunking (IEEE-802.3ad) versteht man die Verwendung von mehrfachen, parallelen physischen Übertragungskanälen zwischen zwei Netzwerkelementen, also z. B. die Installation von 3 x 100BaseFX zwischen zwei Switches. Ziel ist einerseits die Erhöhung der Datenübertragungskapazität und andererseits die Erhöhung der Ausfallsicherheit (bei einem Ausfall eines Übertragungskanales übernehmen automatisch die verbleibenden Übertragungskanäle die Last).

4.5 Gigabit-Ethernet (1000 Mbit/s)

Wie beim Übergang von Standard Ethernet zu Fast Ethernet wurde auch bei der Weiterentwicklung zum Gigabit-Ethernet ein evolutionärer Weg gewählt, d. h. die Kompatibilität und die Interoperabilität der drei Datenraten sollte gewährleistet bleiben. Gigabit-Ethernet beruht auf dem gleichen CSMA/CD-Zugriffsalgorithmus[62], hat die gleichen Paketformate und erlaubt den unmodifizierten Einsatz der übergeordneten Kommunikationssoftware (z. B. von TCP/IP). Hervorragendes Merkmal ist die nochmals um den Faktor zehn auf 1'000 MBit/s (= 1 GBit/s) erhöhte Datenübertragungsrate, welche im Full-Duplex Betrieb sogar gegen 2'000 MBit/s (= 2 GBit/s) erreichen kann.

Die im Rahmen der Fast Ethernet Standardisierung eingeführten Funktionen wie Autonegotiation, Flusssteuerung und Trunking wurden – mit den notwendigen Erweiterungen – beibehalten ([79], ([84]).

4.5.1 Gigabit-Ethernet Topologie

Installationstopologie

Merkmale der typischen Gigabit Installationstopologie sind die Gruppenbildung, hierarchische Switch-Strukturen und Full-Duplex Verbindungen (**Abbildung 4-9**). Innerhalb der Workgroup oder eines Anlagenteiles fasst man die Netzwerkstationen zuerst über Terminal-Switches zusammen, diese dann wieder über Workgroup-Switches und konzentriert schließlich im Backbone-Switch[63]. In dieser Switch-Hierarchie sind praktisch alle Gigabit-Links Full-Duplex (oder sogar Trunks).

---

[62] Gigabit-Ethernet wird vorwiegend über Full-Duplex Verbindungen eingesetzt. Full-Duplex Verbindungen mit 2 Teilnehmern sind kollisionsfrei, sodass in diesem Falle (wie bereits bei Fast Ethernet) der CSMA/CD-Algorithmus ausgeschaltet wird.

[63] Die Bezeichnungen der hierarchischen Switches sind von Hersteller zu Hersteller und von Anwendung zu Anwendung verschieden.

Anschluss des Übertragungsmediums

Der Anschluss des Übertragungsmediums beim Gigabit-Ethernet hat die gleiche Struktur wie beim Fast Ethernet (vgl. Abbildung 4-8), nur dass das Interface MII durch das Interface GMII ersetzt wurde. GMII ist nur noch ein architektonisches Interface, d. h. es kann nicht mehr physisch außerhalb des Chip-Sets für Gigabit-Ethernet realisiert werden.

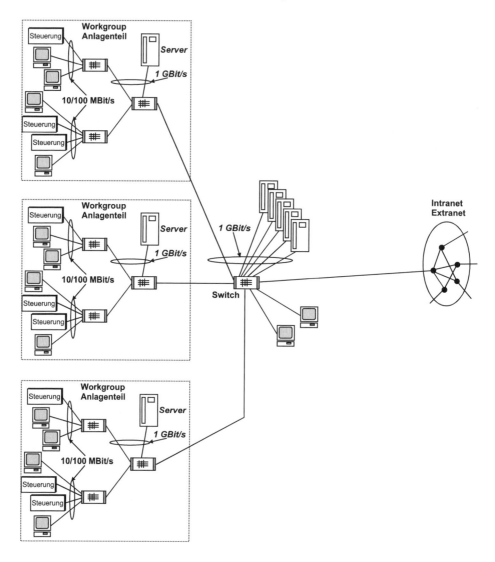

Abbildung 4-9: *Typische Installationstopologie für Gigabit-Ethernet*

4.5.2 MAC Erweiterungen

Das Gigabit-Ethernet MAC-Interface kann sowohl im Halb-Duplex wie auch im Full-Duplex Betrieb arbeiten. Der Full-Duplex Betrieb ist weitgehend identisch zum Betrieb bei

10/100 MBit/s. Der Halb-Duplex Betrieb bei 1 GBit/s ist problematisch: Falls die Dauer des Kollisionsfensters (= 51,2 µs beim Standard Ethernet, vgl. Abschnitt 4.2.2 / 5,12 µs beim Fast Ethernet) nochmals um den Faktor zehn verkürzt würde, resultierte ein Fenster von 0,512 µs. Da diese Zeit der doppelten (maximalen) Signallaufzeit auf dem gemeinsamen Übertragungsmedium entspricht, würden nur noch unakzeptabel kurze Kabellängen möglich (ca. 10 bis 20 m).

Die Entwickler von Gigabit-Ethernet haben deshalb das Kollisionsfenster auf 4'096 Bit (= 512 Bytes oder 4,1 µs) festgesetzt und einen Kunstgriff – die Carrier Extension – gewählt, um dies ohne Änderung im Frame-Format zu gewährleisten.

Carrier Extension

Gigabit-Ethernet Frames mit *mindestens* 493 Datenbytes (+ 19 Protokollbytes[64] = 512 Bytes, vgl. Abschnitt 4.2.5) erfüllen die Zeitbedingung für das Kollisionsfenster von 4,1 µs. Bei Gigabit-Ethernet Frames mit *weniger* als 493 Datenbytes, d. h. mit 46 bis 492 Datenbytes, werden durch die Aufrechterhaltung des Trägers verlängert (**Abbildung 4-10**). Das Ethernet Frame ist dabei unverändert, sodass die Kommunikationssoftware keinen Unterschied sieht. Die Carrier Extension wird durch das PHY implementiert.

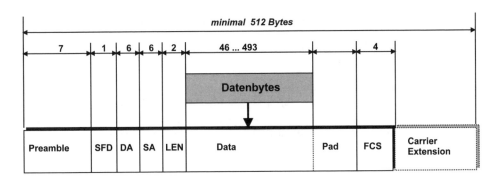

Abbildung 4-10: Carrier Extension bei kurzen Gigabit-Ethernet Frames

Frame Bursting

Sobald Carrier Extension angewendet werden muss, steigt der Overhead des Ethernet-Protokolles. Um dies nach Möglichkeit zu kompensieren, führt Gigabit-Ethernet (wieder auf dem PHY-Interface) das *Frame Bursting* ein. Dabei versucht das PHY mehrere kurze Datenblöcke in ein Ethernet Frame zu packen, um die notwendige Minimallänge ohne Carrier Extension zu erreichen.

4.6 10 Gbit/s Ethernet

Die Weiterentwicklung von Ethernet zum 10 GBit/s Netzwerk wird in verschiedenen Studien bereits heute untersucht. Speziell intensiv ist die IEEE Taskforce 802.3ae (Higher Speed Study Group), aber auch einige Industriekonsortien – wo vorwiegend die Hersteller

---

[64] Die Preamble-Bytes werden nicht mitberücksichtigt, vgl. Abschnitt 4.2.5.

vertreten sind – arbeiten an Produktspezifikationen. Ein entsprechender Standard IEEE 802.3ae wird im Jahre 2002 erwartet.

Als Einsatzfelder für 10 GBit/s Ethernet werden zwei Anwendungsgruppen angesprochen:

1. Das Backbone von Unternehmen,
2. stadtübergreifende WAN-Umgebungen (einheitliche 10 GBit/s Glasfasernetze).

Der Einfluss von 10 GBit/s Ethernet Netzen auf die Industrieautomation wird in den nächsten Jahren nicht spürbar sein, da die industriellen Segmente immer eigene Kollisionsdomains (mit niedrigerer Datenübertragungsgeschwindigkeit) bilden werden. Allerdings eröffnet die 10 GBit/s Technologie eine weitere, höhere Vernetzungsebene, sodass Ethernet von der Steuerung bis ins WAN durchgängig wird[65].

Ausgewählte Literatur zu Kapitel 4:

Spurgeon, Charles: **Ethernet – The Definitive Guide** (Literaturverzeichnis [153])

Spurgeon's umfangreiches Werk behandelt Ethernet mit noch etwas mehr Details als das vorliegende Kapitel. Das Schwergewicht liegt dabei auf der Planung und dem Aufbau von zuverlässigen Ethernet-Installationen.

Ferrero, Alexis: **The Eternal Ethernet** (Literaturverzeichnis [79])

Dieses dreiteilige Lehrbuch führt im ersten Teil in allgemeiner Form die Prinzipien von LANs ein, gibt im zweiten Teil eine sehr konzentrierte Übersicht über das gesamte Gebiet der Vernetzung mit Ethernet (10 – 1'000 MBit/s) und stellt im dritten Teil die Lösungen für das Engineering und die Wartung von Netzwerken dar.

Seifert, Rich: **Gigabit-Ethernet** (Literaturverzeichnis [84])

Der Autor führt den Leser im Eiltempo über die frühen Phasen von Ethernet (10 Mbit/s, 100 Mbit/s) zur modernsten Technologie des Gigabit-Ethernet. Er behandelt alle Ebenen der Installation und beschreibt auch die sinnvollen Anwendungsumgebungen und Performancefragen.

---

[65] Man beachte, dass für WAN-Anwendungen die Internet-Technologie den weitaus größeren Einfluss auf die Industrieautomation hat und auch in Zukunft haben wird.

5 IP, UDP und TCP

Ethernet transportiert Pakets von einem Sender zu einem Empfänger oder zu einer Gruppe von Empfängern ohne Quittung und ohne Wiederholung von verlorenen Pakets. Ethernet definiert keine Funktionen für den Anwender, d. h., die Anwender müssen gegenseitig die Bedeutung der Datenbytes im Paket vereinbaren. Um eine zuverlässige Übermittlung zu gewährleisten und um anwendungsgerechte Funktionen anbieten zu können, muss Ethernet mit einer übergeordneten Kommunikationssoftware ergänzt werden. Im Verlaufe der letzten 20 Jahre sind verschiedene derartige Systeme entwickelt worden: die TCP/IP-Protokollfamilie (Tansmission Control Protocol/Internet Protocol) ist nur eine der vielfältigen Möglichkeiten. TCP/IP eignet sich sehr gut, um die Funktionen für die dezentrale Industrieautomation zur Verfügung zu stellen und gewährleistet zudem die Durchgängigkeit in die Extranet/Intranet/Internet-Welt.

5.1 TCP/IP-Protokollfamilie

Das Lokalnetzwerk Ethernet transportiert *Pakets* (= Gruppe von Control-, Daten- und Prüfbytes) von einem Sender („Source") zu einem Empfänger („Destination"), oder im Falle von Broadcast und Multicast zu einer Gruppe von Empfängern. Im Ethernet-Protokoll wird der Empfang eines Pakets nicht quittiert und fehlerhaft erhaltene Pakets werden nicht wiederholt, d. h., Ethernet garantiert weder die Ablieferung, noch die Vollständigkeit der übertragenen Daten. Zur Gewährleistung einer zuverlässigen Übertragung sind daher übergeordnete Protokollschichten – also eine zusätzliche Kommunikationssoftware – notwendig.

Eine weitere Schwäche von Ethernet ist das Fehlen funktionaler Definitionen: Ethernet bietet dem Anwender außer dem „unzuverlässigen" Transport von Pakets keine Dienste an. Die Verwendung der Datenbytes im Ethernet Paket ist ausschließlich dem Anwender überlassen. Wenn zwei Anwender ein Kommunikationssystem nur auf Ethernet aufbauen möchten, so müssten diese zuerst eine detaillierte Vereinbarung über die Anzahl, die Reihenfolge und die Bedeutung der einzelnen Bytes im Ethernet Paket treffen und ihre Programme entsprechend entwickeln. Jede gewünschte Funktion, z. B. Files zwischen zwei Betriebssystemen auszutauschen, würde einen großen Programmieraufwand für beide Anwender bedeuten. Da anzunehmen ist, dass verschiedene Gruppen ganz verschiedene Definitionen treffen und implementieren würden, wäre eine Kompatibilität von vornherein ausgeschlossen. Diese Situation wurde in den frühen 70-er Jahren erkannt und in den USA startete das DoD (Department of Defense) und die ARPA (Advanced Research Project Agency) ein Projekt zur Definition und Implementation einer *Netzwerk-Kommunikationssoftware*. Diese neue Kommunikationssoftware sollte nicht nur eine zuverlässige „End-to-End"-Übertragung gewährleisten, sondern zusätzlich die folgenden Eigenschaften haben:

- Nutzung verschiedener Übertragungssysteme (Telefonleitungen mit MODEM, digitale Netze wie X.25, Lokalnetzwerke, Funkkanäle, Lichtwellenleiter etc.).

- Unabhängigkeit von der Hardware und von den Betriebssystemen der im Kommunikationsnetz teilnehmenden Rechner (heterogene Teilnehmergruppe).
- Standardisierte Funktionen und Anwendungsprotokolle (für gewisse Standardfunktionen).
- Uneingeschänkte Verbindungsmöglichkeiten im Netzwerk und in einem späteren Netzwerkverbund (universelles Adressierkonzept).

Dieses Projekt hat über verschiedene experimentelle Zwischenstufen – unter anderem das berühmte ARPANET – zum technischen Erfolg und zur Kommunikationssoftware TCP/IP[66] geführt. Der kommerzielle Erfolg und damit die weite Verbreitung von TCP/IP ist eine Folge davon, dass TCP/IP im Berkeley-UNIX-Betriebssystem (entwickelt von der University of California, Berkeley) als Standardkommunikationssoftware für Lokalnetzwerke implementiert wurde. Heute ist TCP/IP auf allen modernen Plattformen (UNIX, DOS, Windows, Windows/NT, OS/2, Großrechnerbetriebssysteme, Workstations etc.) und auch in Echtzeit-Multitasking-Betriebssystemen vorhanden.

Die Kommunikationssoftware TCP/IP bildet ebenfalls die Grundlage für das Worldwide Internet – den weltweiten Rechnerverbund mit seinem vielfältigen Informations- und Serviceangebot. Für die Anbieter oder Nutzer von Informationen aus dem Internet sind eine Anzahl auf TCP/IP beruhender Anwendungsprotokolle und Zugriffsprogramme – und sogar eigene Programmiersprachen – entwickelt worden ([19]).

Unter dem Begriff „TCP/IP" wird eine Vielzahl von verschiedenen Protokollen zusammengefasst: eine Übersicht über die wichtigsten Protokolle aus der TCP/IP-Protokollfamilie sind in der **Abbildung 5-1** dargestellt. Die Abkürzungen bedeuten:

ARP:	Address Resolution Protocol
RARP:	Reverse Address Resolution Protocol
IP:	**Internet Protocol** (angewendet auf IPv4 und IPv6)
GGP:	Gateway-to-Gateway Protocol (vgl. [20], Kapitel 14)
EGP:	Exterior Gateway Protocol (vgl. [20], Kapitel 15)
RSVP:	Resource Reservation Protocol (vgl. Abschnitt 3.4.1)
ICMP:	Internet Control Message Protocol (vgl. [20], Kapitel 9)
IGMP:	Internet Multicasting (vgl. [20], Kapitel 17)
OSFP:	Open shortest Path First (vgl. [20], Kapitel 16)
UDP:	**User Datagram Protocol**
TCP:	**Transmission Control Protocol**
Socket-Interface:	UDP und TCP Programminterfaces
TelNet:	Remote Terminal Protocol (vgl. [20], Kapitel 23)
FTP:	File Transfer Protocol (vgl. [20], Kapitel 24)
SMTP:	Simple Mail Transfer Protocol (vgl. [20], Kapitel 25)
TFTP:	Trivial File Transfer Protocol (vgl. [20], Kapitel 24)
DNS:	Domain Name System (vgl. [20], Kapitel 22)
RIP:	Routing Information Protocol (vgl. [20], Kapitel 16)
RPC:	Remote Procedure Calls (vgl. [89])
XDR:	eXternal Data Representation (vgl. [20], Kapitel 24)
NFS:	Network File System (vgl. [20], Kapitel 24)
SNMP:	Simple Network Management Protocol (vgl. [20], Kapitel 26)
IPSec:	Sicherheitsprotokoll (vgl. [86])

---

[66] TCP/IP wird als Kurzbezeichnung für eine ganze Protokollfamilie verwendet.

5.1 TCP/IP-Protokollfamilie

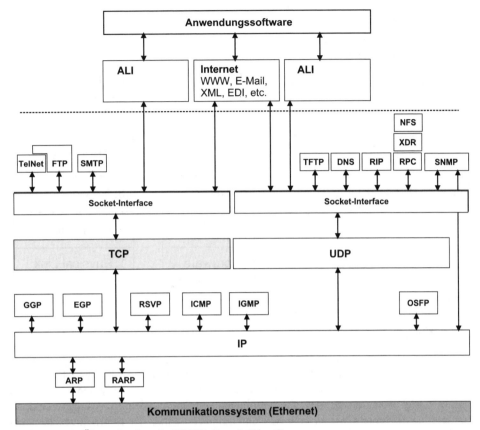

Abbildung 5-1: Übersicht über die TCP/IP-Protokollfamilie

In der Abbildung 5-1 ist das Socket-Interface herausgehoben: Dieses stellt das Standardinterface für die vielen TCP/IP-Dienste und für die übergeordnete Programmierung dar (vgl. Kapitel 6).

5.1.1 Vergleich mit OSI-Architektur

Die Definition und Implementierung von TCP/IP wurde zeitlich weit vor der Arbeit am "Reference Model for Open Systems Interconnection" (= OSI-Modell, vgl. Abschnitt 3.1.3) durchgeführt. Das von der International Organization for Standardization (ISO) im Jahre 1984 standardisierte OSI-Modell (Internationaler Standard ISO 7498, vgl. [1] und [14]) definiert einen Satz von Kommunikationsprotokollen und Anwenderschnittstellen für die Computer-Datenkommunikation. Trotzdem passt TCP/IP einschließlich Schicht 4 (Transportschicht) gut in die OSI-Architektur. Das OSI-Modell besitzt noch die Schichten 5-7, während TCP/IP alles oberhalb der Schicht 4 als Anwendungssoftware betrachtet. Diese Situation ist als Übersicht im **Abbildung 5-2** dargestellt.

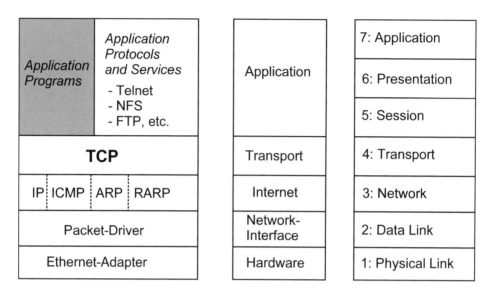

Abbildung 5-2: TCP/IP und OSI-Schichtenmodell

5.1.2 Geschachtelte Protokolle

Das hierarchische Schichtenmodell aus Abbildung 5-2 widerspiegelt sich auch im Aufbau der übertragenen Telegramme: Jede Schicht hat ihre eigenen Protokollbytes (Header) und jede höhere Schicht benutzt jeweils nur das Datenfeld der untergeordneten Schicht. Die "Frames" oder Telegramme der übergeordneten Schicht werden in das Datenfeld der untergeordneten Schicht wie in eine Schachtel gepackt, daher der Begriff „geschachtelte Protokolle": Diese Situation ist in **Abbildung 5-3** für die TCP/IP-Schichten dargestellt.

Das Konzept der geschachtelten Protokolle ergibt eine Unabhängigkeit der hierarchischen Protokollschichten: Im Standard Ethernet Paket können daher nicht nur TCP/IP-ProtokollPakets, sondern die vielfältigsten übergeordneten Protokolle transportiert werden (z. B. auch UDP = User Datagram Protocol, vgl. [1], [3]). Dank dem LEN/TYPE-Feld im Ethernet-Paket können mit der gleichen Ethernet-Adapterkarte (resp. dem gleichen Ethernet) verschiedene Typen von Kommunikationssoftware eingesetzt werden. Es gilt die Konvention, dass der Wert im LEN/TYPE-Feld entweder der Länge des Datenfeldes im Ethernet Paket entspricht, falls er kleiner oder gleich 05DCH (= maximal 1'500 Datenbytes) ist oder dem Protokolltyp, falls er größer oder gleich 0600H ist. Tabellen über die Bedeutung der Werte in TYPE sind in der Literatur (z. B. Tabelle 4.5 in [2]) zu finden.

5.2 Paket-Driver

Der *Paket Driver* bildet die Schnittstelle zwischen dem Ethernet Controller und der Internet-Protokoll-Kommunikationssoftware. Der Paket Driver hängt sehr stark vom eingesetzten Ethernet Controller ab. Dem Paket Driver kommt eine zentrale Funktion in Bezug auf die Ethernet-Leistungsdaten[67] zu: Er soll in der Lage sein, auch unmittelbar auf-

---

[67] Versuche mit verschiedenen Paket-Drivers auf der gleichen Hardware und im gleichen Netzwerk haben Unterschiede um den Faktor 10 gezeigt!

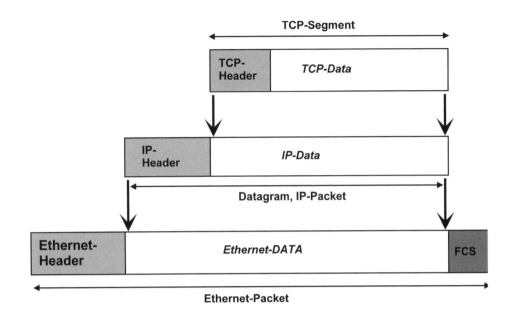

Abbildung 5-3: Geschachtelte Protokolle für die TCP/IP-Schichten

einander folgende Pakets bei den verwendeten Datenraten[68] aufnehmen und der IP-Schicht zur Verfügung stellen zu können. Ein auf der Paket-Driver-Ebene verlorenes Paket beeinflusst die Leistung aller übergeordneten Schichten: Erst die Transportschicht (TCP) stellt den Verlust des Pakets fest und muss anschließend zeitaufwändige Recovery-Mechanismen einleiten. Da diese Mechanismen auf Zeitintervallüberwachungen (Time Outs) mit langen Zeitkonstanten beruhen, geht dabei im Vergleich zur Netzwerkdurchsatzleistung sehr viel Zeit verloren.

5.3 Internet-Protokoll IPv4

Das Internet Protokoll[69] (IP) erfüllt die Aufgabe, „Datagramme" von einem Teilnehmer im Netz zu einem anderen Teilnehmer im gleichen oder in einem verbundenen Netz zu übertragen. Die Bezeichnung „Internet" soll zum Ausdruck bringen, dass jeder Teilnehmer jeden anderen Teilnehmer einfach erreichen kann, unabhängig davon, ob er sich in demselben Netz befindet oder in einem anderen Netz. Die verschiedenen Netzwerke sind dabei über Router verbunden, welche anhand der Internet-Adressen der Empfänger die Vermittlung (Weitergabe) durchführen. IP stellt damit einen Datagramm-Übertragungsweg vom Sender zum Empfänger dar, der unabhängig von der Anzahl, von den Eigenschaften und von den Leistungsdaten der durchlaufenen Netzwerke ist. Ein IP-Benutzer (z. B. das TCP-Protokoll) muss sich nicht um die Parameter (Datenrate, maximale Paketlänge etc.) der Netzwerke kümmern: IP passt die Datagramme in jedem Rechner und in jedem Router automatisch den Eigenschaften des benutzten Netzwerkes

---

[68] 10 MBit/s, 100 MBit/s oder 1 GBit/s.

[69] Das „klassische" Internet Protokoll wird heute als IPv4 (Internet Protokoll Version 4) bezeichnet. Die neue Version (1999) wird als IPv6 standardisiert (vgl. Abschnitt 5.4).

an. Die Router sind sogar in der Lage, verschiedene Pfade durch einen Netzwerkverbund zu wählen – und damit Netzstörungen, Link-Ausfälle oder Überlastungen zu umgehen. IP ist – wie Ethernet – ein „unzuverlässiges" Übertragungsprotokoll: IP garantiert weder, dass ein im Sender angenommenes Datagramm wirklich beim Empfänger abgeliefert wird (Datagramm-Verlust), noch, dass die Reihenfolge der Datagramme beim Empfänger stimmt. In gewissen Fällen kann das gleiche Datagramm sogar doppelt (oder mehrfach) abgeliefert werden. IP macht „nur" die Netzwerkstruktur transparent – was allerdings bereits einen großen Kommunikationssoftwareaufwand bedeutet!

5.3.1 Internet-Funktionen

Das IP (= Internet Protokoll) führt die folgenden Funktionen aus:
- Datagramm-Übermittlung (Sender zu Empfänger)
- Adress-Management (mittels ARP/RARP: Address Resolution Protocol)
- Segmentierung (Datagramm-Aufteilung, Fragmentierung)
- Routing (Pfadsuche)
- Netzwerkkontrollfunktionen (über ICMP)
- QoS-Gewährleistung (vgl. Abschnitt 3.4)

Das IP erhält von der übergeordneten Kommunikationssoftware (in unserem Falle: TCP) ein Datagramm mit je einer Internet-*Source-Adresse* und einer Internet-*Destination-Adresse*. Das IP-Datagramm kann bis zu 2^{16} Bytes (inkl. Header) lang sein. Die IP-Software im Sender zerlegt das Datagramm in kleinere Fragmente (falls das betroffene Kommunikationsnetzwerk dies verlangt), wählt für jedes Datagramm oder Fragment den momentan optimalen Kommunikationspfad für die Übertragung (falls mehrere Möglichkeiten bestehen) und sendet das Datagramm, bzw. die Fragmente ab. Damit ist die Aufgabe des Senders erfüllt.

Alle Switches, Bridges, Routers und Gateways im Netzwerk hören den Telegrammverkehr mit und übernehmen die für sie bestimmten Pakets auf Grund der IP-Destination-Adresse. Falls das nächste Kommunikationsnetzwerk dies verlangt, zerlegt die IP-Software im Router das Datagramm in kleinere Fragmente, wählt für jedes Datagramm oder Fragment das momentan optimale nächste Kommunikationsnetzwerk für die Übertragung (falls mehrere Möglichkeiten bestehen) und sendet das Datagramm, bzw. die Fragmente ab. Damit ist die Aufgabe des Routers erfüllt. Der Mechanismus der IP-Segmentierung ist detailliert in [3] beschrieben.

5.3.2 IPv4 Internet-Paket (IPv4 Datagramm)

Das *Internet Paket* wird als geschachteltes Protokoll im Datenbereich des Ethernet Pakets transportiert (vgl. Abbildung 5-3). Das Internet Paket hat die in **Abbildung 5-4** angegebene Form. Der Header hat meistens eine Länge von 20 Bytes. Falls das Optionsfeld benutzt wird, so ist er maximal 60 Bytes lang. Die Bedeutung der einzelnen Felder ist in der **Tabelle 5-1** angegeben. Einige Bemerkungen zu den folgenden Feldern sind nützlich:

5.3 Internet-Protokoll IPv4

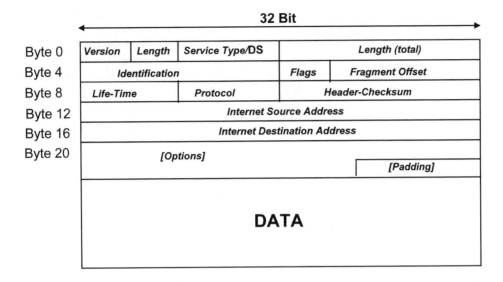

Abbildung 5-4: *Internet-Protokoll Paket (IPv4)*

Tabelle 5-1: *Bedeutung der Felder im Internet-Paket (IPv4-Datagramm)*

Feld	Protokollbits	Datenbytes	Bedeutung
Version	4		IP-Version, zur Zeit = 4
Header-Länge	4		Header-Länge in Bytes (20 bis 60)
Service-Typ (TOS) DS-Feld (RFC 2474)	8		TOS nicht ausgenutzt DS-Feld für QoS (Abschnitt 3.4.3)
Länge	16		Länge Header + Datenfeld (Bytes)
Identifikation	16		Angaben für Segmentierung
Flags	4		Angaben für Segmentierung
Fragment Offset	12		Angaben für Segmentierung
Lebensdauer	8		maximale Verweilzeit im Netz
Protokoll	8		Identifikation des Empfängerprotokolls (für Multiprotokoll-Implementationen)
Prüfsumme Header	16		einfache Prüfsumme über die Header-Information
Internet-Source-Adresse	32		32-Bit-Adresse des Senders
Internet-Destination-Adresse	32		32-Bit-Adresse des Empfängers
Optionen	0 ... 320		Angaben über Optionen (vgl. [3])
Padding	0 ... 32		Ergänzung der Optionen auf Vielfaches von 4 Bytes
Datenfeld			Daten von TCP-Schicht
	20 bis 60 Bytes	0 bis 65'516 Bytes	

Lebensdauer: (Life-Time)	Der Sender trägt hier die *Verweilzeit* im Netzwerk in Sekunden ein (maximal: 255 Sekunden). Jeder Rechner und Router, den das Paket durchläuft, reduziert diesen Wert um die Laufzeit des nächsten Netzwerksegmentes (meist 1 Einheit). Sobald der Wert = 0 ist, wird das Paket eliminiert. Man verhindert dadurch, dass Pakete zu lange im Netz zirkulieren.
Protokoll:	Gibt an, welches übergeordnete Protokoll im Empfänger das Datagramm erhalten soll (Multiprotokoll-Implementationen). Werte sind z. B. für das TCP-Protokoll = 0006H, für das ICMP-Protokoll = 0001H (vgl. [3]).
Prüfsumme Header:	Nur die Header-Bytes werden mit Checksumme gesichert. Für die Datenbytes verlässt man sich auf die Ethernet Prüfsumme (Ethernet FCS).
Service Type/DS-Feld:	Früher kaum benutztes TOS-Feld (Type of Service). Durch RFC 2474 neu als DS-Feld (Differentiated Services Field, vgl. Abbildung 3-12) definiert.
Optionen:	Angaben für die Netzwerkknoten über die Behandlung des Datagramms (Pfadsuche, Sicherheit usw.).

5.3.3 IPv4 Internet-Adressen

Ethernet verwendet Adressen mit einer Länge von 48 Bit mit einer Host-/Adapter-Struktur (vgl. Abschnitt 4.2.6). Demgegenüber verwendet das Internet-Protokoll IPv4 Adressen mit nur 32 Bit Länge („IP-Adressen") und einer völlig anderen Struktur. Der Aufbau der Internet-Adresse ist in **Abbildung 5-5** angegeben: Die Adresse ist in einen „Netzwerk"- und in einen „Teilnehmer"-Teil aufgespaltet. Um die Adressen verschiedenen Benutzerbedürfnissen anpassen zu können, sind die drei Adresstypen A, B und C geschaffen worden. Im Gegensatz zu den Ethernet-Adressen (welche im hexadezimalen Format angegeben werden), gibt man die Internet-Adressen üblicherweise in dezimaler Notation an. Der dezimale Wert jedes der vier Bytes wird – durch Punkte getrennt – von links nach rechts geschrieben:

Internet Adresse:	0011'1001 / 0011'1101 / 1111'0010 / 0001'1001
[Umrechnung:	$0011'1001 = 2^5 + 2^4 + 2^3 + 2^0 = 32 + 16 + 8 + 1 = 57$ usw.]
Dezimale Darstellung:	57.61.242.25

Ein Teil der möglichen IPv4 Adressen ist reserviert, so bedeuten z. B. Netzwerk-Teil = 0 das eigene Netzwerk (kein Routing), die Destination-Adresse = 255.255.255.255 (alles „1") die Broadcast-Adresse und die Netzwerkadresse „127" eine interne Test-Adresse. Die Internet-Adressen im erreichbaren Gebiet eines Senders müssen natürlich eindeutig sein. In privaten IP-Netzen, z. B. innerhalb einer Firma – in „Intranets" – ist die Adresszuweisung völlig frei. Für das Worldwide Internet ist eine zentrale Adressverwaltung notwendig, die durch verschiedene Internet-Firmen[70] durchgeführt wird.

---

[70] Adressen im Worldwide Internet werden URL (= Unique Resource Locator) genannt und werden z. B. von der amerikanischen Firma InterNIC (ARIN) zugewiesen und verwaltet. URLs haben die Form: www.intel.com (Beispiel für eine .com-Domain).

5.3 Internet-Protokoll IPv4

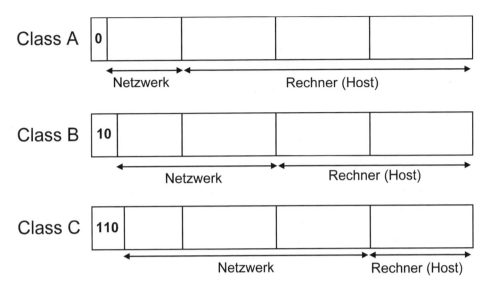

Abbildung 5-5: IPv4 Internet-Adresstypen

5.3.4 Adress Resolution Protocol ARP

Der Zusammenhang zwischen den weltweit eindeutig zugewiesen Ethernet Adressen als physikalische Hardware Adressen der Teilnehmer auf den Ethernet-Adapter-Karten und den Internet Adressen in einem Netzwerk oder in einem Netzwerkverbund ist über Tabellen definiert, die in den entsprechenden Netzwerkknoten (und Netzwerkrechnern, Routers etc.) unterhalten werden. Diese Tabellen sind dynamische Tabellen, da zu jeder Zeit Netzwerkknoten verschwinden oder neu dazukommen können. Wenn ein Sender ein Datagramm mit einer Internet-Destination Adresse vom übergeordneten TCP erhält, so wird geprüft, ob ein entsprechender Eintrag der IP-Adresse im eigenen Verzeichnis vorhanden ist. Falls ja, so entnimmt die IP-Software der Tabelle die zugehörige Ethernet-Adresse und sendet das Ethernet-Paket ab. Falls kein Eintrag vorhanden ist (unbekannte IP-Adresse), so wird der Mechanismus ARP (= *Address Resolution Protocol*) eingesetzt. Dieser beruht auf der Ethernet-Broadcast-Funktion: Eine Broadcast-Meldung (ARP-Request) mit der gesuchten Internet Adresse wird an alle Stationen gesendet. Alle Stationen nehmen diese Meldung auf und die entsprechende Station erkennt ihre eigene Internet Adresse: Sie antwortet unmittelbar mit einem ARP Response Paket, welches ihre Ethernet Adresse enthält und der Sender kann seine Tabelle ergänzen. Der umgekehrte Vorgang ist ebenfalls möglich: Der entsprechende Vorgang wird RARP (= *Reverse Address Resolution Protocol*) genannt. Mit diesem Mechanismus kann sich eine Station beliebige, unbekannte Partner im Netzwerk oder in einem Netzwerkverbund suchen.

5.3.5 Internet Control Message Protocol ICMP

Das ICMP (Internet Control Message Protokol) ist ein für den Anwender „unsichtbares" Verfahren, um zwischen den Netzwerkknoten und den Bridges, Routers, Switches etc. Steuerungs-, Fehler- und Zustandsinformationen auszutauschen. ICMP benutzt eigene Pakete, die ebenfalls die IP-Kommunikationsmechanismen verwenden. ICMP ist schon relativ tief in den Netzwerkmanagementfunktionen angesiedelt und ist für den Anwender eigentlich nicht sichtbar. ICMP ist in der Literatur ([1] - [4]) detailliert beschrieben.

5.4 Internet-Protokoll IPv6

IPv4 ist eine seit langer Zeit bewährte und sehr weit verbreitete Kommunikationstechnologie. Die Aufnahme der Arbeit[71] an einer Nachfolgetechnologie musste deshalb sehr gut begründet werden. Es waren im Wesentlichen drei Gründe, die zu diesem Schritt zwangen:

1. *Adressraumerweiterung*: Der 32 Bit Adressraum von IPv4 wird knapp, um das ungeahnte Wachstum der Anzahl Teilnehmer im IP-Netz zu bewältigen. Erschwerend kam hinzu, dass in den Anfangszeiten die IP-Adressen mit wenig Sorgfalt und z. T. in großen Gruppen zugewiesen wurden, sodass eine große Adressverschwendung stattfand.
2. *QoS (Quality of Service)*: Der Zwang zu vereinbarter und garantierter Dienstqualität (vgl. Abschnitt 3.2) war für zukünftige Anwendungen unverzichtbar.
3. *Sicherheit*: Sowohl die Notwendigkeit zur Sicherung der Netze, wie auch die Bereitschaft, dafür Ressourcen bereitzustellen, hatte sich in den 90-er Jahren wuchtig gezeigt. Anstatt mit verschiedenen, herstellerspezifischen Verfahren zu arbeiten, wurde nach einem IP-Standard verlangt.

Die Einigung aller interessierten Firmen, Institutionen und Benutzer auf ein neues IP-Protokoll war nicht einfach. Mehrere Jahre wurden unter dem Namen *IPng* (IP next generation) die verschiedensten Vorschläge diskutiert. Schließlich wurde unter IPv6 das neue Protokoll vereinbart. Die umgangssprachliche Verwendung von IPv6 umfasst auch die Erweiterungen der Dienstprotokolle wie ICMP etc.

5.4.1 Neue Eigenschaften von IPv6

Das Grundprinzip von IPv6 wurde nicht verändert: IPv6 ist ein verbindungsloses Protokoll, bei welchem jedes Paket auf Grund seiner Destination-Adresse unabhängig von allen anderen Pakets durch das Netzwerk transportiert wird. Jedes Paket kann einen eigenen Pfad durch das Netzwerk finden und IPv6 garantiert keine Übertragung, d. h. Fehlerfreiheit, Vollständigkeit und korrekte Reihenfolge der Pakets müssen durch die übergeordnete Kommunikationssoftware kontrolliert und gewährleistet werden. Die offensichtlichen neuen Eigenschaften von IPv6 gegenüber IPv4 sind:

- 128 Bit (16 Bytes) Adressen für Source und Destination (= $3,4 \times 10^{34}$ Adressen).
- Flexibles Headerformat: Es wird ein Basisheader definiert, welchem je nach Bedarf weitere Optionheaders angehängt werden können.
- Protokoll für die Sicherheit (IPSec, vgl. Kapitel 11), anwendbar auf IPv4 und IPv6.
- Möglichkeit für die Implementierung von QoS (Dienstqualität, vgl. Abschnitt 3.2).
- Fähigkeit zu Protokollerweiterungen.
- Neue Verfahren für die Konfiguration, Adressgenerierung und Verwaltung.
- Verbesserte Unterstützung für das Routing und Switching.

---

[71] Die Spezifikationen für die „Internet-Welt" werden von der Internet Engineering Task Force (IETF, vgl. [N-1]) entwickelt, unterhalten und standardisiert. Dabei werden die langfristigen Aspekte von der Internet Research Task Force (IRTF) festgelegt.

5.4.2 IPv6 Internet-Paket (IPv6 Datagramm)

Das IPv6 Paket ist in der **Abbildung 5-6** dargestellt. Das Paket beginnt mit dem obligatorischen *Basis-Header*. Der Basis-Header beinhaltet ein Feld „Next Header": über dieses Feld wird ein Link zu weiteren *Option-Headers* gebildet. Diese Kette von Headers kann z. Zt. bis zu 9 Headers enthalten[72]. Die heute definierten Headers sind in der **Tabelle 5-2** angegeben (vgl. [77]). Jeder Header enthält die für die entsprechenden Funktionen notwendigen Parameter. Nach dem letzten Header folgt das Datenfeld. Der Typ der Daten ist durch einen Code gekennzeichnet: die z. Zt. definierten Codes für den Datenteil sind ebenfalls in der **Tabelle 5-2** aufgelistet. Der Basis-Header besitzt 320 Bit (40 Bytes).

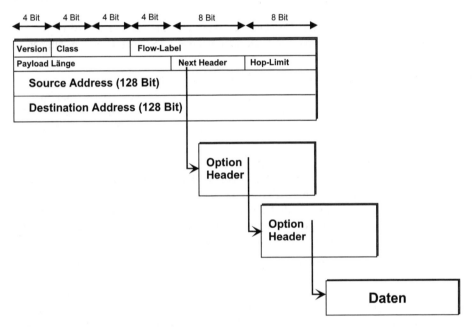

Abbildung 5-6: Internet IPv6 Paket Format

Die Parameter im Basis-Header haben die folgende Bedeutung:

Version: Unterscheidung der IP-Versionen für die Softwaretreiber („6" für IPv6).
Class: Verkehrsklasse. Enthält Codes zur Steuerung der QoS und des Routing.
Flow-Label: Markierung eines Datenstroms zwischen einer Quelle und einem Ziel.
Payloadlänge: Länge des IP-Pakets ohne Basis-Header.
Next Header: Verkettung der Header. Letzter Header enthält den IPv6 Datentyp.
Hop-Limit: Lebensdauer gemessen in Anzahl Durchgängen durch Routers.
Source-/Destination-Address: Ziel- und Quellenadresse des IP-Pakets.

---

[72] Die Erweiterbarkeit des IPv6-Protokolles erlaubt die zukünftige Zufügung von weiteren Option-Headern.

Tabelle 5-2: IPv6 Header- und Datentypen (vgl. [77])

Bez	IPv6 Headertyp	Bez	IPv6 Datentyp
-	Basis-Header	1	ICMP [Internet Control Message Protocol]
0	Hop-by-Hop Verhalten	2	IGMP [Internet Group Management Protocol]
60	Header für Ziel-Optionen	4	IPv4 Daten in IPv6 Tunnel
43	Header für Routing	6	TCP [Transmission Control Protocol]
44	Header für Fragmentierung	8	EGP [Exterior Gateway Protocol]
51	Header für Authentisierung	9	IGP [Interior Gateway Protocol]
50	Header für Verschlüsselung	17	UDP [User Datagram Protocol]
59	Ende der Header-Kette	41	IPv6 Daten in Tunnel

Class und *Flow-Label* dienen der Verkehrssteuerung und Priorisierung (QoS). Hier wird u. a. angegeben, was mit dem Paket in Falle von Netzwerküberlastung etc. geschehen soll (vgl. [77]).

Das Feld *Hop-Limit* ersetzt das Feld *Life-Time* in IPv4: Der Sender trägt hier die *Verweilzeit* im Netzwerk in Hops (= Anzahl Durchgänge durch Router) ein (maximal: 255 Durchgänge). Jeder Router, den das Paket durchläuft, reduziert diesen Wert um 1. Sobald der Wert = 0 ist, wird das Paket durch den Router eliminiert. Man verhindert dadurch, dass Pakets zu lange im Netz zirkulieren.

Die *Payloadlänge* gibt die Länge des IP-Pakets ohne Basis-Header an. Falls das IPv6-Paket länger als $2^{16} + 40$[73] (= 65'576 Bytes) ist, wird ein Option-Header verwendet. Als *minimale Transportgröße* (gesamtes IPv6 Paket, inkl. Basis-Header) wurde der Wert von 1'280 Bytes vereinbart[74]. Wenn möglich soll ein Wert über 1'500 verwendet werden. Diese minimale Transportgröße gibt gegenüber den früheren, viel tieferen Werten, bei einigen Routing-Protokollen erhebliche Performancegewinne.

Die *Fragmentierung* (= Aufteilung eines Pakets in mehrere, kleinere Pakets) auf dem Übertragungspfad durch das Netzwerk ist in IPv6 verboten: Nur der Sender darf eine Fragmentierung vornehmen, alle Routers und Links auf dem Übertragungspfad müssen die vom Sender gewählte Paketgröße unverändert transportieren[75]. Falls der Sender die maximal erlaubte Paketgröße bis zum Empfänger nicht kennt – weil z. B. verschiedene Links und Abschnitte von Netzwerken durchlaufen werden – so beginnt er mit einer vernünftigen Paketlänge (= meist die erlaubte Paketlänge des ersten Abschnittes). Falls diese Paketlänge für eine bestimmte Teilstrecke im Übertragungspfad zu lange ist, wird das Paket im betroffenen Router ignoriert und der Sender wird über eine ICMP-Message orientiert: Der Sender muss in diesem Falle das betroffene Paket entsprechend aufteilen und neu versenden. Dieser Vorgang wiederholt sich, bis der Sender eine für den gesamten Übertragungspfad akzeptable Paketlänge gefunden hat. Das nun bekannte Limit für diesen Übertragungspfad muss bei allen nachfolgenden Pakets eingehalten werden.

---

[73] Länge des Basis-Headers.

[74] Diese minimale Transportgröße ist für die Industrieautomation eher unglücklich, man kann sie aber über den Fragmentierungsheader tiefer erzwingen (vgl. Fragmentierung in IPv6).

[75] Einzige Ausnahme ist die Übergabe der Pakets an eine Tunnel (vgl. [77]).

5.4.3 IPv6 Internet-Adressen

Notation

Im IPv6 werden die 128 Bit langen Adressen neu im hexadezimalen Format in Gruppen von 2 Bytes, jeweils getrennt durch Doppelpunkte, dargestellt:

Vollständige 128 Bit IPv6 Adresse: **4AC5:128E:9900:7021:BC00:0040:0993:FF20**

Innerhalb einer Adresse darf eine aufeinanderfolgende Sequenz von „0" ein Mal durch zwei aufeinanderfolgende Doppelpunkte ersetzt werden.

IPv6 Adresse mit Gruppen von „0": **4450:E333:0000:0000:0000:0000:7C66:0000**
Verkürzte Schreibweise: **4450:E333:0:0:0:0:7C66:0000**
Kondensierte Schreibweise: **4450:E333::7C66:0000**

IPv4-kompatible Adressen

Falls eine Station sowohl mit IPv6, wie auch mit IPv4-Adressen arbeiten kann, so erhält diese Station eine Adresse der Form:

IPv4-kompatible Adresse: **0:0:0:0:0:0:a.b.c.d**

a.b.c.d = ursprüngliche IPv4 Adresse.

Die Spezifikation von IPv6 sieht vor, dass die bestehenden IPv4-Adressen im neuen IPv6 Adressraum erhalten bleiben. Um die eingeführte IPv4-Notation zu erhalten, wurde für diesen Spezialfall eine gemischte Schreibweise eingeführt:

IPv4-Adresse im IPv6-Adressraum: **::FFFF:102.7.98.195**

IPv6 Adressstruktur

Im IPv6 besteht die IP-Adresse häufig aus einem Netzwerkteil und einem lokalen Teil. Die Adresse beginnt mit einem *Format-Präfix*, gefolgt vom Präfix (= Netzwerkteil) und weiter gefolgt vom lokalen Adressteil (vgl. [77]).

IPv6 Adress-Zuweisung

Im IPv6 soll die (vom Standpunkt der Routers) ungünstige Adresszuweisung vermieden werden: Man versucht deshalb, eine Adressarchitektur[76] zu etablieren, welche bezüglich geografischen Regionen oder Internet-Providern strukturiert ist.

IPv6 Mehrfach-Zuweisung

IPv6-Adressen können auch *mehreren* Interfaces zugeordnet werden. Diese Eigenschaft ist neu und war im IPv4 nicht möglich. Durch diese Maßnahme ist eine *Lastaufteilung* (Load Balancing, vgl. [89]) möglich geworden.

Automatische Zuweisung von IPv6-Adressen

In IPv4 müssen alle IP-Adressen den Geräten (Netzwerkstationen, resp. NICs) durch einen Systemadministrator manuell – d. h. über ein Konfigurationstool – zugewiesen werden. Bei großen oder häufig wechselnden Netzwerkkonfigurationen ist dies ein erheblicher Aufwand und eine Risikoquelle.

Im IPv6 wurden zwei Verfahren (vgl. [77]) zur automatischen Vergabe der lokalen Adressen (die Netzwerkadresse ist immer noch fest bestimmt) eingeführt:

---

[76] Internet Assigned Numbers Authority (IANA, [N- 41]).

1. Dynamische Vergabe von lokalen Adressen durch einen Server (über ein geeignetes Protokoll, z. B. Dynamic Host Configuration Protocol DHCP). Der Server verfügt über einen Adressvorrat, den er dynamisch aufteilt und verwaltet. Der Server speichert Informationen (Status) aller von ihm verwalteten Geräte.

2. Selbstständige Generierung der lokalen Adressen aus Eigenschaften der lokalen Hardware und Prüfung der Eindeutigkeit der generierten Adresse über ICMP (Internet Control Message Protocol). Hier wird kein zentraler Server benötigt, aber es sind auch keine sinnvollen Adressarchitekturen möglich und keine Verwaltungsdaten vorhanden.

In der Praxis werden Mischungen der beiden Verfahren verwendet.

5.4.4 IPv6 Einfluss auf übergeordnete Protokolle

Sowohl das UDP- wie auch das TCP-Frame Format haben sich durch IPv6 nicht verändert. Die bereits definierten Ports und Dienste sind unverändert übernommen worden. Einzig die Berechnung der Prüfsumme (FCS) wurde angepasst. UDP und TCP sichern mit ihrer Prüfsumme nicht nur ihre eigenen Segmente, sondern zusätzlich jeweils noch die IP Source- und die IP Destination-Address (Verwendung eines zusätzlichen Pseudo-Headers, vgl. [20], Kapitel 12 & 13). Durch die längeren IPv6-Adressen und das größere IPv6 Längenfeld musste der Berechnungsalgorithmus für die UDP/TCP-Prüfsumme angepasst werden.

5.4.5 IPv6 QoS und Sicherheit

Die wichtigen neuen Eigenschaften von IPv6 werden in Abschnitt 3.2 (QoS) und in Kapitel 11 (Sicherheit, IPSec) behandelt.

5.5 Transmission Control Protocol TCP

Die Ethernet-Übertragung mit der Internet-Protokollsoftware IP stellt eine „unzuverlässige" Paket-Übermittlung oder einen „unzuverlässigen" Datagramm-Service zwischen einer IP-Source und einer IP-Destination dar. Datagramme können (infolge von Störungen auf dem Übertragungskanal oder Überlastungen des Netzwerkes) verloren gehen, sie können mehrfach ankommen oder sie können in einer anderen Reihenfolge eintreffen, als sie gesendet wurden. Man darf aber davon ausgehen, dass ein eintreffendes Datagramm korrekt ist: Die 32-Bit-Prüfsumme des Ethernet Pakets erkennt Fehler im Paket mit einer sehr hohen Wahrscheinlichkeit.

Erst das übergeordnete Transmission Control Protocol *TCP* garantiert eine fehlerfreie, sequenzgerechte und vollständige Übermittlung. Man kann sich die Arbeitsweise von TCP wie in **Abbildung 5-7** vorstellen: Zwischen zwei Anwendungsprogrammen in verschiedenen Netzwerkstationen wird ein Vollduplex-Kanal aufgebaut[77]. Der Vollduplex-Kanal erlaubt die gleichzeitige und unabhängige Übermittlung von Datenströmen (Streams) in beide Richtungen. Der Begriff „Stream" bedeutet, dass sich TCP in keiner Weise um den Inhalt des Datenstroms kümmert, sondern diesen unbesehen Byte für Byte vom Sender zum Empfänger transportiert.

---

[77] TCP ist connection-oriented, d. h. zwei Stationen bauen eine Verbindung auf.

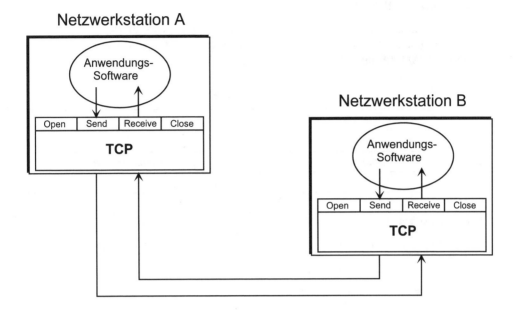

Abbildung 5-7: Modell einer TCP-Verbindung

5.5.1 TCP-Eigenschaften

Von der Anwendungssoftware aus gesehen hat TCP die folgenden Eigenschaften:

- *Zuverlässige Übertragung*: Fehlerfreie, vollständige und sequenzgerechte Übermittlung der Daten vom Sender zum Empfänger.
- Transparenter *Voll-Duplex-Datenstrom*: TCP überträgt gleichzeitig und unabhängig einen kontinuierlichen Strom (Stream) von Bytes zwischen den Netzwerkstationen ohne Interpretation oder Veränderung des Dateninhaltes in beide Richtungen.
- *Verbindungsorientiertes Protokoll*: Zwischen den beiden kommunikationswilligen Netzwerkstationen muss vor der Datenübermittlung eine Verbindung aufgebaut werden. Wenn die Verbindung nicht mehr benötigt wird, muss sie abgebaut werden. Dies geschieht mit speziellen Funktionen.
- *Verbindungsüberwachung*: TCP besitzt Mechanismen zur ständigen Überwachung einer aufgebauten Verbindung. Fehler im Datentransfer, z. B. unerwarteter Abbruch der Verbindung, Stau im Netzwerk usw. werden der Anwendungssoftware gemeldet.
- *Zwischenspeicherung*: Die Anwendungssoftware übergibt dem TCP ihre Daten in beliebig großen Segmenten und in beliebigen zeitlichen Abständen. TCP/IP speichert die Segmente, bis sie übermittelt werden können, zerlegt sie gegebenfalls in kleinere, dem Übertragungssystem angepasste Blöcke und erzeugt im Empfänger wieder den korrekten Byte-Strom.
- *Dynamische Ports*: Zur Bezeichnung der Schnittstelle zwischen TCP und der Anwendungssoftware werden *Port-Nummern* benutzt. Die Port-Nummer kann sich dynamisch ändern und wird beim Verbindungsaufbau definiert.

5.5.2 TCP-Segment

Der Informationsblock, der über das TCP ausgetauscht wird, wird *TCP-Segment* genannt. Das TCP-Segment besteht aus einem Header und den nachfolgenden Daten. Der TCP-Header ist im **Abbildung 5-8** und in der **Tabelle 3-2** dargestellt.

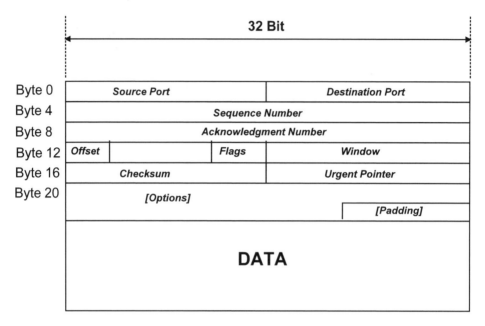

Abbildung 5-8: TCP-Segment

5.5.3 TCP-Sicherungsmechanismen

TCP ist ein gesichertes "End-to-End"-Protokoll, d. h., die Datenübermittlung ist vom senden bis zur korrekten Ablieferung an den Empfänger gesichert und überwacht. Der Sicherungsmechanismus für die TCP-Segmente beruht auf den folgenden Grundlagen:
- Erkennung von Übertragungsfehlern (durch Prüfsummen FCS, umfasst ebenfalls die unterliegenden IP-Adressen).
- Bestätigung der korrekt erhaltenen TCP-Segmente ("Acknowledgment").
- Wiederholung der Übertragung im Fehlerfalle oder bei Verlust ("Repeat").
- Zeitüberwachung zwischen Senden und Bestätigen ("Time-Out") mit automatischer Wiederholung bei nicht zeitgerechter Quittung.

Diese Situation ist im **Abbildung 5-9** dargestellt: Jedes gesendete TCP-Segment wird über den Vollduplex-Kanal quittiert. Unquittierte TCP-Segmente werden vom Sender aufbewahrt, damit sie beim Ausbleiben der Bestätigung wiederholt werden können. Sobald die Bestätigung eintrifft, werden sie aus dem Sendebuffer gelöscht.

Auf diese Weise entsteht ein wechselseitiger Austausch von TCP-Segmenten vom Sender (Source) zum Empfänger (Destination) und von Bestätigungen vom Empfänger zum Sender zurück. Man beachte, dass die Bestätigung kein eigenes TCP-Segment sein muss,

5.5 Transmission Control Protocol TCP

Tabelle 5-3: Bedeutung der Felder im TCP-Segment

Feld	Protokoll-bit	Daten-bytes	Bedeutung
Source Port	16		Port Nummer: identifiziert das Anwendungsprogramm "Sender"
Destination Port	16		Port Nummer: identifiziert das Anwendungsprogramm "Empfänger"
Sequenznummer	32		Byte-Position im Datenstrom des Senders (Source)
Bestätigungsnummer	32		Byte-Position im Datenstrom des Empfängers (Destination)
Offset	4		Länge des Headers als Vielfaches von 4 Bytes (= Beginn Datenfeld)
Flags	6		URG: Urgent Pointer gültig ACK: Bestätigungsnummer gültig PSH: Push nötig (vgl. [20]) RST: Verbindung zurücksetzen SYN: Sequenznummern abgleichen FIN: Ende des Datenstroms
Window	16		Angabe des verfügbaren Datenbuffers im Empfänger
Prüfsumme	16		Prüfsumme über das TCP-Segment und zusätzlich auch über die unterliegenden IP-Source-/Destination-Adressen ([20])
Urgent Pointer	16		Anweisung zum Überspringen von Bytes im Empfänger
Optionen	0 bis 24		selten ausgenutzt
Padding	0 bis 8		komplettiert Optionsfeld auf ganze Bytes
Datenfeld		beliebige Größe	Daten der Anwendungssoftware
	20 bis 24 Bytes	**beliebige Größe**	

sondern im Feld „Acknowledge Number" eines TCP-Segments, welches Daten „rückwärts" transportiert, enthalten ist. Bei diesem wechselseitigen Verkehr entsteht ein Zeitproblem: Da der Sender jeweils auf die Bestätigung seines TCP-Segmentes vom Empfänger warten muss, vergeht zweimal die Übermittlungszeit, bis er das nächste TCP-Segment senden darf. Die Leistungsfähigkeit des TCPs wird damit durch die Übertragungszeiten in den Transportnetzwerken und durch die Rechenzeiten für die TCP-

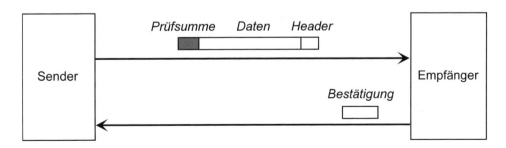

Abbildung 5-9: Quittung von übermittelten TCP-Segmenten

Behandlung in den Netzwerkknoten begrenzt. Bei schnellen, lokalen Netzwerken (wie eben Ethernet) wäre dies tragbar, sobald man aber über „langsame" Transportnetzwerke (Satelliten, Telefonleitungen mit MODEMs, Wireless LANs etc.) oder über Routers übermittelt, würden die Leistungsdaten von TCP deutlich schlechter.

Um diesem Umstand zu begegnen, erlaubt TCP das Senden einer bestimmten Anzahl von TCP-Segmenten, bevor eine Bestätigung eintreffen muss (**Abbildung 5-10**). Der Empfänger quittiert dann nicht jedes erhaltene TCP-Segment einzeln, sondern teilt dem Sender jeweils das letzte korrekt empfangene TCP-Segment in der Sequenz mit. Man erlaubt also eine Anzahl ausstehender (unquittierter) TCP-Segmente. Diese Anzahl wird als „Window" oder „Sliding Window" bezeichnet und variiert je nach der Art der Transportnetzwerke (Optimierungsparameter für TCP/IP). Aus Abbildung 5-10 ist ersichtlich, was diese Technik bereits bei drei ausstehenden TCP-Segmenten für einen Leistungsgewinn bringt!

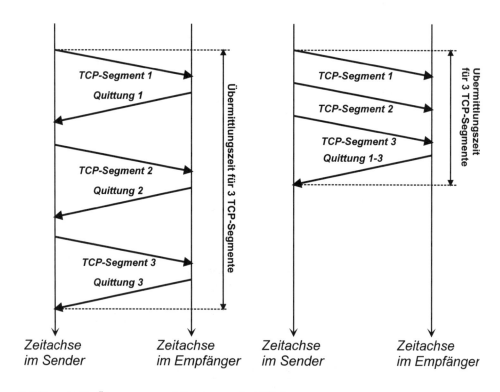

Abbildung 5-10: Übertragung und Quittierung der TCP-Segmente

Ein weiteres Problem für TCP ist die Festsetzung des Wertes für die Zeitüberwachung („Time-Out") im Sender: Wie lange soll der Sender auf eine Bestätigung warten, bevor er annimmt, dass das TCP-Segment nicht angekommen ist und daher nicht quittiert wurde? Das Time Out muss in jedem Falle größer sein als die Transportzeiten für die TCP-Segmente und die Bestätigung durch das Netzwerk (alle Rechenzeiten in den Netzwerkknoten und Routers miteingerechnet). Er darf aber nicht zu groß sein, da sonst wieder die Leistungsfähigkeit bei tatsächlich verlorenen TCP-Segmenten drastisch sinkt. Wenn man bedenkt, dass die Zeiten in einem lokalen Ethernet sehr kurz sind, bei der gleichen Übertragung über Satelliten- und Modemstrecken aber mehr als das 100-fache betragen können, so erkennt man den Spielraum dieses Parameters. Da TCP über alle Transportnetzwerke funktionieren muss, wurde ein adaptiver Algorithmus für die Festlegung des Time Out gewählt (vgl. [20], S. 209). Der TCP-Sender misst bei jeder eintreffenden Bestätigung die benötigte Transportzeit und berechnet daraus eine „mittlere Transportzeit" für das Netzwerk – d. h. für die Laufzeit zwischen diesen zwei Kommunikationspartnern – und setzt auf Grund dieser Messungen das individuelle Time Out fest. Das Time Out ist daher am Anfang nicht optimal auf das Transportnetzwerk zugeschnitten, wird aber nach einigen Übertragungen optimiert sein. Anschließend wird der Time Out Parameter ständig nachgeführt. Der TCP-Sender „lernt" also, das Time-Out optimal für ein beliebiges Transportnetz einzustellen. Veränderungen im Zeitverhalten des Transportnetzwerkes werden somit automatisch kompensiert.

In einem komplexen Internet – d. h. bei einen Pfad, der über mehrere Transportnetzwerke, Router und Netzwerkknoten führt – besteht eine weitere Gefahr: das Risiko von *Stauerscheinungen* („Congestion"). Durch die Überlastung einer Übertragungsstrecke, eines Routers, eines Netzwerkknotens oder des Empfängers selbst können TCP-Segmente deutlich verzögert werden oder sogar verloren gehen. Dies führt bei den Sendern zum oben beschriebenen Time Out und sie wiederholen alle noch nicht bestätigten TCP-Segmente. Dadurch tragen sie zusätzlich zur bereits vorhandenen Netzwerküberlastung bei, die Verzögerungen und die Verluste nehmen weiter zu usw. Diese unglückliche Mitkopplung kann zum totalen Netzwerkausfall („Congestion Collapse") führen. Glücklicherweise besitzt TCP/IP im ICMP (Internet Control Message Protocol ein Instrument zum „Bremsen". So können überlastete Router den Sendern über eine ICMP-Message mitteilen, dass sie ihre Netzwerkbelastung reduzieren müssen (vgl. [20], S. 214).

5.5.4 Zugriff auf die TCP-Funktionen

TCP stellt die Verbindung zwischen dem Kommunikationskanal und dem Anwendungsprogramm in den beidseitigen Rechnern über Ports her. Jedes Port wird durch eine Nummer identifiziert und diese wird im TCP-Header mitgeführt. Ein TCP-Kommunikationsteilnehmer wird als *Endpoint* bezeichnet und durch das Zahlenpaar

(Host, Port) = (IP-Adresse, Port-Nummer), z. B.: (57.61.242.25, 110)

adressiert. Die 16 Bit erlauben 65'535 Ports pro Host, wobei eine Reihe von Port-Nummern fest vergeben ist (**Tabelle 5-4a** und [20], S. 222).

Ports haben ein große Bedeutung für die Adressierung von Diensten, Anwendungsprogrammen, E/A-Funktionen etc. Die Port-Nummern werden von der Internet Assigned Numbers Authority (IANA, [N-89]) vergeben und verwaltet. Die Liste aller registrierten Ports ist kostenlos von [N-89] herunterladbar. Ein (kurzer) Ausschnitt aus der Liste der registrierten Ports ist in der **Tabelle 5-4b** angegeben. Anträge für die Zuweisung eigener TCP Port-Nummern können direkt auf der Web-Site der IANA eingereicht werden.

Eine TCP-Verbindung muss vor der Datenübertragung aufgebaut („eröffnet") und sobald sie nicht mehr benötigt wird, wieder abgebaut („geschlossen") werden. Der Aufbau einer TCP-Verbindung geschieht über TCP-Segmente, welche „Handshake-Meldungen" genannt werden, und die Flags SYN und ACK verwenden. Beim Verbindungsaufbau werden auch die Initial Sequence Numbers vereinbart, damit beide Kommunikationspartner mit den gleichen Zählerständen starten (vgl. [20], S. 216). Der Abbau der Verbindung geschieht ebenfalls über „Handshake"-TCP-Segmente. Dafür werden die Flags FIN und ACK verwendet (vgl. [20], S. 218).

Tabelle 5-4a: Vergabe der TCP-Port-Nummern (Auswahl)

Port-Nummer	Ausnutzung	Beispiele
Gruppe 1: „Well-Known Ports" [Ports 1 -1023]		
0	nicht verwendet	
1 bis 255	reservierte Ports für bekannte Dienste	5 = RJE (Remote Job Entry) 20 = FTP Transfers 21 = FTP Control 23 = Telnet 25 = SMTP E-Mail 42 = Host Name Server 53 = Domain Name Server 69 = TFTP 103 = X.400 E-Mail
256 bis 1'023	weitere reservierte Ports	
Gruppe 2: User (Registered) Ports [Ports 1024 – 49'151]		
1024 bis 49'151	Benutzer-Ports	
Gruppe 3: Dynamic and/or Private (Registered) Ports [Ports 49'152 – 65'535]		
49'152 bis 65'535	benutzerdefinierte Ports	Verwendung als Server-Ports

Tabelle 5-4b: Ausschnitt aus der Liste der registrierten TCP Port-Nummern

```
#                        21850-21999   Unassigned
snapenetio               22000/tcp     SNAPenetIO
snapenetio               22000/udp     SNAPenetIO
optocontrol              22001/tcp     OptoControl
optocontrol              22001/udp     OptoControl
#                                      Kevin Kuhns <kkuhns@opto22.com>
#                        22002-22272   Unassigned
wnn6                     22273/tcp     wnn6
wnn6                     22273/udp     wnn6
#                                      Yasunari Gon Yamasita
                                       <yamasita@omronsoft.co.jp>
#                        22274-22554   Unassigned
vocaltec-wconf           22555/tcp     Vocaltec Web Conference
vocaltec-phone           22555/udp     Vocaltec Internet Phone
#                                      Scott Petrack
                                       <Scott_Petrack@vocaltec.com>
#                        22556-22799   Unassigned
aws-brf                  22800/tcp     Telerate Information Platform LAN
aws-brf                  22800/udp     Telerate Information Platform LAN
#                                      Timo Sivonen
                                       <timo.sivonen@ccmail.dowjones.com>
#                        22801-22950   Unassigned
brf-gw                   22951/tcp     Telerate Information Platform WAN
brf-gw                   22951/udp     Telerate Information Platform WAN
#                                      Timo Sivonen
                                       <timo.sivonen@ccmail.dowjones.com>
#                        22952-23999   Unassigned
```

5.6 Übergeordnete Funktionen und Programminterfaces

TCP stellt seine Datenübertragungsfunktionen entweder einem Anwendungsprogramm oder einem Anwendungsprotokoll zur Verfügung (vgl. Abbildung 5-1). Unter einem Anwendungsprogramm versteht man ein für die Lösung eines ganz bestimmten Problems geschriebenes Programm: Dieses greift über ein Programminterface[78] („Application Layer Interface" ALI, „Applications Program Interface" API) auf die Kommunikationsfunktionen zu. Für die meisten Anwendungen wird als Programminterface das *Socket Interface* über die *Socket Library* verwendet (vgl. Kapitel 6). Ein Anwendungsprotokoll ist ein Satz von Programmen, der allgemein verwendbare Funktionen über TCP/IP zur Verfügung stellt, z. B. die Möglichkeit von File-Transfers, von Remote Job Entry usw. Als Bestandteil der TCP/IP-Welt sind heute eine Anzahl von gebräuchlichen Anwendungsprotokollen vorhanden (vgl. Abbildung 5-1). Die bekanntesten sind:

- Telnet: Erlaubt den Fernbetrieb eines Rechners über TCP/IP. Der TCP/IP Host wirkt als "Terminal" zum entfernten Rechner und kann auf diesem Rechenaufträge abwickeln (Remote Job Entry).

- File-Transfer-Dienste: Der Austausch von Files zwischen Internet-Hosts ist eine wichige Funktion. Es existieren verschiedene Protokolle, z. B. NFS = Network File System, TFTP = Trivial File Transfer Protocol und FTP = File Transfer Protocol.

- Elektronic Mail: Protokolle für den Austausch von elektronischer Post über Mailboxes in Internet Hosts, z. B. SMTP = Simple Mail Transfer Protocol, MIME = Multipurpose Internet Mail Extension.

- Internet Management: Hilfsprogramme, die der Fehlersuche und der Organisation im Internet dienen, z. B. SNMP = Simple Network Management Protocol.

Für eine detaillierte Beschreibung sei auf die Literatur verwiesen (speziell [20], [3]).

5.7 User Datagram Protocol UDP

Das zweite Hauptprotokoll aus Abbildung 5-1 ist das *User Datagram Protocol* UDP. UDP ist sehr viel einfacher als TCP und bietet entsprechend weniger Funktionalität.

5.7.1 UDP Eigenschaften

Gegenüber dem reinen IP bietet UDP die Fähigkeit, sowohl im sendenden Rechner, wie auch im empfangenden Rechner einzelne Programme oder Prozesse anzusprechen. Es verwendet dazu (wie TCP) *Port-Nummern*, welche als Link zwischen dem Port-to-Port Kommunikationskanal und dem entsprechenden Programm oder Prozess im Rechner wirken.

UDP ist (wie IP) ein verbindungsloses, unzuverlässiges Protokoll: Abgesendete Datagramme werden auf Grund der IP Destination Address durch das Netzwerk geroutet. UDP bietet keine Gewähr für die Übertragung: Datagramme können verloren gehen, dupliziert werden oder in geänderter Reihenfolge ankommen. Das UDP-Segment verfügt über eine Prüfsumme, welche Übertragungsfehler in einem ankommenden Datagram

---

[78] Anwendungsspezifische ALIs und APIs sind ein wichtiges Element für die Interoperabilität von Anwendungen in der Industrieautomation (vgl. Kapitel 9).

erkennt. UDP reagiert nicht auf fehlerhafte Telegramme, sondern überlässt dies der übergeordneten Software.

UDP hat die folgenden Vorteile:
- Port-Nummern: Adressierung von Programmen oder Prozessen in den kommunizierenden Netzwerkknoten.
- Schnell und wenig Overhead.
- Fehlergesicherte Daten (und Adressen) durch UDP-Prüfsumme.

UDP wird dort eingesetzt, wo das unterliegende Kommunikationssystem eine sehr tiefe Fehlerwahrscheinlichkeit hat oder mit Programmen, welche auf der übergeordneten Schicht Fehlerbehandlung durchführen[79].

5.7.2 UDP-Segment

Das UDP-Segment (**Abbildung 5-11**) wird im Datenfeld des IP-Pakets transportiert und enthält einen Header mit 4 Parametern (**Tabelle 5-5**).

Wenn das UDP Datagramm im Empfänger ankommt, prüft dessen Kommunikationstreiber oder Betriebssystem, ob das entsprechende Port (Destination Port) einem Programm oder Prozess zugeordnet ist. Falls ja, wird das Datagramm in den entsprechenden Buffer abgelegt. Falls das Port nicht zugeordnet ist, so wird eine ICMP-Message (Port unreachable) an den Sender zurück geschickt.

Ein Teil der Ports ist fest zugeordnet (vgl. Tabelle b, [20] und [N-89]). Für noch freie Ports kann man eine Zuweisung zu einer Funktion oder Unternehmung beantragen (direkt bei [N-89]).

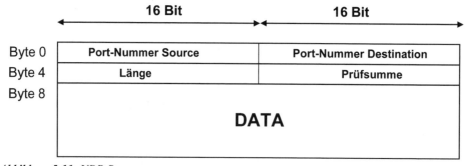

Abbildung 5-11: UDP-Segment

---

[79] Programme, die auf UDP beruhen, arbeiten häufig im lokalen Umfeld sehr gut, versagen aber, sobald sie in größeren Netzwerken (Fehler, geänderte Datagramm-Reihenfolge etc.) verwendet werden.

Tabelle 5-5: Bedeutung der Felder im UDP-Segment

Feld	Protokoll-bit	Daten-bytes	Bedeutung
Source Port	16		Port Nummer: identifiziert das Anwendungsprogramm "Sender"
Destination Port	16		Port Nummer: identifiziert das Anwendungsprogramm "Empfänger"
Länge	16		Länge des UDP Datagramms, inkl. Header
Prüfsumme	16		Prüfsumme über das UDP-Segment und zusätzlich auch über die unterliegenden IP-Source-/Destination-Adressen ([20])
Datenfeld		beliebige Größe	Daten der Anwendungssoftware
	8 Bytes	*beliebige Größe*	

5.8 UDP – TCP Vergleich

Die Haupteigenschaften der zwei Protokolle können wie in der **Tabelle 5-6** zusammengefasst werden. Der große Vorteil von UDP ist seine Einfachheit, und damit der deutlich kleinere Protokolloverhead gegenüber TCP. Da es aber (außer der Fehler-Vorwärtserkennung[80]) keine Fehlerkorrektureigenschaften besitzt, muss entweder die Anwendung ohne diese auskommen, oder eine übergeordnete Schicht muss diese übernehmen[81]. TCP ist ein vollständig gesichertes, sehr zuverlässiges (und Kanal-adaptives) Protokoll, welches der Anwendung sämtliche Sicherungsfunktionen bezüglich der Datenübertragung abnimmt.

---

[80] Erkennung fehlerhafter Pakets durch Nichtübereinstimmung der Prüfsumme.
[81] Was in vielen Fällen bei industriellen Anwendungen (z. B. intelligente E/A-Systeme) mit wesentlich geringerem Aufwand als bei TCP machbar ist.

Tabelle 5-6: UDP – TCP Vergleich

Eigenschaft	Vorteil	Nachteil
UDP		
Verbindungsloses Protokoll	Kein Verbindungsaufbau notwendig: schnell und einfach	Überwachungsmechanismen (z. B. Verbindungsabbruch) fehlen
Keine Paket-Quittungen	Schnell, minimaler Overhead	Die ganze Fehlersicherung wird der übergeordneten Schicht überlassen
Keine Kontrolle über die Reihenfolge der Pakets	Schnell, minimaler Overhead	Pakets können in unvollständiger oder gestörter Reihenfolge ankommen. Die ganze Sicherung wird der übergeordneten Schicht überlassen
Port Numbers	Direkte Adressierung von Services oder Anwendungen	Keine Rückmeldung bei nicht-existenten Ports im Empfänger
Keine Flusskontrolle	Schnell, minimaler Overhead	Empfänger kann von UDP-Pakets überflutet werden (Overflow), benötigt große Buffers im Empfänger
TCP		
Verbindungsorientiertes Protokoll	Protokollmäßig definierter Verbindungsaufbau: Partner wird direkt angesprochen. Gute Überwachungsmechanismen (z. B. für Verbindungsunterbruch)	Aufwand für Aufbau und Abbau der Verbindung. Lange Time-Outs für Fehlermechanismen
Paket-Quittierungen mit Wiederholung bei Fehlern	Zuverlässige, gesicherte Paket-Übertragung vom Sender zum Empfänger	Aufwand für Sicherung, Wiederholung, Verwaltung. Lange Time-Outs für Fehlermechanismen
Sequenzkontrolle	Pakets kommen sequenzgerecht und vollständig beim Empfänger an (ggf. nach Wiederholung)	Aufwand für die Sequenzierung, Wiederholung
Port Numbers	Direkte Adressierung von Services oder Anwendungen	Port-Nummer wird beim Verbindungsaufbau geprüft
Flusskontrolle	Empfänger kann den Sender verlangsamen	Protokollaufwand, Bufferanforderungen im Sender
Urgent Data	Dringende TCP-Pakets dürfen auch dann noch gesendet werden, wenn der Empfänger über Flusskontrolle den Datenstrom angehalten hat	Protokollaufwand, Bufferanforderungen im Empfänger (für URG-Pakets)

Ausgewählte Literatur zu Kapitel 5:

Martin, James; Leben, Joe: **TCP/IP Networking** (Literaturverzeichnis [1])

Im unverwechselbaren James Martin Stil führt dieses Lehrbuch den Leser sehr gut verständlich durch die ganze Welt der TCP-Vernetzung. In 20 verhältnismäßig kurzen, präzisen Kapiteln decken die Autoren in logischer Reihenfolge Grundlagen, Umfeld und Anwendungen. Das Buch zeichnet sich durch sehr gute Figuren aus. Vertieftes Wissen wird durch eingeschobene „Boxes" vermittelt, welche beim ersten Lesen übergangen werden können – aber sehr nützlich sind, falls man wirklich etwas genau wissen will.

Comer, Douglas: **Internetworking with TCP/IP** (Literaturverzeichnis [20])

Dieses zweibändige Buch kann als das grundlegende Standardwerk für TCP/IP bezeichnet werden. Es behandelt die Protokollfamilien in sehr detaillierter und didaktisch einwandfreier Form. Der erste Band besitzt 29 Kapitel (über 600 Seiten) und führt in logischer Reihenfolge durch das ganze Gebiet. Der Autor verfügt über eine enorme Erfahrung und scheut sich nicht, persönliche Kommentare und Ansichten einzuschließen.

Dittler, Hans-Peter: **IPv6 – Das neue Internet-Protokoll** (Literaturverzeichnis [77])

Präsentiert das von IPv4 her erweiterte Internet-Protokoll mit den neuen Funktionen und zeigt alle seine Auswirkungen auf die höheren Protokollschichten.

6 Socket-Interface

TCP/IP definiert die Kommunikationsfunktionen und den Adressiermechanismus zwischen den Teilnehmern in den verbundenen Netzwerken. Als Schnittstelle zwischen der TCP/IP-Kommunikationssoftware und den Anwendungsprogrammen (oder den ALI's, API's) hat sich das „Socket Interface" eingebürgert. Das Socket-Interface stammt aus der UNIX-Betriebssystemwelt und dessen Funktionalität steht heute (unabhängig von UNIX) auf allen modernen Rechnerplattformen als ein Satz von Routinen – „Socket Library" genannt – zur Verfügung. TCP/IP und UDP/IP ermöglichen damit über die jeweilige Socket Library im Rechner eine echte Interoperabilität in heterogenen Computernetzen.

6.1 Socket-Interface Betriebsphilosophie

Die Schnittstelle zwischen den UDP/TCP/IP-Kommunikationsfunktionen und der Anwendungssoftware, die diese Kommunikationsfunktionen verwenden will, ist in der TCP/IP-Definition[82] (vgl. [21]) nicht festgelegt. Dies wurde absichtlich getan, da TCP/IP auf einer Vielzahl von ganz verschiedenen Plattformen lauffähig sein sollte und eine derartige Definition möglicherweise unerwünschte Einschränkungen in der Zukunft zur Folge gehabt hätte.

Die ersten kommerziellen TCP/IP-Implementationen entstanden in der UNIX-Welt (Berkeley UNIX V4.2 der University of California in Berkeley). Berkeley UNIX führte das *Socket Interface* als Zugriffsmechanismus auf den TCP/IP-Kommunikationskanal ein. Man unterscheidet drei Typen von Sockets (**Abbildung 6-1**):

- Socket zum Zugriff auf die **TCP**/IP-Kommunikation: Stream Socket.
- Socket zum Zugriff auf die **UDP**/IP-Kommunikation: Datagram Socket.
- Socket zum Zugriff auf die IP-Schicht: Raw Socket.

Die grundsätzliche Betriebsphilosophie – für das Stream Socket – beruht deshalb aus historischen Gründen auf dem Prinzip:

„Open - Read/Write - Read/Write - ... - Read/Write - Close".

Der Kommunikationskanal wird wie ein File-Zugriff behandelt. Zuerst wird der Zugriff eröffnet, d. h. der Kommunikationskanal mit dem gewünschten Partner wird aufgebaut. Man bezeichnet dies als *verbindungsorientiertes Protokoll*. Dann können die SEND (= WRITE) oder RECEIVE (= READ) Operationen durchgeführt werden. Am Ende der Kommunikations-Session muss der Zugriff beendet werden, d. h. der Kommunikationskanal muss geschlossen werden. Ein Kommunikationskanal besteht jeweils zwischen einem „Port" in Sender und einem „Port" im Empfänger: Der eröffnete Kommunikationskanal ist symmetrisch voll-duplex, d. h. der Datenverkehr kann gleichzeitig in beide Richtungen stattfinden. TCP/IP in einem Rechner kann gleichzeitig eine beliebige Anzahl Kommunikationskanäle (je ab einem verschiedenen Port) zu anderen

---

[82] Der Begriff TCP/IP umfasst die ganze Protokollfamilie (vgl. Abbildung 5-1).

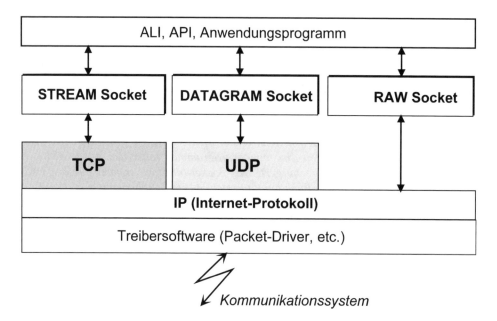

Abbildung 6-1: *Sockets als Interface zwischen der Kommunikationssoftware und API's/ALI's*

Teilnehmern unterhalten. Die Ports werden in den Stationen vom Programm dynamisch erzeugt und mit den entsprechenden Tasks, Programmteilen oder Prozessen verbunden.

Das Socket Interface ist eine Definition von Zugriffsfunktionen auf den TCP/IP-Kommunikationskanal. Die tatsächlichen Implementationen beruhen auf systemabhängigen Zugriffsroutinen, der *„Socket Library"*. Die Socket Library enthält alle vom Betriebssystem abhängigen Details und isoliert die Kommunikationszugriffe von der systemabhängigen Implementationsform. Für das Socket-Interface besteht keine allgemein gültige Definition, sondern es existieren mehrere in der Praxis bewährte Implementationen (**Abbildung 6-2**). Besonders erwähnenswert auf Grund ihrer kommerziellen Bedeutung sind die Berkeley BSD-Sockets (in der UNIX-Welt verbreitet, vgl. [23]) und die Windows-Sockets (in der PC-Welt angewendet). Glücklicherweise sind alle Socket Library Implementationen einander sehr ähnlich.

In vielen Fällen – so auch bei der Anwendung von TCP/IP für die Industrieautomation – genügt die Funktionalität der Socket Library nicht. Die Socket Library ermöglicht nur den Aufbau, den Betrieb, die Zustandsüberwachung und den Abbau der Kommunikationsverbindung. Die übertragenen Daten sind vollständig unstrukturiert, d. h. die Socket Library übermittelt einen transparenten, kontextneutralen Strom von Datenbytes (Datenstrom = „Stream"). Es ist deshalb zwingend, die Basisfunktionalität der Socket Library durch eine übergeordnete Zwischenschicht, dem *Application Layer Interface* „ALI" (auch *Application Programming Interface* „API" genannt, vgl. Kapitel 9) zu ergänzen. Das ALI/API definiert geeignete, anwendungsspezifische Meldungsformate, Prozeduren und Funktionen und stellt Programmschnittstellen zur Verfügung, um diese aus dem eigentlichen Anwendungsprogramm heraus zu verwenden.

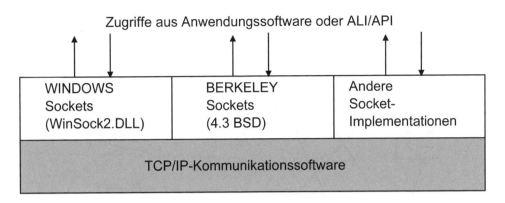

Abbildung 6-2: Verschiedene kommerzielle Implementationen der Socket-Library (Beispiele)

6.2 Client-/Server-Beziehungen

In einem Netzwerk von intelligenten Teilnehmern muss zusätzlich zu den Zugriffsfunktionen auch noch die *Betriebsphilosophie* des Netzes definiert werden. Die Betriebsphilosophie legt fest, wie und zu welchen Zeitpunkten und auf welche Art die Anwendungsprogramme in den verschiedenen Stationen aufeinander zugreifen können und miteinander Daten austauschen dürfen. In der Literatur über Rechnernetzwerke findet man verschiedene Betriebsphilosophien, die sich stark voneinander in den zu Grunde liegenden Modellen und in den Möglichkeiten unterscheiden.

Eine bewährte Betriebsphilosophie, die sich auch sehr gut für die Anwendungen in der Industrieautomation eignet, beruht auf dem Modell von „Clients" (Kunden) und „Server" (Anbieter von Dienstleistungen). Beim Client-/Server-Modell sind in den Netzwerkstationen Prozesse vorhanden, die jeweils entweder eine Client-Funktion oder eine Server-Funktion ausführen. Die Server-Funktionen bieten eine Dienstleistung an, die von den Client-Funktionen angefordert und benutzt werden kann (**Abbildung 6-3**).

In der Abbildung 6-3 besitzt jede einzelne Netzwerkstation nur einen einzigen Prozess, arbeitet also nur als *ein* Client, bzw. als *ein* Server. In den Netzwerkstationen können aber mehrere Prozesse ablaufen: Diese sind dann durch einzelne Programme realisiert. Das Client-/Server-Modell wurde durch die UNIX-Anwendungen sehr verbreitet ([1], [23]) und bildet heute unanbhängig von den Betriebssystemen und den Kommunikationsnetzwerken die Grundlage fast aller Rechnernetzwerke (Client-/Server-Computing). Der Vorteil des Client-/Server-Modells besteht in der klaren Zugriffsregelung auf die vorhandenen Dienste im Rechnernetzwerk. Es wird eine modulare, funktional klar gegliederte Struktur geschaffen, welche auch die Realisierung und den Unterhalt von sehr großen und komplexen Systemen gestattet. Zudem eignen sich die Client-/Server Modelle sehr gut für die verteilten, d. h. *dezentralen Anwendungen.*

Man unterscheidet die zwei Klassen „Iterative Server" und „Concurrent Server" („paralleler" Server). Der Iterative Server behandelt jeweils nur eine einzige Anfrage eines Clients und ist bis zur vollständigen Abarbeitung der laufenden Anfrage und der Beantwortung für andere Clients besetzt. Einem Concurrent Server können Anfragen von mehreren Clients gleichzeitig oder zeitlich überlappend geschickt werden: Er wird diese

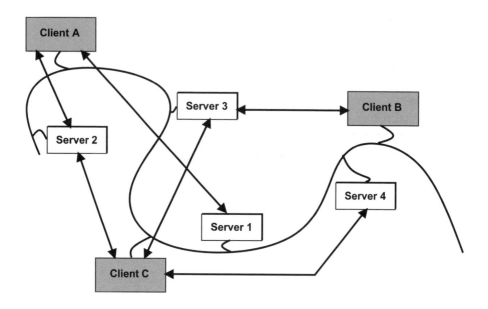

Abbildung 6-3: Client-/Server-Modell

„gleichzeitig" (im Sinne eines Echtzeit-Multitasking-Betriebssystems) bearbeiten und jedem Client die angeforderte Antwort geben. Eine Client-/Server-Beziehung muss vom Client aufgebaut und vom Server akzeptiert werden, bevor der Client von der Dienstleistung des Servers Gebrauch machen kann. Ebenso muss die Beziehung vom Client nach der Benutzung der Server-Funktionen wieder abgebaut (geschlossen) werden.

Das Client-/Server-Modell eignet sich ebenfalls sehr gut für die dezentrale Industrieautomation[83]. Das grundlegende Client-/Server-Modell für eine verteilte Steuerung ist in der **Abbildung 6-4** dargestellt. Die dezentralen Steuerungen selbst, d. h. die Rechner, die den Prozess steuern, bilden dabei die Server: Sie bieten die Dienstleistung „Anlagenteil steuern" an. Ihre Aufträge (Rezepte, Produktionsvorgaben, Parameter, Koordinationsinformation usw.) erhalten sie vom Client „Leitsystem", bzw. vom Client „Produktionssteuerung". Das Leitsystem betreut und koordiniert eine Anzahl von Servern und hat dadurch die Steuerung, Überwachung und Datenerfassung der Gesamtanlage unter Kontrolle.

Das Leitsystem ist aber nicht der einzige Client in der Anlage: In der Abbildung 6-4 sind z. B. zwei weitere Clients vorhanden:
- eine Visualisierungsstation und
- ein Qualitätssicherungssystem.

Der Client *Visualisierung* fordert von den Server – also von den dezentralen, autonomen Steuerungen – Zustandsinformationen an und stellt diese in interpretierter und bedienerfreundlicher Weise auf seinem Bildschirm dar. Nötigenfalls wirkt der Visualisierungs-Client, bzw. die Bedienperson davor, interaktiv auf einen Prozess in einem Server ein. Der Client *Qualitätssicherungssystem* holt sich von den Servern ebenfalls die benötigte Information, kombiniert und überprüft diese und archiviert sie anschließend.

---

[83] Sie bilden die Grundlage des zweiten Zeitalters der Industrieautomation (vgl. Abschnitt 1.2.3).

6.2 Client-/Server-Beziehungen

Durch den Client Qualitätssicherungssystem erkannte Fehler oder Qualitätsmängel können von diesem nicht selbst behoben werden, sondern müssen über das Leitsystem (Änderung von Rezepturen oder Produktionsparametern, oder sogar Anpassung des Steuerungsprogramms im Server) erfolgen.

Die genauere Betrachtung des Client-/Server-Modells für die dezentrale Steuerung zeigt, dass sowohl in der Steuerung und im Leitsystem, wie auch im Visualisierungsrechner usw. nicht nur ein einziger Prozess, sondern mehrere parallele Client- und Server-Prozesse ablaufen (Abbildung 6-4). Im Steuerungsknoten, der im übergeordneten Sinne mit seiner Hauptfunktion als Steuerung immer noch ein Server ist, laufen die folgenden Prozesse ab:

- Server-Funktion: eigentliches Steuerungsprogramm (Anlagensteuerung).
- Server-Funktion: Sammlung und Bereitstellung der Daten für das Qualitätssystem.
- Server-Funktion: Aufbereitung und Bereitstellung der Daten für die Visualisierung.
- Client-Funktion: spontanes Absetzen von Alarmmeldungen.

Die einzelnen Prozesse auf der Steuerung werden meist als Tasks in einem Echtzeit-Multitasking-Betriebssystem implementiert: Die Client-/Server-Beziehung besteht dann zwischen den Tasks in den verschiedenen Rechnern.

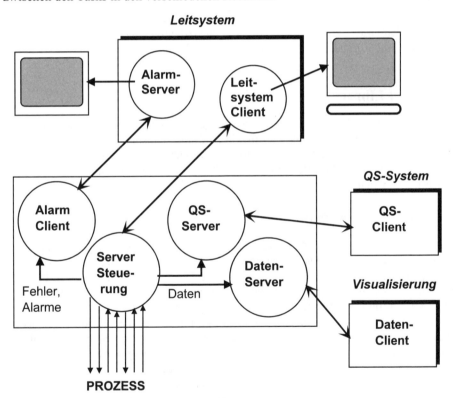

Abbildung 6-4: Detailliertes Client-/Server-Modell für eine dezentrale Steuerung

6.3 Socket-Library Funktionen

Das *Socket Interface* beschreibt implementierungs- und betriebssystemunabhängige Funktionen zur Kommunikation über TCP/IP in heterogenen Netzen. Die Umsetzung der Socket-Interface-Funktionalität in einem Rechner und für ein bestimmtes Betriebssystem geschieht in einem Satz von Routinen, welche *Socket Library* genannt wird. Die Socket Library wird vom Lieferanten des Betriebssystemes (z. B. bei UNIX integriert, bei Windows als WinSock.DLL, bei Embedded-Betriebssystemen als Zusatzprodukte usw.) oder von Drittlieferanten angeboten. Man unterscheidet beim Socket-Interface die Klassen von Funktionalität[84]:

- Stream Sockets: Interface zur TCP-Kommunikationssoftware (Transport Layer). Bieten einen verbindungsorientierten, zuverlässigen und sequenzrichtigen Datentransfer zwischen Sockets (bzw.: Ports) in zwei Rechern.
- Datagram Sockets: Interface zur UDP-Kommunikationssoftware. Unzuverlässige, verbindungslose Übertragung von Datagrammen zwischen Sockets in zwei Rechnern.

Für die Awendungen in der Industrieautomation sind weitgehend die Stream Sockets (verbindungsorientierte, zuverlässige und sequenzrichtige Datenübertragung) von Interesse. Es werden deshalb hier nur die Stream-Socket-Funktionen der Socket-Library betrachtet.

6.3.1 Socket Library

Die Socket Library stellt der Anwendungssoftware eine Anzahl Systemfunktionen zur Verfügung. Die Stream-Socket-Library-Aufrufe sind übersichtsmäßig in der **Tabelle 6-1** zusammengefasst. Die Socket Library zeigt die Asymmetrie der Client- und der Server-Funktionen, d. h., gewisse Aufrufe sind ausschließlich im Server und andere Aufrufe sind ausschließlich im Client möglich.

6.3.2 Verbindungsaufbau

Das TCP/IP-Protokoll ist als *verbindungsorientiertes Protokoll* implementiert, d. h. zwei Teilnehmer müssen vor der Datenübermittlung eine logische Port-zu-Port-Verbindung aufbauen (öffnen) und diese nach abgeschlossener Datenübermittlung wieder beenden (schließen). Der Verbindungsaufbau gestaltet sich im Client und im Server verschieden und ist in **Abbildung 6-5** dargestellt. Die Anwendungssoftware im Server beginnt mit dem `socket()`-Aufruf, um ein Socket zu erzeugen und mit den entsprechenden Parametern zu initialisieren. Dann wird der `bind()`-Aufruf ausgeführt, um den neuen Socket mit der Anwendungssoftware (z. B. einer Task in der Anwendungssoftware unter dem Multitasking-Betriebssystem) zu verbinden. Mit dem Aufruf `listen()` erstellt der Server die Bereitschaft, auf die Verbindungsaufnahme eines Clients zu warten. Im nächsten Aufruf `accept()` wartet der Server auf den Beginn der Verbindungsaufnahme eines Clients. Beginnt diese, so ist die Verbindung etabliert und die Datenübertragung

---

[84] Das RAW-Socket (Abbildung 6-1) wird vom Anwendungsprogrammierer kaum gebraucht.

Tabelle 6-1: *TCP/IP-Stream-Socket-Library-Aufrufe (verbindungsorientiert)*

Aufruf	Funktion
	a) Verbindungsaufbau/Abbau
socket()	Eröffnung, Initialisierung und Parameterübergabe eines neuen Sockets (Client und Server)
bind()	Zuweisung eines Teilnehmers (Internet-Adresse und Port-Nummer) zu einem Socket (Client und Server)
listen()	Bereitschaft eines Servers, eine Verbindungsaufnahme von einem Client über TCP/IP zu akzeptieren
accept()	Wartefunktion im Server bis zum Eintreffen der Verbindungsaufnahme des Clients über TCP/IP
connect()	Funktion im Client zur Verbindungsaufnahme mit einem Server über TCP/IP
close()	Schließen eines Sockets nach Abschluss der Datenübertragung (Client und Server)
	b) Senden und Empfangen
read()	Einlesen der Empfangsdaten aus einem Socket in die Anwendungssoftware (Client und Server)
recv()	wie *read()*, aber mit einem zusätzlichen Flag-Parameter (Client und Server)
write()	Senden der Daten über ein Socket aus der Anwendungssoftware (Client und Server)
send()	wie *write()*, aber mit einem zusätzlichen Flag-Parameter (Client und Server)
	c) Hilfsfunktionen
gethostid()	Auslesen der eigenen Internet-Adresse
gethostbyaddr()	Information über einen Teilnehmer auf Grund seiner Internet-Adresse
Routinen zur Adressformat-Konversion	lokale Konversionsroutinen zur Umwandlung von Internet-Adressen in verschiedenen Darstellungsformen (z. B. MSB links zu MSB rechts).

kann stattfinden. Der Server hat also die passive Rolle und muss auf die Verbindungsaufnahme seiner Clients warten.

Der Client beginnt ebenfalls mit dem `socket()`-Aufruf, um ein Socket zu erzeugen und mit den entsprechenden Parametern zu initialisieren. Anschließend löst die Anwendungssoftware im Client den Verbindungsaufbau mit dem Aufruf `connect()` aus: `connect()` bewirkt in der TCP/IP Kommunikationssoftware einen Austausch von Protokollmeldungen zwischen den beiden Teilnehmern und dadurch die Bestätigung des Verbindungsaufbaus. Jetzt können Client und Server Daten mittels der Aufrufe `write()` oder `send()` und `read()` oder `recv()` austauschen. Am Schluss wird die Verbindung mit `close()` abgebaut, d. h. geschlossen. Der Client hat die aktive Rolle, kann allerdings die Verbindung erst aufbauen, wenn der Server dazu bereit ist.

6.3.3 Blockierung

Einige der Funktionen der Sockets, z. B. `accept()`, `read()` und `recv()` sind als *blockierend* definiert, d. h., beim Aufruf der entsprechenden Socket-Library-Funktion wartet die Anwendungssoftware, bis das erwartete Ereignis eintritt. Bei `accept()` wird im Socket-Library-Aufruf gewartet, bis die Verbindungsaufnahme vom Client tatsächlich eintrifft, bei `read()` wird im Socket-Library-Aufruf gewartet, bis eine Meldung vom Partner ankommt. Die Anwendungssoftware bleibt also blockiert, bis der Kommunikationspartner die erwartete Aktion ausgeführt hat oder bis eine Fehlersituation (z. B. eine

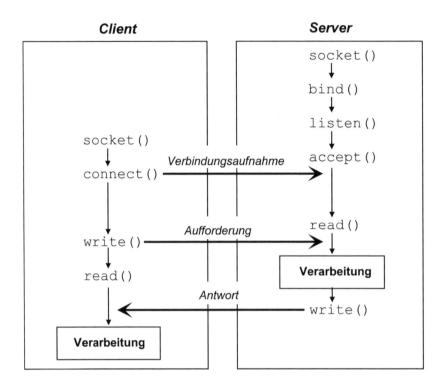

Abbildung 6-5: Verbindungsaufnahme zwischen Client und Server

Unterbrechung im Kommunikationssystem oder ein Abbruch der Verbindung) auftritt. In einer Steuerung darf eine Blockierung der Anwendungssoftware (Steuerungstask) natürlich in keinem Falle auftreten! Das Socket Interface ist also von seiner Definition her nicht direkt für Steuerungsaufgaben geeignet. Das Socket Interface muss durch Betriebssystem-Hilfsfunktionen unterstützt werden, z. B. durch einen Time-Out (programmierbare Zeitüberwachung) bei den blockierenden Socket-Library-Aufrufen. Der Time-Out sorgt dafür, dass der Socket-Library-Aufruf nach der programmierten Zeit abgebrochen wird und die Kontrolle an die Anwendungssoftware zurückgegeben wird, wenn das erwartete Ereignis nicht innerhalb der Time-Out-Zeitspanne eintritt. Diese Situation ist in der **Abbildung 6-6** dargestellt, wo die Funktion read() als nicht-blockierend mit Time-Out = 0 implementiert wurde. Ein Aufruf von read() ergibt sofort eine der zwei möglichen Antworten:

- keine Meldung eingetroffen (no message available)
- Meldung eingetroffen (mit Zeiger auf Buffer der Meldung)

Die Anwendungssoftware entscheidet darauf, welchen Pfad der Programmausführung sie durchlaufen soll. Der Mechanismus für die Vermeidung der Blockierung ist im Socket Interface nicht definiert, sondern wird der entsprechenden Betriebssystemimplementation überlassen (z. B. „Signals" bei UNIX, „Time-Outs" bei Echtzeit-Betriebssystemen, „Events" bei Multitasking-Betriebssystemen usw.). Für den Anwender von TCP/IP in der Industrieautomation ist es aber entscheidend, dass ein entsprechender Mechanismus mindestens für die Server-Programmierung (d. h. in der eigentlichen Steuerung) zur Verfügung steht.

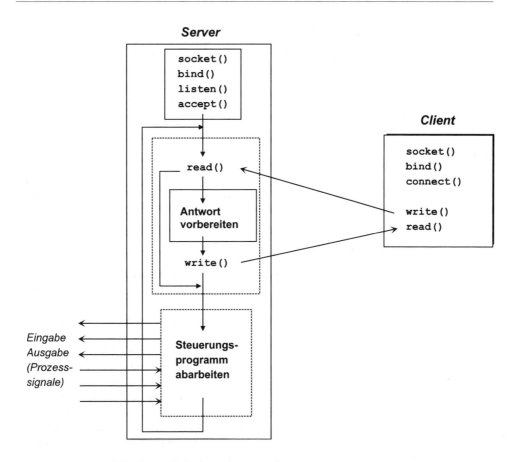

Abbildung 6-6: Nichtblockierende Socket-Library Funktionen

6.3.4 Programmierung der Socket-Library

Für die Programmierung mit der Socket Library bestehen einfache und klare Regeln: Die Verbindungsaufnahme ist in der Abbildung 6-5 dargestellt und anschließend findet der Datenaustausch mit dem Paar von Aufrufen `write()` und `read()` statt. `Write()` und `read()` bieten der Anwendungssoftware eine transparente, zuverlässige und sequenzrichtige Datenübertragung ohne Interpretation oder Veränderung des Dateninhalts an. Die Partner in einer Socket-zu-Socket-Datenübertragung sind häufig nicht die Rechner selbst, sondern „Tasks" (Multitasking-Betriebssystem-Terminologie) oder „Prozesse" (UNIX-Terminologie) innerhalb der Rechner. Im gleichen Rechner können daher mehrere Client- und/oder mehrere Server-Tasks oder beliebige Kombinationen davon existieren. Die TCP/IP-Verbindung besteht dann zwischen den Tasks oder Prozessen, sodass sich eine Vielfalt von Querverbindungen einstellt. Dies ist insbesondere bei Servern der Fall, die verschiedenen Clients Services anbieten. Die Socket-Interface-Funktionalität und die Socket-Library-Aufrufe sind bei allen Rechner- und Betriebssystemplattformen gleich oder sehr ähnlich. Unterschiede ergeben sich bei der Implementierung der Blockierungvermeidung (Signals, Time-Outs, Events etc.).

6.3.5 Socket-Library für IPv6

Die Funktionalität des Socket-Interfaces wurde für IPv6 erweitert: Die neuen IPv6 Funktionen[85] wurden ergänzt und bei bestehenden IPv4 Funktionen wurden die Parameter erweitert (z. B. für die größeren Adressen). Bei den meisten Herstellern wurde die IPv6-Socket Library aufwärtskompatibel gestaltet, d. h. bestehende IPv4-Anwendungen laufen unverändert mit der neuen IPv6-Schnittstelle weiter.

6.4 Remote Procedure Calls

Stream- und Datagram-Sockets ermöglichen einen *Datenaustausch* zwischen Programmen oder Prozessen in verschiedenen Netzwerkrechnern. Die TCP-Welt bietet aber weitere Unterstützung für die Netzwerkprogrammierung, so z. B. die wichtige Funktion der dezentralen Programmausführung *Remote Procedure Call*.

6.4.1 Der Begriff „RPC"

Der Remote Procedure Call *RPC* ist eine dezentrale Programmiertechnik, die für gewisse Anwendungen einen großen Komfort und eine übersichtliche Programmgestaltung bietet. RPCs erlauben den direkten Aufruf einer Prozedur in einem anderen Rechner (Remote Procedure). Man kann damit Funktionen in einem beliebigen Rechner des Netzwerkes ausführen, ohne sich programmtechnisch um die Mechanismen des Verbindungsaufbaus, der Netzwerktopologie usw. kümmern zu müssen (vgl. z. B. [1], Kapitel 20 und [23], Kapitel 18). RPCs sind keine Funktionen der Socket Library, sondern müssen als zusätzliche Programmroutinen oberhalb der Socket Library in die entsprechende Implementation eingebunden werden (**Abbildung 6-7**). Im OSI-Modell (vgl. Abschnitt 3.1.3) ist die RPC-Funktionalität zwischen der Transportschicht und der Anwendungsschicht einzuordnen. Remote Procedure Calls sind nicht auf Ethernet-TCP/IP beschränkt, sondern finden sich z. T. auch bei anderen Netzwerktypen. Gewisse Betriebssysteme bieten Remote Procedure Calls standardmäßig an, so z. B. Windows NT 4.0, NT 5.0 (vgl. [58]) und UNIX.

6.4.2 RPCs über Ethernet-TCP/IP

Ein RPC (Remote Procedure Call) ist eine Programminstruktion im rufenden Programm. Die Abarbeitung von mehrfachen (geschachtelten) RPC's verläuft wie folgt (vgl. Abbildung 6-7):

- Das Programm im Rechner A ruft eine Prozedur P_X auf und übergibt mit dem Aufruf eine Anzahl Parameter. Die Ausführung des Programmes im Rechner A wird unterbrochen, bis die Ausführung der Prozedur P_X beendet ist (und die Resultate zurück gegeben worden sind).
- Die Prozedur P_X im Rechner B wird ausgeführt; diese ruft ihrerseits eine weitere Prozedur P_Y auf. Die Ausführung der Prozedur P_X im Rechner B wird unterbrochen, bis die Ausführung der Prozedur P_Y beendet ist und die Resultate zurück gegeben worden sind.

---

[85] z. B. Flow, Priorität und Multicast-Gruppen (vgl. [77]).

6.4 Remote Procedure Calls

- Die Prozedur P_Y im Rechner C wird fertig ausgeführt. Die Kontrolle geht zurück an die Prozedur P_X im Rechner B, die ebenfalls fertig ausgeführt wird. Anschließend geht die Kontrolle zurück an das Programm im Rechner A.

Die aufrufende Prozedur wird häufig „Client Procedure" genannt und die gerufene Prozedur wird als „Server Procedure" bezeichnet. Die nahe Verwandschaft zum Client-/Server-Konzept ist auch in der Implementation sichtbar. Man versucht, die Programmiertechnik für RPC's derjenigen für lokale Aufrufe möglichst ähnlich zu gestalten. Leider ist dies nicht ganz einfach, da die *RPC-facility* im Client die Information besitzen muss, in welchem Rechner des Netzwerks sich die Server-Prozedur befindet – sie muss also die gerufene Prozedur *finden*. Weiterhin müssen die Parameter im Aufruf über TCP/IP übermittelt werden. Dabei ist erschwerend, dass die Zahlendarstellung in den beiden Rechnern ungleich sein kann, d. h. dass Konvertierungsroutinen auszuführen sind.

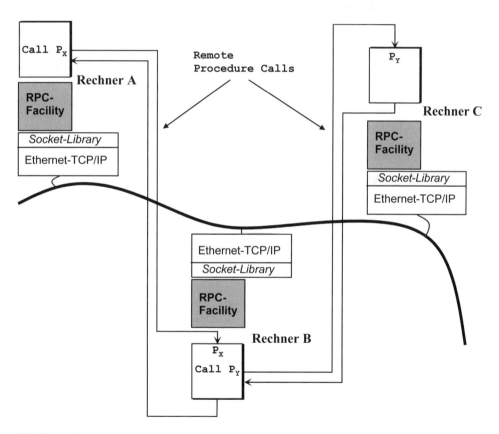

Abbildung 6-7: *Verwendung von Remote Procedure Calls (RPCs) über Ethernet-TCP/IP*

6.4.3 Probleme mit RPCs

Bei der Ausführung von Remote Procedures können Fehler auftreten, die bei lokalen Prozeduren kaum möglich sind, z. B.:

- Die Remote Procedure wird gar nicht ausgeführt (Fehler in der Kommunikation oder im Server-Rechner).
- Die Remote Procedure wird korrekt ausgeführt, aber die Resultate kommen nicht zur rufenden Prozedur zurück (z. B. Fehler in der Kommunikation).
- Die Remote Procedure wird unerkannt mehrfach ausgeführt (z. B. Time-Out im Client und wiederholter Aufruf).

Die meisten Implementierungen besitzen deshalb Mechanismen, um solche Situationen zu erkennen und zu behandeln. Der vollständigen und sorgfältigen Fehlerbehandlung durch das *Anwendungsprogramm* kommt beim Einsatz von RPC's eine wichtige Bedeutung zu.

6.4.4 RPC-Implementationen

Remote Procedure Call Unterstützung wird durch herstellerspezifische „RPC-Facilities" geboten. Ursprünglich stammt die RPC-Idee (wie viele andere gute Techniken) aus der Berkeley-UNIX-Entwicklung. Die RPC-Facility muss in allen teilnehmenden Rechnern zusätzlich zur TCP/IP Socket-Library beschafft und installiert werden. Die bekannteste RPC-Facility über TCP/IP stammt von Sun Microsystems Inc. Ältere Implementationen stammen von Hewlett-Packard (ursprünglich von Apollo Computers entwickelt) und von XEROX (nur noch von historischem Interesse, vgl. [23], Abschnitt 18.1). Der Quellcode der 4.3BSD-Sun-RPC Implementierung ist gegen eine geringe Zahlung von Sun Microsystems erhältlich (vgl. [23], Abschnitt 18.3) und ist in RFC 1057 (Sun 1988) detailliert beschrieben.

6.5 ISO Transprotprotokoll über TCP/IP

TCP/IP bietet über die Socket Library ein verbindungsorientiertes Transportprotokoll an. Die Arbeiten in der International Organization for Standardization (ISO) im Rahmen des OSI-Modelles (Open System Interconnection) haben zu einer eigenen Definition eines Transportprotokolls, des „ISO-Transportprotokolls", geführt (vgl. [12], [14] und ISO-8072, ISO-8073). Das ISO-Transportprotokoll definiert fünf Klassen (Class 0 bis Class 4) mit zunehmender Funktionalität (vgl. [14]).

Die beiden Transportdienste „Socket Library" und „ISO-Transportprotokoll" unterscheiden sich voneinander, aber glücklicherweise nicht fundamental. Es ist möglich, die ISO-Transportdienste auch über TCP/IP zu implementieren. Dazu existiert ein „Standard" in der Form des RFC1006: *ISO Transport Service on top of the TCP* ([60]). RFC1006 definiert eine zusätzliche Funktionsschicht (**Abbildung 6-8**). Für diesen Dienst wird die Verwendung des TCP Port Nr. 102 empfohlen. RFC1006 implementiert das „Transport Class 0 Protocol": Da dieses oberhalb des TCP/IP (mit allen seinen Sicherungsmechanismen) liegt, besitzt es die Funktionalität des „Transport Class 4 Protocol", also des vollständigen ISO-Transportprotokolls. RFC1006 bietet genau die Funktionen und Aufrufe des ISO-Transport-Class-4-Protokolls an. Hier zeigt sich wieder der Wert der hierarchisch geschichteten Protokolldefinition, welche die nachträgliche Ergänzung von TCP/IP mit den ISO-Transportdiensten ermöglicht hat.

Dank RFC1006 können auf diese Weise Programme, die auf höheren ISO-Protokollschichten beruhen (ISO Session, ISO Presentation) ohne Programmänderungen über TCP/IP kommunizieren. Allerdings muss RFC1006 in allen entsprechenden Stationen implementiert sein. Dank der Verwendung verschiedener Ports können Anwendungen in

6.5 ISO Transportprotokoll über TCP/IP

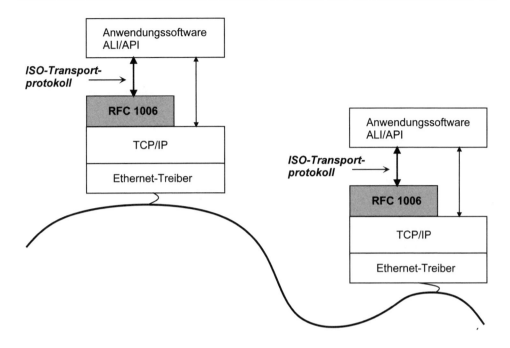

Abbildung 6-8: ISO-Transportprotokoll über TCP/IP

einer Netzwerkstation sowohl über die Socket Library wie auch über das ISO-Transportprotokoll arbeiten.

Ausgewählte Literatur zu Kapitel 6:

Stevens, Richard: **Programmieren von UNIX-Netzen** (Literaturverzeichnis [23])

Das Socket-Interface stammt aus der UNIX-Betriebssystemwelt. Den tiefsten Einblick in die Funktionen und die Anwendung des Socket-Interfaces gewinnt man daher aus diesem UNIX-Lehrbuch.

Dittler, Hans-Peter: **IPv6 – Das neue Internet-Protokoll** (Literaturverzeichnis [77])

Präsentiert das von IPv4 her erweiterte Internet-Protokoll mit den neuen Funktionen und zeigt alle seine Auswirkungen auf die höheren Protokollschichten. Der Autor geht im Abschnitt 10.3 relativ detailliert auf die Änderungen des Socket-Interfaces beim Wechsel von IPv4 zu IPv6 ein.

7 Ethernet mit Lastbeschränkung

Im Echtzeitbereich der industriellen Automation sind zwei QoS-Parameter kritisch: die Übertragungszeit und die Schwankungen der Übertragungszeit (Jitter). Sobald bei Ethernet mehrfache Kollisionen auftreten, unterliegen diese Parameter einem statistischen und nicht-deterministischen Verhalten. Je mehr Mehrfachkollisionen auftreten, desto unvorhersehbarer wird das Verhalten von Ethernet. Voraussetzung für die Verwendbarkeit von Ethernet im Echtzeitbereich der industriellen Automation ist deshalb die Gewährleistung einer oberen Schranke für Mehrfachkollisionen. Dies kann durch drei kombinierte Maßnahmen erreicht werden: Minimierung der Kollisionsbereiche durch Netzwerkpartitionierung (Switching), Verwendung von QoS-fähigen Switches/Bridges/Router und durch geeignete Lastbeschränkung in den einzelnen Kollisionsbereichen. In diesem Kapitel wird das Verhalten von Ethernet in einem Kollisionsbereich unter verschiedenen Lastbeschränkungssituationen untersucht.

7.1 QoS Parameter für die Industrieautomation

Bei Übertragungssystemen im Echtzeitbereich der Industrieautomation sind drei QoS-Parameter[86] wichtig:
1. Die totale *Übertragungszeit* für eine Message.
2. Die *Schwankungen* der Übertragungszeit (Jitter).
3. Die verfügbare *Nutzdatenbandbreite*.

Die QoS-Parameter können auf verschiedenen Ebenen des ISO-Modelles spezifiziert werden (vgl. Abbildung 3-8). Entscheidend für die Anwendung sind die QoS-Parameter von Anwendung-zu-Anwendung (= Schicht-7 QoS-Parameter): Diese setzen sich aus den QoS-Parametern der verschiedenen OSI-Schichten zusammen. Bei der Verwendung von Ethernet-TCP/IP spielt das eigentliche Kommunikationssystem (genauer: die Vorgänge auf dem Ethernet-Medium) die entscheidende Rolle. In diesem und im nächsten Kapitel werden deshalb diese Vorgänge genauer betrachtet.

Beispiel 7-1: Spezifikation von QoS-Parametern
In der **Tabelle 7-1** sind drei Beispiele für die Spezifikation von QoS-Parametern gelistet.

Tabelle 7-1: Beispiele für die Spezifikation von QoS-Parametern

	Übertragungszeit	*Jitter*	*Nutzdatenbandbreite*
Beispiel A:	Maximal: 200 µs	-0 .... – 120 µs	350 kBit/s
Beispiel B:	Mittelwert: 50 µs	- 20 .... + 45 µs	240 kBit/s
Beispiel C:	Mittelwert: 70 µs	- 35 .... + 35 µs	470 kBit/s

---

[86] Man setzt dabei voraus, dass die QoS-Parameter *Netzwerkverfügbarkeit* und *Paketverlustrate* durch die Installation gewährleistet werden (vgl. Abschnitt 3.2.1).

7.2 Ethernet Kollisionsbereiche (Collision Domains)

7.2.1 Kollisionsbereiche

Sobald bei Ethernet Kollisionen auftreten, unterliegen die QoS-Parameter einem statistischen und nicht-deterministischen Verhalten. Bei Mehrfachkollisionen wird die Situation noch ausgeprägter: Je mehr Mehrfachkollisionen auftreten, desto unvorhersehbarer wird das Verhalten von Ethernet. Voraussetzung für die Verwendbarkeit von Ethernet im Echtzeitbereich der industriellen Automation ist deshalb die Gewährleistung einer oberen Schranke für Mehrfachkollisionen. Dies kann z. Zt. durch drei kombinierte Maßnahmen erreicht werden[87]:

1. Minimierung der Kollisionsbereiche durch Netzwerkpartitionierung (Switching, vgl. Kapitel 8).
2. Verwendung von QoS-fähigen Switches/Bridges/Router (vgl. Kapitel 13).
3. geeignete Lastbeschränkung in den einzelnen Kollisionsbereichen (Kapitel 7).

Kollisionen treten nur innerhalb eines Ethernet-*Kollisionsbereichs* (= Collision Domain) auf. Unter einem Kollisionsbereich versteht man eine Anzahl Netzwerkstationen, welche sich in das gemeinsame Übertragungsmedium teilen. Innerhalb eines Kollisionsbereiches darf jeweils nur eine einzige Station senden und alle anderen Stationen müssen sich in dieser Zeit passiv verhalten. Kollisionen im Kollisionsbereich werden durch den Ethernet-Kollisionsbewältigungsalgorithmus aufgelöst (Abschnitt 4.2.3). Kollisionsbereiche enthalten auch Repeater.

Ein Ethernet-Netzwerk wird durch Bridges, Router oder Switches (vgl. Abschnitt 3.1.5) in einzelne Kollisionsbereiche aufgeteilt: Dadurch wird es einerseits möglich, Ethernet-Netzwerke fast beliebiger Dimension zu realisieren und andererseits können die Kollisionsbereiche so klein wie gewünscht gemacht werden[88].

Beispiel 7-2: Ethernet-Kollisionsbereiche

In der **Abbildung 7-1** sind drei Beispiele für Ethernet-Kollisionsbereiche dargestellt:

- 3 Ethernet-Segmente getrennt durch 2 Repeater = 1 Kollisionsbereich.
- 2 Ethernet-Segmente getrennt durch 1 Bridge = 2 Kollisionsbereiche.
- 5 Ethernet-Segmente getrennt durch 1 Switch = 5 Kollisionsbereiche.

Man sieht aus Abbildung 7-1, wie das Netzwerk durch Bridges, Router oder Switches in unabhängige Kollisionsbereiche aufgeteilt wird.

7.2.2 Größe eines Kollisionsbereichs

Die Größe eines Kollisionsbereichs wird nicht durch die geometrische Ausdehnung bestimmt, sondern durch die maximale Laufzeit zwischen den zwei am weitesten auseinander liegenden Stationen (Genauer: Round-Trip Delay, Kollisionsfenster).

---

[87] In der Zukunft werden auch im Industrieautomationsbereich QoS-Netzwerke (vgl. Abschnitt 3.3) Anwendung finden.

[88] Durch den Einsatz von Switches und Voll-Duplex Verbindungen können die Kollisionsbereiche vollständig eliminiert werden, d. h. Ethernet kann von der Installation her kollisionsfrei implementiert werden (vgl. Kapitel 8).

7.2 Ethernet Kollisionsbereiche (Collision Domains)

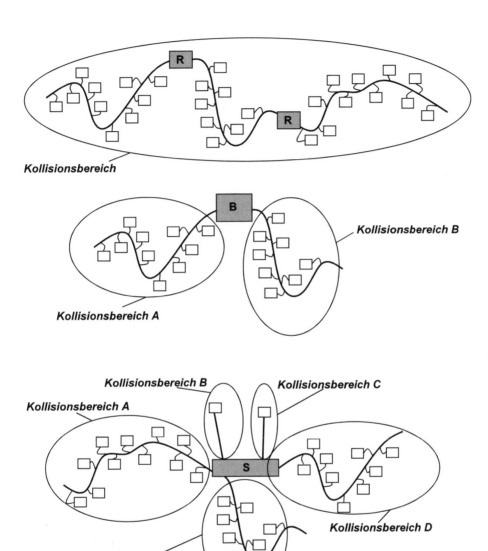

Abbildung 7-1: Beispiele für Ethernet-Kollisionsbereiche

Für die Bestimmung des Round-Trip Delay (Kollisionsfensters) müssen alle Signalverzögerungen – also die Laufzeit des Übertragungsmediums, Verzögerungen in den Repeatern, Verzögerungen in den Anschaltbaugruppen etc. – berücksichtigt werden. Die maximale Größe eines Kollisionsbereiches beträgt:

- 512 Bitzeiten für Standard-Ethernet (= 51.2 µs)
- 512 Bitzeiten für Fast Ethernet (= 5.12 µs)
- 4'096 Bitzeiten für Gigabit-Ethernet (= 4.1 µs)

7.2.3 Kollisionshäufigkeit

Innerhalb eines Kollisionsbereichs hängen die QoS-Parameter von der *Kollisionshäufigkeit* ab. Finden keine Kollisionen statt, so lassen sich die QoS-Parameter einfach berechnen und garantieren. Sobald Kollisionen stattfinden, tritt die Ethernet-Kollisionsbewältigung in Aktion und erzeugt zufällige Wartezeiten, und dadurch zufällige Verzögerungen. Die Kollisionshäufigkeit in einem Kollisionsbereich hängt von den folgenden Größen ab:

- *Ausdehnung* des Kollisionsbereichs: Bei großen Kollisionsbereichen nimmt die Kollisionswahrscheinlichkeit zu.
- *Anzahl* Netzwerkstationen: Die Kollisionswahrscheinlichkeit nimmt mit der Anzahl Netzwerkstationen zu.
- *Netzwerklast*: Die Kollisionswahrscheinlichkeit nimmt mit zunehmender Netzwerkbelastung stark zu (vgl. Abbildungen 4.4 und 4.5).
- *Verkehrsstatistik*: Die Verkehrsstatistik (Länge der Meldungen, Meldungsrate etc.) beeinflusst die Kollisionswahrscheinlichkeit signifikant.

Der Zusammenhang dieser Größen ist sehr kompliziert und lässt sich entweder durch statistische Approximationen (vgl. [30]) oder durch Netzwerksimulationen (vgl. [39]) ermitteln. Bei Ethernet ist eine exakte analytische Analyse nicht möglich.

7.3 Kollisionsvermeidung

Voraussetzung für die Verwendbarkeit von Ethernet im Echtzeitbereich der industriellen Automation – d. h. für die Gewährleistung brauchbarer QoS-Parameter – ist die Gewährleistung einer oberen Schranke für Mehrfachkollisionen. In jedem einzelnen Kollisionsbereich gelingt dies durch eine *Beschränkung* der Netzwerklast, d. h. durch eine sehr tiefe Auslastung des Netzwerkes[89]. Zu diesem Zwecke muss in allen beteiligten Stationen eine *Lastbeschränkung* eingeführt werden.

7.4 Ethernet-Theorie: Mittelwerte

Die klassischen Untersuchungen über Ethernet beschäftigen sich mit *Mittelwerten* der Kommunikationsparameter. In der Literatur ist dazu viel Material vorhanden (z. B. Abschnitt 9.5 in [9]; Kapitel 13 in [12]; Abschnitt 7.1.2 in [25]; Abschnitt 6.5.1 und 6.6.1 in [27]; Abschnitt 9.2 in [28]; Kapitel 9 in [30]; Abschnitt 8.3 in [35]). Leider sind Aussagen über Mittelwerte der Kommunikationsparameter für Echtzeitanwendungen ungenügend und es müssen schärfere Resultate erarbeitet werden. Zuerst seien aber doch die klassischen Mittelwertberechnungen betrachtet, da diese wertvolle Einsichten über die Abhängigkeit der Parameter und über die Bandbreite der Resultate ergeben.

Aus der Fülle der Literatur sei hier die Ableitung von Mischa Schwartz ([30]) herangezogen. Schwartz gibt in seinem Kapitel 9 eine Formel für die mittlere, normierte Verzögerung für die Meldungsübertragung zwischen zwei Stationen in einem Ethernet ([30], Formel 9-3 mit Formel 9-5 eingesetzt) an:

---

[89] Die übergeordneten Maßnahmen sind in Abschnitt 7.2.1 aufgeführt und werden später behandelt.

7.4 Ethernet-Theorie: Mittelwerte

$$t_f/m = \rho \frac{\left[1 + (4e+2)a + 5a^2 + 4e(2e-1)a^2\right]}{2[1-\rho[1+(2e+1)a]]}$$
$$+ 1 + 2ea + a/2$$
$$- \frac{(1-e^{-2a\rho})(\frac{2}{\rho} + 2ae^{-1} - 6a)}{2\left[e^{-\rho}e^{-\rho a-1} - 1 + e^{-2\rho a}\right]}$$

Dabei bedeuten:

- t_f: Mittelwert der Verzögerung für eine Meldung von einem Sender zu einem Empfänger über das Ethernet [s].
- m: Länge der vollständigen Meldung, inkl. Protokollbytes [s].
- t_f/m: Normierte Verzögerung über das Ethernet für eine Meldung, d. h. die tatsächliche Übertragungszeit der Meldung wird durch die zeitliche Dauer der Meldung geteilt. Dadurch sind Angaben unabhängig von der Länge der Meldungen möglich.
- ρ: $\rho = \lambda*m/10^6$ = Last auf dem Ethernet, (λ = mittlere Meldungsrate [Meldungen/s])
- a: $a = \tau/m$. m vgl. oben, (τ = max. Signallaufzeit zwischen zwei Stationen, d. h. zwischen den zwei am weitesten entfernten Stationen in Netzwerk).
- e: Basis des natürlichen Logarithmus (= 2.718282).

Das Modell von Schwartz beruht auf den folgenden Annahmen (**Abbildung 7-2**):

- Alle Netzwerkstationen (= Meldungsquellen) erzeugen Meldungen der fixen Dauer m (= Übertragungszeit der gesamten Meldung, d. h. inkl. aller Protokollbytes in Sekunden) mit einer mittleren Meldungsrate λ_S aus einem Poisson-Prozess
- Jede Meldungsquelle hält jeweils höchstens eine Meldung bereit
- Dem Ethernet wird daraus eine Last $\rho = \lambda*m$ von Meldungen der fixen Dauer m mit einer resultierenden mittleren Meldungsrate λ (Poisson Prozess) zugeführt.
- Nach jeder Meldungsübertragung wird auf dem Kanal eine Ruheperiode von τ sec eingeschoben.

Die Auswertung der Formel von Schwartz beruht auf den folgenden Parameterwerten:

Resultat:	t_f/m:		Normierte Verzögerung über das Ethernet für eine Meldung (Mittelwert). t_f/m ist genau 1 wenn keine Zeit für die Kollisionsbewältigung gebraucht wird, d. h. die Verzögerung entspricht in diesem Falle genau der Meldungsübertragungszeit. t_f/m nimmt mit zunehmender Last zu, da die Kollisionsbewältigung auf dem Ethernet die Meldungen verzögert.
Variablen:	ρ:		$\rho = \lambda*m/10^6$ = Last auf dem Ethernet.
	m:		Länge der vollständigen Meldung, inkl. Protokollbytes in [s]. = 26 Protokollbytes + 46 ... 1'500 Datenbytes bei 0.8 µs/Byte = 20.8 µs + 33.8 µs (Minimum) ...... 1.2 ms (Maximum) für das 10 MBit/s Ethernet, vgl. Abschnitt 2.3.
	a:		$a = \tau/m$, wichtiger Parameter für die Berechnung und Simulation von Leistungsdaten von Lokalnetzwerken.
Konstanten:	τ:		Maximale Signallaufzeit zwischen zwei Stationen [s]: = Ethernet Standard: 25.6 µs (bei 10 MBit/s).
	e:		Basis des natürlichen Logarithmus (= 2.718282).

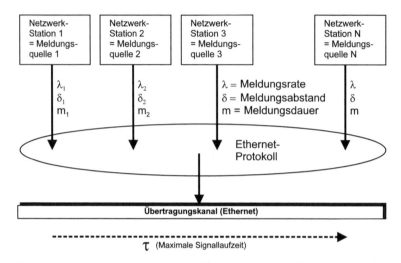

Abbildung 7-2: *Modell für die Mittelwertberechnung (vgl. [30])*

In der Literatur werden meist die Variable $\rho = \lambda * m$ zur Spezifikation der Last, der Parameter $a = \tau/m$ zur Angabe der Meldungslänge und die normierte (gemittelte) Meldungsverzögerung t_f/m verwendet. Um ein Gefühl für diese Größen zu bekommen, sind in der **Tabelle 7-2** eine Anzahl typischer Ethernet-Betriebsfälle angegeben. Der Zusammenhang zwischen $\rho = \lambda * m$ (x-Achse) und t_f/m (y-Achse) ist für zwei typische Meldungslängen (Meldung mit 64 Datenbytes, d. h. $a = \tau/m = 0.3555$ und Meldung mit 1'500 Datenbytes, d. h. $a = \tau/m = 0.0209$) in **Abbildung 7-3** und **7-4** dargestellt.

Tabelle 7-2: *Beispiele für die statistische Berechnung von Ethernet-Meldungsverzögerung ([30])*

Meldungsrate λ	Meldungslänge m	Last $\rho = \lambda m$	$a = \tau/m$
10 Meldungen/s	64 Datenbytes (m = 72 μs)	0.000720	0.3555
100 Meldungen/s	64 Datenbytes (m = 72 μs)	0.00720	0.3555
1000 Meldungen/s	64 Datenbytes (m = 72 μs)	0.0720	0.3555
5000 Meldungen/s	64 Datenbytes (m = 72 μs)	0.360	0.3555
10 Meldungen/s	256 Datenbytes (m = 255.6 μs)	0.00256	0.1001
100 Meldungen/s	256 Datenbytes (m = 255.6 μs)	0.0256	0.1001
1000 Meldungen/s	256 Datenbytes (m = 255.6 μs)	0.256	0.1001
10 Meldungen/s	512 Datenbytes (m = 430.4 μs)	0.00430	0.0594
100 Meldungen/s	512 Datenbytes (m = 430.4 μs)	0.0430	0.0594
1000 Meldungen/s	512 Datenbytes (m = 430.4 μs)	0.430	0.0594
10 Meldungen/s	1'024 Datenbytes (m = 840 μs)	0.00840	0.0304
100 Meldungen/s	1'024 Datenbytes (m = 840 μs)	0.0840	0.0304
1000 Meldungen/s	1'024 Datenbytes (m = 840 μs)	0.840	0.0304
10 Meldungen/s	1'500 Datenbytes (m = 1'220.8 μs)	0.0122	0.0209
100 Meldungen/s	1'500 Datenbytes (m = 1'220.8 μs)	0.122	0.0209
500 Meldungen/s	1'500 Datenbytes (m = 1'220.8 μs)	0.610	0.0209

7.4 Ethernet-Theorie: Mittelwerte

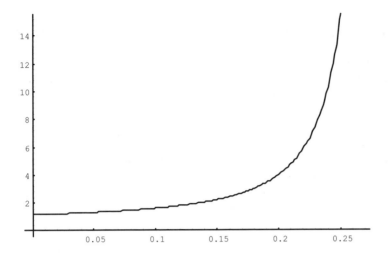

Abbildung 7-3: *Abhängigkeit der normierten Verzögerung t_F/m einer Meldung der Länge $m = 72$ µs (64 Datenbytes) von der Last $\rho = \lambda*m$ für Ethernet [Theoretische Resultate ohne Berücksichtigung der Verarbeitungszeit in den Stationen]*

x-Achse (horizontal):   Last $\rho = \lambda*m$ (bei $\tau = 25.6$ µs)
y-Achse (vertikal):   normierte Verzögerung t_F/m

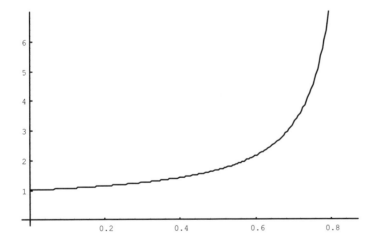

Abbildung 7-4: *Abhängigkeit der normierten Verzögerung t_F/m einer Meldung der Länge $m = 1'220.8$ µs (1'500 Datenbytes) von der Last $\rho = \lambda*m$ für Ethernet [Theoretische Resultate ohne Berücksichtigung der Verarbeitungszeit in den Stationen]*

x-Achse (horizontal):   Last $\rho = \lambda*m$ (bei $\tau = 25.6$ µs)
y-Achse (vertikal):   normierte Verzögerung t_F/m

Man beachte, dass die Last für den Kanal $\rho = \lambda*m$ immer deutlich kleiner als 1 ist (Last = 1 entspricht der vollen Übertragungsbandbreite, also einer Übertragung von 10 MBit/s). Aus Abbildung 7-3 und Abbildung 7-4 ist der starke Anstieg der normierten Verzögerung t_F/m einer Meldung bei Zunahme der Last sichtbar. Bei *kurzen Meldungen* (64 Datenbytes, a = τ/m = 0.3555) beträgt z. B. bei ρ = λ∗m = 0.25 (entspricht 3'472 Meldungen/s) die mittlere Meldungsverzögerung das 15-fache der Meldungsübertragungszeit (vgl. Bild 5.2). Bei *langen Meldungen* (1'500 Datenbytes, a = τ/m = 0.0209) beträgt bei ρ = λ∗m = 0.8 (entspricht 655 Meldungen/s) die mittlere Meldungsverzögerung das 7-fache der Meldungsübertragungszeit (vgl. Abbildung 7-5). Die starke Zunahme der Meldungsübertragungszeit ist eine Folge der Kollisionen und des Kollisionsbewältigungsalgorithmus auf dem Ethernet bei größerer Netzwerklast.

In der Datenübertragungsumgebung arbeitet man häufiger mit nicht normierten Größen, d. h. mit Parametern wie Meldungen/s etc. Die Auswertungen der Formel von Schwartz ([30], Formel 9-3) sind deshalb in **Abbildung 7-5** bis **Abbildung 7-9** noch einmal anschaulich für verschiedene Lastfälle auf dem Netzwerk dargestellt. Man erinnere sich daran, dass diese Kurven *theoretische Mittelwerte* aus Modellberechnungen darstellen und keinesfalls als Dimensionierungsdaten verwendet werden dürfen (solche Angaben folgen später).

Man beachte, dass die Resultate in den Abbildungen 7-5 bis 7-9 theoretisch gerechnete Mittelwerte für das Übertragungssystem „Ethernet" sind. Dabei sind keine Rechenzeiten der Controller, der übergeordneten Kommunikationssoftware, des ALI's/API's und der Anwendungssoftware berücksichtigt! Diese theoretischen Resultate dienen lediglich der *statistischen Beschreibung* des Verhaltens von Ethernet unter verschiedenen Lastfällen.

Man sieht aus den Kurven in Abbildung 7-3 und Abbildung 7-4, dass Ethernet bei einer Last ρ = λ∗m von weniger als 0.1 und dem „Worst-case" mit τ = 25.6 μs im statistischen Mittel ein ausgezeichnetes, stabiles Verhalten aufweist. Dies ist auch durch viele Simulationen und Messresultate in der Praxis bestätigt worden.

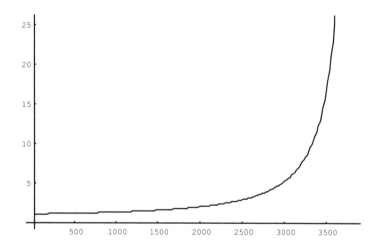

Abbildung 7-5: *Abhängigkeit der normierten Verzögerung* t_f/m *einer Meldung der Länge m =72 μs (64 Datenbytes) von der Meldungsrate λ für Ethernet [Theoretische Resultate ohne Berücksichtigung der Verarbeitungszeit in den Stationen]*
x-Achse (horizontal):   *Meldungsrate λ [Meldungen/s]*
y-Achse (vertikal):   *normierte Verzögerung* t_f/m

7.4 Ethernet-Theorie: Mittelwerte

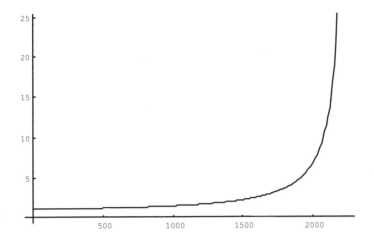

Abbildung 7-6: *Abhängigkeit der normierten Verzögerung t_f/m einer Meldung der Länge m =255.6 µs (256 Datenbytes) von der Meldungsrate λ für Ethernet [Theoretische Resultate ohne Berücksichtigung der Verarbeitungszeit in den Stationen]*
x-Achse (horizontal):   *Meldungsrate λ [Meldungen/s]*
y-Achse (vertikal):   *normierte Verzögerung t_f/m*

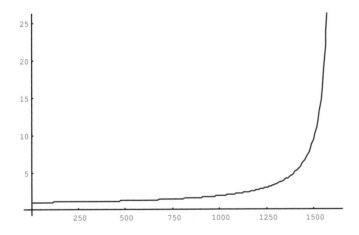

Abbildung 7-7: *Abhängigkeit der normierten Verzögerung t_f/m einer Meldung der Länge m =430.4 µs (512 Datenbytes) von der Meldungsrate λ für Ethernet [Theoretische Resultate ohne Berücksichtigung der Verarbeitungszeit in den Stationen]*
x-Achse (horizontal):   *Meldungsrate λ [Meldungen/s]*
y-Achse (vertikal):   *normierte Verzögerung t_f/m*

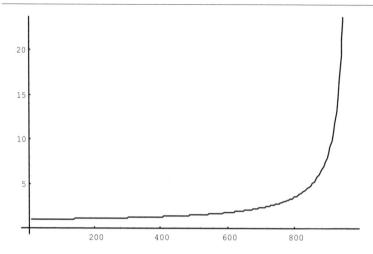

Abbildung 7-8: *Abhängigkeit der normierten Verzögerung t_f/m einer Meldung der Länge $m = 840$ µs (1'024 Datenbytes) von der Meldungsrate λ für Ethernet [Theoretische Resultate ohne Berücksichtigung der Verarbeitungszeit in den Stationen]*
x-Achse (horizontal):   Meldungsrate λ [Meldungen/s]
y-Achse (vertikal):   normierte Verzögerung t_f/m

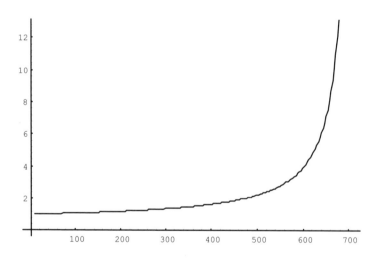

Abbildung 7-9: *Abhängigkeit der normierten Verzögerung t_f/m einer Meldung der Länge $m = 1'220$ µs (1'500 Datenbytes) von der Meldungsrate λ für Ethernet [Theoretische Resultate ohne Berücksichtigung der Verarbeitungszeit in den Stationen]*
x-Achse (horizontal):   Meldungsrate λ [Meldungen/s]
y-Achse (vertikal):   normierte Verzögerung t_f/m

7.5 Ethernet-Theorie: Worst-case

Die bisherigen Darstellungen beziehen sich auf Mittelwerte der Ethernet Kommunikationsparameter, d. h. auf statistische Aussagen bei einer „unendlichen" Zahl von Meldungsübertragungen. Über das Verhalten einer bestimmten Meldung, z. B. unter speziell ungünstigen Lastbedingungen, wird durch die statistischen Aussagen keine verbindliche Angabe gemacht. Die „Worst-case" Analyse, also die Betrachtung des schlimmsten Falles ist nützlich. Ethernet benutzt einen derart dynamischen Kollisionsbewältigungsalgorithmus, dass die Formulierung des „Worst-case" bereits schwierig ist. Die folgenden zwei Situationen können aber sinnvollerweise für das „Worst-case"-Verhalten betrachtet werden:

a) 15-fache Kollision von zwei Stationen (vereinfachte Betrachtung: nur *zwei* sendewillige Stationen vorhanden).

b) Sättigung durch Meldungsüberlastung.

Eine *15-fache Kollision* einer Meldung läuft wie folgt ab:

- Die Meldung kollidiert auf dem Ethernet: die sendende Station *erkennt* die Kollision und unterbricht sofort die Übertragung (nach dem Aussenden des Jam-Signales).
- *Erste* Wiederholung: die kollidierten Stationen starten ihre zufällige Wartezeiten (vgl. Abbildung 4-3) und kollidieren wieder ! (Wahrscheinlichkeit: 50 %).
- *Zweite* Wiederholung: die kollidierten Stationen starten ihre zufällige Wartezeiten und kollidieren zum dritten Mal! (Wahrscheinlichkeit: 0.25 %).
- usw.
- 15. Wiederholung: die kollidierten Stationen starten ihre zufälligen Wartezeiten und kollidieren zum 16. Mal ! (Wahrscheinlichkeit: $1/2^{10}$ = 0.1 %).
- Die sendende Station gibt ihren Versuch auf und teilt der übergeordneten Kommunikationssoftware (TCP/IP) das Scheitern des Übermittlungsversuches mit (die übergeordnete Kommunikationssoftware leitet anschließend eine erneute Übermittlung ein, d. h. der Sendeversuch beginnt von Neuem).

Der Ablauf dieses „Worst-case" ist in der **Tabelle 7-3** dargestellt. Man sieht daraus, dass dieser Fall beim Standard Ethernet (10 MBit/s) nach maximal 370 ms mit einer Wahrscheinlichkeit von $24*10^{-33}$ zu einem vollständigen Misslingen der Meldungsübermittlung führt. Allerdings wird dieser Fall anschließend von der übergeordneten Kommunikationssoftware (von TCP/IP) erkannt und korrigiert.

Beim zweiten „Worst-case"-Fall, der Sättigung durch *Meldungsüberlastung*, spielen alle sendewilligen Stationen eine Rolle. Der Ablauf ist folgendermaßen:

- Zwei Stationen kollidieren und beginnen mit dem Kollisionsbewältigungsverfahren.
- Während des Kollisionsbewältigungsverfahrens werden weitere Stationen sendebereit und erzeugen weitere Kollisionen: die Kollisionsbewältigung benötigt Zeit und es werden immer mehr Stationen sendebereit und erzeugen dadurch noch mehr Kollisionen.
- Auf Grund der vielen sendewilligen Stationen wird die Kollisionswahrscheinlichkeit immer größer und Ethernet benötigt mehr und mehr Zeit für die Kollisionsbewältigung, d. h. es werden weniger und weniger Meldungen tatsächlich übertragen (= steiler Anstieg der Meldungsverzögerungskurve).

Tabelle 7-3: 15-fache Kollision auf dem Ethernet (bei 10 MBit/s)

Wieder-holung	n =	Menge der zufälligen Wartezeiten (Einheit: 2τ)	Längste Wartezeit $(2^n-1) 2\tau$ $\tau = 25.6$ µs	Kollisions-wahrschein-lichkeit	kumulierte Kollisions-wahrschein-lichkeit
1	1	$2^1 = 2$ $(0,1\ \tau)$	51.2 µs	$1/2^1 = 0.5$	0.5
2	2	$2^2 = 4$ $(0,1,2.3\ \tau)$	153.6 µs	$1/2^2 = 0.25$	$125*10^{-3}$
3	3	$2^3 = 8$ $(0,1,2,.....,7\ \tau)$	358.4 µs	$1/2^3 = 0.125$	$15*10^{-3}$
4	4	$2^4 = 16$	768 µs	$1/2^4 = 0.063$	$976*10^{-6}$
5	5	$2^5 = 32$	1.6 ms	$1/2^5 = 0.031$	$30*10^{-6}$
6	6	$2^6 = 64$	3.25 ms	$1/2^6 = 0.016$	$476*10^{-9}$
7	7	$2^7 = 128$	6.55 ms	$1/2^7 = 0.008$	$4*10^{-9}$
8	8	$2^8 = 256$	13.16 ms	$1/2^8 = 0.004$	$14*10^{-12}$
9	9	$2^9 = 512$	26.37 ms	$1/2^9 = 0.002$	$28*10^{-15}$
10	10	$2^{10} = 1024$	52.8 ms	$1/2^{1024} = 0.001$	$27*10^{-15}$
11	11	$2^{10} = 1024$	52.8 ms	$1/2^{1024} = 0.001$	$27*10^{-21}$
12	12	$2^{10} = 1024$	52.8 ms	$1/2^{1024} = 0.001$	$26*10^{-24}$
13	13	$2^{10} = 1024$	52.8 ms	$1/2^{1024} = 0.001$	$25*10^{-27}$
14	14	$2^{10} = 1024$	52.8 ms	$1/2^{1024} = 0.001$	$25*10^{-30}$
15	15	$2^{10} = 1024$	52.8 ms	$1/2^{1024} = 0.001$	$24*10^{-33}$
Total			*370 ms*		*$24*10^{-33}$*

- Es sind so viele Stationen sendewillig, dass die Kollisionen den weitaus größten Teil der Ethernet Übertragungsbandbreite belegen. Nur noch selten wird eine Meldung tatsächlich übertragen. Ethernet ist in die *Sättigung* geraten (Meldungsverzögerung wird sehr groß oder sogar „unendlich", d. h. Ethernet ist blockiert).

Diese Situation (Sättigungseffekt) lässt sich nur durch eine drastische Reduktion der Meldungserzeugungsrate in den einzelnen Stationen beheben, d. h. der Ethernet Kollisionsbewältigungsalgorithmus muss genügend Zeit zur Verfügung haben, um alle anstehenden Kollisionen abzubauen. In der übergeordneten Kommunikationssoftware müssen dafür „Schutzmechanismen" vorhanden sein, welche die Meldungserzeugungs-rate heruntersetzen. Dies ist z. B. bei TCP/IP der Fall (adaptive Anpassung von Netzwerkzeitkonstanten).

7.6 Ethernet-Simulation: Lastbeschränkung

Zur Evaluation der Eigenschaften von Kommunikationsnetzwerken werden heute vielfach Simulatoren eingesetzt: ein *Simulator* ist ein Computerprogramm, welches die physikalischen Eigenschaften (Laufzeiten, Störungen, Schnittstellen, Zugriffsalgorithmus usw.) des Netzwerkes und der Netzwerkstationen möglichst gut nachbildet und den simulierten Betrieb mit verschiedenen Lastzuständen erlaubt (vgl. [44], [45]). Ein weiterer Vorteil des Simulationsbetriebes ist, dass wesentlich mehr Daten für die Auswertung erfasst und protokolliert werden können als z. B. in einem Versuchsaufbau.

7.6.1 Simulationsmodell für das Ethernet

Ethernet mit seinen Stationen und deren Netzwerkzugriffsmechanismen stellt einen komplexen, verteilten Algorithmus dar. Eine aussagekräftige Simulation dieses Gebildes stellt sehr hohe Anforderungen an die Auflösung und an die Komplexität des Simulators. Vereinfachungen, die auf den ersten Blick unwichtig scheinen (z. B. die Annahme von identischen Signallaufzeiten zwischen allen Stationen), können in gewissen Lastsituationen zu völlig unbrauchbaren oder sogar falschen Resultaten führen.

Für die Ethernet Simulationen wurde das Simulationsprogramm „SMURPH" (= System for Modeling Unslotted Real-Time Phenomena) vom Department of Computing Science der University of Alberta (Kanada) verwendet. Dieses Programm wurde von Prof. Pawel Gburzynski und seinen Mitarbeitern entwickelt und ist in [39] ausführlich beschrieben. Die Ausführung von SMURPH benötigt einen Rechner mit einem UNIX-kompatiblen Betriebssystem, z. B. LINUX auf dem PC. SMURPH kann über INTERNET bezogen werden (Prozedur und Adressen in [39] beschrieben).

SMURPH ist eine Kombination einer Programmiersprache (beruhend auf C++) und eines Simulators zur Ausführung der in dieser Programmiersprache geschriebenen Programme. SMURPH beinhaltet Modelle aller physikalischen Vorgänge des Ethernets mit Auflösungen von einer Bitzeit (= 100 ns beim 10 MBit/s Ethernet).

7.6.2 Simulationsmodell für die Netzwerktopologie

Als Netzwerktopologie für die Simulationen in diesem Buch wird eine *lineare Struktur* mit 24 Stationen in einem Segment[90] und der Ethernet „Worst-case" Kabellänge mit einer Signallaufzeit von τ = 25.6 μs eingesetzt (**Abbildung 7-10**). Die verschiedenen Signallaufzeiten zwischen den einzelnen, äquidistanten Stationen sind in der **Tabelle 7-4** in Bitzeiten angegeben (= Distanzmatrix der Netzwerkkonfiguration). SMURPH lässt beliebige Netzwerktopologien zu, die angegebene Beschränkung wurde hier nur aus Gründen der Übersichtlichkeit verwendet.

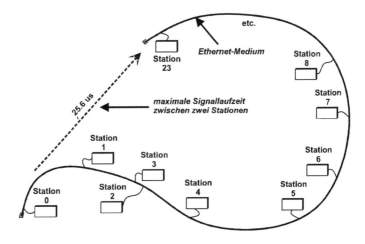

Abbildung 7-10: Netzwerktopologie für die Ethernet-Simulation

---

[90] Die Simulation bezieht sich auf *einen* Kollisionsbereich (Collision Domain).

Tabelle 7-4: Distanzmatrix für die Ethernet-Simulation (in Bitzeiten bei 10 MBit/s)

	0	1	2	3	4	5	6	7	8	9	10	11	12	13	14	15	16	17	18	19	20	21	22	23
0:	---	11	22	33	44	55	66	77	88	99	110	121	132	143	154	165	176	187	198	209	220	231	242	253
1:	11	---	11	22	33	44	55	66	77	88	99	110	121	132	143	154	165	176	187	198	209	220	231	242
2:	22	11	---	11	22	33	44	55	66	77	88	99	110	121	132	143	154	165	176	187	198	209	220	231
3:	33	22	11	---	11	22	33	44	55	66	77	88	99	110	121	132	143	154	165	176	187	198	209	220
4:	44	33	22	11	---	11	22	33	44	55	66	77	88	99	110	121	132	143	154	165	176	187	198	209
5:	55	44	33	22	11	---	11	22	33	44	55	66	77	88	99	110	121	132	143	154	165	176	187	198
6:	66	55	44	33	22	11	---	11	22	33	44	55	66	77	88	99	110	121	132	143	154	165	176	187
7:	77	66	55	44	33	22	11	---	11	22	33	44	55	66	77	88	99	110	121	132	143	154	165	176
8:	88	77	66	55	44	33	22	11	---	11	22	33	44	55	66	77	88	99	110	121	132	143	154	165
9:	99	88	77	66	55	44	33	22	11	---	11	22	33	44	55	66	77	88	99	110	121	132	143	154
10:	110	99	88	77	66	55	44	33	22	11	---	11	22	33	44	55	66	77	88	99	110	121	132	143
11:	121	110	99	88	77	66	55	44	33	22	11	---	11	22	33	44	55	66	77	88	99	110	121	132
12:	132	121	110	99	88	77	66	55	44	33	22	11	---	11	22	33	44	55	66	77	88	99	110	121
13:	143	132	121	110	99	88	77	66	55	44	33	22	11	---	11	22	33	44	55	66	77	88	99	110
14:	154	143	132	121	110	99	88	77	66	55	44	33	22	11	---	11	22	33	44	55	66	77	88	99
15:	165	154	143	132	121	110	99	88	77	66	55	44	33	22	11	---	11	22	33	44	55	66	77	88
16:	176	165	154	143	132	121	110	99	88	77	66	55	44	33	22	11	---	11	22	33	44	55	66	77
17:	187	176	165	154	143	132	121	110	99	88	77	66	55	44	33	22	11	---	11	22	33	44	55	66
18:	198	187	176	165	154	143	132	121	110	99	88	77	66	55	44	33	22	11	---	11	22	33	44	55
19:	209	198	187	176	165	154	143	132	121	110	99	88	77	66	55	44	33	22	11	---	11	22	33	44
20:	220	209	198	187	176	165	154	143	132	121	110	99	88	77	66	55	44	33	22	11	---	11	22	33
21:	231	220	209	198	187	176	165	154	143	132	121	110	99	88	77	66	55	44	33	22	11	---	11	22
22:	242	231	220	209	198	187	176	165	154	143	132	121	110	99	88	77	66	55	44	33	22	11	---	11
23:	253	242	231	220	209	198	187	176	165	154	143	132	121	110	99	88	77	66	55	44	33	22	11	---

Die Distanzen in der Distanzmatrix sind in der Form von Bitzeiten zwischen allen 24 Stationen angegeben.

7.6.3 Verifikation der theoretischen Mittelwerte

Als erste Simulationsaufgabe wurden die von Schwartz [30] gerechneten Mittelwerte aus Kapitel 7.4 verifiziert. SMURPH gibt zusätzlich für jeden Lastfall die minimale und die maximale normierte Meldungsverzögerungszeit. Diese Resultate sind in der **Tabelle 7-5** und in **Abbildung 7-11** dargestellt und lassen sich direkt mit Bild 5.6 vergleichen (identische, feste Meldungslängen von 512 Nutzdatenbytes). Die Übereinstimmung der gerechneten und der simulierten Mittelwerte ist sehr gut.

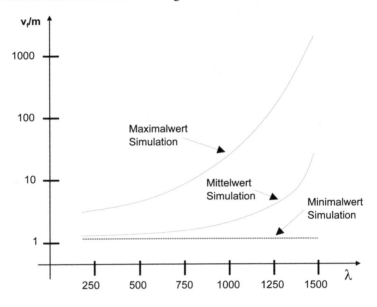

Abbildung 7-11: *Vergleich der theoretischen Resultate (M. Schwartz, [30]) für die Abhängigkeit der normierten Meldungsverzögerung t_f/m einer Meldung der Länge m = 430.4 µs (512 Datenbytes) von der Meldungsrate λ mit den Simulationsresultaten*

x-Achse (horizontal):   Meldungsrate λ [Meldungen/s]
y-Achse (vertikal):   normierte Verzögerung t_f/m (bei τ = 25.6 µs)

Bemerkenswert an den Simulationsresultaten ist die divergierende Spannweite der drei Kurven, d. h. der große Unterschied zwischen minimaler, maximaler und mittlerer Meldungsverzögerungszeit. Man sieht daraus, dass nur die Angabe der mittleren Meldungsverzögerungszeit ungenügend ist und zu irreführenden Schlüssen führen kann!

Tabelle 7-5: *Gerechnete und simulierte normierte Verzögerungszeiten t_f/m einer Meldung der Länge m = 430.4 µs (512 Datenbytes) für verschiedene Meldungsraten λ für Ethernet*

λ (Meldungen/s)	t_f/m berechnet (M. Schwartz)	t_f/m SMURPH Mittelwert	t_f/m SMURPH Minimalwert	t_f/m SMURPH Maximalwert
500	1.23	1.24	1.05	8.8
750	1.45	1.41	1.05	22.2
1000	1.87	1.77	1.05	119.0
1250	2.97	3.01	1.05	309.8
1500	9.7	13.60	1.05	979.1

7.6.4 „Predictable" Ethernet

Der Grund für das nichtlineare und nicht-deterministische Lastverhalten von Ethernet liegt im Auftreten von Kollisionen. Wegen der Signallaufzeit zwischen zwei Netzwerkstationen können Kollisionen nicht vermieden werden: Eine sendewillige Station kann trotz Trägererkennung (Carrier Sensing) nicht mit Sicherheit erkennen, ob nicht bereits eine oder sogar mehrere andere Stationen gleichzeitig oder etwas früher mit dem Senden begonnen haben. Je größer die Signallaufzeit zwischen den zwei beteiligten Stationen ist, umso größer wird die Wahrscheinlichkeit für eine Kollision. Dem Parameter τ (= maximale Laufzeit zwischen den zwei am weitesten auseinanderliegenden Stationen im Netzwerk) kommt daher eine große Bedeutung zu. Bei jeder Kollision werden *alle* beteiligten Meldungen zerstört und gleichzeitig wird der Kollisionsbewältigungsalgorithmus ausgelöst: Dieser benötigt Zeit, bringt das zufällige Element ins Spiel (zufällige Wartezeiten des „Binary Truncated Back-Off"-Verfahrens) und ist für den Anstieg der Meldungsverzögerungszeiten verantwortlich. Das Verhalten von Ethernet kann nur verbessert werden, wenn die Kollisionen *vermieden* oder auf ein absolutes, kontrolliertes Minimum beschränkt werden. Es muss also nach Verfahren gesucht werden, welche eine Minimierung der Kollisionen – also der zerstörten Meldungen – ergeben (Grundsatz: *„Learn the ways to preserve rather than destroy"* - Lerne zu erhalten anstatt zu zerstören ([46]). Da wegen der lückenlosen Standardisierung (Schichten 1 und 2 in Abbildung 3-4) auf dem Niveau des Ethernet-Protokolles keine Eingriffsmöglichkeiten bestehen, können nur bei der Ausnutzung von Ethernet Maßnahmen getroffen werden. Es müssen also oberhalb der Schicht 2 spezielle *Betriebsvorschriften* definiert werden, welche zu einer Minimierung der Kollisionen im Kollisionsbereich des darunterliegenden Ethernet führen. Dafür bestehen grundsätzlich zwei Möglichkeiten:

a) Die Einführung eines übergeordneten, deterministischen Anwendungsprotokolles.

b) Beschränkung der dem Ethernet zugeführten Meldungen (Lastbeschränkungen).

7.6.5 Deterministisches Anwendungsprotokoll

Bei diesem Verfahren wird das Kommunikationssystem „Ethernet-TCP/IP" von der Anwendungssoftware aus kontrolliert und *deterministisch ausgenutzt*, d. h. der gesamte Meldungsfluss wird von der Anwendungssoftware her beherrscht und gesteuert. Das einfachste dieser Verfahren ist das „Master-Slave Prinzip": Die Anwendungssoftware in einer der Netzwerkstationen bildet den Master, in allen anderen Netzwerkstationen ist die Anwendungssoftware Slave. Der Master kann zu jeder Zeit eine Meldung zu jedem Slave schicken, während die Slaves nur auf eine Aufforderung vom Master hin antworten dürfen: die Slaves können also keinen unkontrollierten Verkehr erzeugen. Das Master-Slave Prinzip wird häufig bei anderen industriellen Feldbussen angewandt und entspricht vielfach den Anforderungen der Anwender (vgl. [13], [15]-[18]). Eine weitere Möglichkeit, Ethernet echtzeitfähig zu machen, ist die Einführung eines Token-Passing-Mechanismus auf der Anwendungsebene, d. h. ohne Eingriff in den Ethernet-Algorithmus oder in die Ethernet Hardware (wurde als RETHER - Real-Time Ethernet bezeichnet, vgl. [38]). Leider verliert man bei einer derartigen Ausnutzung, resp. bei deartigen Maßnahmen in der Anwendungssoftware einige wesentliche Eigenschaften von Ethernet-TCP/IP, sodass dieser Weg nicht weiter beschrieben werden soll.

7.6.6 Lastbeschränkung

Beim Verfahren der Lastbeschränkung wird bei den einzelnen Stationen eingegriffen: Für jede einzelne Station werden Parameter definiert, welche die Meldungserzeugung beschränken. Die Stationen sind dabei immer noch voneinander völlig unabhängig, d. h. alle Eigenschaften von Ethernet (und von TCP/IP) bleiben erhalten. Die Lastbeschränkung kann gemäß **Abbildung 7-12** entweder zwischen der Schicht 4 und 5 (d. h. zwischen der Anwendungssoftware und der TCP-Kommunikationssoftware) oder zwischen der Schicht 3 und 2 (d. h. unmittelbar bei der Übergabe der Meldungen an das Ethernet) eingeführt werden. In der Praxis wird die Lastbeschränkung in der Anwendungssoftware (resp. im ALI/API) realisiert, für die Echtzeituntersuchungen und die Computersimulationen wird die Lastbeschränkung aber unmittelbar am Ethernet eingeführt.

Zur Beschränkung der Meldungsrate sind viele Verfahren denkbar. Eine der Möglichkeiten der Lastbeschränkung ist in **Abbildung 7-13** dargestellt. Sie beruht auf der Einführung von Grenzwerten für die Erzeugung der Meldungen in jeder Station, unabhängig von und unsynchronisiert mit allen anderen Stationen im Netzwerk. Für jede einzelne Station werden drei Parameter eingeführt, nämlich:

$\lambda \leq \lambda_{max}$ = maximale mittlere Meldungsrate [in Meldungen/s].

$m \leq m_{max}$ = maximale mittlere Länge einer Meldung [in s].

δ = minimaler Zeitabstand zwischen der Erzeugung von Meldungen [in s].

Dies bedeutet, dass jede Quelle im Mittel höchstens λ Meldungen pro Sekunde der mittleren Dauer m (= Übertragungszeit für die gesamte Meldung, d. h. Datenbytes und alle Protokollbytes) an das Ethernet liefern darf und zusätzlich nach der Ablieferung einer Meldung eine minimale Wartezeit von δ Sekunden einhalten muss. Mit der korrekten Wahl der drei Parameter λ_{max}, m_{max} und δ in einem Netzwerk (abhängig von der Anzahl Stationen und der maximalen Signallaufzeit τ) kann das Echtzeitverhalten von Ethernet beeinflusst und kontrolliert werden. Die Wartezeit zwischen der Ablieferung von zwei Meldungen wird bei der Übergabe von der Meldungsquelle (Schicht 3) an den Ethernet Protokollalgorithmus (Schicht 2) eingeführt (**Abbildung 7-14**). Im Ethernet Protokollalgorithmus kann und darf nichts geändert werden, da diese Schichten vollständig genormt und zudem in Hardware Controllern (hochintegrierte Schaltungen) implementiert sind.

Die Wirkung der Parameter λ und m auf das Verhalten der mittleren, normierten Meldungsverzögerung ist aus dem Abschnitt 7.4 ersichtlich (Bemerkung: in Abschnitt 7.4 bedeutet λ die Meldungsrate auf dem Ethernet, also die kumulierte Meldungsrate aus allen Stationen, während λ in diesen Abschnitt für die Bezeichnung der Meldungsrate der einzelnen Stationen verwendet wird). Die Wirkung des neu eingeführten Parameters δ (= minimaler Zeitabstand zwischen der Ablieferung von zwei Meldungen einer Station) ist nicht offensichtlich. Dieser Zeitabstand δ („Lücke", „Gap") reduziert einerseits die Kollisionswahrscheinlichkeit und gibt andererseits dem Ethernet Algorithmus Zeit, eine allfällige Kollisionsbewältigung durchzuführen. Alle drei Parameter sind einfach in die Anwendungssoftware, resp. in das ALI/API einzuführen und benötigen keine Änderung im Ethernet oder in TCP/IP.

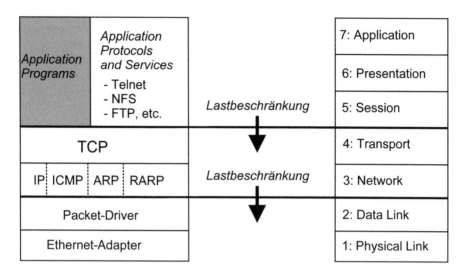

Abbildung 7-12: Einführung einer Lastbeschränkung beim Ethernet

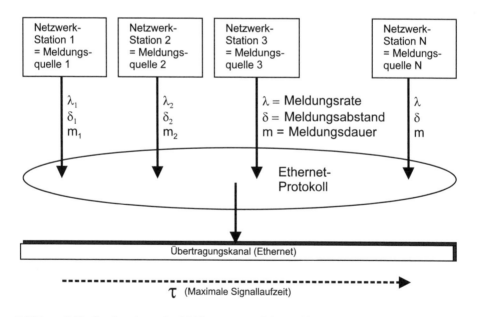

Abbildung 7-13: Beschränkung der Meldungsrate und der Meldungslänge in den Stationen

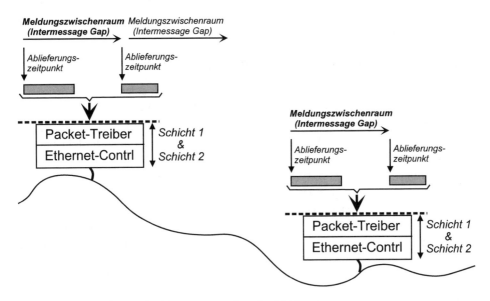

Abbildung 7-14: Einfügung der Wartezeit zwischen den Meldungen

7.6.7 Die Bezeichnung „Predictable Ethernet"

Durch die Einführung und Einhaltung einer Lastbegrenzung in allen Stationen wird das Ethernetverhalten dramatisch verbessert und Ethernet wird für einen Einsatz im Echtzeitbereich tauglich. Ethernet kann aber auch durch diese Lastbegrenzung nicht deterministisch gemacht werden, d. h. das zufällige Verhalten des Netzwerkes bei Kollisionen bleibt bestehen! Dank der Lastbegrenzung wird das Verhalten von Ethernet aber voraussagbar („predictable"). Man kann dank dem Wissen aus den Simulationsresultaten aus den folgenden Abschnitten voraussagen, wie sich die Meldungsverzögerung in einem Kollisionsbereich auswirken wird. Durch den freiwilligen Verzicht auf Übertragungsbandbreite (die Lastbeschränkung hat einen deutlichen Verlust von Übertragungsbandbreite zur Folge) erkauft man sich das voraussagbare, optimierte Verhalten. Aus diesem Grund wurde die Bezeichnung „Predictable Ethernet" gewählt.

7.7 Simulation mit Lastbeschränkung (10 MBit/s)

Die Bestimmung des Echtzeitverhaltens von Ethernet in Abhängigkeit der Werte der Parameter λ_{max}, m_{max} und δ kann durch analytische Berechnungen oder durch Computersimulation erreicht werden. Da man mit Blick auf die Anwendung in der Industrieautomation weniger an statistischen Mittelwerten interessiert ist, sondern möglichst exakte Aussagen über die Wahrscheinlichkeit für das Auftreten von unakzeptablen Meldungsverzögerungszeiten haben möchte, ist die Computersimulation der einfachere und direkte Weg. Ziel der Computersimulation ist die Angabe der Wahrscheinlichkeiten für die normierten Meldungsverzögerungszeiten bei verschiedenen Lastfällen. Die *normierte Meldungsverzögerungszeit* t_F/m gibt die Zunahme der Verzögerungszeit gegenüber der reinen Meldungsübertragungszeit m an. Im idealen Falle,

d. h. bei freiem Netzwerk ist $t_f = m$ (entspricht $t_f/m = 1$). In diesem Fall wird keine Zeit, weder durch Warten bis eine andere Übertragung beendet ist, noch durch die Kollisionsbewältigung verbraucht.

7.7.1 Simulationsmodell für die einzelnen Stationen

Das Simulationsmodell für die einzelnen Stationen im Predictable Ethernet ist in **Abbildung 7-15** dargestellt. Jede Station erzeugt eine Folge von drei Elementen:
- Die Meldung der Länge m, erzeugt aus einem Meldungsgenerator.
- Den „Gap" δ (= minimale Wartezeit zwischen der Erzeugung von zwei Meldungen) als fest eingestellten Netzwerkparameter des „Predictable Ethernet".
- Die zufällige Wartezeit $γ_i$, erzeugt aus einem Intervallgenerator.

Die auf diese Weise von den N Stationen entstandenen Meldungsfolgen werden dem Ethernet-Simulator zugeführt. Der Ethernet-Simulator besitzt für jede Station eine Warteschlange, in welcher Meldungen, die nicht sofort übermittelt werden können (weil das Ethernet durch eine andere Aktivität besetzt ist), zwischengespeichert werden. Die Vorgänge (Meldungserzeugung, Meldungslängen, Wartezeiten) in den einzelnen Stationen sind voneinander vollständig unabhängig, d. h. die Lastbeschränkung wird in jeder einzelnen Station eingeführt. Der Zeitabstand zwischen der Erzeugung von zwei Meldungen in einer Station besteht aus der minimalen Wartezeit δ und einer zufälligen Wartezeit $γ_i$. Der Meldungsgenerator erzeugt Meldungen mit einer zufälligen Anzahl von d Nutzdatenbytes gemäß einer vorgegebenen Wahrscheinlichkeitsverteilung (= Meldungslängenverteilung). Die übermittelte Meldungslänge entsteht durch die Addition der 26 Ethernet-Protokollbytes (m = d + 26).

Für die Erzeugung der Meldungsfolge in jeder Station sind zwei Zufallsgeneratoren erforderlich:
1. Der *Meldungslängengenerator*: erzeugt Meldungen mit zufälliger Zeitdauer, d. h. einer zufälligen Anzahl von Datenbytes d zur Bildung der Meldungslänge m = d + 26 Bytes.
2. Der *Wartezeitgenerator*: erzeugt die zufällige Wartezeit $γ_i$, welche mit dem festen Gap δ den zeitlichen Abstand der Erzeugung von zwei Meldungen in einer Netzwerkstation bestimmt.

Beide Generatoren müssen also eine *zufällige Zeitdauer* erzeugen: Im ersten Fall wird diese als Meldungsdauer und im zweiten Fall als Wartezeit verwendet. Generatoren zur Erzeugung von zufälligen Zeiten können auf verschiedenste Weise definiert werden (vgl. z. B. [36]). Für Simulationen von Kommunikationsvorgängen haben sich Generatoren, die auf einem „Poisson-Prozess" beruhen, sehr gut bewährt.

7.7.2 Poisson-Prozesse

Für die Definition eines Poisson-Prozesses ([30], Abschnitt 2.1, [36]) werden *Ereignisse* (= Punkte auf der Zeitachse) definiert, die sich wie in **Abbildung 7-16** im Abstand der zufälligen Zeitintervalle $τ_i$ folgen. Zur Beschreibung wird die Zeitachse gedanklich in Intervalle der Länge T [s] geteilt, und es wird die Wahrscheinlichkeit dafür angegeben, dass vom Poisson-Prozess im Intervall der Dauer T genau k Ereignisse generiert werden (vgl. z. B.: [30], Formel 2-1):

$$p(k) = (σT)^k e^{-σT} / k!$$

7.7 Simulation mit Lastbeschränkung (10 Mbit/s)

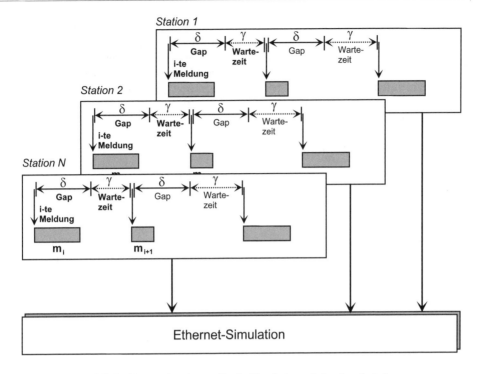

Abbildung 7-15: Modell der Netzwerkstationen für die Simulation mit Lastbeschränkung

mit: T = Zeitintervall [s]
       σ = mittlere Erreignisrate [Ereignisse/s]
       p(k) = Wahrscheinlichkeit dafür, dass k Ereignisse in T generiert werden.

Der Poisson-Prozess ist durch einen einzigen Parameter, nämlich durch die mittlere Ereignisrate σ vollständig charakterisiert. Aus der mittleren Ereignisrate σ lässt sich auch die Zeitspanne $\tau_{i,i+1}$ zwischen zwei aufeinander folgenden Ereignissen als Wahrscheinlichkeitsdichte angeben (z. B.: Formel 2-6 in [30]):

$$f_\tau(\tau) = \sigma e^{-\sigma \tau}$$

In der Formel bedeuten:

   τ = Zeitintervall zwischen zwei aufeinander folgenden Ereignissen ($\tau \geq 0$)
   σ = mittlere Ereignisrate [Ereignisse/s].

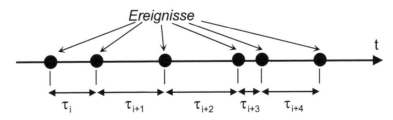

Abbildung 7-16: Erzeugung von Ereignissen mit einem Poisson-Prozess

Diese Wahrscheinlichkeitsdichte erlaubt die Berechnung der Wahrscheinlichkeit dafür, dass τ zwischen τ und $\tau + \Delta\tau$ liegt, als Integral über $f_\tau(\tau)$ zwischen den Intergrationsgrenzen τ und $\tau + \Delta\tau$. Man sieht, dass die Wahrscheinlichkeit für kleine τ größer ist als die Wahrscheinlichkeit für große τ, d. h. die Ereignisse werden sich eher in kleineren Abständen aufeinander folgen! Über eine lange Zeit gemessen erzeugt der Poisson-Generator genau σ Ereignisse pro Sekunde und der mittlere Abstand zwischen zwei Ereignissen beträgt $\tau = 1/\sigma$, d. h. die entsprechenden *Erwartungswerte* lauten σ und $\tau = 1/\sigma$.

7.7.3 Meldungslängengenerator

Der charakteristische Parameter für den Meldungslängengenerator ist die *mittlere Meldungslänge* τ_m: Diese wird meistens in Bitzeiten (= 10^{-7} s beim 10 MBit/s Ethernet) angegeben. Ein Poisson-Generator mit einer mittleren Meldungslänge τ_m erzeugt Meldungslängen, die zufällig um τ_m herum variieren. Wenn man über alle erzeugten Meldungslängen mittelt, resultiert τ_m (daher die Bezeichnung „mittlere Meldungslänge"). In der Simulation erzeugt der Poisson-Generator die Länge des Nutzdatenfeldes, d. h. die Anzahl d der Nutzdatenbytes. Die tatsächlich auf dem Ethernet übertragene Meldung hat die Länge m = d + 26 Bytes. Das Simulationsprogramm SMURPH setzt die 26 Ethernet-Protokollbytes selbstständig zu.

7.7.4 Wartezeitgenerator

Für die Simulation der zufälligen Wartezeit γ_i wird direkt die zufällige Zeitspanne τ_i zwischen zwei aufeinander folgenden Ereignissen aus dem Poisson-Generator verwendet. Der charakteristische Parameter für den Wartezeitgenerator ist die *mittlere Wartezeit* τ_W. Ein Poisson-Generator mit einer mittleren Wartezeit τ_W erzeugt Wartezeiten, die zufällig um τ_W herum variieren. Wenn man über alle erzeugten Wartezeiten mittelt, resultiert τ_W (daher die Bezeichnung „mittlere Wartezeit").

Bei einer eingestellten mittleren Wartezeit τ_W erzeugt der Poisson-Generator (wieder im Mittel) σ Ereignisse, d. h. $\sigma = 1/\tau_W$ Meldungen/s. Die von einer Station erzeugte Netzwerklast ρ errechnet sich damit zu:

$\rho = \sigma *(d + 26)$ [Bytes/s, d = Nutzdaten aus dem Meldungsgenerator,
  26 Bytes = Protokolloverhead von Ethernet]

7.7.5 Resultierende Meldungsrate der Netzwerkstation

Falls der Gap $\delta = 0$ gesetzt würde, so entspräche die mittlere Meldungsrate einer Netzwerkstation genau der mittleren Meldungsrate σ (= $1/\tau_W$ Meldungen/s) des Wartezeitgenerators. Durch den eingeführten Gap δ 0 wird die Zeit zwischen zwei Meldungen (intermessage arrival time) aber vergrößert, sodass die Meldungsrate jeder einzelnen Netzwerkstation verkleinert wird. Die mittlere Meldungsrate λ einer Netzwerkstation mit dem Verhalten aus Bild 5.15 kann berechnet werden. Man betrachtet die Zusammensetzung einer Zeitspanne von T = 1 s: diese besteht aus der Summe aller Gaps δ und der Summe aller zufälligen Wartezeiten γ_i (**Abbildung 7-17**), also:

$T = \sigma T_w \delta + T_w$

  mit: T = Intervall 1 s
     T_W = Summe aller Wartezeiten γ_i [s]
     σ = Ereignisrate des Poisson-Generators für die Wartezeit [1/s]

7.7 Simulation mit Lastbeschränkung (10 Mbit/s)

δ = Gapdauer [s]
Bemerkung: σ* T_W = Anzahl Ereignisse im Intervall T = 1 s

Die mittlere Meldungsrate λ für eine Station ist:

$$\lambda = \frac{\sigma T_w}{T} \quad \lambda = \frac{\sigma T_w}{T}$$

mit T aus obiger Formel eingesetzt und vereinfacht:

$$\lambda = \frac{\sigma}{1 + \sigma\delta} = \frac{1}{\tau_w + \delta}$$

mit: σ = Ereignisrate des Poisson-Generators für die Wartezeit [1/s]
δ = Gapdauer [s]
τ_W = mittlere Wartezeit des Poisson-Generators für die Wartezeit [s]

Mit dieser Formel für λ können die mittlere Meldungsrate einer Station und die mittlere Ereignisrate des Poisson-Generators für die Wartezeit ineinander umgerechnet werden. Dabei wirkt sich die Dauer des Gaps δ sichtbar aus. Man beachte, dass die Meldungserzeugung in den Stationen gemäß Abbildung 7-15 keine Poisson-Verteilung der Erzeugungszeitpunkte mehr ergibt!

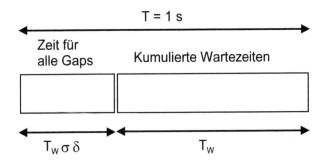

Abbildung 7-17: Berechnung der mittleren Meldungsrate für eine Station

7.7.6 Simulationsumgebung

Die vollständige Simulationsumgebung für die Computersimulation von Predictable Ethernet ist in **Abbildung 7-18** dargestellt. Es werden drei verschiedene Programme benötigt:
- der Ethernet-Simulator SMURPH („System for Modelling Unslotted Real-Time Phenomena").
- das Verdichtungsprogramm COMPR („C"-Programm).
- das Graphikprogramm AXUM (MathSoft-AXUM™ für WINDOWS™).

SMURPH und COMPR werden unter LINUX (ein UNIX-Betriebssystem für PC's, vgl. [55]) ausgeführt. Die Darstellung der Resultate erfolgt durch das Programm AXUM unter WINDOWS (vgl. [56]). Im Input-File „IN1" werden die Netzwerktopologie und die Simulationsparameter für die Netzwerkstationen, sowie die Simulationsdauer definiert. SMURPH übernimmt diese Werte als Parameter, führt die Simulation durch und schreibt die Resultate in das Output File „OUT1". OUT1 enthält in einem ersten Teil für jede übermittelte Meldung die normierte Meldungsverzögerung v_f/m und die Anzahl Kollisionen dieser Meldung. Im zweiten Teil von OUT1 befinden sich die von SMURPH ermittelten Statistikwerte. OUT1 ist ein sehr großes File (z. B. ca. 15 MBytes bei der Simulation von 1'000'000 Meldungen). Das SMURPH-Ausgabefile OUT1 wird im C-Programm COMPR verdichtet und ergibt das Ausgabefile „OUT2". OUT2 enthält 3 Teile: im ersten Block die Statistik (Wahrscheinlichkeit) für alle v_f/m von 1 bis 1'000, im zweiten Block die Statistik (Wahrscheinlichkeit) für alle Kollisionen von 0 bis 15 und im dritten Block die aus OUT1 unverändert übernommenen, von SMURPH ermittelten Statistikwerte[91].

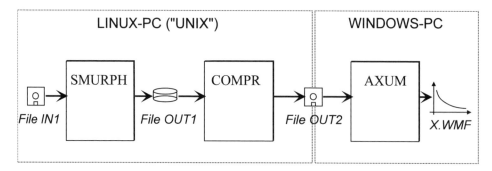

Abbildung 7-18: Simulationsumgebung für Ethernet mit Lastbeschränkung

7.7.7 Simulationsparameter

Die folgenden Simulationsparameter (alle Parameter werden für SMURPH in Bitzeiten, d. h. in Vielfachen von 0.1 μs angegeben) können variiert werden:

Netzwerktopologie: Anzahl und geometrische Verteilung der Ethernet-Stationen
hier: feste Netzwerktopologie mit 24 Stationen.

Meldungsrate: Angabe als Zeit zwischen der Erzeugung von zwei aufeinander folgenden Meldungen einer Station.
Zusammengesetzt aus:
Gap = fester, minimaler Zeitabstand zwischen zwei Meldungen
mit = Mittelwert der variablen Wartezeit zwischen zwei Meldungen.

„mit"-Verteilung: statistische Verteilung für die variablen Wartezeiten zwischen zwei Meldungen
hier: exponentielle Verteilung

---

[91] Die Durchführung der Simulation, inkl. Beispiellistings wurde in der ersten Auflage ausführlich beschrieben. Aus Platzgründen ist diese in der vorliegenden dritten Auflage nicht wiedergegeben. Mehr Information ist aber auf der Author-Website: http://ourworld.cs.com/FJFurrer zu finden.

Meldungslänge:	*mle* = Mittelwert der Meldungslänge in Anzahl der Nutzdatenbit, d. h. die 208 Bit für den Protokolloverhead werden hier nicht angegeben und nicht mitgezählt, sondern vom Simulator SMURPH selbst zugesetzt.
„mle"-Verteilung:	statistische Verteilung für die variablen Meldungslängen hier: exponentielle Verteilung
Beispiel:	*Gap* = 20'480 (= 2.048 ms) *mit* = 471'050 (= 47.105 ms) *mle* = 2'048 Nutzdatenbit = 256 Nutzdatenbytes/Meldung

Daraus errechnen sich die folgenden Werte:
- Mittlere Zeit zwischen zwei Meldungen = *Gap* + *mit* = 491'530 (= 49 ms)
- Mittlere Meldungsrate pro Station: $\sigma_{Station}$ [vgl. Abschnitt 5.6] = $1/(Gap + mit)$ = 20.345 Meldungen/s
- Mittlere Meldungsrate für Netzwerk: $\sigma_{Netzwerk}$ = 24 x 20.345 Meldungen/s = 488.271 Meldungen/s
- Netzwerkdurchsatz (Nutzdaten) = 488.271 x 2'048 = 1'000'000 Bit/s (1 MBit/s)
- Netzwerklast = 488.271 x (2'048 + 208) = 1'101'000 Bit/s, ρ(= 0.1101 = 11.01 %

7.8 Simulationsresultate: Einfaches Quellenmodell

7.8.1 Simulationsreihen

Für die Simulationsreihen haben aus Gründen der Übersichtlichkeit und der Vergleichbarkeit <u>alle</u> 24 Stationen die *gleichen* Parameter, d. h. ein identisches Verhalten. Es ist möglich, im SMURPH-Eingabefile („IN1") für jede Station verschiedene Parameter zu definieren und dadurch Simulationen durchzuführen, die einer realen Situation, d. h. den Lastverhältnissen in einer vorliegenden Anwendung, entsprechen. Über die Variation der Simulationsparameter können eine sehr große Vielfalt von verschiedenen Situationen simuliert werden. Um eine Übersicht über das Verhalten von Predictable Ethernet über einen weiten Parameterbereich zu erhalten, wurden 16 Simulationen (je mit 1'000'000 übertragenen Meldungen) durchgeführt. Die Parametersätze für diese Simulationen sind in der **Tabelle 7-6** angegeben. Für die vier *Nutzdatenraten* 1 MBit/s, 500 kBit/s, 300 kBit/s und 100 kBit/s wurden je die zwei Meldungslängen 256 Bytes (2'048 Nutzdatenbit) und 128 Bytes (1'024 Nutzdatenbit), je wieder mit Gap = 0 und Gap = 10∗Meldungslänge simuliert.

7.8.2 Simulationsresultate für das einfache Quellenmodell

Die Simulationsresultate für die 16 Parametersätze sind in den **Abbildungen 7-19** bis **7-34** dargestellt. Es wurde jeweils im oberen Bild die normierte Meldungsverzögerung v_f/m (v_f = gemessene Übertragungszeit für die gesamte Meldung; m = Meldungslänge, inkl. aller Protokollbits) und im unteren Bildteil die Anzahl der Kollisionen dargestellt. Die Angabe v_f/m wurde gemessen vom Moment der Übergabe der Meldung von der Anwendungssoftware und die Ethernet Queue im Sender bis zum Eintreffen des letzten Bits im Empfänger. Die Messung umfasst damit das Queueing und das Ethernet-Processing im

Sender, die Übertragung (mit Kollisionsbewältigung), sowie das Ethernet-Processing im Empfänger. Man beachte, dass der Wert 10^{-9} exakt dem Wert „0" entspricht: Diese Darstellungsform ist auf Grund des gewählten logarithmischen Maßstabes zwingend.

Tabelle 7-6: Simulationsparameter der Stationen (Einfaches Quellenmodell, 10 MBit/s)

Versuchs-Nummer	Meldungsrate pro Station			Meldungs-länge	Nutzdaten-durchsatz	Netzwerk-last
	Gap (Bitzeiten)	mit (Bitzeiten)	Meldungs-rate	mle	Bit/s (nur Nutz-datenbit)	% (alle Bit)
1	0	491'520	20.345	256 Bytes	*1'000'000*	11.01 %
2	10*mle = 20'480	471'040	20.345	256 Bytes	*1'000'000*	11.01 %
3	0	245'760	40.690	128 Bytes	*1'000'000*	12.03 %
4	10*mle = 10'240	235'520	40.690	128 Bytes	*1'000'000*	12.03 %
5	0	983'040	10.173	256 Bytes	*500'000*	5.508 %
6	10*mle = 20'480	962'560	10.173	256 Bytes	*500'000*	5.508 %
7	0	491'520	20.345	128 Bytes	*500'000*	6.016 %
8	10*mle = 10'240	481'280	20.345	128 Bytes	*500'000*	6.016 %
9	0	1'638'400	6.104	256 Bytes	*300'000*	3.305 %
10	10*mle = 20'480	1'617'920	6.104	256 Bytes	*300'000*	3.305 %
11	0	819'200	12.207	128 Bytes	*300'000*	3.609 %
12	10*mle = 10'240	808'960	12.207	128 Bytes	*300'000*	3.609 %
13	0	4'915'200	2.0345	256 Bytes	*100'000*	1.101 %
14	10*mle = 20'480	4'894'720	2.0345	256 Bytes	*100'000*	1.101 %
15	0	2'457'600	4.069	128 Bytes	*100'000*	1.203 %
16	10*mle = 10'240	2'447'360	4.069	128 Bytes	*100'000*	1.203 %

7.8 Simulationsresultate: Einfaches Quellenmodell

Simulation Nr: **1** (Einfaches Quellenmodell)

Simulationsparameter: $Gap = 0$ Bit   Anzahl Meldungen $= 10^6$
                                      mit $= 491'520$ Bit   Meldungen/s: $\sigma_{Station} = 20.345$
                                      mle $= 2'048$ Bit   Meldungen/s: $\sigma_{Netzwerk} = 488$
                                      Netzwerklast: $\rho_{Netzwerk} = 11.01$ %
                                      Nutzdaten-Durchsatz: $1'000'241$ Bit/s (SMURPH)

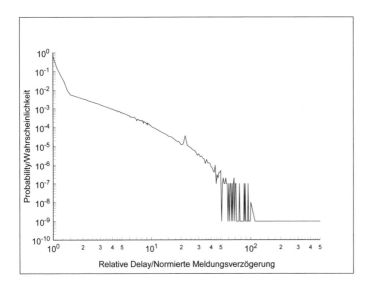

a) *Wahrscheinlichkeit für die normierten Meldungsverzögerungen* v_f/m
[Bemerkung: für die logarithmische y-Skala wird der Wert „exakt 0" durch 10^{-9} dargestellt]

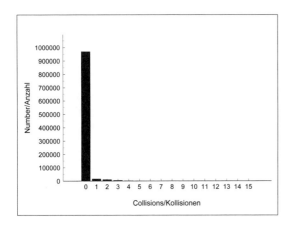

b) *Anzahl der Kollisionen*

Abbildung 7-19: *Simulationsresultate Nr. 1 für das einfache Quellenmodell*

Simulation Nr: **2** (Einfaches Quellenmodell)

Simulationsparameter: $Gap = 20'480$ Bit   Anzahl Meldungen $= 10^6$
 mit $= 471'040$ Bit   Meldungen/s: $\sigma_{Station} = 20.345$
 mle $= 2'048$ Bit   Meldungen/s: $\sigma_{Netzwerk} = 488$
 Netzwerklast: $\rho_{Netzwerk} = 11.01\ \%$
 Nutzdaten-Durchsatz: $1'000'000$ Bit/s

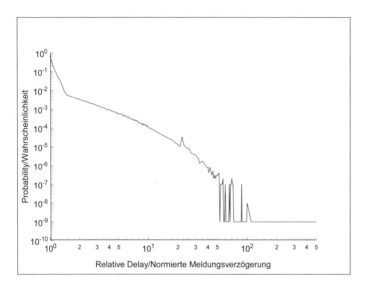

a) Wahrscheinlichkeit für die normierten Meldungsverzögerungen v_f/m
[Bemerkung: für die logarithmische y-Skala wird der Wert „exakt 0" durch 10^{-9} dargestellt]

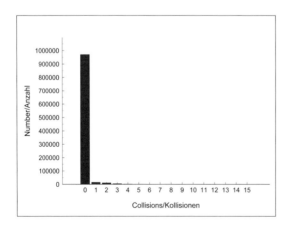

b) Anzahl der Kollisionen

Abbildung 7-20: *Simulationsresultate Nr. 2 für das einfache Quellenmodell*

7.8 Simulationsresultate: Einfaches Quellenmodell

Simulation Nr: <u>3 (Einfaches Quellenmodell)</u>

Simulationsparameter: $Gap = 0$ Bit Anzahl Meldungen = 10^6
mit = 245'760 Bit Meldungen/s: $\sigma_{Station} = 40.69$
mle = 1'024 Bit Meldungen/s: $\sigma_{Netzwerk} = 976.5$
Netzwerklast: $\rho_{Netzwerk} = 12.03\ \%$
Nutzdaten-Durchsatz: 1'000'000 Bit/s

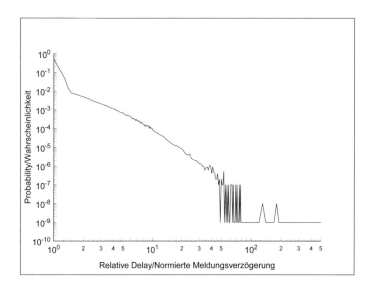

a) Wahrscheinlichkeit für die normierten Meldungsverzögerungen v_f/m
[Bemerkung: für die logarithmische y-Skala wird der Wert „exakt 0" durch 10^{-9} dargestellt]

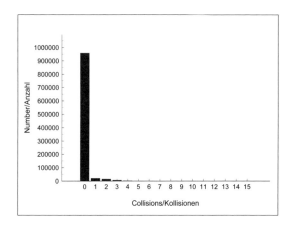

b) Anzahl der Kollisionen

Abbildung 7-21: *Simulationsresultate Nr. 3 für das einfache Quellenmodell*

Simulation Nr: **4 (Einfaches Quellenmodell)**

Simulationsparameter: Gap = 10'240 Bit   Anzahl Meldungen = 10^6
mit = 253'520 Bit   Meldungen/s: $\sigma_{Station}$ = 40.69
mle = 1'024 Bit   Meldungen/s: $\sigma_{Netzwerk}$ = 976.5
Netzwerklast: $\rho_{Netzwerk}$ = 12.03 %
Nutzdaten-Durchsatz: 1'000'000 Bit/s

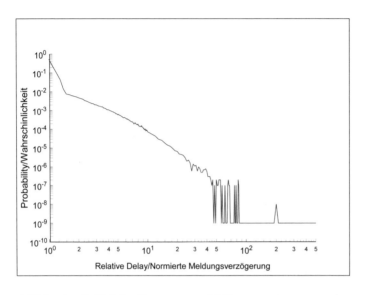

a) *Wahrscheinlichkeit für die normierten Meldungsverzögerungen $v_{\bar{t}}/m$*
[Bemerkung: für die logarithmische y-Skala wird der Wert „exakt 0" durch 10^{-9} dargestellt]

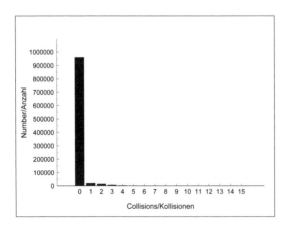

b) *Anzahl der Kollisionen*

Abbildung 7-22*: Simulationsresultate Nr. 4 für das einfache Quellenmodell*

7.8 Simulationsresultate: Einfaches Quellenmodell

Simulation Nr: **5** (Einfaches Quellenmodell)

Simulationsparameter: $Gap = 0$ Bit Anzahl Meldungen = 10^6
mit = 938'040 Bit Meldungen/s: $\sigma_{Station} = 10.173$
mle = 2'048 Bit Meldungen/s: $\sigma_{Netzwerk} = 261$
Netzwerklast: $\rho_{Netzwerk} = 5.508$ %
Nutzdaten-Durchsatz: 500'000 Bit/s

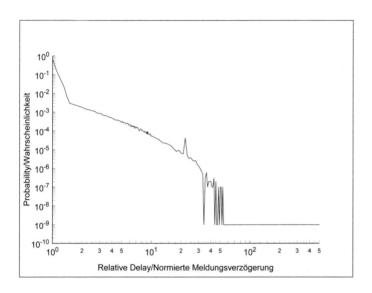

a) Wahrscheinlichkeit für die normierten Meldungsverzögerungen v_f/m
[Bemerkung: für die logarithmische y-Skala wird der Wert „exakt 0" durch 10^{-9} dargestellt]

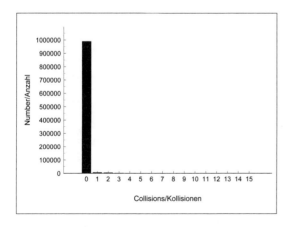

b) Anzahl der Kollisionen

Abbildung 7-23: *Simulationsresultate Nr. 5 für das einfache Quellenmodell*

Simulation Nr: **6 (Einfaches Quellenmodell)**

Simulationsparameter: $Gap = 20'480$ Bit   Anzahl Meldungen $= 10^6$
  $mit = 962'560$ Bit   Meldungen/s: $\sigma_{Station} = 10.173$
  $mle = 2'048$ Bit   Meldungen/s: $\sigma_{Netzwerk} = 261$
  Netzwerklast: $\rho_{Netzwerk} = 5.508\ \%$
  Nutzdaten-Durchsatz: $500'000$ Bit/s

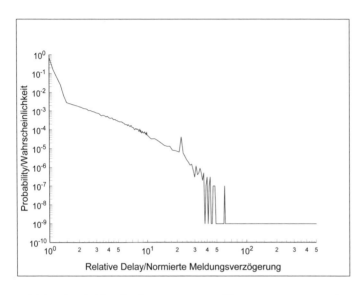

a) *Wahrscheinlichkeit für die normierten Meldungsverzögerungen v_f/m*
[Bemerkung: für die logarithmische y-Skala wird der Wert „exakt 0" durch 10^{-9} dargestellt]

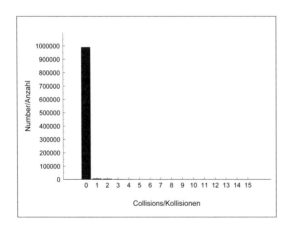

b) *Anzahl der Kollisionen*

Abbildung 7-24: *Simulationsresultate Nr. 6 für das einfache Quellenmodell*

7.8 Simulationsresultate: Einfaches Quellenmodell

Simulation Nr: 7 (Einfaches Quellenmodell)

Simulationsparameter:
Gap = 0 Bit   Anzahl Meldungen = 10^6
mit = 491'520 Bit   Meldungen/s: $\sigma_{Station}$ = 20.345
mle = 1'024 Bit   Meldungen/s: $\sigma_{Netzwerk}$ = 488
Netzwerklast: $\rho_{Netzwerk}$ = 6.016 %
Nutzdaten-Durchsatz: 500'000 Bit/s

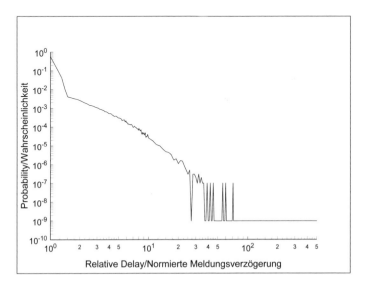

a) *Wahrscheinlichkeit für die normierten Meldungsverzögerungen v_f/m*
[Bemerkung: für die logarithmische y-Skala wird der Wert „exakt 0" durch 10^{-9} dargestellt]

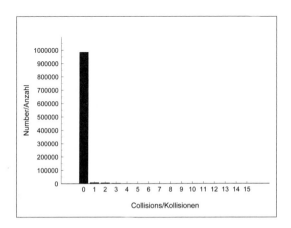

b) *Anzahl der Kollisionen*

Abbildung 7-25: *Simulationsresultate Nr. 7 für das einfache Quellenmodell*

***Simulation Nr**:*   **8** (Einfaches Quellenmodell)

***Simulationsparameter**:* $Gap = 10'240$ Bit   Anzahl Meldungen $= 10^6$
mit $= 481'280$ Bit   Meldungen/s: $\sigma_{Station} = 20.345$
mle $= 1'048$ Bit   Meldungen/s: $\sigma_{Netzwerk} = 488$
Netzwerklast: $\rho_{Netzwerk} = 6.016$ %
Nutzdaten-Durchsatz: $500'000$ Bit/s

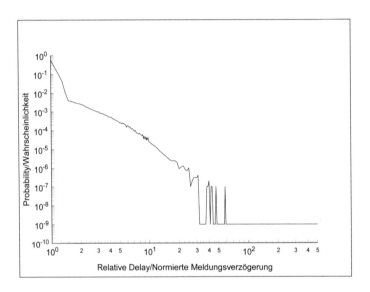

a) Wahrscheinlichkeit für die normierten Meldungsverzögerungen v_f/m
[Bemerkung: für die logarithmische y-Skala wird der Wert „exakt 0" durch 10^{-9} dargestellt]

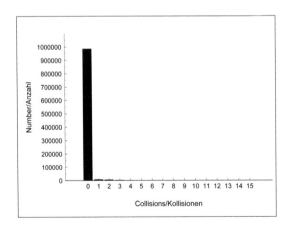

b) Anzahl der Kollisionen

Abbildung 7-26: *Simulationsresultate Nr. 8 für das einfache Quellenmodell*

7.8 Simulationsresultate: Einfaches Quellenmodell

Simulation Nr: **9** (Einfaches Quellenmodell)

Simulationsparameter:
$Gap = 0$ Bit $\qquad$ Anzahl Meldungen $= 10^6$
$mit = 1'638'400$ Bit $\qquad$ Meldungen/s: $\sigma_{Station} = 6.104$
$mle = 2'048$ Bit $\qquad$ Meldungen/s: $\sigma_{Netzwerk} = 146.5$
Netzwerklast: $\rho_{Netzwerk} = 3.305$ %
Nutzdaten-Durchsatz: 300'000 Bit/s

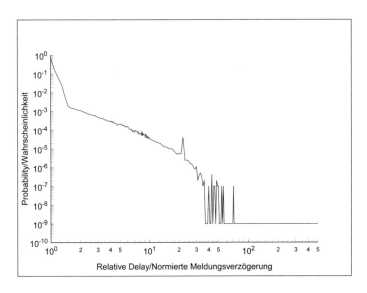

a) Wahrscheinlichkeit für die normierten Meldungsverzögerungen v_f/m
[Bemerkung: für die logarithmische y-Skala wird der Wert „exakt 0" durch 10^{-9} dargestellt]

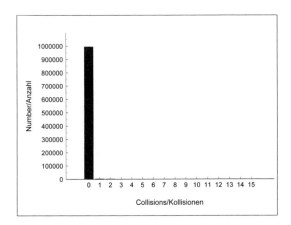

b) Anzahl der Kollisionen

Abbildung 7-27: *Simulationsresultate Nr. 9 für das einfache Quellenmodell*

Simulation Nr: **10** (Einfaches Quellenmodell)

Simulationsparameter: Gap = 20'480 Bit   Anzahl Meldungen = 10^6
mit = 1'617'920 Bit   Meldungen/s: $\sigma_{Station}$ = 6.104
mle = 2'048 Bit   Meldungen/s: $\sigma_{Netzwerk}$ = 146.5
Netzwerklast: $\rho_{Netzwerk}$ = 3.305 %
Nutzdaten-Durchsatz: 300'000 Bit/s

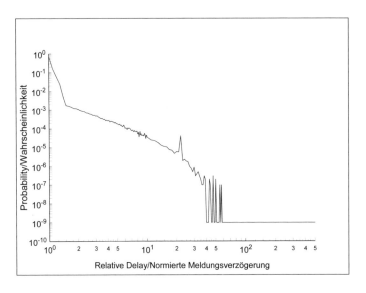

a) Wahrscheinlichkeit für die normierten Meldungsverzögerungen v_f/m
[Bemerkung: für die logarithmische y-Skala wird der Wert „exakt 0" durch 10^{-9} dargestellt]

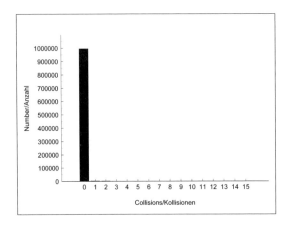

b) Anzahl der Kollisionen

Abbildung 7-28: *Simulationsresultate Nr. 10 für das einfache Quellenmodell*

7.8 Simulationsresultate: Einfaches Quellenmodell

Simulation Nr: **11** (Einfaches Quellenmodell)

Simulationsparameter: $Gap = 0$ Bit   Anzahl Meldungen = 10^6
                                      mit = 819'200 Bit   Meldungen/s: $\sigma_{Station}$ = 12.207
                                        mle = 1'024 Bit   Meldungen/s: $\sigma_{Netzwerk}$ = 293
                                        Netzwerklast: $\rho_{Netzwerk}$ = 3.609 %
                                        Nutzdaten-Durchsatz: 300'000 Bit/s

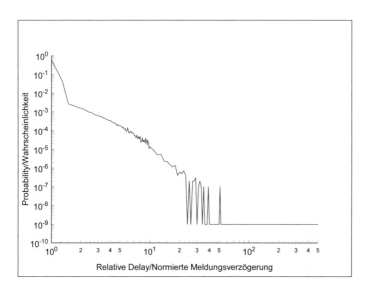

a) *Wahrscheinlichkeit für die normierten Meldungsverzögerungen v_f/m*
[Bemerkung: für die logarithmische y-Skala wird der Wert „exakt 0" durch 10^{-9} dargestellt]

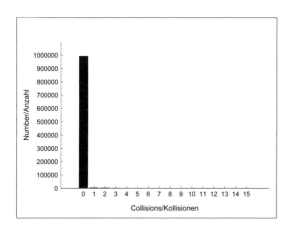

b) *Anzahl der Kollisionen*

Abbildung 7-29: *Simulationsresultate Nr. 11 für das einfache Quellenmodell*

Simulation Nr: **12** (Einfaches Quellenmodell)

Simulationsparameter:
- Gap = 10'240 Bit   Anzahl Meldungen = 10^6
- mit = 808'960 Bit   Meldungen/s: $\sigma_{Station}$ = 12.207
- mle = 1'024 Bit   Meldungen/s: $\sigma_{Netzwerk}$ = 293
- Netzwerklast: $\rho_{Netzwerk}$ = 3.609 %
- Nutzdaten-Durchsatz: 300'000 Bit/s

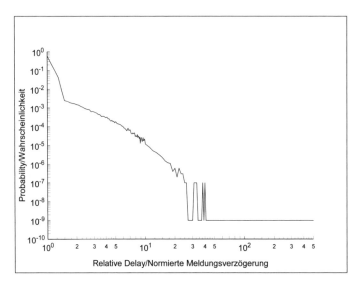

a) *Wahrscheinlichkeit für die normierten Meldungsverzögerungen* v_f/m
[Bemerkung: für die logarithmische y-Skala wird der Wert „exakt 0" durch 10^{-9} dargestellt]

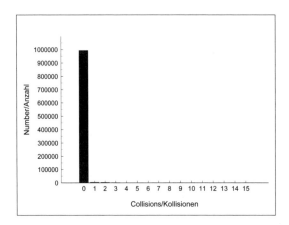

b) *Anzahl der Kollisionen*

Abbildung 7-30: *Simulationsresultate Nr. 12 für das einfache Quellenmodell*

7.8 Simulationsresultate: Einfaches Quellenmodell

Simulation Nr: 13 (Einfaches Quellenmodell)

Simulationsparameter: Gap = 0 Bit   Anzahl Meldungen = 10^6
                                   mit = 4'915'200 Bit   Meldungen/s: $\sigma_{Station}$ = 2.0345
                                   mle = 2'048 Bit   Meldungen/s: $\sigma_{Netzwerk}$ = 48.8
                                   Netzwerklast: $\rho_{Netzwerk}$ = 1.101 %
                                   Nutzdaten-Durchsatz: 100'000 Bit/s

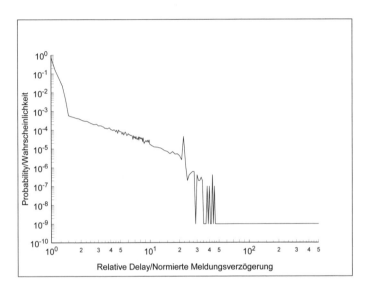

a) Wahrscheinlichkeit für die normierten Meldungsverzögerungen v_f/m
[Bemerkung: für die logarithmische y-Skala wird der Wert „exakt 0" durch 10^{-9} dargestellt]

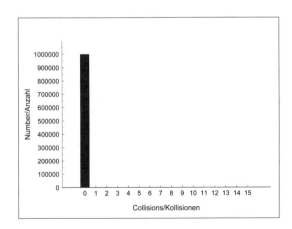

b) Anzahl der Kollisionen

Abbildung 7-31: *Simulationsresultate Nr. 13 für das einfache Quellenmodell*

Simulation Nr: **14** (Einfaches Quellenmodell)

Simulationsparameter: $Gap = 20\text{'}480$ Bit   Anzahl Meldungen = 10^6
mit = 4'894'720 Bit   Meldungen/s: $\sigma_{Station} = 2.0345$
mle = 2'048 Bit   Meldungen/s: $\sigma_{Netzwerk} = 48.8$
Netzwerklast: $\rho_{Netzwerk} = 1.101\ \%$
Nutzdaten-Durchsatz: 100'000 Bit/s

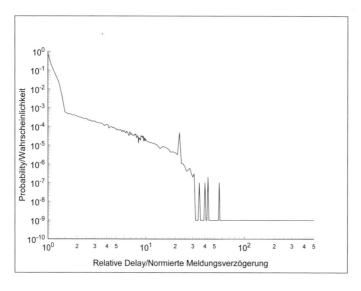

a) Wahrscheinlichkeit für die normierten Meldungsverzögerungen v_f/m
[Bemerkung: für die logarithmische y-Skala wird der Wert „exakt 0" durch 10^{-9} dargestellt]

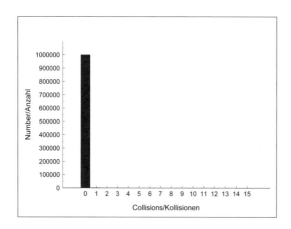

b) Anzahl der Kollisionen

Abbildung 7-32: *Simulationsresultate Nr. 14 für das einfache Quellenmodell*

7.8 Simulationsresultate: Einfaches Quellenmodell

Simulation Nr: **15** (Einfaches Quellenmodell)

Simulationsparameter: $Gap = 0$ Bit   Anzahl Meldungen = 10^6
mit = 2'457'600 Bit   Meldungen/s: $\sigma_{Station}$ = 4.069
mle = 1'024 Bit   Meldungen/s: $\sigma_{Netzwerk}$ = 97.6
Netzwerklast: $\rho_{Netzwerk}$ = 1.203 %
Nutzdaten-Durchsatz: 100'000 Bit/s

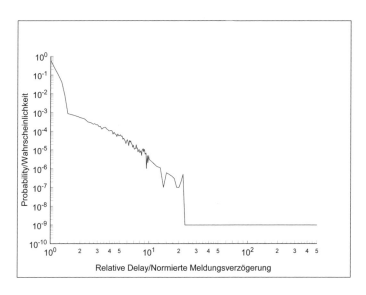

a) *Wahrscheinlichkeit für die normierten Meldungsverzögerungen* v_f/m
[Bemerkung: für die logarithmische y-Skala wird der Wert „exakt 0" durch 10^{-9} dargestellt]

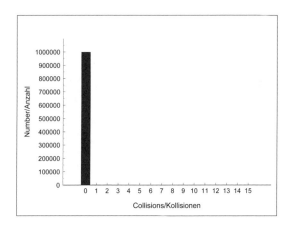

b) *Anzahl der Kollisionen*

Abbildung 7-33: *Simulationsresultate Nr. 15 für das einfache Quellenmodell*

158   7 Ethernet mit Lastbeschränkung

Simulation Nr: **16** (Einfaches Quellenmodell)
Simulationsparameter: $Gap = 10'240$ Bit   Anzahl Meldungen = 10^6
                              mit = $2'447'360$ Bit   Meldungen/s: $\sigma_{Station} = 4.069$
                              mle = $1'048$ Bit   Meldungen/s: $\sigma_{Netzwerk} = 97.6$
                              Netzwerklast: $\rho_{Netzwerk} = 1.203$ %
                              Nutzdaten-Durchsatz: $100'000$ Bit/s

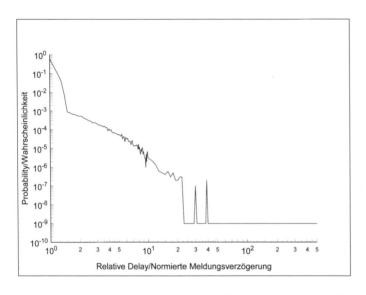

a) *Wahrscheinlichkeit für die normierten Meldungsverzögerungen v_f/m*
[Bemerkung: für die logarithmische y-Skala wird der Wert „exakt 0" durch 10^{-9} dargestellt]

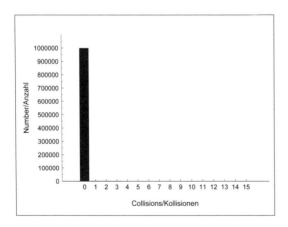

b) *Anzahl der Kollisionen*

Abbildung 7-34: *Simulationsresultate Nr. 16 für das einfache Quellenmodell*

7.8.3 Zusammenfassung der Simulationsresultate

Eine Zusammenstellung der speziell interessanten, zahlenmäßigen Werte für die 16 Simulationen mit dem einfachen Quellenmodell ist in der **Tabelle 7-7** angegeben. Diese umfassen (jeweils für 1'000'000 übertragene Meldungen):

- Die minimale, die mittlere und die maximale Meldungslänge (Nutzdatenbit) der vom Meldungsgenerator (Poisson-Generator) erzeugten Meldungen.
- Die größte aufgetretene, relative Meldungsverzögerung v_f/m (Worst-case).
- Die größte aufgetretene, *absolute Meldungsverzögerung* in µs ([39], S. 216).
- Die mittlere, absolute Meldungsverzögerung in µs ([39], S. 216).

Die *absolute Meldungsverzögerung* ist exakt, d. h. diese wurde vom Simulator wirklich „gemessen". Gut sichtbar ist wieder die sehr große Differenz zwischen der absoluten Meldungsverzögerung (Worst-case) und der gemittelten Meldungsverzögerung über alle 1'000'000 übermittelten Meldungen. Eher erstaunlich ist, dass der Einfluss des Gap δ (bei gleicher Nutzdatenrate auf dem Ethernet) *keine* klare Wirkung zeigt!

Tabelle 7-7: Zusammenfassung von zahlenmäßig interessanten Simulations-/SMURPH-Werten für das einfache Quellenmodell (bei 10 MBit/s)

Nr	Gap (Bit)	Meldungslänge (= Datenbit, ohne Protokollbytes)			v_f/m	Absolute Meldungs-verzögerung	Absolute Meldungs-verzögerung	Durchsatz (Nutzdaten-bit/s)
		Minimum	Mittel	Maximum	Maximum	Maximum	Mittel	
„Predictable Ethernet" mit Datenrate 1 MBit/s (Nutzdatenrate):								
1	0	8	2'050	29'072	100	*8'349 µs*	271 µs	1'000'241
2	20'480	8	2'049	29'224	100	*8'542 µs*	269 µs	1'001'402
3	0	8	1'023	14'432	180	*10'447 µs*	162 µs	997'972
4	10'240	8	1'023	16'168	200	*15'362 µs*	160 µs	999'042
„Predictable Ethernet" mit Datenrate 500 kBit/s (Nutzdatenrate):								
5	0	8	2'049	28'856	53	*5'901 µs*	253 µs	500'451
6	20'480	8	2'050	29'072	60	*4'325 µs*	252 µs	500'136
7	0	8	1'024	14'536	71	*5'460 µs*	148 µs	499'875
8	10'240	8	1'024	14'608	58	*3'583 µs*	147 µs	500'367
„Predictable Ethernet" mit Datenrate 300 kBit/s (Nutzdatenrate):								
9	0	8	2'051	29'072	71	*4'754 µs*	247 µs	300'623
10	20'480	8	2'048	29'224	57	*3'944 µs*	246 µs	300'253
11	0	8	1'026	16'168	51	*4'590 µs*	144 µs	300'704
12	10'240	8	1'024	16'168	40	*2'430 µs*	143 µs	300'416
„Predictable Ethernet" mit Datenrate 100 kBit/s (Nutzdatenrate):								
13	0	8	2'048	28'960	45	*3'302 µs*	241 µs	100'027
14	20'480	8	2'045	29'072	56	*3'258 µs*	240 µs	99'956
15	0	8	1'024	13'752	22	*2'116 µs*	140 µs	99'919
16	10'240	8	1'025	16'168	39	*2'994 µs*	140 µs	100'253
zum Vergleich: Datenraten 3.5 und 5 MBit/s (Nutzdatenrate):								
17	0	8	2'049	28'960	> 1'000	*172'263 µs*	559 µs	3'500'350
18	0	8	2'047	28'440	> 1'000	*294'027 µs*	3'411 µs	4'996'288

7.8.4 Schlussfolgerungen aus den Simulationsresultaten mit dem einfachen Quellenmodell

Die Simulationen wurden für einen sehr großen Kollisionsbereich durchgeführt:
- 24 aktive Stationen[92].
- Maximale Ausdehnung des Kollisionsbereiches[93] (21.6 µs maximale Distanz, d. h. das Kollisionsfenster von 51.2 µs wurde voll ausgenutzt).

Es zeigt sich, dass Ethernet mit Lastbeschränkung bis zu Nutzdatenraten von 1'000'000 Bit/s stabil bleibt und ein akzeptables Echtzeitverhalten aufweist. Die größten Meldungsverzögerungen (Worst-case) betragen bei 1 MBit/s Nutzdatenrate ca. 10...15 ms, bei 500 kBit/s Nutzdatenrate ca. 4...6 ms, bei 300 kBit/s Nutzdatenrate ca. 3...5 ms, bei 100 kBit/s Nutzdatenrate etwa 3 ms (Tabelle 7-7). Die Wahrscheinlichkeit für größere Meldungsverzögerungen, d. h. für größere v_f/m nimmt schnell ab (Abbildungen 7-19 bis 7.34). Kritische Situationen (blockierte Meldungen, häufige Kollisionen, unakzeptable Meldungsverzögerungen) sind in allen durchgeführten Simulationen *nie* aufgetreten.

In allen Anwendungen, bei denen Meldungsverzögerungszeiten in der Größenordnung von 10 bis 20 ms gefordert werden, ist Predictable Ethernet daher eine gute technische Lösung. Es ist allerdings zu beachten, dass sich die Simulationen auf die Übertragung von einer Station zu einer anderen Station (d. h. von einem Sender zu einem Empfänger) beziehen und alle Protokollaktivitäten der übergeordneten Kommunikationssoftware (z. B. TCP/IP) nicht berücksichtigt sind, d. h. Quittungen, Systemmeldungen etc. ergeben zusätzliche Verzögerungen. Diese sind für die übergeordnete Kommunikationssoftware TCP/IP am Ende dieses Kapitels übersichtsmäßig angegeben.

7.9 Simulationsresultate: Erweitertes Quellenmodell

Für das Modell in den vorhergehenden Abschnitten wurde in jeder Ethernet-Station je ein einziger Meldungsgenerator angenommen. Dieser Meldungsgenerator erzeugte Meldungen mit einer um einen festen Mittelwert zufällig verteilten Meldungslänge (z. B. Simulation Nr. 1: Mittelwert = 2'050 Bit, minimal erzeugte Meldungslänge = 8 Bit, maximal erzeugte Meldungslänge = 29'072 Bit). In vielen Steuerungsanwendungen werden durch die Ethernet-Stationen *zwei verschiedene Typen* von Meldungen erzeugt, nämlich:
- Status-/Control-Meldungen („STC"-Meldungen).
- Datenmeldungen („Data"-Meldungen).

Die beiden Typen von Meldungen unterscheiden sich deutlich in ihrer *Häufigkeit* (Meldungsrate) und in ihren statistischen Werten (Meldungslängen). Im Netzwerk erzeugt ein Teil der Stationen ausschließlich Status-/Control-Meldungen, ein Teil nur Datenmeldungen und eine Gruppe von Stationen erzeugt gleichzeitig sowohl Status-/Control-Meldungen, als auch Datenmeldungen. Das Echtzeitverhalten von Ethernet wird dadurch

---

[92] Echtzeit-Segmente in der Industrieautomation haben in der Regel weniger Stationen (typisch: 5 bis 10 Netzwerkstationen), was das Netzwerkverhalten deutlich verbessert (Minimierung der Kollisionsbereiche durch Switches, vgl. Kapitel 8).

[93] Echtzeit-Segmente in der Industrieautomation haben meist eine deutlich kleinere Ausdehnung (Minimierung der Kollisionsbereiche durch Switches, vgl. Kapitel 8). Die Verkleinerung der Ausdehnung hat sehr positive Auswirkungen auf das Kollisionsverhalten, da die Kollisionen viel seltener werden.

beeinflusst und es müssen für die Simulation ein *neues Quellenmodell* (= erweitertes Quellenmodell) und neue Parameter berücksichtigt werden.

7.9.1 Status-/Control-Meldungen

Status- und Control-Meldungen sind kurz und werden häufig ausgetauscht. Sie dienen der Synchronisation, der Übergabe von Parametern, der Quittierung von Abläufen, dem Checkpointing, dem Austausch von Prozesswerten, der Alarmierung usw. Typische Meldungslängen betragen 16 bis 64 Nutzdatenbytes (= 128 bis 512 Nutzdatenbit). Die Status- und Control-Meldungen sind zeitkritisch, d. h. sie müssen innerhalb einer vorgegebenen Zeit vom Sender zum Empfänger gelangen, d. h. für die Status- und Control-Meldungen wird ein Echtzeitverhalten des Netzwerkes gefordert (Eigenschaften des Predictable Ethernet notwendig).

7.9.2 Datenmeldungen

Neben der Übermittlung von Status- und Control-Meldungen sollte das gleiche Ethernet-Netzwerk für den Austausch von *größeren Datenstrukturen* verwendet werden können. Solche größeren Datenstrukturen sind z. B. Produktionsdaten, Qualitätssicherungsdaten, Programm-Download-Dateien, Rezepturen, Set-Up-Dateien, Radar- oder Navigationsdaten im MiTS usw. Typische Datenvolumen betragen in diesen Fällen zwischen 1 kByte bis mehrere MBytes. Die Meldungen zum Transport solcher Informationen werden *Datenmeldungen* genannt. Das Bedürfnis zum Austausch von größeren Datenstrukturen tritt nicht regelmäßig, sondern sporadisch auf. Die Datenmeldungen sind *nicht zeitkritisch*, d. h. auch Verzögerungen von Sekunden beeinträchtigen die Funktion des Systemes nicht.

7.9.3 Koexistenz von Status-/Control- und von Datenmeldungen

Gewisse Anwendungen lassen eine zeitliche Trennung für die Übertragung von Status- und Control-Meldungen, sowie für die Übertragung von Datenmeldungen zu, d. h. der Betrieb des Netzwerkes wird in „Initialisierungsphasen" und in „Betriebsphasen" aufgeteilt. Während der Initialisierungsphase ist das Gesamtsystem nicht im Echtzeitzustand (d. h. die Produktion ist z. B. gestoppt) und erlaubt den Austausch von größeren Datenstrukturen ohne Zeitdruck. Sobald alle Datenstrukturen übermittelt sind, wird in die Betriebsphase umgeschaltet: jetzt dürfen ausschließlich noch die Status- und Control-Meldungen mit den entsprechenden Lastbeschränkungen des Predictable Ethernet benutzt werden (Echtzeitbetrieb des Netzwerkes). Größere Datenstrukturen werden bis zur nächsten Initialisierungsphase in den einzelnen Stationen zurückbehalten.

Leider lassen nicht alle Anwendungen diese Aufteilung in Betriebsphasen und in Initialisierungsphasen zu: es kann z. B. erforderlich sein, an eine Station neue Produktionsdaten zu übermitteln, ohne die anderen Stationen in ihrer Echtzeit-Steuerungsaufgabe zu hindern. Im MiTS müssen Radar- und Navigationsdaten gleichzeitig mit den Echtzeitdaten übermittelt werden können. Vor dem Herunterfahren eines Anlagenteiles sollen dessen Qualitätssicherungsdaten vom Leitsystem übernommen werden – dies wiederum, ohne die anderen Anlagenteile in ihrem Echtzeitbetrieb zu stören. Damit stellt sich die Frage, ob die Idee des Predictable Ethernet auch auf Systeme mit gemischtem Verkehr (also der *gleichzeitigen* Übermittlung von Status- und Control-Meldungen und von Datenmeldungen) anwendbar ist. Diese Frage soll wiederum mit einer Simulationsreihe beantwortet werden.

7.9.4 Erweitertes Quellenmodell

Für die neue Simulationsreihe (*gleichzeitige* Übermittlung von Status- und Control-Meldungen und von Datenmeldungen auf dem gleichen Ethernet-Netzwerk) wird ein erweitertes Quellenmodell gemäß **Abbildung 7-35** eingeführt. Dieses Quellenmodell besitzt *zwei* Meldungsgeneratoren in jeder Netzwerkstation, nämlich:

- einen ersten Meldungsgenerator zur Erzeugung von *Status- und Control-Meldungen*:

Parameter: *Meldungsrate*, definiert durch: Gap_{STC} = fester, minimaler Zeitabstand zwischen zwei Meldungen

mit_{STC} = Mittelwert der variablen Wartezeit zwischen zwei Meldungen

mit_{STC}-*Verteilung* = statistische Verteilung für die zufälligen Wartezeiten zwischen zwei Meldungen hier: exponentielle Verteilung

Meldungslänge, definiert durch: mle_{STC} = Mittelwert der variablen Meldungslänge in Anzahl der Nutzdatenbit, d. h. die 208 Bit für den Protokolloverhead werden hier nicht angegeben sondern vom Simulator SMURPH selbst zugesetzt.

mle_{STC}-*Verteilung* = statistische Verteilung für die zufälligen Meldungslängen hier: exponentielle Verteilung

$mlemax_{STC}$ = maximale Meldungslänge für Status-/Control-Meldungen

$mlemin_{STC}$ = minimale Meldungslänge für Status-/Control-Meldungen

- einen zweiten Meldungsgenerator zur Erzeugung von *Daten-Meldungen*:

Parameter: *Meldungsrate*, definiert durch: Gap_{DATA} = fester, minimaler Zeitabstand zwischen zwei Meldungen

mit_{DATA} = Mittelwert der variablen Wartezeit zwischen zwei Meldungen

mit_{DATA}-*Verteilung* = statistische Verteilung für die zufälligen Wartezeiten zwischen zwei Meldungen hier: exponentielle Verteilung

Meldungslänge, definiert durch: mle_{DATA} = Mittelwert der variablen Meldungslänge in Anzahl der Nutzdatenbit, d. h. die 208 Bit für den Protokolloverhead werden hier nicht angegeben und nicht mitgezählt, sondern vom Simulator SMURPH selbst zugesetzt.

mle_{DATA}-*Verteilung* = statistische Verteilung für die zufälligen Meldungslängen hier: exponentielle Verteilung

$mlemax_{DATA}$ = maximale Meldungslänge für Datenmeldungen

$mlemin_{DATA}$ = minimale Meldungslänge für Datenmeldungen

Die beiden Meldungsgeneratoren verhalten sich fast gleich wie der im Abschnitt 5.8 eingeführte Meldungsgenerator. Der einzige Unterschied besteht darin, dass die erzeugte Meldungslänge sowohl nach unten (= minimale Meldungslänge *mlemin*) wie auch nach oben (= maximale Meldungslänge *mlemax*) hart begrenzt wird. Es werden also keine Meldungen erzeugt, die kürzer als *mlemin* sind und auch keine Meldungen, die länger als *mlemax* sind.

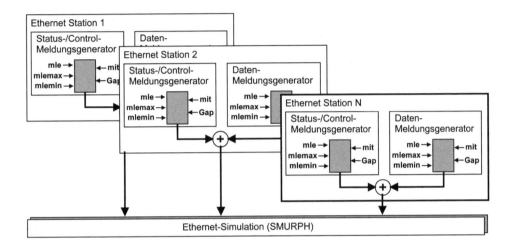

Abbildung 7-35: Erweitertes Quellenmodell für Status-/Control- und Datenmeldungen

7.9.5 Netzwerktopologie und Stationstypen

Für die Simulationen mit dem erweiterten Quellenmodell wird die gleiche Netzwerktopologie mit 24 äquidistanten Stationen mit der maximalen Ethernet-Segmentlänge (Abbildung 7-10) verwendet. Durch das erweiterte Quellenmodell sind jetzt allerdings drei unterschiedliche Typen von Stationen möglich geworden:

- Stationstyp 1: sendet nur Status-/Control-Meldungen.
- Stationstyp 2: sendet nur Datenmeldungen.
- Stationstyp 3: sendet sowohl Status-/Control-Meldungen und Datenmeldungen.

Es besteht dadurch für die Simulation eine noch wesentlich größere kombinatorische Vielfalt als beim einfachen Quellenmodell und für die Simulation werden deshalb 24 Stationen vom *Typ 3* (Erzeugung von Status-/Control-Meldungen und Datenmeldungen) angenommen. Das SMURPH-Simulationsprogramm lässt aber eine beliebige Anzahl von Stationen und beliebige Kombinationen der Stationstypen – sogar mit stationsweise verschiedenen Parametern – zu. Damit kann eine bestimmte, in der Praxis vorkommende Situation mit den entsprechenden Werten exakt simuliert werden. Die hier simulierten „Standardsituationen" geben aber bereits ein sehr gutes Bild über das Echtzeitverhalten von Predictable Ethernet mit gemischtem Meldungsverkehr.

7.9.6 Simulationsumgebung

Es werden die gleiche Simulationsumgebung und der gleiche Simulationsablauf wie im Abschnitt 7.7.6 verwendet. Allerdings werden ein erweitertes SMURPH-Simulationsprogramm mit dem erweiterten Quellenmodell und ein leicht verändertes Datenverdichtungsprogramm „COMPR" eingesetzt. Diese Simulationsumgebung ist im **Abbildung 7-36** dargestellt. Das Eingabefile „IN3" definiert die Netzwerktopologie, die Stationstypen sowie die Simulationsparameter für die einzelnen Netzwerkstationen[94]. Für jede Netzwerkstation sind jetzt 10 Parameter notwendig (STC = Parameter für den Status-/Control-Meldungs-generator in der Station, DATA = Parameter für den Datenmeldungsgenerator in der Station), z. B.:

```
STC   Message gap                       0
STC   Mean message inter-arrival time   200000
STC   Mean message length               512
STC   Minimum message length            400
STC   Maximum message length            800

DATA  Message gap                       0
DATA  Mean message inter-arrival time   10000000
DATA  Mean message length               16384
DATA  Minimum message length            8192
DATA  Maximum message length            32768
```

Der erweiterte SMURPH-Simulator erzeugt das Resultatfile „OUT3". Dessen Einträge haben grundsätzlich die gleiche Form, unterscheiden sich aber durch die erste Position. Eine „0" in der ersten Position zeigt an, dass es sich um eine übermittelte Status-/Control-Meldung handelte und eine „1" in der ersten Position zeigt an, dass es eine Datenmeldung war:

```
1/1.00767/0
0/1.03248/0
0/1.1348/0
1/1.00471/0
1/1.06219/0
0/1.11458/0
0/1.22917/0
0/1.17188/0
1/1.04207/0
1/1.30556/0
0/1.25463/0
etc.
```

Das erweiterte Kompressionsprogramm „COMPR" berücksichtigt diese Unterscheidung und erzeugt das Resultatfile „OUT4". OUT4 wird im unveränderten AXUM-Format dargestellt, d. h. ohne Unterscheidung zwischen Status-/Control-Meldungen und Datenmeldungen. Zusätzlich gibt das erweiterte SMURPH-Simulationsprogramm die statistischen Daten (Mittelwerte, Extremwerte) für Status-/Control-Meldungen und für Datenmeldungen in „OUT3" getrennt an. Dies erlaubt interessante Rückschlüsse auf das Zeitverhalten im Worst-case.

---

[94] Die Durchführung der Simulation, inkl. Beispiellistings wurde in der ersten Auflage ausführlich beschrieben. Aus Platzgründen ist diese in der vorliegenden dritten Auflage nicht wiedergegeben. Mehr Information ist aber auf der Author-Website: http://ourworld.cs.com/FJFurrer zu finden.

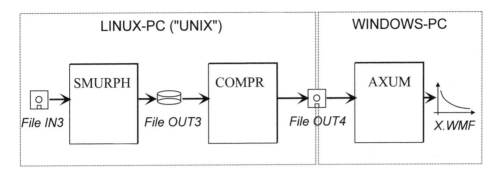

Abbildung 7-36: Simulationsumgebung für Ethernet mit Lastbeschränkung

7.9.7 Simulationsreihen

Mit dem erweiterten Quellenmodell sind 8 typische Simulationen (Simulationen Nr. 20 bis 27) durchgeführt worden. Die Simulationsparameter sind in der **Tabelle 7-8** aufgeführt.

Tabelle 7-8: Parameter für die Simulationen mit dem erweiterten Quellenmodell (10 MBit/s)

Nr.	Parameter für Status-/Controlmeldungen				Parameter für Datenmeldungen				Nutzdaten
	Meldungen pro s	*mle* (Bytes)	*mlemin* (Bytes)	*mlemax* (Bytes)	*Meldungen pro s*	*mle* (Bytes)	*mlemin* (Bytes)	*mlemax* (Bytes)	*Bit/s*
„Predictable Ethernet" mit erweitertem Quellenmodell: Nutzdatenrate 1 MBit/s									
20	50	64	50	100	1.0	2'048	1'024	4'096	1 M
21	20	128	64	256	1.3	2'048	1'024	4'096	1 M
„Predictable Ethernet" mit erweitertem Quellenmodell: Nutzdatenrate 500 kBit/s									
22	25	64	50	100	0.5	2'048	1'024	4'096	500 k
23	10	128	64	256	0.65	2'048	1'024	4'096	500 k
„Predictable Ethernet" mit erweitertem Quellenmodell: Nutzdatenrate 300 kBit/s									
24	15	64	50	100	0.3	2'048	1'024	4'096	300 k
25	10	128	64	256	0.14	2'048	1'024	4'096	300 k
„Predictable Ethernet" mit erweitertem Quellenmodell: Nutzdatenrate 100 kBit/s									
26	7	64	50	100	0.04	2'048	1'024	4'096	100 k
27	3	128	64	256	0.066	2'048	1'024	4'096	100 k

7.9.8 Simulationsresultate

Die Simulationsresultate für die 8 Parametersätze sind in den **Abbildungen 7-37** bis **7-44** dargestellt. Es wurde jeweils im oberen Bildteil die normierte Meldungsverzögerung v_f/m (v_f = gemessene Übertragungszeit für die Meldung; m = Meldungslänge, inkl. aller Protokollbits) und im unteren Bildteil die Anzahl der Kollisionen dargestellt. In den Kurven wird *nicht* zwischen Status-/Control- und Datenmeldungen unterschieden. Die Angabe v_f/m wurde gemessen vom Moment der Übergabe der Meldung von der Anwendungssoftware an die Ethernet-Queue im Sender bis zum Eintreffen des letzten Bits der Meldung im Empfänger. Die Messung umfaßt damit das Queueing und das Ethernet-Processing im Sender, die Übertragung (mit Kollisionsbewältigung), sowie das Ethernet-Processing im Empfänger. Man beachte, dass der Wert 10^{-9} exakt dem Wert „0" entspricht (logarithmischer Maßstab bei der Darstellung).

Simulation Nr: **20** (Erweitertes Quellenmodell)

Simulationsparameter: Gap = 0 Bit Anzahl Meldungen = 10^6
Status-/Control: Meldungen/s: $\sigma_{Station}$ = 50
 Mittlere Länge mle = 512 Bit (minimal: 400, maximal: 800 Bit)
Datenmeldungen: Meldungen/s: $\sigma_{Station}$ = 1
 Mittlere Länge mle = 16k Bit (minimal: 8k, maximal: 32k Bit)
 Nutzdaten-Durchsatz: 1'000'000 Bit/s

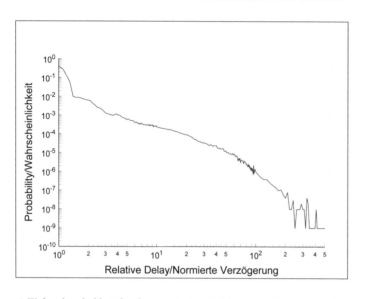

a) *Wahrscheinlichkeit für die normierten Meldungsverzögerungen* v_f/m
[Bemerkung: für die logarithmische y-Skala wird der Wert „exakt 0" durch 10^{-9} dargestellt]

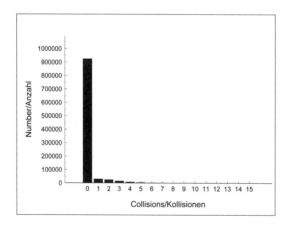

b) Anzahl der Kollisionen

Abbildung 7-37: *Simulationsresultate Nr. 20 für das erweiterte Quellenmodell*

7.9 Simulationsresultate: Erweitertes Quellenmodell

Simulation Nr: **21 (Erweitertes Quellenmodell)**

Simulationsparameter: Gap = 0 Bit   Anzahl Meldungen = 10^6

Status-/Control: Meldungen/s: $\sigma_{Station}$ = 20
Mittlere Länge mle = 1'024 Bit (minimal: 512, maximal: 2'048)

Datenmeldungen: Meldungen/s: $\sigma_{Station}$ = 1.3
Mittlere Länge mle = 16k Bit (minimal: 8k, maximal: 32k Bit)
Nutzdaten-Durchsatz: 1'000'000 Bit/s

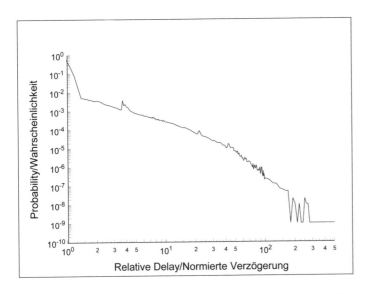

a) Wahrscheinlichkeit für die normierten Meldungsverzögerungen v_F/m
[Bemerkung: für die logarithmische y-Skala wird der Wert „exakt 0" durch 10^{-9} dargestellt]

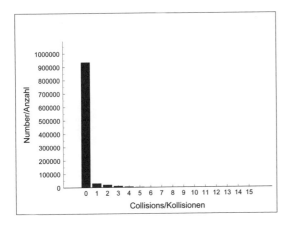

b) Anzahl der Kollisionen

***Abbildung 7-38**: Simulationsresultate Nr. 21 für das erweiterte Quellenmodell*

Simulation Nr: **22** (Erweitertes Quellenmodell)

Simulationsparameter: Gap = 0 Bit Anzahl Meldungen = 10^6
Status-/Control: Meldungen/s: $\sigma_{Station}$ = 25
 Mittlere Länge mle = 512 Bit (minimal: 400, maximal: 800)
Datenmeldungen: Meldungen/s: $\sigma_{Station}$ = 0.5
 Mittlere Länge mle = 16k Bit (minimal: 8k, maximal: 32k Bit)
 Nutzdaten-Durchsatz: 500'000 Bit/s

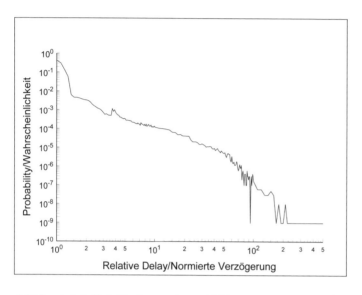

a) Wahrscheinlichkeit für die normierten Meldungsverzögerungen v_f/m
[Bemerkung: für die logarithmische y-Skala wird der Wert „exakt 0" durch 10^{-9} dargestellt]

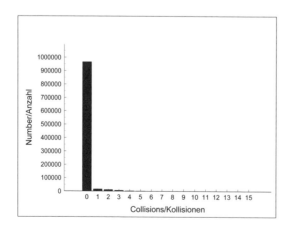

b) Anzahl der Kollisionen

Abbildung 7-39: *Simulationsresultate Nr. 22 für das erweiterte Quellenmodell*

7.9 Simulationsresultate: Erweitertes Quellenmodell

Simulation Nr: **23** (Erweitertes Quellenmodell)

Simulationsparameter: Gap = 0 Bit   Anzahl Meldungen = 10^6

Status-/Control: Meldungen/s: $\sigma_{Station}$ = 10
                                Mittlere Länge mle = 1'024 Bit (minimal: 512, maximal: 2'048)

Datenmeldungen: Meldungen/s: $\sigma_{Station}$ = 0.65
                                Mittlere Länge mle = 16k Bit (minimal: 8k, maximal: 32k Bit)
                                Nutzdaten-Durchsatz: 500'000 Bit/s

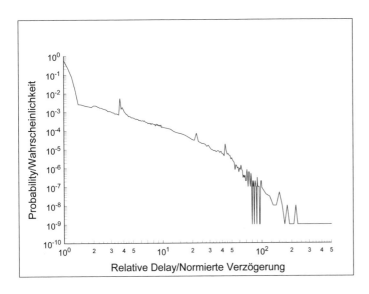

a) *Wahrscheinlichkeit für die normierten Meldungsverzögerungen* v_d/m
[Bemerkung: für die logarithmische y-Skala wird der Wert „exakt 0" durch 10^{-9} dargestellt]

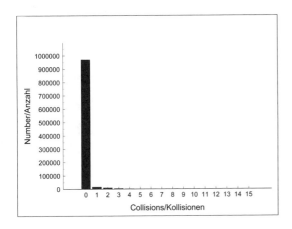

b) *Anzahl der Kollisionen*

Abbildung 7-40: *Simulationsresultate Nr. 23 für das erweiterte Quellenmodell*

Simulation Nr: **24** (Erweitertes Quellenmodell)

Simulationsparameter: Gap = 0 Bit   Anzahl Meldungen = 10^6
Status-/Control: Meldungen/s: $\sigma_{Station}$ = 15
                            Mittlere Länge mle = 512 Bit (minimal: 400, maximal: 800)
Datenmeldungen: Meldungen/s: $\sigma_{Station}$ = 0.3
                            Mittlere Länge mle = 16k Bit (minimal: 8k, maximal: 32k Bit)
                            Nutzdaten-Durchsatz: 300'000 Bit/s

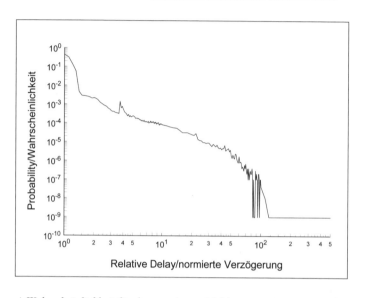

a) *Wahrscheinlichkeit für die normierten Meldungsverzögerungen v_f/m*
[Bemerkung: für die logarithmische y-Skala wird der Wert „exakt 0" durch 10^{-9} dargestellt]

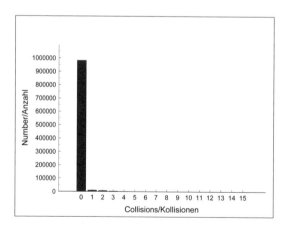

b) *Anzahl der Kollisionen*

Abbildung 7-41: *Simulationsresultate Nr. 24 für das erweiterte Quellenmodell*

7.9 Simulationsresultate: Erweitertes Quellenmodell   171

Simulation Nr: **25** (Erweitertes Quellenmodell)

Simulationsparameter: Gap = 0 Bit   Anzahl Meldungen = 10^6
Status-/Control: Meldungen/s: $\sigma_{Station}$ = 10
                              Mittlere Länge mle = 1'024 Bit (minimal: 512, maximal: 2'048)
Datenmeldungen: Meldungen/s: $\sigma_{Station}$ = 0.14
                              Mittlere Länge mle = 16k Bit (minimal: 8k, maximal: 32k Bit)
                              Nutzdaten-Durchsatz: 300'000 Bit/s

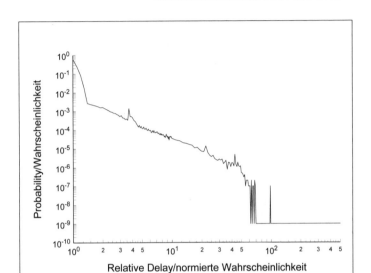

a) Wahrscheinlichkeit für die normierten Meldungsverzögerungen v_f/m
[Bemerkung: für die logarithmische y-Skala wird der Wert „exakt 0" durch 10^{-9} dargestellt]

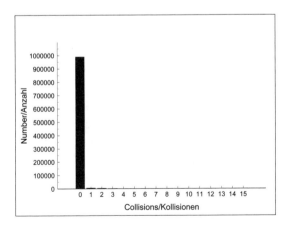

b) Anzahl der Kollisionen

Abbildung 7-42: *Simulationsresultate Nr. 25 für das erweiterte Quellenmodell*

Simulation Nr: **26** (Erweitertes Quellenmodell)

Simulationsparameter: Gap = 0 Bit   Anzahl Meldungen = 10^6
Status-/Control: Meldungen/s: $\sigma_{Station}$ = 7
                              Mittlere Länge mle = 512 Bit (minimal: 400, maximal: 800)
Datenmeldungen: Meldungen/s: $\sigma_{Station}$ = 0.04
                              Mittlere Länge mle = 16k Bit (minimal: 8k, maximal: 32k Bit)
                              Nutzdaten-Durchsatz: 100'000 Bit/s

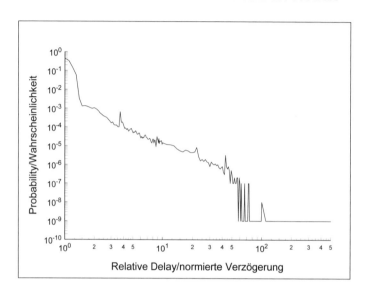

a) *Wahrscheinlichkeit für die normierten Meldungsverzögerungen v_f/m*
[Bemerkung: für die logarithmische y-Skala wird der Wert „exakt 0" durch 10^{-9} dargestellt]

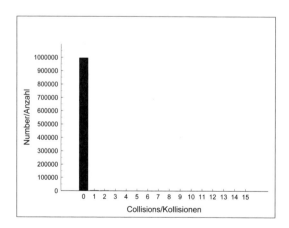

b) *Anzahl der Kollisionen*

Abbildung 7-43: *Simulationsresultate Nr. 26 für das erweiterte Quellenmodell*

7.9 Simulationsresultate: Erweitertes Quellenmodell

Simulation Nr: <u>27 (Erweitertes Quellenmodell)</u>

Simulationsparameter: Gap = 0 Bit Anzahl Meldungen = 10^6

Status-/Control: Meldungen/s: $\sigma_{Station}$ = 3
Mittlere Länge mle = 1'024 Bit (minimal: 512, maximal: 2'048)

Datenmeldungen: Meldungen/s: $\sigma_{Station}$ = 0.066
Mittlere Länge mle = 16k Bit (minimal: 8k, maximal: 32k Bit)
Nutzdaten-Durchsatz: 100'000 Bit/s

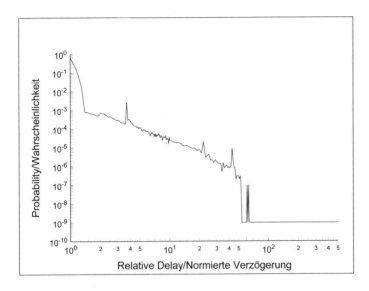

a) Wahrscheinlichkeit für die normierten Meldungsverzögerungen v_f/m
[Bemerkung: für die logarithmische y-Skala wird der Wert „exakt 0" durch 10^{-9} dargestellt]

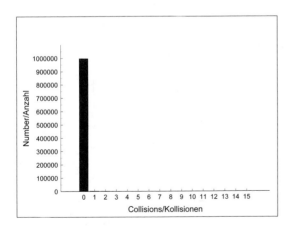

b) Anzahl der Kollisionen

Abbildung 7-44: *Simulationsresultate Nr. 27 für das erweiterte Quellenmodell*

Eine Zusammenstellung von speziell interessanten, zahlenmäßigen Werten für die 8 Simulationen mit dem erweiterten Quellenmodell ist in der **Tabelle 7-9** angegeben. Diese umfassen (immer für 1'000'000 simulierte Meldungen) jeweils für die Status-/Control- und für die Datenmeldungen:
- Die Anzahl Meldungen pro Sekunde (*Jede* Station erzeugt diese Meldungsrate).
- Die mittlere Meldungslänge (mle, mlemax und mlemin vgl. Tabelle 5.7).
- Die größte aufgetretene, *absolute* Meldungsverzögerung in µs ([39], S. 216).
- Die mittlere, *absolute* Meldungsverzögerung in µs ([39], S. 216).

Die *absolute Meldungsverzögerung* ist exakt, d. h. diese wurde vom Simulator wirklich „gemessen". Gut sichtbar ist wieder die sehr grosse Differenz zwischen der absoluten Meldungsverzögerung (Worst-case) und der gemittelten Meldungsverzögerung über alle 1'000'000 übermittelten Meldungen. Da der Einfluss des Gap δ (bei gleicher Nutzdatenrate auf dem Ethernet) *keine* klare Wirkung zeigt, wurde in den Simulationen mit dem erweiterten Quellenmodell Gap δ = 0 verwendet. Dass beim erweiterten Quellenmodell bei gleicher Nutzdatenrate mehr Kollisionen auftreten als beim einfachen Quellenmodell lässt sich damit erklären, dass während der Übertragungszeit einer (im Verhältnis langen) Datenmeldung eine größere Anzahl Stationen sendebereit werden, die am Ende der Über-

Tabelle 7-9: Numerische Ergebnisse bei den Simulationen (Erweitertes Quellenmodell, 10 MBit/s)

Nr.	Simulationsergebnisse für die Status-/Control-Meldungen				Simulationsergebnisse für die Datenmeldungen				Nutzdaten
	Meldungen pro s	mle_{min} mle mle_{max} (Bytes)	maximale Verzögerung	mittlere Verzögerung	Meldungen pro s	mle_{min} mle mle_{max} (Bytes)	maximale Verzögerung	mittlere Verzögerung	Bit/s
„Predictable Ethernet" mit erweitertem Quellenmodell: Nutzdatenrate 1 MBit/s									
20	50	50 **64** 100	25 ms	145 µs	1.0	1024 **2048** 4096	20 ms	1.9 ms	1'012 k
21	20	64 **128** 256	22.7 ms	192 µs	1.3	1024 **2048** 4096	23 ms	1.8 ms	970 k
„Predictable Ethernet" mit erweitertem Quellenmodell: Nutzdatenrate 500 kBit/s									
22	25	50 **64** 100	13.3 ms	108 µs	0.5	1024 **2048** 4096	10 ms	1.8 ms	508 k
23	10	64 **128** 256	17.4 ms	157 µs	0.65	1024 **2048** 4096	13 ms	1.7 ms	485 k
„Predictable Ethernet" mit erweitertem Quellenmodell: Nutzdatenrate 300 kBit/s									
24	15	50 **64** 100	8.1 ms	96 µs	0.3	1024 **2048** 4096	9.3 ms	1.7 ms	304 k
25	10	64 **128** 256	7 ms	138 µs	0.14	1024 **2048** 4096	7.8 ms	1.7 ms	292 k
„Predictable Ethernet" mit erweitertem Quellenmodell: Nutzdatenrate 100 kBit/s									
26	7	50 **64** 100	6.3 ms	86 µs	0.04	1024 **2048** 4096	4.4 ms	1.7 ms	104 k
27	3	64 **128** 256	5.8 ms	132 µs	0.066	1024 **2048** 4096	7.2 ms	1.7 ms	97 k

mittlung der Datenmeldung alle „gleichzeitig" einen Sendeversuch starten und damit natürlich Kollisionen erzeugen.

7.9.9 Schlussfolgerungen aus den Simulationsresultaten

Die Simulationen wurden für einen sehr großen Kollisionsbereich durchgeführt:
- 24 aktive Stationen[95] (alle mit 10 MBit/s).
- Maximale Ausdehnung des Kollisionsbereiches[96] (21.6 µs maximale Distanz, d. h. das Kollisionsfenster von 51.2 µs wurde voll ausgenutzt).

Es zeigt sich, dass Ethernet mit Lastbeschränkung auch mit dem erweiterten Quellenmodell (kurze, häufige Status-/Control-Meldungen und seltenere, längere Datenmeldungen) bis zu Nutzdatenraten von 1'000'000 Bit/s stabil bleibt und ein akzeptables Echtzeitverhalten aufweist. Die größten Meldungsverzögerungen („Worst-case") betragen bei 1 MBit/s Nutzdatenrate ca. 25 ms, bei 500 kBit/s Nutzdatenrate ca. 18 ms, bei 300 kBit/s Nutzdatenrate ca. 8 ms, bei 100 kBit/s Nutzdatenrate etwa 6 ms (Tabelle 7-9). Die Wahrscheinlichkeit für größere Meldungsverzögerungen, d. h. für größere v_f/m, nimmt schnell ab (Abbildungen 7-37 bis 7-44). Kritische Situationen (blockierte Meldungen, häufige Kollisionen, unakzeptable Meldungsverzögerungen) sind in allen durchgeführten Simulationen *nie* aufgetreten.

In allen Anwendungen, bei denen Meldungsverzögerungszeiten in der Größenordnung von 20 bis 40 ms gefordert werden, ist Predictable Ethernet auch mit dem erweiterten Quellenmodell eine gute technische Lösung. Es ist allerdings zu beachten, dass sich die Simulationen auf die Übertragung von einer Station zu einer anderen Station (d. h. von einem Sender zu einem Empfänger) beziehen und alle Protokollaktivitäten der übergeordneten Kommunikationssoftware (z. B. TCP/IP) nicht berücksichtigt sind, d. h. Quittungen, Systemmeldungen etc. ergeben zusätzliche Verzögerungen. Diese sind für die übereordnete Kommunikationssoftware TCP/IP am Ende dieses Kapitels übersichtsmäßig angegeben.

---

[95] Echtzeit-Segmente in der Industrieautomation haben in der Regel weniger Stationen (typisch: 5 bis 10 Netzwerkstationen), was das Netzwerkverhalten deutlich verbessert (Minimierung der Kollisionsbereiche durch Switches, vgl. Kapitel 8).

[96] Echtzeit-Segmente in der Industrieautomation haben meist eine deutlich kleinere Ausdehnung (Minimierung der Kollisionsbereiche durch Switches, vgl. Kapitel 8). Die Verkleinerung der Ausdehnung hat sehr positive Auswirkungen auf das Kollisionsverhalten, da die Kollisionen viel seltener werden.

7.10 Einfluss des TCP/IP-Transportprotokolles

Ethernet besitzt bei weitem nicht die gesamte, notwendige Funktionalität, um als industrielles Kommunikationssystem eingesetzt zu werden. Es wird eine übergeordnete Kommunikationssoftware – ein *Transportprotokoll* – benötigt. In diesem Buch wurde als Transportprotokoll TCP/IP (vgl. Kapitel 5) gewählt. TCP/IP besteht aus Programmroutinen, welche im Rechner bei Bedarf ausgeführt werden, um Verbindungen aufzubauen, Datenblöcke zu senden, zu empfangen und zu prüfen, fehlerhafte oder verlorene Datenblöcke zu wiederholen usw. Der Anwender greift daher nicht direkt auf die Ethernet-Kommunikation zu, sondern auf die *TCP/IP-Funktionalität* (z. B. über die Socket Library, vgl. Kapitel 6). Auf Grund der zusätzlich in der Abhandlung von TCP/IP benötigten Zeit wird das Zeitverhalten verschieden sein von den Simulationsresultaten von Ethernet mit Lastbeschränkung. TCP/IP hat auf das Verhalten von Ethernet sowohl positive, wie auch negative Einflüsse.

7.10.1 Positive Einflüsse von TCP/IP

TCP/IP garantiert die sequenzrichtige und zuverlässige Übertragung der Daten. Beim Verlust von Meldungen auf dem Ethernet wiederholt TCP/IP selbstständig die Datenblöcke. Damit ist die Gefahr von Datenverlusten gebannt. Gründe für den Verlust von Daten sind z. B. die Zerstörung infolge von Störungen auf dem Übertragungsmedium (elektromagnetische Einflüsse) oder ein Abbruch nach 15 erfolglosen Retries. Die 15 Retries benötigen bis zum Abbruch im schlimmsten Falle 370 ms bei 10 MBit/s (falls bei bei jedem Retry die längste zufällige Wartezeit verwendet wird, vgl. Tabelle 7-3). Durch die Wiederholung abgebrochener Übermittlungsversuche wird die Meldungsübertragungszeit daher um maximal 370 ms (bei 10 MBit/s) verlängert. Aus den Simulationen ist aber ersichtlich, dass dieser Fall im Ethernet dank der Lastbeschränkung nicht auftritt. Die TCP/IP-Kommunikationssoftware selbst benötigt wenige „round trip times" – also einige 10 ms – für die Wiederholung (falls sowohl „Small Pakets"-, als auch „Delayed Acknowledgement"-Optimierung ausgeschaltet sind, vgl. unten und [47]).

7.10.2 Negative Einflüsse von TCP/IP

Die negativen Einflüsse von TCP/IP zeigen sich darin, dass die Laufzeit der Daten durch die sender- und empfängerseitige TCP/IP-Kommunikationssoftware, sowie alle eventuellen Fehlerkorrekturmassnahmen zur eigentlichen Ethernet-Meldungsübertragungszeit addiert wird. Dabei handelt es sich ebenfalls um eine zufällige, nicht exakt bestimmbare zusätzliche Verzögerungszeit, welche durch die folgenden Faktoren entsteht:

- Verarbeitungszeit (Rechenzeit) in der TCP/IP-Kommunikationssoftware der sendenden und der empfangenden Netzwerkstation: diese beträgt ca. 1 ms für eine Meldung der Länge 1'500 Bytes (vgl. [48]).
- Task-Umschaltzeiten im Rechner: In einem Echtzeit-Betriebssystem wird meistens beim Erhalt einer Meldung vom Ethernet oder von der Socket Library eine eigene Verarbeitungstask gestartet. Die Umschaltzeit (Context-Switch) für diese Task hängt vom Zustand des Echtzeit-Systems ab und beträgt einige 100 µs.
- Erzeugung von zusätzlichen Meldungen durch die TCP/IP-Kommunikationssoftware: TCP/IP erzeugt eigene Meldungen, z. B. für die Bestätigung (Acknowledge), Wiederholung von fehlerhaften Meldungen (Retransmission) oder Netzwerksteuerungsmeldungen (Auftreten neuer Stationen, Laststeuerung). Diese „unsicht-

baren" Meldungen benötigen Übertragungsbandbreite auf dem Ethernet und können Nutzdatenmeldungen verzögern und tragen zur Kollisionswahrscheinlichkeit bei.
- Verlängerung der Meldung durch das Zusetzen des TCP/IP-Headers (ca. 40 Bytes): Durch die zusätzlichen Bytes wird die Ethernet-Meldungsübertragungszeit verlängert.
- „Small Pakets"-Optimierungsversuche durch die TCP/IP-Kommunikationssoftware: Die meisten TCP/IP-Implementationen enthalten Optimierungsmechanismen zur Reduktion der Netzwerklast. TCP versucht beim Senden, kurze Meldungen („Small Pakets") zurückzubehalten, bis mehrere „Small Pakets" an den gleichen Empfänger sendebereit sind und diese dann gemeinsam als ein größeres Segment in einer einzigen TCP/IP-Meldung zu übertragen. Die meisten neueren TCP/IP-Implementationen benutzen den Nagle-Algorithmus [49]: Diese beschränken die Wartezeit für Small Pakets auf eine „round trip delay"-Zeit, welche typisch ca. 10 ms beträgt. Diese Wartezeit kann aber von der Anwendungssoftware aus ausgeschaltet werden („Push" Command).
- „Delayed Acknowledgement"-Optimierungsversuche durch die TCP/IP-Kommunikationssoftware: Die meisten TCP/IP-Implementationen versuchen, die kurzen Bestätigungmeldungen (Acknowledgements) zurückzuhalten, um sie gemeinsam mit der nächsten Nutzdatenmeldung übermitteln zu können. Diese Rückhaltezeit kann bis zu 200 ms betragen. Die Rückhaltezeit kann ebenfalls von der Anwendungssoftware aus ausgeschaltet werden („Push"-Command).
- Datenflusssteuerung: Die TCP/IP-Kommunikationssoftware in allen Sendern und Empfängern kann bei drohender Überlastung, z. B. Queue-Overflow oder Buffer-Mangel im Empfänger das Absenden von Meldungen verzögern (vgl. [47]). Diese Situation sollte in einem korrekt entworfenen System allerdings nie auftreten.
- Zeitbedarf für den Aufbau einer Verbindung: Während des Verbindungsaufbaues und des Verbindungsabbaus zwischen zwei Stationen werden Synchronisationsmeldungen ausgetauscht. Diese Vorgänge können längere Zeit dauern und hängen von der TCP/IP-Implementierung ab (vgl. z. B. [47]). In einem korrekt entworfenen System dürfen die Start-Up und Close-Down Zeiten keinen negativen Einfluss auf die Funktion der Anwendungssoftware haben.
- Restart-Delay: Jede TCP/IP-Implementierung muss zwischen dem Abbau einer Verbindung und dem Aufbau der gleichen Verbindung eine Wartezeit von mindestens 120 s (= 2 Minuten) garantieren. Dies ist notwendig, damit keine „alten" im Kommunikationssystem zirkulierenden Pakete in die neue Verbindung eingeschleust werden. Viele TCP/IP-Implementierungen fügen zusätzlich eine Wartezeit ein, wenn eine *abgebrochene* Verbindung wieder aufgebaut werden soll. Diese großen Wartezeiten können bei Echtzeit-Anwendungen ein Problem bilden, falls abgebrochene Verbindungen in Fehlersituationen schnell wieder aufgebaut werden sollen. In den meisten TCP/IP-Implementierungen können diese Wartezeiten abgeschaltet oder verkürzt werden. Die Anwendungsprogramme müssen dies tun und anschließend gegebenenfalls mit der Situation „alter" Pakete fertig werden.

7.10.3 Lastbeschränkung

Die Lastbeschränkung kann nicht mehr direkt über den Ethernet-Zugriff erfolgen, sondern muss zwischen der Anwendungssoftware und dem Zugriff auf das TCP/IP, d. h. direkt über der Socket Library gewährleistet werden. Zwischen die Anwendungssoftware und die Socket Library wird deshalb eine Warteschlangenstruktur eingefügt, welche die Einhaltung der Parameter des Ethernet mit Lastbeschränkung (d. h. Gap δ, maximale Meldungslängen mle_{max} und maximale Meldungsrate λ) garantiert.

Ausgewählte Literatur zu Kapitel 7:

Schwartz, Mischa: **Telecommunications Networks – Protocols, Modeling and Analysis** (Literaturverzeichnis [30])

Dieses Werk ist ein tiefgehendes theoretisches Lehrbuch mit Schwergewicht auf dem Verständnis und der Modellierung der Vorgänge in den verschiedenen Layers der Kommunikationssysteme. Man greift zu diesem Buch, wenn man ein Protokoll (also z. B. Ethernet) wirklich verstehen will. Zusätzlich entwickelt der Autor für viele der Protokolldetails mathematisch-statistische Modelle und stellt die Modellierungsresultate dar. Obwohl das Werk sehr in die Tiefe geht, ist es dank dem didaktischen Geschick des sehr erfahrenen Autors gut lesbar.

Gburzynski, Pawel: **Protocol Design for Local and Metropolitan Area Networks** (Literaturverzeichnis [39])

Der Autor hat mit seiner Arbeitsgruppe das bitweise Simulationsprogramm „SMURPH" (System for Modeling Unslotted Real-Time Phenomena) für digitale Netzwerke entwickelt und implementiert. In diesem Lehrbuch beschreibt er die Grundlagen fast aller bekannten Protokolle und deren Implementierung in SMURPH. Ethernet mit all seinen algorithmischen Details ist besonders detailliert und ausführlich beschrieben. Obwohl primär als Programmiermanual für SMURPH geschrieben, sind jeweils die einführenden Abschnitte für jedes Protokoll sehr präzise, verständlich und konsistent geschrieben.

8 Ethernet mit Switching

Switching bringt zwei große Vorteile in die Ethernet-Welt: Die Möglichkeit der anwendungsgerechten Skalierung der Kollisionsbereiche (bis zum kollisionsfreien Ethernet) und die sehr schnelle Paketvermittlung zwischen den Kollisionsbereichen. Dank Switches ist es möglich, industrielle Ethernet-Netzwerke aufzubauen, welche sowohl den Zuverlässigkeits- wie auch den Echtzeitanforderungen genügen. Switches gibt es in verschiedenen Technologien und von verschiedenen Herstellern: Vor deren Einsatz ist es notwendig, dass man sich mit den Eigenschaften des Switches vertraut macht. Dieses Kapitel vermittelt die Grundlagen dazu.

8.1 Switching

Ein Switch[97] ist ein sehr schnelles Paketvermittlungssystem (**Abbildung 8-1**). Ein Paket (oder Telegramm), das auf einem Input Port ankommt, wird auf Grund seiner Destination-Adresse unverändert auf das richtige Output Port durchgeschaltet. Der Switch analysiert das Paket bei seiner Ankunft, entscheidet auf Grund einer gespeicherten Adresstabelle zu welchem Output Port das Paket gehört und sendet es sobald wie möglich über dieses Output Port ab. Switches sind auf Geschwindigkeit optimiert: Aus diesem Grund sind so viele Elemente wie möglich in schneller Hardware implementiert (im Gegensatz zu Routers, welche weitgehend Softwareimplementierungen sind).

Switches unterscheiden sich einerseits dadurch, welche Information im Paket zur Ermittlung des Output Ports verwendet wird und anderseits durch ihre interne Architektur.

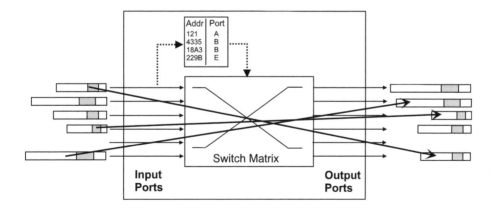

Abbildung 8-1: *Prinzip eines Switch*

---

[97] Auch im deutschen Sprachraum hat sich der englische Begriff „Switch" etabliert.

Die Steuerung im Switch wählt das Output Port für das Paket auf Grund der Information im Header. Der wichtigste Bestandteil ist dabei die Destination-Adresse: Das Paket wird auf demjenigen Output Port ausgegeben, dessen Segment den Empfänger (oder den nächsten Switch/Router) enthält. Im Ethernet-TCP/IP Umfeld können zur Steuerung des Switch drei verschiedene Header verwendet werden (vgl. Abbildung 5-3): Der Ethernet-Header, der IP-Header oder der TCP-Header. Je nach dem verwendeten Header bezeichnet man die Funktion als *Layer-2 Switching* (Ethernet-Header Information), *Layer-3 Switching* (IP-Header Information) oder als *Layer-4 Switching* (TCP-Header Information)[98]. Diese Situation ist in **Abbildung 8-2** dargestellt und in der **Tabelle 8-1** zusammengefasst. In der Abbildung 8-2 können die beiden Layer-1 (L1, Physical Layer) verschieden sein, d. h. ein Switch kann auch zwischen verschiedenen Übertragungsmedien – z. B. zwischen einem UTP-Port und einem Fiber-Port, auch wenn diese eine unterschiedliche Datenrate aufweisen – switchen. Dies gibt eine zusätzliche Installationsflexibilität in der Anlage.

Jedes Port eines Switches bildet einen eigenen Ethernet-Kollisionsbereich (vgl. Abschnitt 7.2), d. h. es finden keine Kollisionen mit Stationen auf den anderen Ports statt. Indem man wählt, wie viele Netzwerkstationen an einem Port angeschlossen werden, bestimmt man das Verhalten dieses Kollisionsbereiches und man kann das ganze Netzwerk geeignet partitionieren.

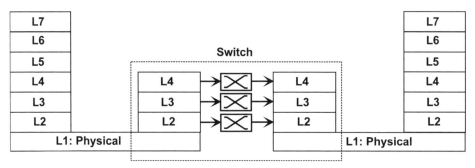

Abbildung 8-2: *Verschiedene Niveaus von Switching*

Tabelle 8-1: *Vergleich der Switching-Niveaus*

Switching	Steuerungsinformation
Layer-2 Switching	Verwendet Informationen aus dem Ethernet-Header (vor allem die Destination Adresse). Urvater der Switching-Technologie und Grundlage moderner Paketvermittlungsnetze, z. B. ATM.
Layer-3 Switching	Verwendet Informationen aus dem IP-Header (vor allem die Destination Adresse). Wird häufig auch als *IP-Switching* bezeichnet. In der Industrieautomation wird meist Layer-3 Switching verwendet.
Layer-4 Switching	Verwendet Informationen aus dem TCP-Header (vor allem die Destination Adresse, häufig aber auch noch die Port-Adressen). Erlaubt die Optimierung von Anwendungen im dezentralen Umfeld.

---

[98] Es gibt sogar Ansätze, Information aus noch höheren Schichten zum Switching zu verwenden.

8.2 Switch-Architekturen

Die Elemente eines Switches sind in der **Abbildung 8-3** dargestellt. Man erkennt:
- Die Input Ports mit den Input-Buffers.
- Die Switch-Matrix.
- Die Output Ports mit den Output-Buffers.
- Die Adress/Port-Zuordnungstabelle.
- Die Switch-Steuerungssoftware.
- Die Switch-Managementsoftware.

Je nach dem Prinzip und der Implementierung dieser Elemente resultiert ein unterschiedliches Verhalten des Switch. Ein Switch wird grundsätzlich[99] durch die folgenden Haupteigenschaften charakterisiert:

Store-and-Forward oder ***Cut-Through*** (+ modified Cut-Through): Ein Store-and-Forward Switch speichert das ganze Paket (alle Bytes) im Input-Buffer, prüft und analysiert es und schickt es anschließend auf das Output Port. Ein Cut-Through-Switch wartet nur so lange, bis er genügend Bytes für die Entscheidung hat, und schickt dann sofort das Paket weiter. Der modified Cut-Through-Switch wartet genau 64 Bytes und schickt dann sofort das Paket weiter. Ein Vergleich dieser Betriebsarten ist in der **Tabelle 8-2** angegeben.

Blockierend oder ***nicht-blockierend***: Ein Switch verfügt über N Input und M Output Ports und über eine Switch-Matrix der Dimension NxM. Falls die Switch-Matrix *sämtliche* Verbindungen bei *voller* Datenrate bewältigen kann, so ist der Switch nicht-blockierend. Falls die Switch-Matrix Einschränkungen aufzwingt – z.B. bezüglich der Anzahl gleichzei-tiger Verbindungen – so ist der Switch blockierend (er blockiert eine Verbindung).

Managed oder ***unmanaged***: Ein unmanaged Switch schaltet den gesamten Verkehr auf Grund der Adresstabelle durch. Ein managed Switch prüft und steuert den durchlaufenden Verkehr gemäß Regeln, die vom Netzwerkadministrator definiert worden sind (z. B. IP Paket Filtering).

---

[99] Neben dem bereits in 8.1 erwähnten Switch-Niveau.

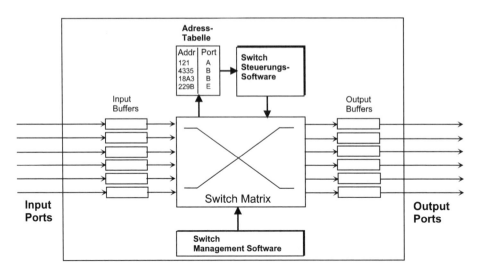

Abbildung 8-3: Elemente eines Switches

Tabelle 8-2: Vergleich der Switch-Betriebsarten

Eigenschaft	Store-and-Forward	Cut-Through	Modified Cut-Through
Input-Speicherung für Switch-Entscheid	Ganzes Paket (alle Bytes)	Nur so viele Bytes, wie für die Switch-Entscheidung notwendig sind	64 Bytes
Minimale Verzögerung durch Switch	Anzahl Bit im Paket mal tiefere Datenrate (Input- oder Output-Datenrate)	Anzahl Bit für Entscheidung mal Datenrate	512 Bit mal Datenrate
Jitter in der Verzögerung	Proportional zu Paketlänge	konstant	Konstant (64 Bytes)
Fehlererkennung und Weitergabe von fehlerhaften Pakets	Ein Store-and-Forward Switch prüft das ganze Paket und erkennt die gleichen Fehler, die der Empfänger erkennen würde. Fehlerhafte Pakets werden <u>nicht</u> weitergeleitet	Keine Fehlererkennung. <u>Alle</u> fehlerhaften Pakets werden weitergeleitet	Erkennt und unterdrückt Pakets mit weniger als 64 Bytes (Kollisionsfragmente). *Dies ist der Grund für die modified Cut-Through Betriebsart.*
Unterschiedliche Datenraten in Input- und Output-Port (z. B. Konversion 10/100/1'000 MBit/s)	ja	Nicht möglich	Nicht möglich

8.2 Switch-Architekturen

Auf Grund der sehr unterschiedlichen Eigenschaften aus der Tabelle 8-2 wird in gewissen Switches eine Mischung der Betriebsarten implementiert (d. h. grundsätzlich Cut-Through oder modified Cut-Through und Zwischenspeicherung falls notwendig).

8.2.1 Blockierung

Blockierung ist eine Eigenschaft der Switch-Matrix. Die Switch-Matrix lässt sich grundsätzlich auf zwei verschiedene Arten realisieren:

1. Der Switch verwendet intern ein „*Backplane*" zur Paketvermittlung. Dies ist häufig ein sehr schneller Computerbus oder eine herstellerspezifische, parallele oder serielle Verbindung[100]. Ein derartiges Switch-Backplane hat einen gewissen maximalen Datendurchsatz, z. B. 1 GBit/s oder 15 GBit/s. Falls dieser Datendurchsatz nicht in allen Fällen ausreicht, um alle möglichen Verbindungen im Switch mit der Leitungsdatenrate durchzuschalten, so müssen gewisse Verbindungen warten – d. h. der Switch blockiert. Dies ist z. B. der Fall bei einem Switch mit einem Backplane-Datendurchsatz von 1 GBit/s und einer Portkonfiguration von 8 x 100 MBit/s und 32 x 10 MBit/s. Für die Netzwerkdimensionierung ist es notwendig, vom Hersteller des Switches die Blockierungsschwelle zu kennen.

2. Der Switch verwendet intern eine Hardware-Matrix (Switching Fabric), welche direkt durchschaltet, ohne den Umweg über ein Backplane zu nehmen. Diese Technologie ist aus der Telefonie entliehen, und die Grundlagen für nicht-blockierende Switch-Matrizen sind gut bekannt (vgl. z. B. [113], [83], [N-35])[101]. Es sind auch bereits skalierbare LSIs für Switching-Fabrics auf dem Markt.

Blockierung ist nicht grundsätzlich eine schlechte Eigenschaft (in gewissen Fällen, z. B. bei einem dezentralen Fiberoptik-„Backplane" mit 200 MBit/s) ist sie unvermeidlich: Man muss aber die Blockierungsschwelle der Switches und ihre Auswirkungen kennen und diese mit entsprechenden Lastbeschränkungsmechanismen vermeiden.

8.2.2 Switch-Steuerungssoftware

Die *Switch-Steuerungssoftware* bestimmt das QoS-Verhalten des Switches. Auch bei einem nicht-blockierenden Switch können (und werden!) Situationen auftreten, bei denen nicht alle ankommenden Pakete sofort weitergegeben werden können – und deshalb in Warteschlangen zwischengespeichert werden müssen. Beispiele für solche Situationen sind:

- Stausituation „Head-of-Line Contention" (vgl. Beispiel 3-1 in Abschnitt 3.2).
- Größere Datenrate auf dem Input Port als auf dem Output Port.
- „Downstream Congestion": Ein Empfangs-Kommunikationspartner kann die Paketrate des Switches nicht mehr abnehmen und verlangt eine Reduktion (über Flow Control).

---

[100] Der Begriff „Switch-Matrix" ist in diesem Falle eher symbolisch.
[101] Es sind heute "Large Switches" mit 128 x 1 Gigabit Ports (fully non-blocking) möglich und in Entwicklung (2002).

Das Resultat solcher Situationen sind stärker gefüllte Queues im Switch, größere Paketverzögerungen und im Extremfall Queueoverflows mit unvermeidlichen Paketverlusten. Es ist die Aufgabe der Switch-Steuerungssoftware, diese Situationen zu behandeln (**Abbildung 8-4**). In vielen Fällen kann sich die Switch-Steuerungssoftware dabei auf QoS-Vorgaben stützen (vgl. Abschnitt 3.2).

Interessanterweise zeigen neuere Modelle (vgl. [112]), dass das System – d. h. der Switch – mit den drei bestimmenden Parametern *Durchsatz* (gesamter Datendurchsatz durch den Switch), *Verzögerung* (Kumulierte Verzögerungszeiten durch den Switch) und *Paketverlust* (Verlorene Pakete im Switch) nur zwei Freiheitsgrade hat. Man muss also einen Parameter fest wählen (meistens die Paketverlustrate) um mit den anderen beiden optimieren zu können. Auf diesem Gebiet sind Forschungen im Gange, welche zu optimierten Steuerungs-/QoS-Algorithmen führen werden[102].

8.2.3 Switch-Managementsoftware

Ein Switch ist häufig Bestandteil einer Netzwerkinfrastruktur und muss auch als Bestandteil dieser verwaltet, konfiguriert und überwacht werden. Viele Switches verfügen deshalb über eine Switch-Managementsoftware, welche häufig z. B. über SNMP in das Netzwerk integriert ist. Die Fähigkeiten der Switch-Managementsoftware variiert von Hersteller zu Hersteller sehr stark.

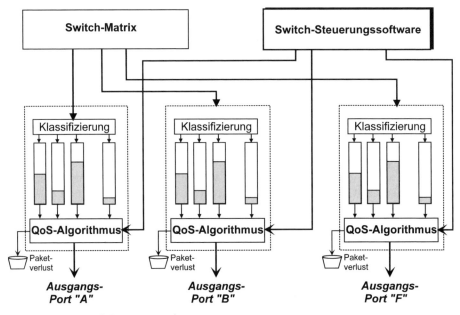

Abbildung 8-4: Switch-Steuerungssoftware

---

[102] In der Industrieautomation müssen wir mit den Algorithmen Vorlieb nehmen, die uns von den Switch-Lieferanten angeboten werden. Wir müssen diese aber verstehen und ihre Auswirkungen – vor allem im Echtzeitbereich – beurteilen können.

8.2.4 Zeitverhalten eines Switches

Switches reduzieren (kleine Kollisionsbereiche) oder eliminieren (kollisionsfreie Topologie) die zeitlichen Unsicherheiten aus dem Ethernet-Kollisionsbewältigungsalgorithmus. Man könnte deshalb annehmen, dass ein Switched Ethernet – bei korrekter Dimensionierung – determistisch wird. Dies ist tatsächlich so lange der Fall, als bei keinem Switch im System eine Situation auftritt, welche zu Queueing führt (vgl. Abschnitt 8.2.2). Sobald Blockierung oder Queueing einsetzt, bestimmt die Switch-Steuerungssoftware (auf Grund ihrer QoS-Algorithmen), welche Pakete zusätzlich verzögert oder gar eliminiert werden. Bei derartigen Lastsituationen kann der Switch selbst wieder ein gefährliches Verhalten zeigen. Auch hier werden neuere Generationen von Switch-Steuerungssoftware die QoS-Parameter von definierten CoS (Classes of Service) unter allen Betriebsbedingungen garantieren können (vgl. z. B. [112]).

In der Industrieautomation muss durch die Netzwerkdimensionierung und mittels Lastbeschränkung sichergestellt werden, dass in *allen* Betriebsbedingungen die Switches im deterministischen Bereich arbeiten.

8.3 Netzwerktopologie mit Switches

Die Möglichkeiten für verschiedene Netzwerktopologien werden durch die Einführung von Switches vervielfacht. Man kann alle Datenraten (10/100/1'000 MBit/s), Halb- und Full-Duplex, sowie die verschiedenen Übertragungsmedien mischen (vgl. **Abbildung 8-5**). Der Netzwerkdesigner verfügt dadurch über eine sehr große Freiheit.

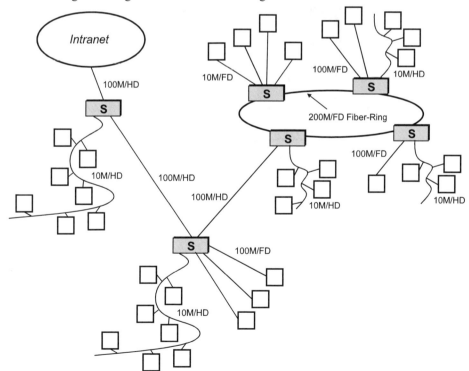

Abbildung 8-5: *Topologiebeispiel mit Switches*

Allerdings wird die Abschätzung – oder sogar die Berechnung – des Netzwerkverhaltens ebenfalls immer schwieriger. Es spielen nicht mehr nur die Lastverhältnisse in den einzelnen Kollisionsbereichen eine Rolle[103], sondern das Verhalten der Switches selbst (vgl. Abschnitt 8.2.4) beeinflusst die Netzwerkparameter.

8.4 Switching-Hierarchien

Switches können auf verschiedenen Hierachiestufen der Kommunikationspyramide eingesetzt werden. Bisher wurden Switches im Rahmen von WANs und LANs betrachtet, d. h. TCP/IP öffnet die klassische Welt der Industrieautomation nach außen: Intranet- und Internet.

Als neue Entwicklung wird switched Ethernet-TCP/IP auch für die Verbindung von Elektronikkarten innerhalb der Steuerung, d. h. innerhalb des Chassis verwendet („Switched Network in a Box"). Ethernet-TCP/IP ersetzt dabei den parallelen Backplane-Bus. Für derartige Systeme wurde der Name *Embedded Systems Area Netzwerke* (ESAN) geprägt. Das Prinzip eines ESAN ist in **Abbildung 8-6** dargestellt: Man erkennt neben den parallelen Backplane-Bus Signalen des traditionellen Backplane-Bus eine neue Gruppe von Signalen für die Ethernet-Verbindungen zwischen den Steckkarten.

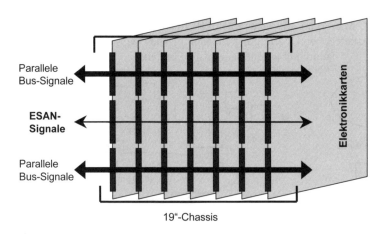

Abbildung 8-6: Embedded System Area Network

Aufbauend auf dem weit verbreiteten CompactPCI Backplane-Standard wurde ein ESAN von der PCI Industrial Computers Manufacturing Group (PICMG) standardisiert und findet nun größere Verbreitung in der Industrie, speziell beim Einsatz in Telekommunikationsrechnern ([163], [N-93], [N-94], [N-95]).

---

[103] Ein wichtiger Netzwerkdimensionierungsparameter ist die Anzahl zulässiger Adressen pro Port des Switches. Diese variiert in weiten Grenzen von Modell zu Modell (Minimum: 1, typisch: 1'024).

8.4 Switching-Hierarchien

Das Chassis beinhaltet für die ESAN-Funktionen einen doppelt ausgeführten Switch[104] und eine Anzahl Steckplätze für Elektronikkarten. Jeder Steckplatz ist über eine doppelt geführte serielle Verbindung zu beiden Switches geführt (**Abbildung 8-7**) – man bezeichnet diese mit dem englischen Ausdruck *Switch Fabric*. Beide Switch-Karten haben auch (mindestens) ein Switch Port zu Außenwelt. Damit kommunizieren nicht nur die Elektronikkarten untereinander im Chassis über die sehr schnelle Verbindung, sondern gleichzeitig auch jede Elektronikkarte direkt nach außen.

Die kommunikationsseitigen Vorteile dieser Lösung sind offensichtlich: wesentlich erhöhte Bandbreite zwischen den Elektronikkarten[105] und direkte Kommunikation auch nach außen (mit dem gleichen Protokoll).

Die größten Vorteile liegen aber auf der Software-/Integrationsseite: Es ist sehr viel einfacher, komplexe (intelligente und hoch funktionale) Elektronikkarten in ein System zu integrieren, wenn man sich auf standardisierte APIs abstützen kann. Auch hier zeigt sich (wie in der verteilten Industrieautomation) die Leistungsfähigkeit der Layer-Architektur mit der klaren Trennung der Funktionen und durchdachtem Schnittstellenkonzept (OSI-Modell).

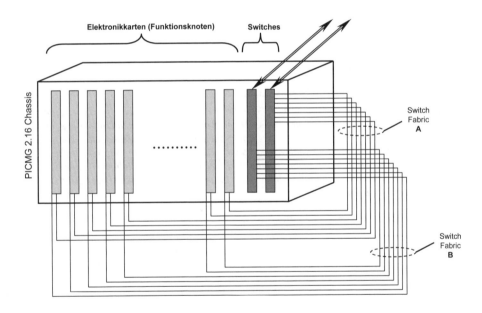

Abbildung 8-7: *ESAN-Architektur (PICMG 2.16 Standard)*

---

[104] Fehlertoleranz

[105] Die parallelen Backplane-Busse (wie VME, PCI) sind an der Grenze der Bandbreite angelangt und müssen zudem die zur Verfügung stehende Bandbreite unter allen kommunikationswilligen Karten aufteilen.

8.5 Die Zukunft des Switchings

Die Zukunft des Switching wird durch verschiedene Entwicklungen vorangetrieben werden:

1. Der Standardisierung, Akzeptanz und Implementation von End-zu-End QoS-Fähigkeiten.
2. Der Erweiterung der QoS-Fähigkeit auf GoS-Fähigkeit (= Guarantee of Service, vgl. [140], [N-77]).
3. Erweiterung der Switch-Fähigkeit auf mehrfache (gleichzeitige) Protokolle: Multi-protocol Label Switching (MPLS, vgl. [143]).
4. Die Weiterentwicklung der Switch-Technologie (schnelle, nicht-blockierende Switch-Matrizen, Photonische Switches[106]).

Ausgewählte Literatur zu Kapitel 8:

Black, Darryl: **Building Switched Networks** (Literaturverzeichnis [78])

Dies ist ein ausgezeichnetes und modernes Grundlagenlehrbuch über das gesamte Gebiet der Switching-Technologie. Der Autor beschreibt das Thema von einem Systemstandpunkt aus, ohne auf detaillierte Implementationen einzugehen. Er unterscheidet klar den Stand der Technik, die geplanten Entwicklungen (und Standards), sowie die zukünftigen Anforderungen. Seine Ausführungen beschränken sich auf große, kommerzielle Netze mit einer Vielfalt von verschiedenen Verkehrsströmen. Besonders tief behandelt er den gesamten Bereich der Dienstqualität, ihrer Definition und ihres Managements.

Breyer, Robert & Riley, Sean: **Switched and Fast Ethernet** (Literaturverzeichnis [80])

Die beiden Autoren beschreiben das umfangreiche Gebiet des Ethernet-Switching in 11 Kapiteln auf 350 Seiten. Die theoretischen Teile sind sehr detailliert und anhand von eindrücklichen Figuren erklärt. Es handelt sich um die zweite Auflage des Werkes, welche von den Erfahrungen mit der ersten Auflage profitiert hat. Speziell auf der praktischen Seite – Dimensionierung, Installation, Fehlersuche, Policies etc. – ist das Buch vollständig geworden. Das Buch eignet sich auch sehr gut als Nachschlagewerk oder wenn man sich schnell und gezielt über ein einzelnes Teilgebiet informieren will.

---

[106] Zur Zeit sind „Photonic Switchbars" marktreif, d. h. statische Switches, welche direkt das Licht schalten. Diese lassen sich anstelle von Patch-Panels (umstecken von Fiber-Kabeln) einsetzen. Photonic Switches, welche direkt Paket-Switching durch photonische Schaltungen (ohne Umweg über eine Elektronik) durchführen, sind eine Frage der Zeit (vgl. [87], [110]).

9 Ethernet-TCP/UDP APIs

Ethernet-TCP/UDP/IP stellt als Kommunikationssystem die zuverlässige Übertragung von Daten zur Verfügung. Es verhält sich bezüglich Format, Inhalt, Bedeutung und Darstellung des Nutzdatenstromes transparent. Die Teilnehmer im Kommunikationssystem sind gezwungen, miteinander Vereinbarungen über die Ausnutzung des Datenstromes und über die gegenseitig in den Stationen zur Verfügung gestellten Funktionen zu treffen. Diese Aufgabe kann (und soll) durch zusätzliche, übergeordnete Standards gelöst werden. Je nach Anwendungszweck des Kommunikationssystems werden diese Standards verschiedenartige Funktionen umfassen und diese in unterschiedlicher Form der Anwendungssoftware zur Verfügung stellen. Man bezeichnet diese übergeordnete Schnittstelle zur Anwendungssoftware als „Application Layer Interface (ALI)" oder als „Application Program Interface (API)". Die volle Leistungsfähigkeit, Interoperabilität und Anwenderfreundlichkeit von Ethernet-TCP/UDP/IP als Netzwerk für die Industrieautomation wird erst durch geeignete, anwendungsspezifische ALIs/APIs erreicht. Verschiedene Industriegruppierungen und Nutzergruppen haben in den letzten Jahren derartige ALIs/APIs definiert.

9.1 Einführung

Ethernet-TCP/IP stellt für die industriellen Anwendungen ein störsicheres, zuverlässiges und leistungsfähiges Kommunikationssystem mit einer offenen Funktionalität zur Verfügung. Das Kommunikationsinterface „Socket Library" bietet die Kommunikationsfunktionen in einer bezüglich der Daten neutralen, transparenten und unstrukturierten Form. Im Sender wird dem Kommunikationssystem ein beliebiger Datenstrom (d. h. eine Folge von Nutzdatenbytes) übergeben, welcher im Empfänger als sequenzrichtiger, fehlerfreier Datenstrom abgeliefert wird. Weder Ethernet-TCP/IP noch die Socket Library bieten Hilfe für die Strukturierung, Organisation oder Zuweisung von Bedeutung zu den einzelnen Bytes im übermittelten Datenstrom[107]. Es fehlt sogar eine Blockstruktur der Daten, d. h. die übermittelten Daten werden als Ausschnitt aus einem unendlich langen Strom von Nutzdatenbytes betrachtet (daher die englischen Begriffe „Data Stream" und „Stream Socket"). Sobald Anwender oder Anwendungsprogramme über das Kommunikationssystem „Ethernet-TCP/UDP/IP + Socket Library" miteinander kommunizieren wollen, müssen sie *zusätzliche* Vereinbarungen über die Blockierung und Ausnutzung des Datenstromes (Format, Inhalt, Bedeutung und Darstellung der Daten) festlegen, festschreiben und in allen Stationen entsprechend implementieren, d. h. eine *anwendungsgerechte Funktionalität* samt den entsprechenden Interfaces zu den Programmiersprachen und den Anwendungsprogrammen definieren. Im Umfeld der dezentralen Steuerung wird die anwendungsgerechte Funktionalität in zwei (weitgehend voneinander unabhängige) Gruppen, wie in **Abbildung 9-1** gezeigt, aufgeteilt.

---

[107] gilt auch für UDP

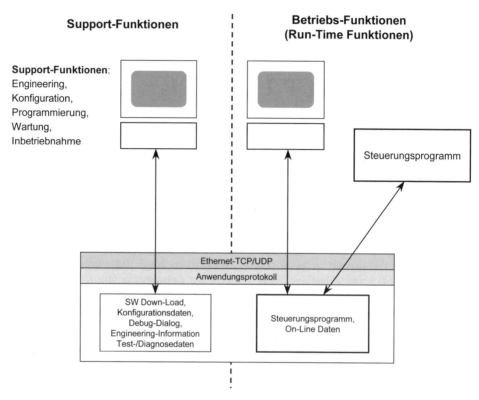

Abbildung 9-1: Betriebs- und Supportfunktionen der dezentrale Steuerung über Ethernet-TCP/IP

Die zwei Gruppen sind:

- **Betriebs-Funktionen (Run-Time)**: Diese Funktionen stellen den Anwendungs- und Steuerungsprogrammen die notwendigen Aufrufe zur Benutzung der angebotenen Dienste zur Verfügung. Für die dezentrale Steuerung muss der Umfang dieser Dienste weit über die Funktionen der Socket Library hinausgehen, d. h. reine Kommunikationsfunktionen sind in den meisten Fällen ungenügend. Diese Dienste, zusammen mit den entsprechenden Aufrufen, werden unter dem Begriff „*Application Layer Interface: ALI*" oder „*Application Program Interface: API*" zusammengefasst. Für heterogene Netze von dezentralen Steuerungsknoten verschiedener Hersteller (z. B. PCs, Embedded Systeme und SPSs im gleichen Netz) besteht das Bedürfnis nach *offenen* und *standardisierten ALI/APIs*. Gleichzeitig vereinfacht die hohe und anwendungsgerechte Funktionalität eines durchdachten und stabilen ALI/APIs die Anwendungsprogrammierung wesentlich. ALIs, resp. APIs sind sowohl für die Programmierung von Steuerungsanwendungen, wie auch für die Interoperabilität unter Herstellern von großer Bedeutung und werden daher im Folgenden eingehender betrachtet.

- **Support-Funktionen**: Neben dem ALI/API muss in einem dezentralen Steuerungssystem eine ganze Reihe von *Hilfsfunktionen* zur Verfügung gestellt werden. Diese dienen dem Engineering, der Erstellung der Anwendungs- und Steuerungsprogramme, dem Down-Load über das Netzwerk in die Steuerungsknoten, der Systemkonfiguration, dem Austesten (remote debugging), der Fehlerdiagnose, der Überwachung der Steuerungsknoten etc. Alle diese Funktionen haben nicht direkt mit der Ausführung der Anwendungs- und Steuerungsprogramme (d. h. mit dem *Betrieb* der dezentralen Steuerung) zu tun, sondern bieten die Umgebung und die Voraussetzungen zum erfolgreichen Betrieb der Anwendungs- und Steuerungsprogramme: Sie werden deshalb unter dem weit ausholenden Begriff „*Support-Funktionen*" zusammengefasst, wobei die eigentlichen Engineering-Funktionen (Anlagenkonfiguration, Inbetriebsetzung) eine sehr hohe Wichtigkeit bezüglich der Wirtschaftlichkeit haben. Engineering-Funktionen – möglichst herstellerübergreifend – bilden einen entscheidenden Faktor bei allen neueren Anwendungsprotokollen.

9.1.1 API/ALIs

Falls die Teilnehmer in einem industriellen Ethernet-TCP/IP Netz jeweils die zusätzlichen Vereinbarungen über die Blockierung und Ausnutzung des TCP/IP-Nutzbytedatenstromes (Format, Inhalt, Bedeutung und Darstellung der Daten) untereinander festlegen und in allen Stationen entsprechend implementieren müssten, wäre dies nicht nur ein unzumutbarer Aufwand, sondern auch eine neue (und ergiebige) Quelle von Inkompatibilität und von Problemen. Für die Programmierung von Anwendungen mit der dezentralen Steuerung wünscht man sich daher eine stabile, offene und anwendungsgerechte Definition eines Satzes von Funktionen und Programmschnittstellen, d. h. ein „*Industrielles Steuerungs-ALI/API*".

Das industrielle Steuerungs-ALI/API soll die folgenden *hardware-* und *betriebssystemunabhängigen* Funktionen implementieren:

- **Dienste** zum direkten Zugriff[108] auf die Funktionalität der Steuerungsknoten, z. B. Prozessvariablen lesen und schreiben, gegenseitige Synchronisation („Checkpointing"), Übergabe von Datenblöcken (z. B. Qualitätssicherungs-Datensätzen), Abfragen von Zuständen, Ausführen von Verarbeitungsprozeduren in anderen Netzwerkknoten etc.

- **Datenaustausch** von anwendungsdefinierten Datenstrukturen zwischen Programmen in den einzelnen Steuerungsknoten und zwischen den Steuerungsknoten und den übergeordneten Systemen (Leitsysteme etc.).

Die Arbeit an der Definition und der Einführung von Ethernet-TCP/UDP/IP ALI/APIs ist bei verschiedenen Gremien, Nutzerorganisationen und Herstellern derzeit im Gange. Auch auf diesem Gebiet wird es leider nicht gelingen, einen (oder nur wenige) Standards/Normen zu etablieren[109]: Einerseits sind die Anforderungen verschiedener Anwendungen zu unterschiedlich und andererseits versuchen wieder die Nutzervereinigungen und die Hersteller jeweils „ihre" Standards/Normen im Markt zu verankern. Als Beispiele für fertig, vollständig und offen definierte ALI/APIs über TCP/IP werden in den nächsten Abschnitten die folgenden sieben Implementationen – ohne diese zu beurteilen und zu werten – beschrieben:

---

[108] wieder innerhalb von definierten Zugriffsrechten (Sicherheit).

[109] man spricht hier vom *dritten Bus-Krieg* (Im ersten Bus-Krieg kämpfte man um Backplane-Busse [VME/Multibus/SMP/PC etc.], im zweiten Bus-Krieg um die seriellen Bus-Standards [Bitbus, Profibus, FIP etc.] und der dritte Bus-Krieg geht um die „Software-Busse" [ALIs/APIs]).

- TCP/IP Instrument Protocol (in 9.2)
- Interface for Distributed Automation IDA (in 9.3)
- ProfiNet (in 9.4)
- EtherNet Industrial Protocol (in 9.5)
- Foundation Fieldbus (in 9.6)
- ANSI/ISA-95 (in 9.7)
- Maritime Information Technology Standard (in 9.8)
- Industrial CORBA (in 9.9)
- OPC-DX (in 9.10)

9.1.2 Anwendungsprotokolle

Der Vollständigkeit halber sei hier noch der Begriff *„Anwendungsprotokoll"* erklärt: Unter einem Anwendungsprotokoll versteht man einen vollständig implementierten Dienst, wie z. B. ein File-Transfer-Protokoll, einen Zugriffsmechanismus auf ein Rechenzentrum oder den Dienst „Elektronische Post" (Electronic Mail). Jeder Teilnehmer, der das entsprechende Anwendungsprotokoll implementiert hat, kann diese standardisierten Dienste benutzen. Für TCP/IP sind im kommerziellen und Großrechnerumfeld eine Anzahl derartiger Anwendungsprotokolle verfügbar (z. B. NFS = Network File System, Telnet = Remote Job Entry, http: usw.). Diese haben für die dezentrale Steuerung im Zusammenhang mit Internet/World Wide Web-Integration eine Bedeutung. (vgl. Kapitel 14 und z. B. [1], [22], [23]).

9.2 TCP/IP Instrument Protocol

9.2.1 Grundlagen

Bereits in den 60-er Jahren wurde gefordert, dass unterschiedliche Mess- und Prüfgeräte – gegebenenfalls von verschiedenen Herstellern – mit minimalem Aufwand zu Systemen zu kombinieren sein sollten. Zu diesem Zwecke wurde von der amerikanischen Firma Hewlett-Packard unter den Namen *„GPIB"* (General Purpose Interface Bus) ein paralleles 8-Bit-Bus System mit ebenfalls parallelen Steuerleitungen zur Steuerung und zur Datenübertragung von Instrumenten, Geräten und Rechnern entwickelt. GPIB fand sofort eine größere Verbreitung und wurde im April 1975 vom IEEE und vom American National Standard Institute (ANSI) als Industriestandard *IEEE-488* ([68]) genormt. Mit etwas Verzögerung fand auch die Europäische Normung im Jahre 1977 durch die IEC als Standard *IEC-625* statt[110]. 1992 wurde der IEEE-488-Standard zum *IEEE-488.2* ([69]) erweitert. Der IEEE-488-Bus ist heute ein stabiler und gut dokumentierter Standard und wird in einer sehr großen Zahl von Labors, in Mess-/Diagnose-/Prüfsystemen und in vielfachen Qualitätssicherungsanwendungen eingesetzt (vgl. [67]).

Der schwerwiegende Nachteil des IEEE-488 sind seine kurzen Installationsdistanzen (10 bis 20 m), die limitierte Anzahl von Geräten und das unhandliche 25-adrige Buskabel. 1995 erschien deshalb der Standard *TCP/IP Instrument Protocol and Interface Mapping Specifications* ([57]), welcher die Funktionalität des IEEE-488 über Ethernet-TCP/IP definierte und ein vollständiges ALI/API für Mess- und Prüfgeräte schuf. Die Struktur dieses Standards ist in der **Abbildung 9-2** dargestellt. Der Standard beruht auf den Remote

---

[110] Die beiden Standards sind mit Ausnahme des Schnittstellensteckers identisch.

Procedure Calls *RPCs*. RPCs erlauben einem Anwendungsprogramm, dem *Client* (welcher im Standard aus historischen Gründen auch „Controller" genannt wird), Prozeduren in einem anderen Rechner, dem *Server* (welcher im Standard aus historischen Gründen auch „Device" genannt wird), auszuführen und mit diesem Daten auszutauschen. Der Standard besteht aus drei Teilen:

- Teil 1 (VXI-11): TCP/IP Instrument Protocol Specification.
- Teil 2 (VXI-11.2): TCP/IP-IEEE 488.1 Interface Specification.
- Teil 3 (VXI-11.3): TCP/IP-IEEE 488.2 Instrument Interface Specification.

Teil 2 und Teil 3 werden als *Companion Standards* zum Hauptteil 1 bezeichnet. Der Teil 1 beschreibt ein Netzwerkprotokoll – das *Network Instrument Protocol* – d. h. die Mechanik des Datenaustausches zwischen Controllern und Devices über TCP/IP. Die Companion Standards Teil 2 und Teil 3 ergänzen den Standard und definieren die Übergabe von IEEE-488.1/488.2-Messages und -Funktionen über TCP/IP.

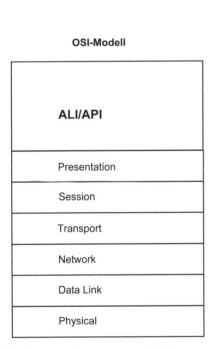
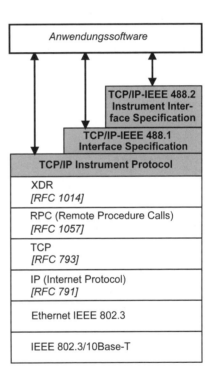

Abbildung 9-2: *Struktur des TCP/IP Instrument Protocol Standards*

9.2.2 TCP/IP Instrument Protocol

Das *TCP/IP Instrument Protocol* oder *Network Instrument Protocol* definiert die Mechanismen zur Steuerung und zum Datenaustausch zwischen einem „Controller" (= Client) und einem „Device" (Server). Mittels des Network Instrument Protocols können allgemeine Client-Server-Beziehungen, z. B. virtuelle Instrumente, implementiert werden. Ein Hersteller kann damit standardisierte, netzwerkfähige Instrumente anbieten. Die zusätzlichen Definitionen in der „TCP/IP-IEEE 488.1 Interface Specification" und „TCP/IP-IEEE 488.2 Instrument Interface Specification" stellen die bekannten und bewährten IEEE-488-Funktionen über das TCP/IP Instrument Protocol zur Verfügung und integrieren somit die IEEE-488-Umgebung in die moderne Netzwerktechnologie.

Das Modell des Network Instrument Protocols benutzt drei Kommunikationskanäle, welche über die gleiche TCP/IP-Verbindung geführt sind (**Abbildung 9-3**):
- *Core-Channel*: Haupt-Kommunikationskanal zwischen Client und Server.
- *Abort-Channel*: dient ausschließlich dem Abbruch von Funktionen.
- *Interrupt-Channel*: dient als Meldungskanal zwischen Server und Client.

Über diese drei Kanäle werden die 17 Funktionen (= Funktionsumfang des Network Instrument Protocols) gemäß **Tabelle 9-1** abgewickelt. Jede Controller-Device-Verbindung besteht aus zwei Clients und einem Server im Controller und aus einem Client und zwei Servern im Device. Über den Core-Channel werden alle Aufrufe mit Ausnahme von device_abort und von device_intr_srq abgehandelt. Der Aufruf device_abort geht über den Abort-Channel und dient ausschließlich dem Abbruch einer früher befohlenen Funktion oder Transaktion durch den Controller. Der Aufruf device_intr_srq ist die einzige Funktion, die vom Device unaufgefordert ausgelöst werden kann: Diese geht über den Interrupt-Channel und bewirkt eine Reaktion (Serviceanforderung) im Controller.

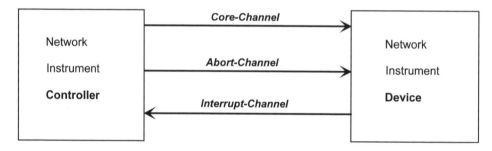

Abbildung 9-3: Kommunikationsmodell für das TCP/IP Instrument Protocol

9.2.3 IEEE-488 Funktionen über TCP/IP

Das Network Instrument Protocol stellt ein komfortables, standardisiertes Werkzeug zur Funktions- und Datenübertragung in Controller-Device-Beziehungen über TCP/IP zur Verfügung. Struktur und Inhalt der Datenblöcke bei device_write und bei device_read sind aber nicht definiert und müssen vom Hersteller des Devices festgelegt und beschrieben werden. Ebenso sind die Funktionen und Commands, die sich über device_docmd im Device ausführen lassen, nicht spezifiziert. Dank dem Network Instrument Protocol können Hersteller von intelligenten Instrumenten dem Anwender eigene Gerätemodelle (virtuelle Geräte) über TCP/IP zur Verfügung stellen. Der Companion Standard „TCP/IP-IEEE 488.1 Interface Specification" (vgl. [57]) füllt diese Definitionslücke, indem er die bewährte IEEE-488-Funktionalität auf das Network Instrument Protocol abbildet. Die Struktur eines solchen Systemes ist in **Abbildung 9-4** dargestellt: Die Network Instrument Messages werden in IEEE-488-Operationen umgewandelt und an das entsprechende IEEE-488-Gerät weitergegeben. Dabei ist für jede IEEE-488-Operation der entsprechende Device String (= Zeichenfolge) exakt definiert, inkl. der entspechenden Fehlermeldungen. Dadurch lassen sich bestehende (parallele) IEEE-488-Installationen über das *TCP/IP-IEEE 488.1 Interface Device* netzwerkfähig integrieren.

9.2 TCP/IP Instrument Protocol

Tabelle 9-1: TCP/IP Instrument Protocol Funktionen

Funktion	Kanal	Beschreibung
create_link	core	Eröffnung eines Kommunikationskanales vom Controller (Client) zu einem Device (Server).
device_write	core	**Schreiben eines Datenblockes** vom Controller (Client) zu einem Device (Server). Der Datenblock besteht aus maximal 2^{32}-1 Byte. Struktur und Inhalt des Datenblockes sind nicht definiert.
device_read	core	**Lesen eines Datenblockes** aus einem Device (Server) zu einem Controller (Client). Der Datenblock besteht aus maximal 2^{32}-1 Byte. Struktur und Inhalt des Datenblockes ist nicht definiert.
device_readstb	core	Lesen des Statusbytes aus einem Device (Server) durch einen Controller (Client).
device_trigger	core	Auslösen eines Triggers in einem Device (Synchronisation).
device_clear	core	Zurücksetzen eines Devices (Clear, Reset).
device_remote	core	Umschalten eines Devices in den ferngesteuerten (remote) Mode, d. h. alle lokalen Bedienelemente sind inaktiv.
device_local	core	Umschalten eines Devices in den manuellen (local) Mode, d. h. alle lokalen Bedienelemente sind aktiv.
device_lock	core	Sperren (Lock) eines Devices (zu einem bestimmten Controller). Lock ist im Device über einen Time-Out überwacht.
device_unlock	core	Freigeben (Unlock) des Devices.
create_intr_chan	core	Eröffnung eines Interrupt-Kanales zwischen einem Controller (Client) und einem Device (Server).
destroy_intr_chan	core	Schließen eines bestehenden Interrupt-Kanales zwischen einem Controller (Client) und einem Device (Server).
device_enable_srq	core	Ein-/Ausschalten des Interrupt Requests eines Devices.
device_docmd	core	Ausführung eines Commands im Device.
destroy_link	core	Schließen eines bestehenden Kommunikationskanales von einem Controller (Client) zu einem Device (Server).
device_abort	abort	Beenden einer Funktion im Device (Abbruch des RPC).
device_intr_srq	interrupt	Anforderung einer Aktion (Service Request) eines Devices (Server) von einem Controller (Client).

Mit den zusätzlichen Definitionen im zweiten Companion Standard, der „TCP/IP-IEEE 488.2 Instrument Interface Specification", können intelligente Instrumente direkt über ihr eigenes *Instrument Communication Protocol* an TCP/IP-Netzwerke angeschlossen werden (**Abbildung 9-5**). Dies ist besonders für Instrumente, die für ihre internen Auswertungen und Bedieninterfaces bereits einen integrierten PC besitzen (z. B. Fourieranalysatoren, Massenspektrografen, NO_x-Analysatoren, Messsysteme etc.), eine leistungsfähige und kostenoptimale Lösung. Der Standard definiert – im intelligenten Instrument selbst – ein *TCP/IP-IEEE488.2 Instrument Interface*: Dieser Controller konvertiert die Network Instrument Messages in das interne Instrument Communications Protocol. Das Message Exchange Interface und das Status Reporting entsprechen dabei genau den IEEE 488.2-6, resp. IEEE 488.2-11 Definitionen in [69].

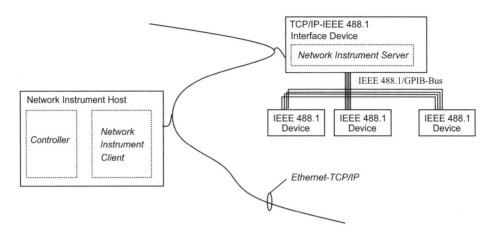

Abbildung 9-4: *IEEE-488-Funktionalität über TCP/IP (Network Instrument Protocol)*

Die Kommunikation mit den Funktionen im Instrument geschieht (nach erfolgreicher Verbindungsaufnahme) mit den Funktionen device_write und device_read aus der Tabelle 9-1: Formate und Prozeduren entsprechen dem IEEE 488.2-6 Message Exchange Control Protocol.

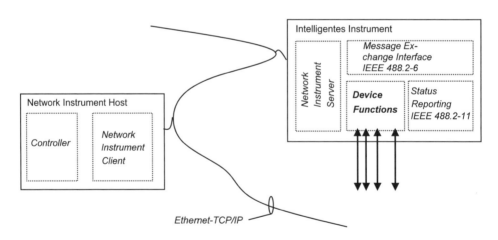

Abbildung 9-5: *Direkter Anschluss von intelligenten Instrumenten an TCP/IP-Netzwerke*

9.3 Interface for Distributed Automation (IDA)

9.3.1 Grundlagen

Das Interface for Distributed Automation (IDA) wird von einer Gruppe von Unternehmen entwickelt ([N-78], [144]). IDA will echte verteilte Systeme über ein hierarchieloses Netzwerk ermöglichen. Die IDA-Spezifikation ([174]) beinhaltet sehr viel mehr als nur Kommunikationstechnik: Sie umfasst auch den Engineeringbereich (vgl. Abbildung 9-1), System- und Netzwerkkonfiguration, Service und Wartung, wie auch ein Objektmodell. Die IDA-Spezifikation definiert sowohl den Echtzeitverkehr, wie auch die Batch-Vorgänge. Dabei setzt IDA konsequent auf zwei Technologien: Ein Real-Time Publish-Subscribe Protokoll über UDP (vgl. 9.3.2) und Web-Technologie (vgl. 9.3.4).

Eine Übersicht über die IDA-Komponenten zeigt **Abbildung 9-6**. Man erkennt:

- Die bekannten Grundprotokolle IP, UDP und TCP als Basis,
- Das Real-Time Publish-Subscribe Protokoll über UDP,
- Das Objektmodell (IDA Objects),
- Die Zugriffsschicht für die Anwendungen (IDA API/ALI)[111],
- Web-Technologiekomponenten,
- Netzwerkmanagement,
- Eine Anbindung von „klassischen" Feldbussen an das Objektmodell (PROXY).

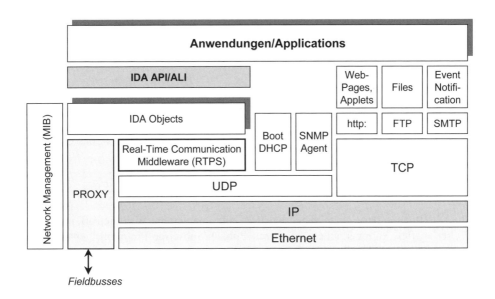

Abbildung 9-6: IDA Kommunikationskomponenten-Übersicht

---

[111] Die IDA-Spezifikation definiert auch ein Safety-Protocol, welches bereits eingesetzt worden ist.

9.3.2 IDA Architektur

Das Architekturziel des IDA ist ein hierarchieloses Netzwerk, über welches alle Teilnehmer gleichberechtigt kommunizieren können ([174]). Als grundlegendes Netzwerkprotokoll wurde IP gewählt, welches mit zweckgebundenen höheren Protokollen ergänzt wurde (vgl. Abbildung 9-6). Im lokalen Bereich wird Ethernet verwendet, und zwar sowohl für den Echtzeitdatenverkehr wie auch für die Nicht-Echtzeit Funktionen (Konfiguration, Engineering etc.). Diese Architektur ist in **Abbildung 9-7** dargestellt.

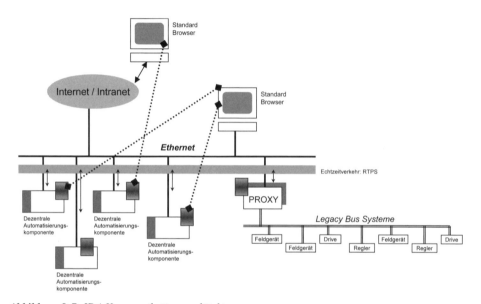

Abbildung 9-7: *IDA Kommunikationsarchitektur*

IDA benutzt für die Nicht-Echtzeitfunktionen konsequent Web-Technologie (vgl. 9.3.5). Jeder Teilnehmer stellt seine entsprechenden Daten in der Form einer (im Grundsatz von IDA standardisierten) Web-Seite zur Verfügung und jedes Gerät kann sich die für seine Aufgabe benötigten Daten bei Bedarf abholen, resp. notwendige Daten in das Gerät einschreiben (vgl. Abbildung 9-7).

9.3.3 Real-Time Publish-Subscribe Wire Protocol

Für die Übertragung der Echtzeitdaten hat IDA eine interessante Wahl getroffen: Ein dem UDP überlagertes, kommerzielles[112] Echtzeit Publish/Subscribe Protokoll, genannt *RTPS* (Real-Time Publish Subscribe Wire Protocol, [175]).

Im RTPS haben die Teilnehmer zwei Rollen (**Abbildung 9-8**):
- *Publisher* (Herausgeber): Sendet seine Daten an „alle" oder an eine Gruppe (Broadcast).
- *Subscriber* (Abonnent): Liest die ihn interessierenden Daten ein.

---

[112] Produkt der Firma RTI (Real-Time Innovations), vgl. [N-87]. Auch unter der Abkürzung NDDS (= Network Data Delivery Service) bekannt.

9.3 Interface for Distributed Automation (IDA)

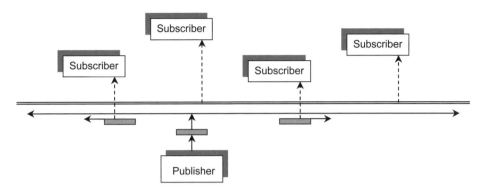

Abbildung 9-8: *Publish-Subscribe Protokoll*

Publish-Subscribe Protokolle reduzieren den Kommunikationsoverhead für die Echtzeitdaten beträchtlich und haben die Vorteile:

- Die Daten werden anonym gesendet, d. h. an keine bestimmten Empfänger adressiert (Broadcast oder Multicast). Damit genügt eine Übertragung zur Lieferung der Daten an beliebig viele Empfänger/Subscribers. Zusätzlich entfällt die Adressverwaltung, d. h. neue Subscribers können sich jederzeit und ohne Kenntnisnahme des Publishers aufschalten.

- Der Sendezeitpunkt der Daten kann in jedem Publisher für jede Art von Daten definiert werden, z. B. bei jeder Veränderung der Daten oder in bestimmten Zeitintervallen.

- Vereinfachte Programmierung der Anwendungen: Die Anwendung muss keine Kommunikationsfunktionen (z. B. Read Data) ausführen, sondern die Daten stehen automatisch im Empfangsbuffer zur Verfügung.

- RTPS unterstützt die Anwendung mit weiteren Funktionen, z. B. „Heartbeat" (Test auf Vorhandensein von Teilnehmern) oder Timingfunktionen (vgl. [175] für Details).

9.3.4 Safety Protocol

Obwohl Ethernet, IP und UDP eingebaute Sicherungsmechanismen gegen Übertragungsfehler besitzen (vgl. Kapitel 4 und 5) gibt es Anwendungen, die eine erhöhte Sicherheit verlangen (vgl. [174], Part 4). IDA löst dies ohne Modifikationen an den Standardprotokollen in Abbildung 9-6 durch die Einführung eines inneren, geschachtelten Protokolles (**Abbildung 9-9**). Die Gesamtheit der Sicherungsmechanismen ergibt eine deutlich erhöhte Sicherheit, allerdings auf Kosten der Datenübertragungsmenge: Man sieht in Abbildung 9-9 wie jede Protokollschicht ihren eigenen Header und Trailer zusetzt und damit den zu übertragenden Block verlängert.

Der innerste Block wird durch IDA definiert: Er besteht aus zwei identischen Inhalten, wobei der zweite Block invertiert übermittelt wird. Innerhalb des Safetyblockes findet man eine ID, die zeitliche Sequenzinformation, den Variablennamen, den Variablenwert und eine weitere Sicherungsinformation.

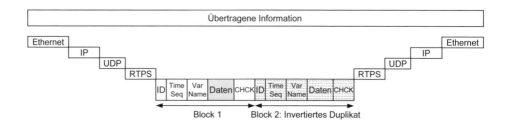

Abbildung 9-9: *Safety-Blockformat für IDA*

9.3.5 IDA Web-Technologie

Ein weiteres Merkmal des IDA ist die konsequente Verwendung von Web-Technologie (vgl. Abschnitt 14.3 und [174], Part 3) für alle Nicht-Echtzeitdatenübertragungen, die Konfigurations-/Engineeringfunktionen und die Wartungsinformation (Abbildung 9-7).

Jedes Gerät (Device) präsentiert sich als „Embedded Web Site", d. h. stellt einen Embedded Web-Server für seine Device Web-Page dar. Auf diese Embedded Web-Sites kann mit den Standard Web-Browsern zugegriffen werden, und zwar – je nach Zugriffsberechtigungen – mit Lese- und/oder Schreibrechten[113]. Ein Gerät mit einer Embedded Web-Site wird als „IDA Web-enabled Device" bezeichnet.

IDA standardisiert Inhalt und Format der Embedded Web-Site (in [174], Part 3). Die vorhandenen Funktionen umfassen:

- Zugriff auf die Gerätedaten (Device Data Access)
- Zugriff auf die Geräteeigenschaften (Device Properties Visualization)
- Gerätekonfiguration (Device Configuration)
- Abruf von Diagnoseinformation (Web Diagnostics)
- Fernwartung- und Diagnose (Troubleshooting and Remote Maintenance)
- Geräteüberwachung (Monitoring)
- Eingabe (Control and Operator Input)
- Datenablage (Data Logging)
- Gerätedokumentation (Device Documentation)
- Gerätespezifische HTML[114]-Seiten (User customized HTML pages)

9.3.6 IDA Komponentenmodell und Engineering

Die Standardisierung der Kommunikationsfunktionen ist für die Industrieautomation ein riesiger, wertvoller Schritt. Zur Erreichung der geforderten Interoperabilitäts- und Entwicklungsproduktivitätsziele genügt dies aber noch nicht. Es müssen zusätzlich noch – wenn möglich herstellerübergreifend – die zwei Gebiete im tiefen technischen Detail standardisiert werden:

---

[113] IDA hat die Bedeutung von Sicherheitsmechanismen erkannt.
[114] HTML = Hypertext Markup Language, vgl. Abschnitt 14.3.2.

- Das *Komponentenmodell*: Form, Zugriffsmechanismen und extern lesbare Funktionsbeschreibung für die wiederverwertbaren Automationskomponenten („Software-Funktionsblöcke"),
- Die *Engineering-Werkzeuge*: Mechanismen zur Herstellung (Programmierung) und zur Verknüpfung der Automationskomponenten für die Laufzeitumgebung. Dies umfasst auch die Daten- und Ereigniskommunikation, Fehlerbehandlung und „Plug and Play".

IDA hat in diese zwei Standardisierungen viel investiert ([174], Part 1, 2). Für die Planer, Programmierer und Betreiber einer Anlage sind das Komponentenmodell (und die Funktionalität und Verfügbarkeit der standardisierten Komponenten), sowie die Werkzeuge für den täglichen Umgang mit der Anlage im Normalbetrieb und bei Störungen die sichtbaren, entscheidenden Teile. Die unterliegende Kommunikationstechnologie macht diese höheren Funktionalitäten erst möglich[115]. Die detaillierte Beschreibung dieses Gebietes ist nicht mehr Gegenstand dieses Buches, würde aber ein eigenes Buch „Software Engineering in der Industrieautomation" rechtfertigen.

9.4 ProfiNet

9.4.1 Grundlagen

ProfiNet hat eine längere, ereignisreiche Geschichte hinter sich. Nach der Erstarkung und dem Erreichen einer hohen Marktdurchdringung des „klassischen" Feldbusses *Profibus* ([53]) spürte auch die Profibus-Nutzerorganisation ([N-24]) den Wunsch ihrer Mitglieder zur Verwendung von Ethernet-IP/UDP/TCP als übergeordnetes Kommunikationssystem. Auf Grund der erheblichen Investitionen in Profibus-Produkte und in Profibus-basierenden Anlagen kam nur eine Kompatibilitäts- und Migrationsstrategie in Frage. Gleichzeitig wurde das Ziel einer herstellerübergreifenden Engineering-Umgebung formuliert. ProfiNet sollte zu einer offenen, konsistenten Lösung für die vertikale Integration werden.

ProfiNet konnte sich auf eine Reihe von früher intensiv diskutierten, heute gut akzeptierten Grundlagen aus Profibus stützen: Von besonderer Wichtigkeit ist dabei die Standardisierung von Anwendungsfunktionen über das Mittel *Softwarekomponenten*. Diese Idee wurde konsequent weiterentwickelt und durchgehend in das Engineering-Modell implementiert.

Eine Übersicht über die ProfiNet Kommunikationskomponenten zeigt **Abbildung 9-10**. Man erkennt:

- Die bekannten Grundprotokolle IP, UDP und TCP als Basis,
- spezielle (geplante) Echtzeitprotokolle – direkt auf Ethernet aufgesetzt,
- die Anwendungsprotokollschicht DCOM,
- das Objektmodell (ProfiNet Objects),
- Netzwerkmanagement,
- eine starke Einbindung von ProfiBus in das Objektmodell (über PROXY).

---

[115] wird als „enabling technology" bezeichnet.

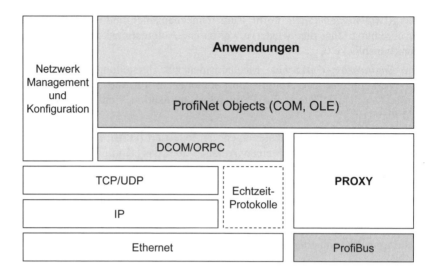

Abbildung 9-10: ProfiNet Kommunikationskomponenten-Übersicht

ProfiNet stützt sich – wie schon Profibus – sehr stark auf *Microsoft-Softwaretechnologie* ab. Dies zeigt sich sowohl bei den Anwendungsprotokollen, für die DCOM ([114] - [117] und Abschnitt 9.10) gewählt wurde, beim Komponentenmodell das auf COM ([114] und Abschnitt 9.10) beruht und bei der Internet-Anbindung.

Zur Zeit sind bei PNO Arbeiten im Gange, die ein „schnelles" Protokoll definieren sollen. Dieses Protokoll wird nicht mehr auf IP/UDP oder TCP beruhen, sondern direkt auf Ethernet aufsetzen. Es soll ohne gegenseitige Störung mit den bestehenden Protokollen auf dem gleichen Ethernet laufen und eine Antwortzeit von weniger als 10 ms unter allen Betriebsbedingungen gewährleisten. Aus diesem Grunde liest man häufig den Begriff „Ethernet-Echtzeitprotokoll".

9.4.2 ProfiNet Architektur

Das Architekturziel von ProfiNet ist die Erhaltung der Profibus-Architektur (sowohl kommunikations- wie softwaremäßig) und die Bereitstellung von Technologie für die vertikale Integration und zwar lokal (innerhalb der Anlage) und global (über Intra- und Internet). Zu diesem Zweck wurde eine Kommunikationsarchitektur wie in **Abbildung 9-11** gewählt ([176]).

Bestehende Profibus-Stränge werden über einen *Proxy* (genauer: über den *Profibus-Proxy*[116]) an die Ethernet-Busstruktur gekoppelt. Der Proxy besitzt einerseits zwei Interfaces gegen den Profibus und gegen Ethernet. Andererseits beinhaltet er aber erheblich Software, welche eine gegenseitige Abbildung von Automationsobjekten durchführen. ProfiNet Teilnehmer können damit applikatorisch (d. h. vom Komponentenmodell aus) mit „alten" Profibus Netzwerkstationen kommunizieren. Über den Proxy sind auch die Engineering-, Diagnose- und Maintenance-Funktionen abgebildet.

---

[116] Proxys werden in vielen anderen Gebieten ebenfalls eingesetzt.

9.4 ProfiNet

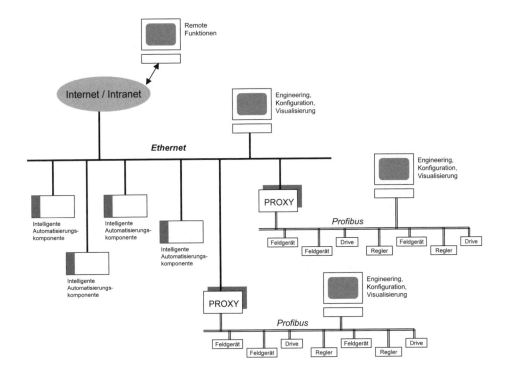

Abbildung 9-11: ProfiNet Kommunikationsarchitektur

9.4.3 ProfiNet Komponentenmodell und Engineering

ProfiNet hat sehr viel Aufwand für die Definition und Standardisierung des Komponentenmodelles und der Engineering-Werkzeuge aufgewendet. Die Spezifikation ist ausführlich und detailliert ([176]). Das Komponentenmodell beruht auf COM und wurde durch anwendungsspezifische Festlegungen ergänzt (Profile). DCOM liefert den „Kitt" zwischen den Komponenten, also die Mechanismen zur gegenseitigen Benutzung von Funktionen und Daten.

Die Idee für das herstellerübergreifende Engineeringwerkzeug beruht auf dem Prinzip eines „Verschaltungseditors". Dabei werden drei Engineeringschritte durchgeführt:

1. *Herstellung der Komponenten*: Die Software für die Realisierung einer anwendungsspezifisch definierten Automatisierungsfunktion wird programmiert. Dazu gehört auch die Konfigurations- und Diagnosesoftware. Diese Automatisierungsfunktion benutzt in vielen Fällen Ein-/Ausgabeelemente, wie z. B. Temperaturfühler, Drucksensoren und steuert Relais an. Diese Aufgaben werden vom Hersteller der Komponenten erledigt. Der Hersteller bringt anschließend die Software in die Form der standardisierten ProfiNet-Komponente und dokumentiert ihre Funktionen, Schnittstellen und zugriffsfähigen Daten in einem Interface Description File (heute: XML-basiert). Derartige ProfiNet-Automatisierungskomponenten können anschließend wie Hardwareteile verkauft – und vor allem: mehrfach wiederverwertet! – werden und reduzieren damit den Aufwand für die Anlagenprogrammierung.

2. *Verschaltung der Komponenten*: Die im Schritt 1 beschafften und installierten Komponenten sind einzeln lauffähig und müssen jetzt in eine Anwendung, z. B. eine Ablaufsteuerung, integriert werden. Dies geschieht durch den ProfiNet Verschaltungseditor, welcher eine grafische Interconnection der Komponenten ermöglicht. Mit diesem Konzept verschiebt man den Aufwand für die funktionale Programmierung einer Anlage vom eigentlichen Programmieren weg und hin zu Verschaltungstätigkeiten.

3. *Installation*: Sobald alle Komponenten definiert und konfiguriert sind, können diese in der Anlage verteilt werden. Zum Teil sind diese bereits physisch in den gekauften Geräten vorhanden (Beispiele: Eine Temperatur-/Druckregelung für Druckkessel, eine 2-Achsen Motorregelung, oder eine 3D-Roboterarmpositionierung), zum Teil müssen diese zur Ausführung in Geräte geladen werden (Beispiele: SPS, IPC).

Auch für die Planer, Programmierer und Betreiber einer ProfiNet-Anlage sind das Komponentenmodell (sowie die Funktionalität und ein genügendes Angebot von standardisierten Komponenten), sowie die Werkzeuge für den täglichen Umgang mit der Anlage (im Normalbetrieb und bei Störungen) die sichtbaren, entscheidenden Teile. Die unterliegende ProfiNet/Profibus-Kommunikationstechnologie macht diese höheren Funktionalitäten erst möglich. Die detaillierte Beschreibung dieses Gebietes ist nicht mehr Gegenstand dieses Buches.

9.5 EtherNet Industrial Protocol

9.5.1 Grundlagen

DeviceNet ([N-18]) und ControlNet ([88], [N-17]) sind typische Vertreter von Feldbussen, d. h. von seriellen industriellen Verbindungen zwischen den Sensoren/Aktoren und den Steuerungen. DeviceNet ist zur Zeit der dominierende Industriestandard für Feldbusse in Nordamerika und teilweise auch in den fernöstlichen Ländern. Auch ControlNet hat in Nordamerika eine weite Verbreitung. Diese beiden Feldbusse beruhen auf Nicht-Ethernet Technologie. Auch bei den Benutzern dieser zwei Feldbusse kam die Notwendigkeit auf, den Datenaustausch zwischen dem Factory Floor (= Produktionslandschaft) und dem Enterprise Level (= Unternehmens-Intranet) über Standard Ethernet (genauer: über das Internet Protocol IP, lokal über Ethernet und Remote über andere Leitungsprotokolle) zu ermöglichen.

Die drei beteiligten Nutzerorganisationen – nämlich die Open Device Vendor Association (ODVA, vgl. [N-18]), ControlNet International (vgl. [N-17]) und die Industrial Ethernet Association (vgl. [N-9]) – haben sich zu diesem Zwecke zusammengeschlossen und eine gemeinsame Anbindung an unternehmensweite Internet/Intranet-Netze definiert. Sie haben die Lösung eines gemeinsamen Protokolldaches mit dem Namen CIP (Control and Information Protocol) gewählt. Die Adaption von CIP auf Ethernet heißt EtherNet Industrial Protocol (EtherNet/IP[117]). CIP beruht auf der Darstellung von Automatisierungskomponenten als Objekte und hat ein detailliert definiertes Objektmodell, welches für jeden der drei unterstützten Busse identisch ist.

---

[117] Ungeschickte Wahl der Abkürzung, da Verwechslungsgefahr mit IP = Internet Protocol besteht.

9.5 EtherNet Industrial Protocol

Der Protokollstack von CIP, resp. EtherNet/IP ist in **Abbildung 9-12** dargestellt. Man erkennt die folgenden Komponenten:

- Die Transportprotokolle für EtherNet/IP, DeviceNet und ControlNet,
- die drei Ebenen von CIP (Control and Information Protocol) als gemeinsames Protokolldach,
- die Anwendungsschicht: Diese kann sowohl S/A-Komponenten, wie auch intelligente Steuerungskomponenten modellieren.

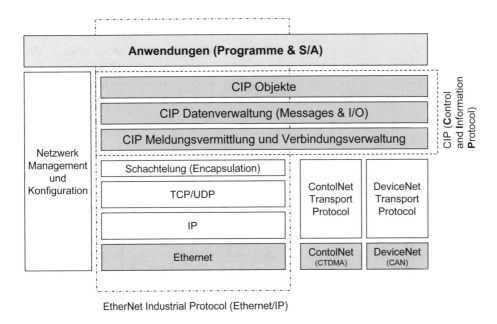

Abbildung 9-12: EtherNet Industrial Protocol Protokollstack

Als EtherNet/IP wird die in Abbildung 9-12 vertikal umrandete Box bezeichnet: Die vier unteren Protokollschichten von Ethernet (Übertragungsmedien, Ethernet, IP, TCP/UDP) entsprechen den unmodifizierten IEEE 802-Standards. Darüber befinden sich das CIP Encapsulation Protocol (Schachtelung), die CIP Meldungsvermittlung und Meldungsverwaltung, die CIP Datenverwaltung und schließlich die CIP Objekte.

Aus seinem Ursprung her (= DeviceNet) kennt CIP zwei Kommunikationsformen[118], welche auf dem gleichen Netz ablaufen:

- *Control Messages*: Schnelle, kurze, unbestätigte Meldungen zur Übertragung von Echtzeit-Daten, z. B. Sensordaten zur Steuerung oder Aktordaten zur Peripherie.
- *Information Messages*: Längere, fehlergesicherte und sequenzrichtige Nicht-Echtzeit-Daten zwischen zwei Teilnehmern, z. B. Programm-Download, Konfigurationsdaten.

---

[118] Daher auch sein Name: **C**ontrol and **I**nformation **P**rotocol (CIP).

Control Messages werden im EtherNet/IP über UDP übertragen (und bei Fehlern nicht wiederholt) und Information Messages über TCP (mit der vollen Fehlersicherung).

EtherNet/IP versucht damit vom Entwurf her, beide Aspekte – Echtzeit und Nicht-Echtzeit – vom Feldbus auf Ethernet zu übertragen. Die EtherNet/IP Nutzerorganisationen versuchen, CIP als übergeordneten, herstellerneutralen Standard für die Kommunikation bis zum Feldgerät hinunter über Ethernet/IP/UDP/TCCP zu positionieren. Den geforderten Determinismus und die kurzen, garantierten Übertragungszeiten wollen die CIP-Architekten mit schnellem Ethernet (100 MBit/s), kollisionsfreien Domains (Switched Ethernet mit nur einer Station pro Switch-Port über Full-Duplex angeschlossen, vgl. Kapitel 8) und mit intelligenten Switches erreichen.

9.5.2 EtherNet/IP Architektur

Die EtherNet/IP-Architektur ist in **Abbildung 9-13** dargestellt. Man erkennt die Gleichberechtigung der drei Busse DeviceNet, ControlNet und EtherNet/IP. Diese sind alle über die Protokollschicht CIP – und vor allem: über das CIP Objektmodell – kompatibel geworden.

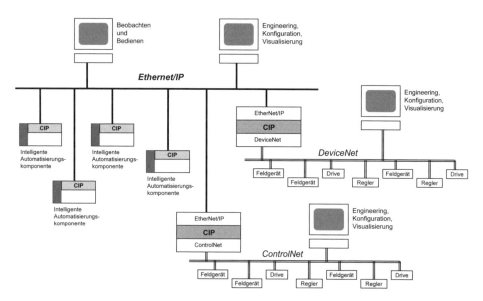

Abbildung 9-13: EtherNet/IP Architektur

9.5.3 Control and Information Protocol CIP

Das Control and Information Protocol CIP wurde ursprünglich als Application Layer Interface für DeviceNet entwickelt und später auf Ethernet-TCP/IP adaptiert. Die Spezifikation besteht daher aus zwei Teilen:

1. CIP Common Specification ([146]),
2. EtherNet/IP Adaptation of CIP Specification ([147]).

Kommunikationstechnische Basis von CIP ist das Producer/Consumer-Modell: Producer/Consumer ist eine andere Bezeichnung für das bereits in Abschnitt 9.3.3

beschriebene Publisher/Subscriber-Protokoll (vgl. **Abbildung 9-8**). Allerdings wird ein anderes Produkt eingesetzt und auch die Fähigkeiten entsprechen nicht dem RTPS.

CIP definiert „implizite" und „explizite" Messages: Die *impliziten Messages* gehorchen dem Producer/Consumer-Protokoll und werden primär für die Echtzeitdatenübertragung verwendet. Der Producer schickt diese Messages Ereignis-, Zeit-, oder Applikations-gesteuert im Rundspruch ab und alle interessierten Consumer lesen die interessierenden Messages mit (Abonnenten). Die *expliziten Messages* sind meist adressierte Punkt-zu-Punkt Meldungen zwischen zwei Anwendungen, können aber auch verbindunglos übermittelt werden.

ODVA hat frühzeitig die fundamentale Bedeutung eines standardisierten Objektmodells für die Interoperabilität erkannt und viel Aufwand in dessen Spezifikation – bis hinauf zu Device Profilen – investiert: Dieser Teil der CIP Spezifikation allein umfasst mehrere hundert Seiten.

Die Ausführung des CIP über Ethernet oder irgendein IP-basiertes Übertragungssystem wurde im zweiten Teil der Spezifikation (EtherNet/IP Adaptation of CIP Specification, [147]) definiert. Da UDP und TCP zu wenig strukturierte Meldungen zur Verfügung stellen, wurde ein Encapsulation Protocol definiert: Das Encapsulation Protocol spezifiziert explizte Message-Typen bis zum letzten Bit, wobei jede der vordefinierten Messages eine funktionale Bedeutung hat. Auf dem Encapsulation Protocol lässt sich das CIP direkt aufsetzen. Diese Middleware verdeckt damit die Eigenschaften der darunter liegenden Bussysteme vollständig.

9.6 Foundation Fieldbus

9.6.1 Grundlagen

Die Fieldbus Foundation ([N-21]) ist ein Zusammenschluss von amerikanischen Firmen der Industrieautomation. Die beteiligten Firmen haben schon früh mit dem eigentlichen Feldbus-Konzept (= Ersatz der Sensor/Aktor-Verkabelung zur Steuerung) begonnen und den im amerikanischen Raum sehr bekannten Feldbus SP50 entwickelt und im Markt positioniert. SP50 besaß von Anfang an ein stark Device-orientiertes Profil, welches früh Feldgeräte als Objekte modellierte und standardisierte. SP50 beschränkte sich darauf, die vordefinierten Objekte zu verknüpfen und deren Daten an die Steuerung zu transportieren.

Auch in den USA wurde der Druck zur Unternehmensintegration (Enterprise Integration) verspürt und die Fieldbus Foundation hat darauf mit der Definition einer zweiten Schicht reagiert ([177]): Das HSE (High Speed Ethernet) wurde geboren.

Als Folge versteht man unter dem Begriff „Foundation Fieldbus" heute die Kombination der zwei seriellen, industriellen Übertragungssysteme „H1" (dies ist der umbenannte frühere SP50) und „HSE". Das Objektmodell, d. h. die exakte Definition von Devices, wurde auf den HSE übertragen.

Die Aufgabenteilung zwischen H1 und HSE ist ziemlich klar definiert: H1 ist ein Transportmittel für Sensor-/Aktordaten zwischen Prozessperipherie und den Steuerungen, während HSE die Steuerungen untereinander und mit den übergeordneten Systemen verbindet.

Der Protokollstack von HSE ist in **Abbildung 9-14** gezeigt: HSE basiert auf dem unveränderten IP- und TCP/UDP-Protokoll. HSE definiert drei neue Protokollelemente, nämlich:

- Die Fieldbus Message Specification (FMS),
- den Field Device Access (Software-Agent),
- das „Function Block" Objektmodell.

FMS wurde für den H1 entwickelt und hat sich in vielen Installationen eingebürgert, ebenso das Function Block Objektmodell. Der FDA Agent ermöglicht den Zugriff aus Anwendungen auf HSE- oder H1-Devices.

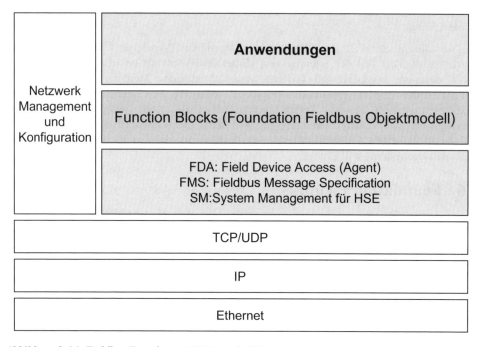

Abbildung 9-14: Fieldbus Foundation HSE Protokoll Stack

9.6.2 Foundation Fieldbus Architektur

Die Architektur eines Foundation Fieldbus-Systems ist in der **Abbildung 9-15** dargestellt. Der Foundation Fieldbus beruht auf dem switched Ethernet und auf Segmenten. Segmente können entweder H1-Segmente, HSE-Segmente oder Fremdsegmente sein. Für die Integration der Segmente werden spezielle Koppelschaltungen verwendet:

- *Link Devices* (LD) zwischen H1- und HSE-Segmenten,
- *I/O Gateways* für die Ankoppelung von Fremdsegmenten.

Die Link Devices führen nicht nur die physische Buskoppelung (H1 zu HSE) aus, sondern transformieren auch die Protokolle (durch Schachtelung). Vom Objektmodell aus gesehen sind die Link Devices unsichtbar, d. h. es kann von allen Segmenten aus auf alle Objekte zugegriffen werden.

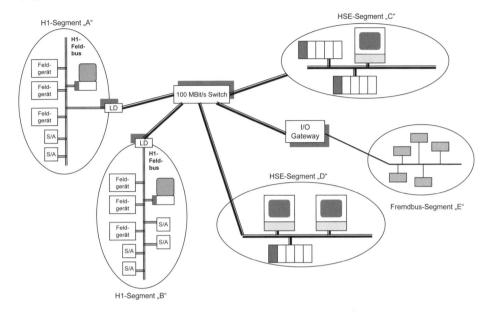

Abbildung 9-15: *Foundation Fieldbus Architektur*

9.7 ANSI/ISA-95

9.7.1 Grundlagen

ANSI/ISA-95[119] definiert die Schnittstelle zwischen dem *Factory Floor* (= Produktionslandschaft) und dem *Enterprise Level* (Unternehmensebene). Er beruht auf dem Purdue Reference Model (Abschnitt 14.4.1 und [173]), kann aber auch für andere Unternehmensmodelle verwendet werden. ANSI/ISA-95 standardisiert keine Kommunikationsprotokolle, sondern definiert Objekte mit ihren Attributen für den Austausch von Daten zwischen der Produktion und dem Unternehmensmanagement (**Abbildung 9-16**).

Im Wesentlichen ist der ANIS/ISA-95 Standard ([178], [179]) ein detailliertes Objektmodell. Er modelliert die Aufgaben und die Elemente im Fabrikationsprozess und gruppiert diese in drei Kategorien:

- Produktionskapazität („was ist verfügbar"),
- Produktdefinitionsinformationen („wie wird das Produkt hergestellt"),
- Produktionsinformationen („was wird hergestellt und wie weit ist es").

Der ANSI/ISA-95 Standard ist ein reines Modell: Er definiert keine Implementationsdetails. Diese überlässt er interessanterweise anderen Organisationen, z. B. dem World Batch Forum (WBF) für die Batch-Produktion (= chargenweise Produktion).

---

[119] Exakt: ANSI/ISA-95.00.01-2000

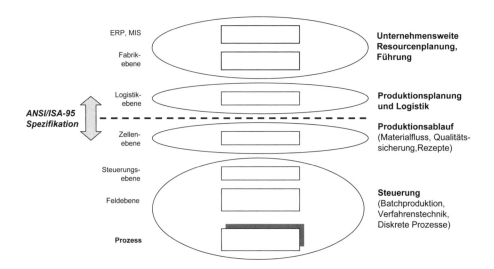

Abbildung 9-16: Wirkungsbereich des ANSI/ISA-95 Standards

9.7.2 Business to Manufacturing Markup Language

Die exakte Schnittstellendefinition des ANSI/ISA-95 Standards wurde vom World Batch Forum ([N-88]) übernommen. WBF hat zu diesem Zweck die Business-To-Manufacturing Markup Language (B2MML, vgl. [179]) entwickelt. B2MML stützt sich auf die moderne XML-Technologie und benutzt die XML-Schemas zur exakten Definition der Interfaces. Die WBF-Schemas sind frei erhältlich (auf [N-88]) und die Interoperabilität ist kürzlich auf einer amerikanischen Messe zwischen einem Hersteller in der Industrieautomation und einem führenden ERP-Softwarepaket bewiesen worden.

9.8 Maritime Information Technology Standard (MiTS)

9.8.1 MiTS Übersicht

Der Maritime Information Technology Standard (MiTS) definiert die Betriebsphilosophie und einen Satz von Funktionen für die Automation von Hochseeschiffen. Ein modernes Hochseeschiff stellt sehr komplexe Automatisierungsaufgaben und beinhaltet Ausrüstungen und Geräte einer größeren Anzahl spezialisierter Hersteller. Zudem werden an die Zuverlässigkeit der wichtigen Systeme – z. B. der Navigations-/Positionierungssysteme, der Steuerungselektronik, der Radartechnik etc. – sehr hohe Anforderungen gestellt. Die zuverlässige Datenkommunikation zwischen den verschiedenen Automatisierungselementen ist daher von fundamentaler Bedeutung. Gleichzeitig erhofft man sich von der strikten Standardisierung der Anwendungsschnittstelle (ALI) eine gesicherte Interoperabilität aller Teilnehmer, eine einfachere Zertifizierung und eine wesentliche Kostenreduktion.

MiTS wurde von einem Konsortium von Schiffsbauern und Schiffsausrüstern unter der Führung des norwegischen Institutes „SINTEF" (Foundation for Scientific and Industrial Research at the Norwegian Institute of Technology, [26]) in Trondheim entwickelt und ist bereits auf verschiedenen Computerplattformen implementiert. Im Jahre 1995 wurde MiTS

9.8 Maritime Information Technology Standard (MiTS)

als Standardvorschlag IEC-1162-4 [50] bei der internationalen Normenbehörde eingebracht. Der MiTS-Standard wurde 1998/1999 im Rahmen des Europäischen Forschungsprojektes „PISCES" (Protocols for Intergrated Ship Control and Evaluation of Situations)[120] weiter entwickelt und der Standard (jetzt als IEC 61162-4, vgl. [121], [122]) wurde ebenfalls nachgeführt.

Die von den zukünftigen Anwendern definierten Zielsetzungen für die Entwicklung von MiTS waren (vgl. [N-4], [66]):

- *Datenintegration*: Alle Subsysteme des Schiffes sollen die Möglichkeit haben, auf alle notwendigen Daten direkt zugreifen und diese in ihren eigenen Anwendungen benutzen zu können[121]. Dadurch wird die Führung des Schiffes effizienter, weil Daten in kombinierter, übersichtlicher Form dargestellt werden können (z. B. Einblendung von Fixpunkten, Leuchtfeuern, Trajektorien fremder Schiffe etc. in das Radarbild).
- *Dezentrale Bedienung*: Wichtige Information kann an verschiedenen Stellen des Schiffes verwendet und angezeigt werden. Gewisse Schiffsoperationen können dadurch leicht von mehreren Operatorstationen aus durchgeführt werden (z. B. die Überwachung und Bedienung des Maschinenraumes direkt von der Brücke aus).
- „*Intelligente Schiffe*": Weil die gesamte Information zeitgerecht und in zugänglicher Form zur Verfügung steht, können neuartige Systeme zur Analyse von Problemen und zur Unterstützung der Entscheide der Schiffsoffiziere implementiert werden (z. B. Frühwarnsysteme gegen Kollisionen, Systeme zur präventiven Wartung, intelligente Autopiloten etc.).

MiTS ([51], [52]) implementiert die Schichten 5, 6 und 7 des OSI-Modelles (**Abbildung 9-18**) und eignet sich in der Kommunikationshierarchie der Schiffsautomation für die mittlere Hierarchieebene (**Abbildung 9-17**). Die unterste Hierarchiestufe wird durch die Echtzeitsteuerungen mit ihren eigenen „Instrument Networks" gebildet: Diese entsprechen in der Industrieautomation den Sensor-/Aktor-Bussen. Die mittlere Ebene mit ihrem „System Network" verbindet die intelligenten Steuerungen, Geräte und Subsysteme . Hier befindet sich das Einsatzgebiet von MiTS. Die oberste Ebene mit ihrem „Administrative Network" entspricht in der Industrieautomation der Leitebene. MiTS ergänzt die TCP/IP-Welt um drei Elemente (vgl. Abbildung 9-15):

- Zusätzliche Funktionen auf der Transportschicht (definiert im *T-Profile*).
- Spezifikation der Session-/Presentation-Schicht (definiert im *A-Profile*).
- Spezifikation von Datenstrukturen und Objekten auf der Anwendungsebene (diese sind in den sogenannten *Companion Standards* definiert).

---

[120] Telematics Application Programme, Project Nr. TR 4020.
[121] Korrekte Zugriffsberechtigung vorausgesetzt (Sicherheit).

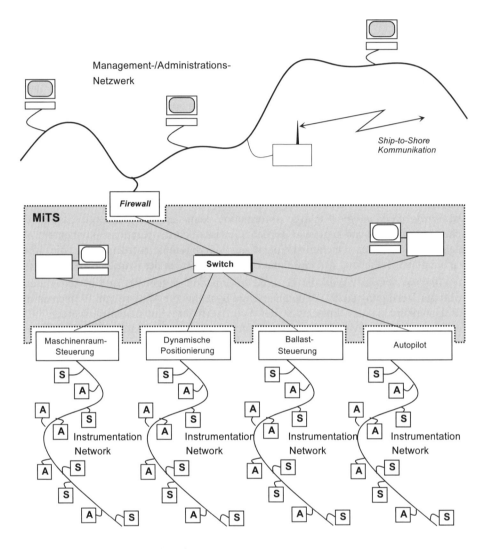

Abbildung 9-17: MiTS Protokollstruktur

9.8.2 MiTS Softwarestruktur

Die Softwarestruktur in den MiTS-Stationen ist in **Abbildung 9-19** dargestellt: Jede Station enthält die Netzwerksoftware (Ethernet-TCP/IP-Treiber), die MiTS-Software und die Anwendungsprogramme. Die MiTS-Software selbst besteht aus den zwei Hauptteilen „*MiTS-API*" (Maritime Information Technology Standard Application Programming Interface) und „*LNA*" (Local Network Interface). Die fundamentale Einheit in einer MiTS-Anwendung ist die „*MiTS Application Unit*" (= MAU[122]).

---

[122] MiTS benutzt dafür die etwas unglückliche Abkürzung MAU, die mit der Medium Access Unit von Ethernet verwechselt werden kann.

9.8 Maritime Information Technology Standard (MiTS)

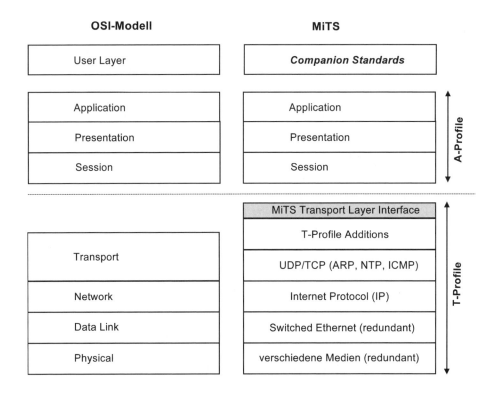

Abbildung 9-18: MiTS in der Kommunikationshierarchie der Schiffsautomation

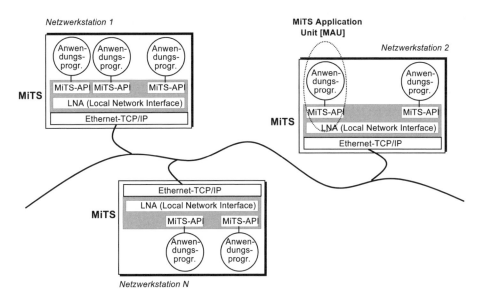

Abbildung 9-19: MiTS Softwarearchitektur

Eine MiTS Application Unit besteht aus dem eigentlichen Anwendungsprogramm, seinem zugehörigen MiTS-API und seinen LAN-Funktionen. Das Architekturmodell von MiTS entspricht einer *verteilten Datenbank*: Jede MiTS Application Unit kann eigene Datenobjekte definieren, beschreiben und unterhalten und diese Datenobjekte als Server allen anderen zugriffsberechtigten MiTS Application Units zur Verfügung stellen. Die MiTS Application Units, welche auf Datenobjekte zugreifen, sind die Clients für diese Datenobjekte. Jede MiTS Application Unit kann gleichzeitig Server für ihre eigenen Datenobjekte und Client für die Datenobjekte anderer MiTS Application Units sein.

9.8.3 MiTS T-Profile

Das T-Profile [121] standardisiert Dienste, die sich oberhalb von UDP/TCP befinden und bildet die Basis für das A-Profile. Das T-Profile ist in der Norm IEC 61162-4 festgeschrieben. Das T-Profile ist sowohl mit und ohne Redundanz des Netzwerkes definiert. Das T-Profile schreibt keine Netzwerktopologie vor, seine Forderungen sind aber nur mit Switched Fast Ethernet zu erfüllen. Das T-Profile definiert die UDP/TCP-Ports für die verschiedenen Funktionen. Die Hauptfunktionen des T-Profiles sind in der **Tabelle 9-2** angegeben.

Tabelle 9-2: Dienste im T-Profile des MiTS

T-Profile Funktionen	Bemerkungen
Name-Server	Zuweisung und Verwaltung von netzwerkspezifischen Adressen zu den einzelnen Netzwerkknoten.
Zuverlässige Message-Übermittlung	Punkt-zu-Punkt Übertragung von Messages mit Fehlersicherung und Übertragungsquittung.
QoS (Dienstqualität)	Die Dienstqualität definiert drei Prioritätsstufen: Urgent [U], Normal [N] und Low [L]. Die Messagelängen sind für die einzelnen Prioritätsstufen begrenzt (Netzwerkabhängigkeit).
Zuverlässiger Stream Service	Punkt-zu-Punkt Übertragung von Streams mit Fehlersicherung und Übertragungsquittung. Prioritätsstufen: Normal und Low .
Unzuverlässiger Datagram Service	Multi- und Broadcast-Übertragung von Datagrammen. Die Messagelängen sind begrenzt (Netzwerkabhängigkeit).
System Management	System-Management (über SMTP).
Time Service	Globale Zeitbasis (über NTP).

9.8.4 MiTS A-Profile

Das A-Profile [122] definiert Datenstrukturen und Objekte und gewährleistet damit die Interoperabilität von Anwendungen. Zusätzlich führt es weitere Dienste ein, z. B. das Client-/Server-Modell und das Subscriber-Modell. Das A-Profile definiert auch die minimalen Grundlagen für die Netzwerksicherheit (Authentizierung, Zugriffsregelungen).

9.8.5 MiTS Companion Standards

Die MiTS Companion Standards führen die Standardisierung noch weiter, indem sie für gewisse Subsysteme (z. B. Datenbankzugriffe, Navigation, Alarm System, Cargo+Ballast) die Datenstrukturen und die Operationen vollständig definieren. Ziel der Companion Standards ist es, entsprechende Subsysteme von verschiedenen Herstellern ohne Anpassungen integrieren zu können.

9.9 Industrial CORBA

CORBA ist die Abkürzung für *Common Object Request Broker Architecture*. Die Grundidee eines Object Brokers stammt aus der kommerziellen IT-Welt[123] und erlaubt die Implementation von dezentralen, plattform- und herstellerneutralen Objektsystemen ([94], [89]). Über einen Object Request Broker ORB können Objekte (die dem entsprechenden Objektmodell entsprechen) kommunizieren (**Abbildung 9-20**). Ein ORB standardisiert sehr viel mehr als nur die APIs, er umfasst ein Objektmodell, Kommunikationsfunktionen und einen umfangreichen Satz von Diensten. CORBA wurde von der herstellerneutralen Object Management Group (OMG, [N-44]) definiert und wird von der OMG weiter entwickelt[124].

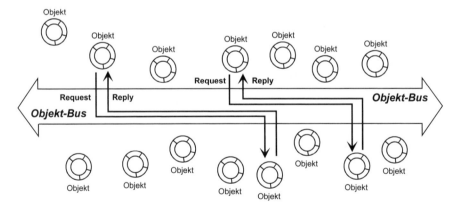

Abbildung 9-20: Objekt-Bus CORBA

---

[123] Es sind bereits „Embedded CORBA"-Implementationen für Echtzeitsysteme von verschiedenen Herstellern verfügbar (vgl. z. B. [N-76]).

[124] Eine Einführung in die Technologie der dezentralen Objekte ist im Rahmen dieses Lehrbuches nicht möglich. Diese Technologie wird aber eine zunehmend größere Bedeutung in der Industrieautomation gewinnen (vgl. Kapitel 10).

Ein ORB erlaubt einem Client-Objekt die Benutzung von Operationen (= Verarbeitungsfunktionen) in einem Server-Objekt, ohne dessen Ort im Netzwerk zu kennen. Das ORB stellt die Verbindung (auf Grund seiner Tabellen) her und transportiert die Request-Message (mit den notwendigen Parametern) vom Client zum Server und die entsprechende Reply-Message vom Server zum Client zurück.

CORBA ist ein plattformübergreifendes Objekt-*Kommunikationssystem* mit zusätzlichen Diensten (Services). Die *CORBAservices* umfassen zur Zeit 16 Services (Stand CORBA 2.2) – und im Laufe der Entwicklung werden von der OMG neue Services eingeführt werden. Die CORBAservices sind in **Abbildung 9-21** dargestellt. Im Zusammenhang mit ORBs wurde der neue Begriff *Middleware* eingeführt: Er bezeichnet eine dezentrale Systemsoftware, welche eine standardisierte Kommunikation zwischen Anwendungsobjekten erlaubt.

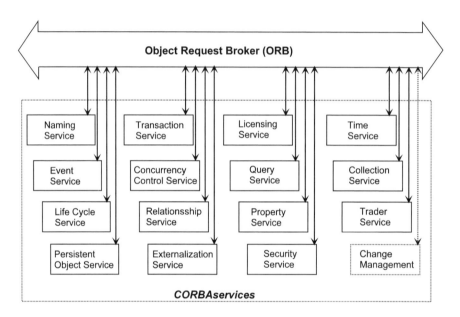

Abbildung 9-21: CORBAservices

In den letzten Jahren hat auch Industrial CORBA eine größere Anhängerschaft gefunden und sich stetig weiterentwickelt (vgl. [135] – [139]).

9.10 OPC DX

9.10.1 Einführung: OPC und OPC DX

Die OPC-Foundation ([N-28], [N-29]) ist durch ihren Industriestandard *OPC* bekannt geworden. OPC definiert Mechanismen, um Variablen, Alarme und Ereignisse (Events) zwischen peripheren Feldgeräten und den Steuerungen auszutauschen. OPC hat nicht nur eine lehrreiche Entwicklungsphase durchgemacht, sondern ist zu einem sehr nützlichen und weit verbreiteten Interfacestandard geworden. Die Einschränkung bei OPC ist, dass er auf die Feldebene zielt.

Als in den letzten Jahren klar wurde, dass sich keine der Kommunikationsarchitekturen (IDA, ProfiNet, Industrial Ethernet Protocol oder Foundation Fieldbus) dominant durchsetzen wird, kam das dringende Bedürfnis nach einem standardisierten Datenaustausch zwischen diesen Ethernet-basierenden, protokollmäßig koexistierenden, aber inkompatiblen System auf. Die Einigung auf einen Standard wurde sozusagen nochmals eine Ebene höher geschoben, nachdem es auf der Feldbusebene und auf der Ethernet-Ebene nicht gelungen war.

Auf der Suche nach einem Träger für einen derartigen system- und herstellerübergreifenden Industriestandard wurde die OPC Foundation gewählt. Die Fieldbus Foundation, die ODVA (Open DeviceNet Vendor Organization), Profibus International und drei Unternehmen aus der Automatisierungsbranche begannen mit der Definition eines solchen Standards: Dieser hat den Namen *OPC DX* (für OPC Data eXchange) erhalten. OPC DX hat eine ganz andere Zielsetzung als das ursprüngliche – immer noch wichtige – OPC.

Im Folgenden werden beide Industriestandards beschrieben: OPC in Abschnitt 9.10.2 und OPC DX in Abschnitt 9.10.3.

9.10.2 OPC

OPC stellt ein Beispiel für eine objektorientierte API/ALI-Standardisierung dar: Das standardisierte Objekt ist hier das *Prozessabbild*, d. h. die Gesamtheit der Signale und der Variablen in der dezentralen industriellen Produktionsanlage. Die Aufgabenstellung für OPC ist in der **Abbildung 9-22** dargestellt: Alle Elemente der dezentralen Steuerung sind über DCOM miteinander verbunden. Die Quellen von Prozesssignalen (Prozessinterfaces, Steuerungen) arbeiten als OPC-Server und stellen ihre Werte allen OPC-Clients im System zur Verfügung. Die OPC-Clients (Visualisierungssystem, Alarmierung etc.) verfügen damit über ein standardisiertes, herstellerunabhängiges Zugriffsverfahren („Prozess-API") auf die Prozesssignale.

OPC ist die Abkürzung für OLE for Process Control[125] und beruht auf dem Microsoft COM-Objektmodell und der Microsoft DCOM-Kommunikationssoftware. Das *Component Object Model* (COM) bildet Microsofts Grundlage für wiederverwertbare Software-Komponenten: Es definiert die grundsätzliche Form der Objekte, ist aber auf Clients und

---

[125] Der Begriff OLE ist veraltet und wird heute kaum mehr verwendet. OPC wurde vor der Einführung von neueren Komponentenmodellen (z. B. ActiveX) geprägt.

Server innerhalb der gleichen Maschine beschränkt (nur Interprocess-Communications unterstützt). Das 1996 eingeführte *Distributed Component Object Model* (DCOM) stellt einen Objekt-Bus für COM-Objekte dar[126]. Die eigentlichen OPC-Funktionen werden von einem Gremium, der *OPC Foundation* ([N-28], [N-29]) definiert und spezifiziert. OPC bietet nicht nur Zugriff auf die Prozesssignale und die Variablen, sondern auch auf Alarme und auf Events.

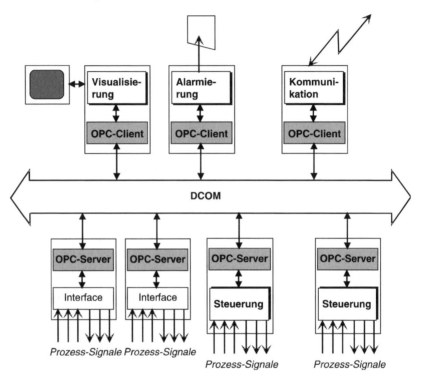

Abbildung 9-22: OPC *(OLE for Process Control)*

COM

COM definiert die Form, die grundsätzlichen Eigenschaften und die möglichen Erweiterungen des Microsoft Objektmodells ([114], [89]). Die COM-Spezifikation ist auf die Interaktion von Objekten innerhalb von verschiedenen Prozessen in der gleichen Maschine (= im gleichen Betriebssystem) beschränkt, d. h. sie unterstützt nur Interprocess-Communications (IPC), also ausschließlich In-Process und lokale Server.

Eines der wichtigsten Merkmale eines Objektes ist der Begriff *Interface*: Das Interface eines Objektes kapselt die Funktionalität und deren Implementation im Objekt von der Umwelt ab. Der Zugriff auf das Objekt ist ausschließlich über das Interface – d. h. die detailliert publizierten Schnittstellen – möglich. Die Interfaces selbst sind in einer programmierunabhängigen, formalen Definitionssprache, der *IDL* (Interface Definition Language), spezifiziert (vgl. [89]). Dadurch werden Server-Objekte weitgehend plattformunabhängig (kompatible Middleware vorausgesetzt) von den Clients zugänglich.

---

[126] mit gleichzeitiger Einführung von Sicherheits-, Zugriffs-, Transaktions- und Life-Cycle Diensten.

DCOM

DCOM hat sich historisch aus der Vereinigung von zwei Entwicklungspfaden ergeben: Einerseits aus den ursprünglichen Windows „Clipboard"-Funktionen (1987), OLE-1 (1992) und dem Component Object Model (COM, 1995) und andererseits aus den im Jahre 1992 entstandenen neuen Möglichkeiten der vernetzten Rechner (Open Software Foundation's Distributed Computing Environment und Remote Procedure Calls).

Die DCOM-Funktionen ([115], ([116], ([117]) erweitern das COM-Objektmodell um diejenigen Funktionen, die den Betrieb von COM-Objekten in einer dezentralen Umgebung ermöglichen: Dabei werden COM-Objekte in die DCOM-Laufzeitumgebung eingebettet und in diesem Sinne häufig als „DCOM-Objekte" bezeichnet (**Abbildung 9-23**). DCOM ist eine Kommunikationsschicht, welche auf RPC (Remote Procedure Calls) beruht und von Microsoft definiert wurde. DCOM benutzt irgend ein vorhandenes Netzwerkprotokoll, bevorzugt aber UDP.

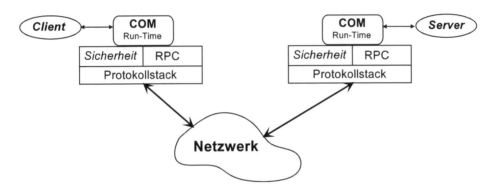

Abbildung 9-23: DCOM-Struktur

OPC-Funktionen

Die OPC-Spezifikation ([120]) definiert drei Funktionen[127]:
- *OPC Data Access Server:* Echtzeit-Zugriff (Schreiben/Lesen) auf Daten in einer Steuerung, einem E/A-Knoten oder anderen Netzwerkknoten;
- *OPC Alarm and Event Handling Server:* Automatische Benachrichtigung von OPC-Clients beim Auftreten von vorbestimmten Alarmen und Ereignissen in OPC-Servern;
- *OPC Historical Data Access Server:* Lesen, Verarbeitung und Archivierung von historischen Daten (Langzeitdaten).

Die OPC-Spezifikation definiert die Interfaces im Rahmen der COM-(DCOM-) Spezifikation für die einzelnen Funktionen, aber nicht deren Implementation.

OPC Data Access Server

Die Struktur des OPC Data Access Servers ist in der **Abbildung 9-24** gezeigt: OPC-Server ist ein DCOM-Objekt, welches als Container für die Objekte „Group" dient. Die Groups enthalten die Items, welche die entsprechenden Daten darstellen (Genauer ausgedrückt

---

[127] Stand 1999: Die OPC-Spezifikation entwickelt sich unter der Federführung der OPC-Foundation weiter und es sind zusätzliche Funktionen zu erwarten.

stellen die Items Links/Pointers zu den bestehenden Daten im System dar, nicht die Daten selbst). Die Daten selbst können Echtzeitdaten (Sensorsignalwerte), Steuerungsvariablen (Start/Stop/Run etc.) oder Zustandsvariablen (OK, Error, Ready, Sync etc.) sein. Die OPC-Spezifikation macht keine Vorschriften über die Bedeutung der Daten, deren Definition und Zuweisung zu Groups ist dem Programmierer des OPC Data Access Servers überlassen.

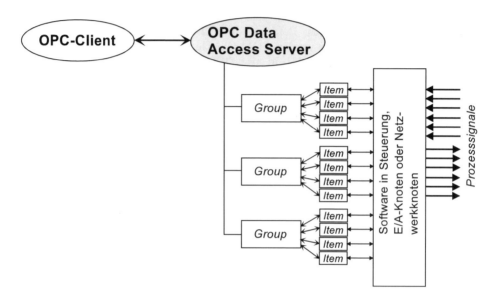

Abbildung 9-24: *Struktur des OPC Data Access Servers*

Über das OPC Data Access Server Interface können den Clients beliebige Daten zur Verfügung gestellt werden. Der Zugriff auf die Daten erfolgt über Namen (Strings), welche ebenfalls vom Implementator des Servers definiert werden.

OPC Alarm and Event Handling Server

Beim Alarm und Event Handling erzeugt die Steuerung, das E/A-System oder der Netzwerkknoten Ereignisse, welche dem Client sofort (oder mit kleiner Verzögerung) signalisiert werden müssen. Alarme können aus Sensorsignalen (Über-/Unterschreiten von Grenzwerten, Ansprechen von End-/Niveauschaltern, Notabschaltung von Motoren etc.) oder aus Steuerungsvariablen (unerlaubte Zustände, Time-Outs, Materialflussfehler etc.) generiert werden. Ereignisse sind meist das Resultat von Steuerungsfunktionen (z. B. Abschluss eines Fabrikationsschrittes, Fortschritt einer Batchproduktion, Anforderung eines Materialelementes etc.).

Die Ereignisse werden vom Programmierer definiert und benannt und stehen den Clients über das OPC-Interface zur Verfügung. Die Funktion des Servers beruht auf dem Subskriptions-Prinzip: Clients tragen sich in einer Tabelle ein und spezifizieren die Alarme und Events, welche ihnen signalisiert werden sollen (= Subscription List im Server). Sobald ein entsprechender Alarm oder Event auftritt, wird der Client vom Server aktiv benachrichtigt[128] (d. h. der Client führt keine eigene Aktivität durch) und kann auf das Ereignis zeitgerecht reagieren.

Die Struktur des OPC Alarm und Event Handling Servers ist in der **Abbildung 9-25** dargestellt.

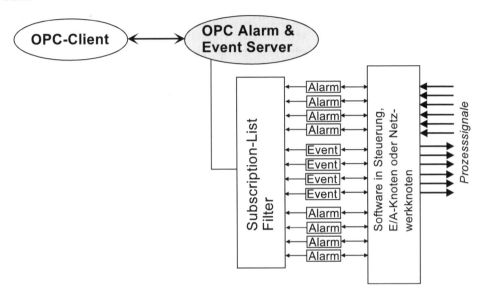

Abbildung 9-25: Struktur des OPC Alarm und Event Handling Servers

OPC Historical Data Access Server

In gewissen Applikationen benötigt ein Client Zugriff auf Daten aus der Vergangenheit (Langzeitdaten). Dies kann einfache Trenddaten umfassen oder auch komplexere Verarbeitungen erfordern. Die historischen Daten wurden häufig in herstellerspezifischer Form abgelegt, sodass ein standardisierter Zugriff nicht möglich war. Durch die Spezifikation des OPC Historical Data Servers (**Abbildung 9-26**) wird eine herstellerübergreifende Definition für den Zugriff auf diese Art der Daten festgelegt.

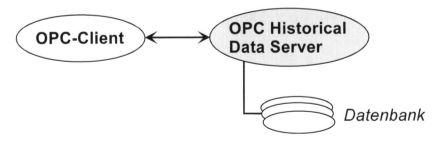

Abbildung 9-26: Struktur des OPC Historical Data Servers.

---

[128] Notification

9.10.3 OPC DX

Mittels OPC DX versucht man, einen Ausweg aus der heterogenen, inkompatiblen „Ethernet-Industrieautomationslandschaft"[129] zu finden. Die Zielsetzungen für OPC DX (OPC Data eXchange) sind:

1. Festlegung eines Standards für den Austausch von nicht-zeitkritischen Anwendungsdaten zwischen Systemen verschiedener Hersteller (**Abbildung 9-27**). Dies muss sowohl lokal (in Ethernet-Verbundnetzen) und global (über Intranet/Internet) möglich sein.
2. Definition einer Engineering-Schnittstelle zur Durchführung der Konfiguration des Datenaustausches in allen in einer Anlage vorhandenen Systeme (System Configuration Interface).

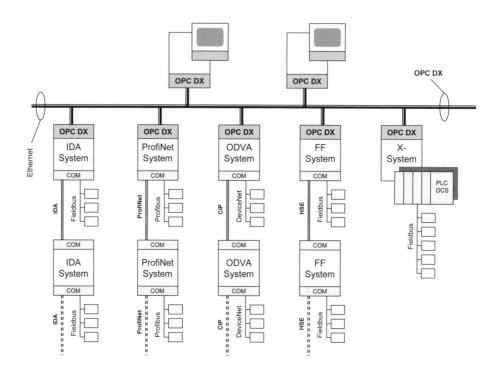

Abbildung 9-27: OPC DX Kommunikationsarchitektur

OPC DX stützt sich stark auf dem bekannten OPC Data Access Standard. Die Funktionen für Data Access und Data Exchange wurden für den Provider und für den Client definiert,

---

[129] Damit ist gemeint, dass die vier Ethernet-basierenden industriellen Kommunikationsarchitekturen IDA, ProfiNet, ControlNet und Foundation Fieldbus zwar protokollmäßig koexistieren können, aber inkompatibel – d. h. untereinander nicht kommunikatikonsfähig – sind.

9.10 OPC DX

sodass eine gleichberechtigte Kommunikation zwischen allen beteiligten Systemen möglich wird (Oft Server-to-Server Kommunikation genannt).

Die Kommunikationskomponenten von OPC DX sind in der **Abbildung 9-28** dargestellt: Man erkennt die zwei Kommunikationswege über Ethernet (lokal) und über Intranet/Internet (global). Im ersten Fall wird wieder DCOM als Anwendungsprotokoll verwendet, im zweiten Fall das neu aufkommende .NET (implementiert als Web-Service, vgl. Abschnitt 14.3.2). OPC DX benutzt sehr intensiv die XML-Technologie.

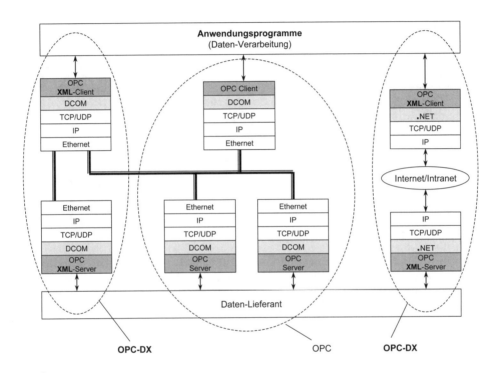

Abbildung 9-28: Kommunikationskomponenten von OPC DX

9.11 APIs auf der Basis von XML

In früheren Abschnitten wurde der Begriff Middleware für eine plattformübergreifende, herstellerunabhängige und standardisierte Kommunikation (meist zwischen dezentralen Objekten definiert) eingeführt. Die zwei bekanntesten Implementationen von Middleware sind ORBs (Abschnitt 9.9) und die sogenannte *Message-Oriented Middleware* (MOM). Das Funktionsprinzip der Message-Oriented Middleware beruht auf einer sehr losen Kopplung zwischen den Partnern: Der Initiator einer Transaktion übergibt seine adressierte Message an eine Queue in der MOM, ohne zu wissen, ob der Empfänger aktiv oder inaktiv ist. Die MOM sorgt dafür, dass der Empfänger die Message so bald wie möglich erhält, d. h. wartet gegebenenfalls bis die angesprochene Routine, resp. das Objekt im Netzwerkknoten aktiv wird. Der Rückweg, d. h. die Antwort an den Initiator, wird wiederum über das Queue-System der MOM transportiert (**Abbildung 9-29**).

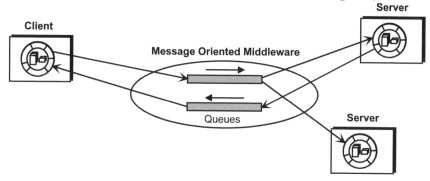

Abbildung 9-29: Message-Oriented Middleware (MOM)

Dank der MOM besitzt man einen plattform- und herstellerunabhängigen, zuverlässigen Message-Transportservice. Um eine Interoperabilität zwischen verschiedenen Systemen zu erreichen, fehlt noch die Definition der Messageformate, der Messageinhalte und der Messagebedeutung, d. h. ein *Datenmodell* für die Messages.

Traditionell enthielten die Definitionen der Messages Felder, deren Position und Inhalt exakt vordefiniert war (sog. *Festformat-Messages*). Die Messagedefinition wurde entweder vom Kundensystem oder von einem Standardskomitee festgelegt und alle Teilnehmer mussten diese in ihren Verarbeitungssystemen implementieren: Jede Änderung in der Lage, im Inhalt oder in der Codierung eines Feldes in der Message hatte nicht nur einen enormen Aufwand in allen beteiligten Systemen zur Folge, sondern konnte sogar zu Fehlfunktionen oder zum Crash von Verarbeitungsprogrammen führen!

Das Kernproblem bei Festformat-Messages besteht darin, dass sie implizit Verarbeitungsregeln beinhalten: Der Autor der Message hat feste Annahmen getroffen, wie die Message am Empfangsort verarbeitet werden soll und welche Resultate sie erzeugen soll. Messagedefinition und Verarbeitungsregeln sind eng gekoppelt – ein Nachteil mit verheerenden Folgen in der modernen IT-Umgebung. Ein weiteres Problem besteht darin, dass die klassischen Festformat-Messages keine Metainformation, d. h. keine Information über die Struktur der Message und der semantischen Bedeutung ihrer Elemente enthalten. Diese zwei Mängel (Verkoppelung von Messagedefinition mit Verarbeitungsregeln und das Fehlen von Metainformation) haben enorme Probleme generiert. Die Suche nach besseren Datenmodellen wurde deshalb mit Hochdruck weitergeführt.

9.11.1 XML (Extensible Markup Language)

Von all den historischen Versuchen, Datenmodelle zu definieren, hat sich eine einleuchtende und pragmatische Technik durchgesetzt: die *Markup-Technologie*, d. h. die Markup-Sprachen[130]. Die Markup-Technologie hat in der ISO-8879 Norm (*Standard Generalized Markup Language*, SGML) eine fundierte wissenschaftliche Basis, welche bereits in der Form von HTML und XML zwei ungewöhnlich erfolgreiche, bewährte und weitverbreitete Implementationen[131] besitzt. Der Gedanke liegt daher nahe, mit XML definierte Messages auch in der Industrieautomation einzusetzen (**Abbildung 9-30**).

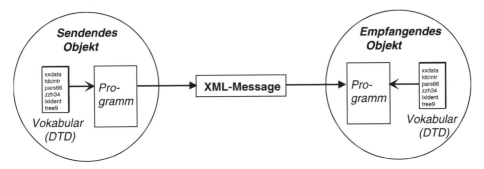

Abbildung 9-30: XML-Messages zwischen Netzwerkknoten

Die Grundidee einer Markup-Sprache ([111], [89]) besteht darin, *logische Elemente* einer *Message*[132] zu identifizieren und diese durch spezielle Codes zu markieren. Zum Zwecke der Markierung werden eine Anzahl *Tags* definiert: Diese Tags werden in den Quelltext des Dokumentes eingefügt und geben dem Verarbeitungsprogramm klare Anweisungen, was mit den Quelltextelementen zu geschehen hat, auf die das Tag anzuwenden ist. In der allgemeinen Form umfasst ein Tag das Quelltextelement, d. h. ein *Start-Tag* definiert den Anfang der Gültigkeit und ein *End-Tag* zeigt das Ende der Gültigkeit der entsprechenden Anweisung an. Tags haben eine bestimmte Form (Syntax), die dem Verarbeitungsprogramm (genauer: dem *Parser* im Verarbeitungsprogramm) die eindeutige Erkennung erlaubt[133]. Dies sieht man am besten im folgenden Beispiel.

Beispiel 9-1: XML-Message zwischen Steuerung und Leitsystem

Die XML-Elemente in dieser Message stellen Container für einen einzigen Datentyp, nämlich PCDATA (= Parsed Character Data) dar. Das anwendungsspezifische Format ist direkt sichtbar: Es enthält alle Begriffe und Daten, die für diesen Datenaustausch notwendig sind[134]. Die semantische Information ist vollständig in den Tags enthalten:

---

[130] Der deutsche Begriff „Auszeichnungssprache" bürgert sich offensichtlich nicht ein.

[131] XML wird auch in anderen Abschnitten dieses Buches verwendet.

[132] „Message" bezeichnet nicht nur einen Text, sondern eine Kombination von Multimedia Elementen – also Text, Figuren, Bilder, ggf. Ton, Sprachausgabe, bewegte Bilder, Braille (und heute noch unbekannte Inhalte) etc.

[133] Bei binären Daten muss durch entsprechende Codierung sicher gestellt werden, dass keine Tags ungewollt in den Binärdaten erscheinen (und dadurch den Parser aus dem Tritt bringen).

[134] Hier wird noch ein weiterer, starker Vorteil von XML sichtbar: Die direkte Lesbarkeit der Metainformation (falls die Tags sinnvolle Namen tragen).

Jedes Element in der Message kann durch das Programm unabhängig von seiner Lage gesucht, verstanden und modifiziert werden.

```
<?xml version=„1.0"?>
<!DOCTYPE DEMOMESSAGE SYSTEM „http://WWW.site.com/demomessage.dtd!>
<DEMOMESSAGE>
  <WRITEPARAMETERS>
    <Mot54Speed> 400.14 </Mot54Speed>
    <UpValvePress> 30 </UpValvePress>
    <LoadConveyorSpeed> 0.446 </LoadConveyorSpeed>
    <BatchCountOil> 0 </BatchCountOil>
  </WRITEPARAMETERS>
  <READPARAMETERS>
    <WindFlap> x </WindFlap>
    <QualityPar4> x </QualityPar4>
    <TankLevel19> x </TankLevel19>
    <DiamError> x </DiamError>
    <BatchCNT9> x </BatchCNT9>
  </READPARAMETERS>
  <CONTROL>
    <DisplayL89> WARNING </DisplayL89>
    <DoorA13> LOCK </DoorA13>
    <LeverN5> MANUAL </LeverN5>
    <ManSwitchConv4> DISABLE </ManSwitchConv4>
  </CONTROL>
</DEMOMESSAGE>
```

Diese einfache Demo-Message wird vom Leitsystem an eine Steuerung geschickt. Die Steuerung interpretiert die Message, erkennt die Tags, versteht die zugehörigen Werte und verarbeitet die Message. Die `<WRITEPARAMETERS>` bewirken, dass die vom Leitsystem vorgeschriebenen Werte in der Steuerung gesetzt werden. Die `<READPARAMETERS>` verlangen von der Steuerung die Rückgabe der zugehörigen, momentanen Werte. Die `<CONTROL>` bewirken, dass die entsprechenden Steuerbefehle ausgeführt werden.

9.11.2 Message-Definition

XML-Tags bieten eine beliebige Vielfalt für die Definition von Messages. Die Tags und ihre Bedeutung müssen zwischen den Kommunikationspartnern definiert werden, bevor die Messages ausgetauscht und verarbeitet werden können. Diese Definitionen finden in der Form von *Document Type Definitions* (DTDs) oder von *Schemas* statt ([111]). DTDs oder Schemas definieren das Vokabular (vgl. Abbildung 9-21). Sobald das Vokabular definiert ist – die sogenannten *Elemente* festgelegt wurden – kann eine XML-Message eine beliebige Anzahl und jede Kombination der Elemente, in jeder gewünschten Reihenfolge beinhalten. Der empfangsseitige Parser findet die Tags, sucht ihre Bedeutung in der DTD oder im Schema, liest die übermittelten Werte und führt die entsprechende Verarbeitung durch. Auch wenn das Vokabular erweitert wird (Erweiterung der DTD oder des Schemas), bleiben alle „alten" Meldungen gültig und brauchbar. Systeme können auf diese Art ohne Rückwirkungen auf bestehende Systeme weiterentwickelt werden.

XML-Messages können von allen bekannten Programmiersprachen erzeugt, verstanden und verarbeitet werden ([121]). XML-Messages eignen sich deshalb ausgezeichnet für die plattformübergreifende Kommunikation. Für die unternehmensübergreifende Interoperabilität wäre die Definition von allgemeinen DTDs oder Schemas für gewisse Anwendungsbereiche wünschenswert. Tatsächlich sind eine Reihe von Gremien und Institutionen an der Arbeit, solche allgemein gültigen DTDs und Schemas zu definieren (vgl. z. B. [N-45], [N-46], [N-47]).

9.12 API-Standardisierung

Die technische Bedeutung und die kommerzielle Wichtigkeit von herstellerneutralen, interoperablen und unternehmensübergreifenden API-Standards ist erkannt. Leider arbeiten eine zunehmende Anzahl von Firmen und Vereinigungen an solchen – untereinander selten kompatiblen – API-Standards (vgl. auch [N17], [N21]). Die Hersteller und Anwender von Automatisierungsgeräten werden mit dieser Vielfalt leben und ihre Wahl treffen müssen.

10 Dezentrale Softwarearchitekturen

Parallel zur Entwicklung der industriellen Kommunikationssysteme haben auch in der Software-Technologie große Fortschritte stattgefunden. Aus den riesigen Entwicklungsinvestitionen für die dezentralen Systeme im kommerziellen Bereich sind neue Softwarearchitekturen, leistungsfähige Entwicklungsmethodiken, direkte Implementationsverfahren und durchgängige EDV-Werkzeuge entstanden. Die Kombination der schnellen industriel-len Kommunikationssysteme (speziell Ethernet-TCP/IP) und der neuen Softwaretechnolo-gien (speziell der Objekt-Technologie und der Time-Triggered-Architecture TTA) führt auch in der Industrieautomation zu neuen Architekturen für dezentrale Steuerungssysteme.

10.1 Dezentrale Software

Dezentrale Software bedeutet, dass die *Anwendungssoftware* für eine bestimmte Aufgabe auf verschiedene Netzwerkknoten verteilt ist: Das für die Erfüllung der Aufgabe benötigte Programm ist aufgeteilt und läuft unter gegenseitiger Kommunikation auf verschiedenen Rechnern im Netzwerk ab (**Abbildung 10-1**).

Dezentrale Software hat gegenüber einer zentral ablaufenden Software eine Reihe von entscheidenden Vorteilen:

1. Die *Komplexität* einer Anwendung wird bei guter Funktionsaufteilung auf verschiedene Rechner erheblich reduziert: Dadurch wird die Anwendung übersichtlicher, stabiler und wesentlich besser wartbar.

2. Die *Betriebszuverlässigkeit* dezentraler Anwendungen ist bei korrekter Funktionsaufteilung wesentlich höher. Zudem sind ausfallgesicherte Systeme (Redundanz) realisierbar.

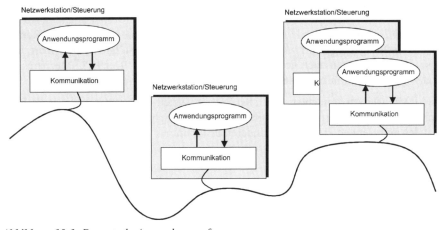

Abbildung 10-1: *Dezentrale Anwendungssoftware*

3. Mit dezentralen Systemen lassen sich erheblich bessere *Leistungsdaten* erreichen (Verteilung der Rechenlast auf mehrere Rechner, Parallelverarbeitung).
4. Dezentrale Systeme erlauben intelligente Softwarearchitekturen, z. B. objektorientierte Systeme mit *wiederverwendbaren Komponenten*.
5. Dezentrale Systeme sind – bei geeigneter Architektur – skalierbar, d. h. sie ermöglichen ein kontinuierliches *Wachstum*.

Bei dezentralen Systemen hat das unterliegende Kommunikationssystem (= Hardware, Kommunikationssoftware und API's) eine sehr große Bedeutung: Dessen Leistungsfähigkeit, sein Zeitverhalten und seine Stabilität bestimmt zu einem wichtigen Teil die Möglichkeiten der darauf beruhenden dezentralen Software. Zusätzlich werden bei der dezentralen Software neue Mechanismen verwendet, welche dem Datenaustausch, der Synchronisation, dem Task Scheduling etc. im dezentralen Umfeld dienen.

Grundlage für ein gutes dezentrales System ist eine für die entsprechende Anwendung geeignete *Softwarearchitektur* ([124], [106], [89]). In der Industrieautomation ist die Softwarearchitektur meist vom Hersteller der Automatisierungsgeräte vorgegeben: Dem Anwender bleibt die wichtige Aufgabe der *Funktionsaufteilung*, d. h. der korrekten, anwendungs- und netzwerkgerechten Aufteilung der Software auf die einzelnen Netzwerkrechner.

10.2 Dezentrale Software-Mechanismen

10.2.1 Einführung

Die einzelnen, dezentralisierten Teile eines Anwendungsprogrammes oder verschiedene, kooperierende Anwendungsprogramme im verteilten Netzwerkumfeld benötigen Mechanismen zum Datenaustausch, zur gegenseitigen Synchronisation und zur Steuerung der Abläufe[135]. Diese werden im Folgenden beschrieben.

10.2.2 Remote Procedure Calls

Remote Procedure Calls RPCs (oder auch Remote Method Invocations[136] RMIs) ermöglichen einem Programm, Verarbeitungsprozeduren in einem entfernten Netzwerkrechner aufzurufen und auszuführen, wie wenn diese im eigenen Rechner ablaufen würden (**Abbildung 10-2**). Das aufrufende Programm wird so lange unterbrochen, bis die Remote Procedure vollständig ausgeführt wurde und die Verarbeitungsresultate zurück übermittelt worden sind. RPCs können auch geschachtelt ausgeführt werden. Der RPC-Mechanismus ist einer der ältesten Verfahren, um Software auf Netzwerkrechner zu verteilen.

RPCs und RMIs werden vom entsprechenden Betriebssystem unterstützt, welches auch die Fehlerbehandlung durchführt. Das Betriebssystem stellt auch die Rechenzeit während der Wartezeit des aufrufenden Programmes anderen Programmen zur Verfügung.

---

[135] Zusätzlich muss das Netzwerk gute Fehlererkennungs- und Fehlerbehandlungsmechanismen bereitstellen, welche von der dezentralen Anwendungssoftware zeitgerecht verwendet werden können.

[136] Begriff aus der dezentralen Objekt-Technologie.

10.2 Dezentrale Software-Mechanismen

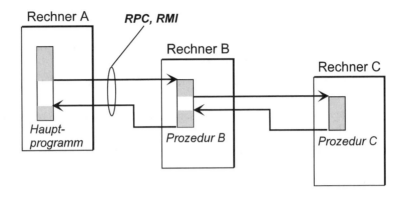

Abbildung 10-2: *Aufruf von Prozeduren in anderen Netzwerkrechnern mit RPCs und RMIs*

10.2.3 Messages

Messages stellen die universalste Art der Kommunikation zwischen dezentralen Systemen dar. Der Austausch von Messages wird Message-Passing oder Messaging genannt. Die Message kann die verschiedensten Inhalte transportieren, z. B. Funktionsaufrufe (ähnlich 10.2.2), Daten, Steuerbefehle etc. Man unterscheidet fünf grundsätzliche Formen von Messages:

- *Request/Reply-Messages*: Zweiseitiges Messages-Passing, z. B. zwischen einem Client und einem Server. Dabei kann der Client auf die Antwort warten (= Synchrones Message Passing, **Abbildung 10-3a**) oder seine Programmausführung fortsetzen und die Antwort in einem späteren Zeitpunkt übernehmen (= Asynchrones Message Passing, **Abbildung 10-3b**).

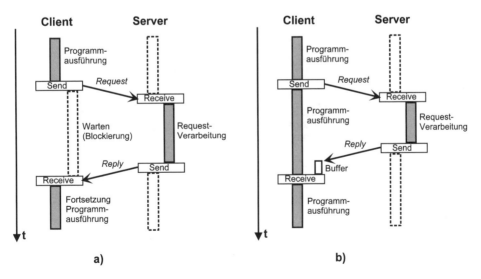

Abbildung 10-3: *Synchrones [a)] und asynchrones [b)] Message-Passing*

- *Einseitige Message*: Der Sender schickt seine Message an einen Empfänger, ohne eine Antwort zu erwarten.
- *Ereignis*: Eine empfangene Message löst sofort[137] die Ausführung einer Behandlungsprozedur aus (Remote Interrupt).
- *Broadcast*: Der Sender schickt seine Message an alle Empfänger im Netzwerk, ohne eine Antwort zu erwarten.
- *Multicast*: Der Sender schickt seine Message an eine vordefinierte Gruppe von Empfängern, ohne eine Antwort zu erwarten.

Message-Passing ist besonders geeignet, wenn stark verschiedene Rechnerplattformen miteinander kommunizieren müssen oder wenn eine Message-Oriented-Middleware (MOM) eingesetzt wird (vgl. Abschnitt 9.7).

10.2.4 Globale Daten

Globale Daten sind gemeinsame Speicherbereiche, die für alle Netzwerkstationen zugänglich sind (ggf. mit gewissen Zugriffsrestriktionen, resp. Schreib-/Leseberechtigungen). Programme in einer Netzwerkstation können einen Teil ihrer Daten[138] im globalen Datenbereich ablegen und die Programme in den anderen Netzwerkstationen können diese Daten verwenden (**Abbildung 10-4**). Physisch sind die globalen Daten üblicherweise nicht in einem zentralen Knoten gespeichert, sondern in den einzelnen Netzwerkstationen. Als Distributionsmechanismus für die globalen Daten wird häufig die Broadcast- oder die Multicast-Message verwendet und Checksum-Mechanismen sorgen für die Integrität und Konsistenz der Daten. Die Programme in den einzelnen Netzwerkstationen können mit den globalen Daten direkt aus ihrem eigenen Speicher arbeiten.

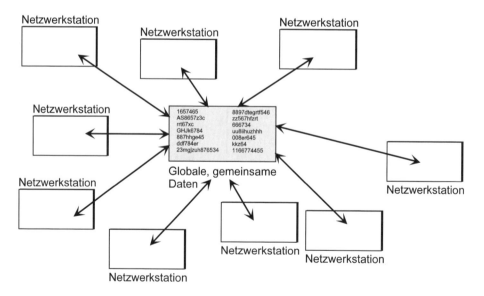

Abbildung 10-4: Globale Daten im Netzwerk

---

[137] Resp. gemäß der Priorität im Echtzeitbetriebssystem.
[138] Public Data genannt.

10.2.5 Globaler Clock

Die meisten heutigen Netzwerkstationen enthalten eine Systemzeit (System Clock), welche z. B. durch eine quarzgesteuerte Digitaluhr implementiert ist. Diese Systemuhr wird hie und da durch einen menschlichen Eingriff oder durch eine Time-Message von einem zentralen System aus gerichtet. Diese Systemuhren haben Abweichungen von bis zu einigen Sekunden pro Tag und können innerhalb des Netzwerkes um mehrere Minuten voneinander abweichen.

In dezentralen Systemen genügt eine solche Zeitbasis vielfach nicht: Man muss dann eine systemweite, synchronisierte Zeitbasis (**Abbildung 10-5**) einführen. Eine solche Zeitbasis wird *Global Clock* genannt und hat die folgenden Eigenschaften[139]:

- Absolute Genauigkeit (synchronisiert ab einem Zeitnormal, z. B. einer Atom-Funkuhr),
- Hohe Auflösung (z. B. 20 ... 50 µs Tick-Rate).
- Guter Gleichlauf *aller* Uhren im Netzwerk (max. Abweichung/Jitter z. B. 100 µs).
- Ständige Überwachung und Angabe des Zustandes synchron/asynchron (damit die Anwendungssoftware die Information besitzt, ob die globale Zeit korrekt ist).

Die Implementatierung eines globalen Clocks ist keine triviale Aufgabe (eine Time-Message von einem zentralen Clock an alle Stationen genügt bei Weitem nicht mehr!), da das Netzwerk ungleiche und nicht konstante Laufzeiten zwischen den einzelnen Stationen aufweist. Für die Realisierung des globalen Clocks sind aufwändige Protokolle entwickelt worden, z. B. das Network Time Protocol NTP ([23], [RFC1119], [RFC1129]) und TTP ([65]).

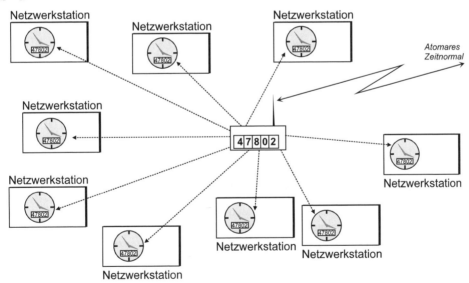

Abbildung 10-5: Globaler Clock in einem Netzwerk (Systemweite synchrone Zeitbasis)

---

[139] Die genannten Zahlen sind Beispiele aus einer anspruchsvollen, dezentralen Industriesteuerung.

10.3 Event-Triggered- und Time-Triggered-Architekturen

Echtzeitsysteme – wie eine Steuerung in der Industrieautomation – sind dadurch gekennzeichnet, dass sie unter allen Betriebsbedingungen rechtzeitig und korrekt auf die externen Ereignisse reagieren (vgl. Beispiel 2-1). Dies bedeutet, dass die *Verarbeitungsprogramme* in den Netzwerkknoten (= dezentrale Steuerungsprogramme) ebenfalls rechtzeitig ausgeführt werden müssen. Als Anstoss für die Ausführung eines Steuerungsprogrammes (= Task Scheduling) können die folgenden Quellen dienen:

- Ein **Ereignis** (Änderung eines Prozesssignales, Überschreiten eines Grenzwertes, Eintreffen einer Message, Auftreten eines Fehlers, Operatoreingriff etc.). Derartige ereignisgesteuerte Systeme werden *Event[140] Triggered* genannt.
- Zeitpunkte des **globalen** *Clocks*. Dank des systemweit synchronisierten Zeitrasters können Verarbeitungen (Tasks) in den Netzwerkstationen gleichzeitig gestartet und parallel ausgeführt werden. Derartige, vom Global Clock gesteuerte Systeme werden *Time-Triggered* genannt.
- Zeitpunkte des **lokalen** *Clocks*. Periodische Ausführung von Tasks in den einzelnen Netzwerkknoten, unabhängig von den Tasks in den anderen Netzwerkknoten. Die Zeitpunkte des lokalen Clocks werden dabei wie Ereignisse betrachtet[141].

Daraus resultieren zwei grundsätzliche Echtzeit-Grundarchitekturen: die *Event-Triggered-Architekturen* (Abschnitt 10.3.1) und die *Time-Triggered-Architekturen* (Abschnitt 10.3.2). Alle in 10.2 beschriebenen dezentralen Software-Mechanismen eignen sich sowohl für die Event-Triggered Architekturen, wie auch für die Time-Triggered-Architekturen. Im bestimmten Anwendungsfall können die optimal geeigneten Mechanismen gewählt und eingesetzt werden: Die entsprechende „Mischarchitektur" kann durch das Auffüllen einer Tabelle beschrieben werden (*Leere* Mustertabelle in der **Tabelle 10-1** dargestellt).

Tabelle 10-1: Klassifikation der Elemente dezentraler Software (Leere Mustertabelle)

	Message-Passing	Global Data	RPC/RMI	Task Scheduling
Event-Triggered (ereignisgesteuert)				
Time-Triggered (zeitgesteuert)				

10.3.1 Dezentrale Event-Triggered Architektur (ETA)

Event-Triggered-Architekturen (= ETA) sind die klassischen Softwarestrukturen. Die *Ereignisse*, die ein Verarbeitungsprogramm anstoßen, sind vielfältig. Dazu gehören z. B. die Änderung eines Prozesssignales, das Überschreiten eines Grenzwertes, das Eintreffen einer Message, das Auftreten eines Fehlers, ein Operatoreingriff, ein Time-Out (= erwartetes Ereignis nicht eingetreten) usw. Ereignisse werden häufig als Interrupts (Peripherie-Interrupt, Timer-Interrupt etc.) implementiert. Auf Grund des lokalen Clocks

---

[140] Der englische Ausdruck *Event* (= Ereignis) wird jetzt auch häufig in deutschen Texten verwendet.

[141] Der Begriff *Time-Triggered* bezieht sich ausschließlich nur auf den *globalen* Clock, d. h. auf die Möglichkeit, Verarbeitungen und Datenübertragungen in geografisch getrennten Netzwerkstationen exakt (innerhalb des Gleichlaufes des globalen Clocks) durchzuführen.

ausgeführte periodische Tasks gehören ebenfalls in die Kategorie der Event-Triggered-Architekturen.

10.3.2 Dezentrale Time-Triggered Architektur (TTA)

Time-Triggered Architectures (TTA) oder zeitgesteuerte Architekturen sind erst durch zuverlässige, relativ exakt synchronisierbare[142] Zeitbasen in den einzelnen Netzwerkstationen möglich geworden. Dank des globalen Clocks wird es möglich, Aktivitäten im Netzwerk – wie Start einer Verarbeitung, Durchführung eines Datentransfers etc. – gleichzeitig[143] durchzuführen. Ebenso wichtig ist aber die Möglichkeit, in Time-Triggered Architectures zu erkennen, dass eine erwartete Aktivität einer anderen Netzwerkstation nicht stattgefunden hat. TTAs sind daher für *sicherheitsrelevante Systeme* besonders gut geeignet (vgl. [65], [103], [N-51]).

Die meisten dezentralen Softwarearchitekturen die heute eingesetzt werden, benutzen eine Mischung der Software-Mechanismen auf der Basis Event-Triggered und Time-Triggered.

10.4 Beispiele von dezentralen Softwarearchitekturen

Aus der grossen Vielfalt der möglichen dezentralen Softwarearchitekturen sind im Folgenden einige typische Beispiele aufgeführt.

10.4.1 Dezentrale SPS im asynchronem Betrieb

Die dezentrale SPS (Speicherprogrammierbare Steuerung) im asynchronen Betrieb entspricht der ersten Generation von dezentralisierten Industriesteuerungen. Dabei werden die folgenden Softwaremechanismen benutzt:

- Message-Passing: Event-Triggered.
- Global Data: Event-Triggered.
- Ereignisse (ankommende Messages und lokale Interrupts): Event-Triggered.
- Task Scheduling: Event-Triggered (Schleife und periodische Tasks).

Die Funktionsweise ist in der **Abbildung 10-6** dargestellt, und zwar vereinfacht für nur zwei SPSen im Netzwerk: Eine SPS „A" und eine SPS „B". Jede der SPSen arbeitet ihren eigenen – zeitlich variablen – Zyklus ab. Der Zyklus kann durch Ereignisse (lokale Interrupts, ankommende Messages mit hoher Priorität und periodische Tasks[144]) kurzzeitig unterbrochen werden, um die Interruptverarbeitung durchzuführen.

Der *dezentrale Betrieb* zeichnet sich durch die folgenden Merkmale aus:

- Am Anfang jedes Zyklus werden die lokalen Prozesssignale von den Sensoren eingelesen.
- Am Ende jedes Zyklus werden die lokalen Prozesssignale an die Aktoren übergeben.
- Am Ende jedes Zyklus werden die für die anderen SPSen bestimmten Daten (Public Data) über Broadcast verschickt.

---

[142] Maximale Gleichlaufabweichung in Netzwerk z. B. 100 μs.
[143] D. h. innerhalb der Gleichlaufabweichung (z. B. max. 100 μs).
[144] Durch den *lokalen* Clock gesteuert.

- Am Anfang jedes Zyklus werden die von den anderen SPS'en verschickten, globalen Daten eingelesen und stehen für den Verarbeitungszyklus zur Verfügung,
- Innerhalb des Zyklus kann jederzeit eine Message an eine andere SPS verschickt werden: diese kann asynchron empfangen werden oder kann eine Interrupt-Behandlungsroutine im Empfänger anstoßen.

Aus der Abbildung 10-6 ersieht man die Folgen der asynchronen („freilaufenden") Arbeitsweise der einzelnen SPSen im Netz: Die Zyklen haben ungleiche und nicht-konstante Zeitdauern und die globalen Daten werden zu verschiedenen Zeiten abgeschickt und empfangen. Eine genaue Synchronisation von Verarbeitungsschritten ist nur über Messages möglich, und dies auch nur innerhalb der vom Netzwerk bestimmten Laufzeitungenauigkeit (Transmission Jitter).

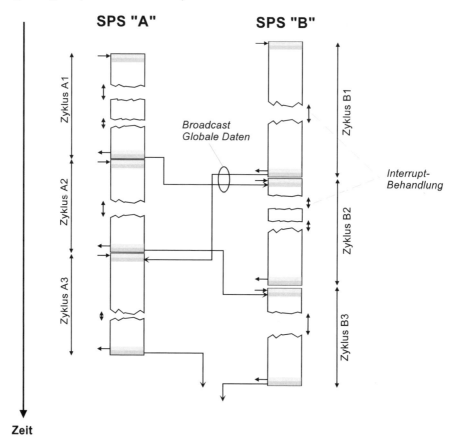

Abbildung 10-6: Dezentrale SPS im asynchronen Betrieb

10.4.2 Dezentrale SPS im synchronen Betrieb

Die dezentrale SPS im synchronen Betrieb [N-43] ist ein gutes Beispiel für eine Time-Triggered Architecture ([65]). Die grundsätzliche Funktionsweise – vereinfacht auf zwei SPSen „A" und „B" im Netzwerk – ist in der **Abbildung 10-7** dargestellt. Jede der SPSen hat *zwei* Zyklen, einen R-Zyklus und einen S-Zyklus. Alle R-Zyklen und alle S-Zyklen in allen SPS'en im Netzwerk werden vom globalen Clock zur gleichen Zeit angestoßen und laufen daher (innerhalb der Gleichlaufabweichung) exakt zur gleichen Zeit an.

Der R-Zyklus ist ein langsamer Zyklus (Zykluszeit z. B. 50 ms) der S-Zyklus ist ein schneller Zyklus (Zykluszeit z. B. 5 ms). Dank dem globalen Clock werden alle Prozesssignale zur gleichen Zeit am Anfang des jeweiligen Zyklus eingelesen[145] und ebenfalls am Anfang des jeweiligen Zyklus werden die globalen Daten (Public Data von allen SPSen im Netzwerk) verschickt und empfangen[146]. Die Verarbeitung im Zyklus beruht dadurch auf gleichzeitig erfassten, anlagenweit konsistenten Daten. Am Schluss jedes Zyklus werden die lokalen Prozesssignale an die lokalen Aktoren ausgegeben.

Der R-Zyklus kann durch Ereignisse (lokale Interrupts, ankommende Messages mit hoher Priorität) kurzzeitig unterbrochen werden, um die Interruptverarbeitung durchzuführen. Ebenso kann innerhalb eines Zyklus jederzeit eine Message abgeschickt werden, welche in der empfangenden SPS eine Interruptverarbeitung auslösen kann.

Der Vorteil des synchronen Betriebes liegt darin, dass die Abläufe in allen SPSen (oder allgemeiner: In allen Netzwerkknoten) zeitlich synchronisiert, parallel ablaufen. Diese Parallelität ist durch die Softwarearchitektur gegeben und muss nicht vom Programmierer durch Synchronsationsmessages erzwungen werden. Eine solche Time-Triggered Architecture benötigt nicht nur ein schnelles Übertragungssystem mit QoS, sondern auch schnelle, leistungsfähige Rechner in den einzelnen SPSen. Aus Abbildung 10-7 sieht man, dass in der SPS „A" eine Zeitreserve von τ_A und in der SPS „B" eine Zeitreserve von τ_B vorhanden ist (= ungenutzte Zeit vor dem Anlaufen des nächsten R-Zyklus). Diese Zeitreserve ist nicht in jedem Zyklus gleich, sondern hängt von der Dauer der S-Zyklen und von der Anzahl und Dauer der Interruptbehandlungen ab.

10.4.3 Dezentrales Objektsystem

Dezentrale Objekte (resp. dezentrale Komponenten, dezentrale Businessobjekte) bilden heute (im Jahre 2000) bei kommerziellen Systemen den Stand der Technik: Alle modernen Transaktions- und E-Commerce Systeme werden auf der Basis von dezentralen Objekt-Technologien definiert, modelliert und implementiert ([89], [90], [94], [95], [102]). Die auf der kommerziellen Seite mit enormem Aufwand dafür entwickelten Entwicklungswerkzeuge, Middleware-Plattformen ([92], [93], [125]) und Internet-Technologien werden in der Zukunft auch in der Industrieautomation Einzug halten.

Software für die Industrieautomation – wie auch die Kommunikationssysteme – unterscheidet sich in einem zentralen Punkt von der Software für kommerzielle Systeme: In der strikten und erbarmungslosen *Echtzeitfähigkeit*. Kommerzielle Verfahren, Methoden und Werkzeuge lassen sich deshalb nicht direkt für Steuerungssoftware nutzen.

---

[145] Es werden nur die im entsprechenden Zyklus tatsächlich benötigten Signale aus dem Prozess eingelesen.

[146] Das Verschicken der Global Data wird in den einzelnen SPS'en ebenfalls durch den globalen Clock ausgelöst, sodass gleichzeitiges Senden (Kollisionsgefahr) vermieden wird.

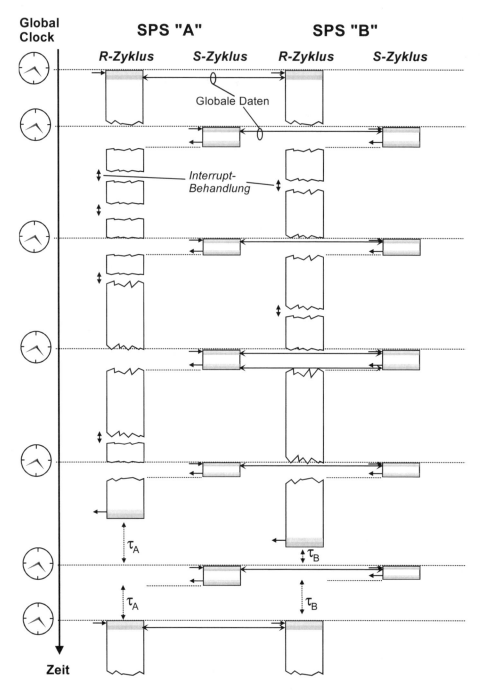

Abbildung 10-7: Dezentrale SPS im synchronen Betrieb (Time-Triggered Architecture)

10.4 Beispiele von dezentralen Softwarearchitekturen

Von vielen Anbietern und Anwendern werden zur Zeit große Anstrengungen unternommen, die vorhandenen (und bewährten) Methoden, Modelle und Werkzeuge für die Echtzeitanwendungen nutzbar zu machen[147].

Der zentrale Begriff ist dabei das *Objekt*: Ein Objekt ist ein (abstrahiertes) Modell eines Gegenstandes oder eines Konzeptes aus der Anlage ([89], [102]). Typisches Beispiel für ein Objekt in der Industrieautomation ist der Sensor.

Beispiel 10-1: Lichtschrankensensor als Objekt

Der klassische Lichtschrankensensor gibt ein binäres Signal „ON"/"OFF" ab. Das Objektmodell erlaubt intelligente Sensoren, z. B. einen Lichtschrankensensor gemäß **Abbildung 10-8**. Dieser Sensor hat nicht nur die übliche Schaltschwelle, sondern verfolgt den Lichtverlauf. Der Sensor kennt den korrekten Lichtverlauf und kann Abweichungen davon (z. B. infolge von Verschmutzung, von Alterung der Lichtquelle, durch Verschiebung der Justierung etc.) selbstständig erkennen und diese der Steuerung melden, bevor der Sensor ausfällt. Diese Technik wird *Pre-Failure Diagnosis*[148] genannt und hat in großen Anlagen einen enormen Einfluss auf die Betriebssicherheit, da Elemente in der Anlage ersetzt werden können, bevor sie ausfallen und Produktionsunterbrüche verursachen.

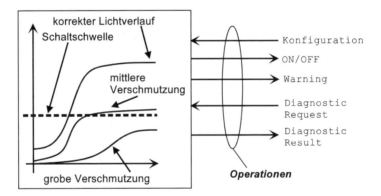

Abbildung 10-8: *Lichtschrankensensor als dezentrales Objekt*

Der Sensor präsentiert sich als Objekt mit fünf Operationen (vgl. Abbildung 10-8). Diese Operationen können z. B. über Message-Passing oder RMI verwendet werden. Jedes Objekt hat einen eindeutigen Namen und kann von den Steuerungsprogrammen (oder von anderen Objekten) unabhängig von ihrer Lage im Netzwerk angesprochen werden.

Objektbeziehungen

Bei dezentralen Objektsystemen geht man davon aus, dass das unterliegende Kommunikationssystem derart schnell ist, dass die Kommunikation zwischen Objekten „zeitverzugslos" – d. h. mit Übertragungszeiten die weit unter den für die Anwendung kritischen Zeiten liegen – möglich ist. Jedes Objekt im System kann damit zu irgend einer Zeit ein anderes

---

[147] Wobei es zweifellos noch einige Jahre dauern wird, bis sich die dezentrale Objekt-Technologie in der Industrieautomation durchgesetzt hat.

[148] Fehlererkennung und Warnung *vor* dem Ausfall.

Objekt im Netzwerk ansprechen oder seine Leistungen beanspruchen (Idee des systemweiten *Objekt-Busses*, vgl. Abbildung 9-18).

Die Programmierung einer Steuerungsaufgabe besteht darin, die geeigneten Objekte auszuwählen[149], ihre Verknüpfungen zu definieren und ihre zeitlichen Ablaufbedingungen zu formulieren. Dies geschieht bei modernen Werkzeugen über eine visuelle Programmieroberfläche (z. B. [N-48]).

Beispiel 10-2: Aufzugssteuerung

Als Beispiel für die Darstellung einer Steuerung als dezentrales Objektsystem wird eine Aufzugssteuerung[150] betrachtet (aus [101]): Es handelt sich dabei um ein Gebäude mit 20 Stockwerken und mit 8 parallelen Aufzügen. Alle wichtigen Elemente des Systemes sind in der **Abbildung 10-9** als Objekte dargestellt (Etliche Vereinfachungen eingeführt).

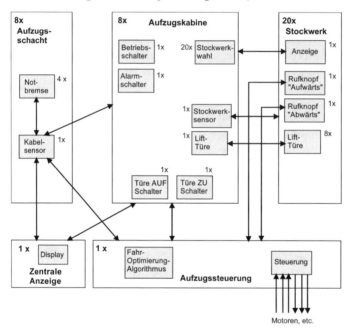

Abbildung 10-9: Aufzugssteuerung als dezentrales Objektsystem

Abbildung 10-9 ist stellt einen ersten, übersichtsmäßigen Entwurf für das dezentrale Objektsystem „Aufzugssteuerung" dar. Die Abbildung ist weitgehend selbsterklärend, was für die Kraft der Objektdarstellung spricht. Die meisten der Objekte können in weiteren

---

[149] In näherer Zukunft werden die Lieferanten von Sensoren, Aktoren etc. den Programmcode für das zugehörige Objektmodell mitliefern, d. h. als wiederverwendbare Softwarekomponenten anbieten.

[150] Eine Aufzugssteuerung ist kein *hartes* Echtzeitsystem – sie eignet sich aber gut als anschauliches Beispiel.

Anwendungen direkt und ohne Modifikation wiederverwendet werden, was die „Produktion" der Software für Aufzugssteuerungen ganz wesentlich zeitlich verkürzt, kostengünstiger gestaltet und erhöhte Qualität ergibt.

Vergleich mit SPS-Programmierung

Der kurze Abschnitt 10.4.3 (Dezentrale Objektsysteme) wurde eingefügt, um die in der Zukunft bedeutende – und durch schnelle, durchgängige Industrienetzwerke möglich gemachte – Einführung neuer Softwarearchitekturen aufzuzeigen. Die Denkweise weicht von den Prozesssignalen und deren Verknüpfung mit Programmiersprachen wie z. B. IEC-1131 ([N-49]) oder Rechnerhochsprachen (C, Java) ab und geht in Richtung wiederverwendbarer Objekte (= Automation Components).

10.5 Integration in unternehmensweite Netzwerke

Unternehmen stehen heute unter dem zunehmenden Druck, schneller, individueller, kostengünstiger und mit immer höherer Qualität zu produzieren und ihre Güter ebenfalls schneller, billiger und gezielt zu ihren Kunden zu bringen. Aus diesem Grunde werden viele Unternehmen reorganisiert und deren Geschäftsprozesse werden optimiert. Wichtige Grundlage für diese Optimierungen ist der Datenfluss im Unternehmen und mit den äußeren Partnern des Unternehmens – also die Vernetzung. Die Vernetzung ermöglicht einen Datenfluss – und damit Planung und Entscheidungen – in Echtzeit, sowie eine sehr enge und gegenseitig hilfreiche Zusammenarbeit zwischen dem Unternehmen, seinen Kunden und Lieferanten, und seinen Dienstleistern. Nicht zuletzt spielt auch das Internet in diesen Geschäftsprozessen eine immer größere Rolle (**Abbildung 10-10**).

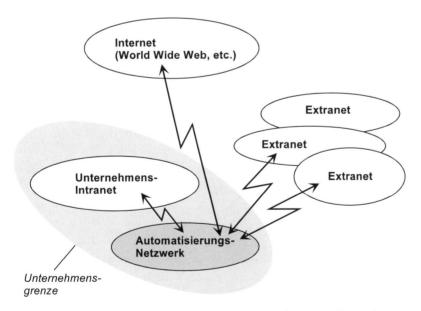

Abbildung 10-10: Integration des Automatisierungsnetzwerkes in das Unternehmensnetzwerk

Ethernet-TCP/IP schafft die Basis für diese Datenintegration: Das Automatisierungsnetzwerk kann nahtlos mit dem eigenen Unternehmensnetzwerk (Intranet), den Unternehmensnetzwerken von Kunden und Lieferanten (Extranets) und dem Internet gekoppelt werden[151]. Dadurch lassen sich unternehmensübergreifend optimierte Workflow-Systeme implementieren (vgl. ([N-50], [89]).

Ausgewählte Literatur zu Kapitel 10:

Kopetz, Hermann: **Real-Time Systems – Design Principles for Distributed Embedded Applications**. (Literaturverzeichnis [125])
Das zentrale Thema dieses Lehrbuches ist die Time-Triggered Architecture in dezentralen Systemen. Der Autor beginnt mit einer sehr guten Einführung in die Problemstellung der dezentralen Echtzeit-Systeme und behandelt anschließend die zwei grundsätzlichen Paradigmen: Event-Triggered Architectures (Ereignisgesteuerte Systeme) und Time-Triggered Architectures (Zeitgesteuerte Systeme) und untersucht die Frage, welches Paradigma für zuverlässige Systeme – speziell im Hinblick auf sicherheitsrelevante Anwendungen – besser geeignet ist. Er kommt zum Schluss, dass nur eine Time-Triggered Architecture die entsprechende Basis bieten kann und beschreibt in den weiteren Kapiteln das grundlegende Protokoll TTP, die Probleme beim Unterhalt einer globalen, exakten Zeitbasis und gibt am Schluss Hinweise für den Entwicklungsprozess von Anwendungen.

Douglass, Bruce, Powel: **Doing Hard Time – Developing Real-Time Systems with UML, Objects, Frameworks, and Patterns** (Literaturverzeichnis [126])
Die vier Begriffe UML (= Unified Modeling Language), Objects (Objekte), Frameworks (Rahmenwerke) und Patterns (Lösungsmuster) umfassen das zentrale Thema modernster Softwareentwicklung. Die gemeinsame Benutzung dieser Begriffe zur Entwicklung von Echtzeitsystemen ist eine Technologie, die sich sehr stark entwickelt. Sie erlaubt modulare, überschaubare, dezentrale und wartbare Systeme. Der erfahrene Autor stellt in diesem umfassenden Werk (750 Seiten) den derzeitigen Stand der Technik dar. Das Buch eignet sich sowohl als Einführung (Teil 1: The Basics), wie auch als ausführliches Lehrbuch (Teil 2: Analysis, Teil 3: Design, Teil 4: Advanced Real-Time Modeling). Diese neuen Programmiertechniken werden noch eine gewisse Zeit benötigen, bis sie sich in der Industrieautomation durchsetzen (werden aber in dezentralen kommerziellen Systemen bereits sehr häufig verwendet).

---

[151] Mit gebührender Beachtung der Sicherheitsaspekte (vgl. Kapitel 11).

11 Sicherheit in industriellen Netzen

Die Vernetzung in der Industrieautomation bringt gewaltige Vorteile. Leider entsteht durch die Netzwerke aber auch eine neue Gefahr: Die Bedrohung von Daten, Programmen und Ressourcen durch Eingriffe von außen durch Dritte. Diese Bedrohung reicht von unbeabsichtigten Fehlern über absichtliche Manipulation oder Zerstörung von Daten und Programmen, bis hin zu blanker Computerkriminalität – wie z. B. Störung der Produktion, Lahmlegung der Anlage, Diebstahl von Rezepten, Veränderung von Qualitätssicherungsdaten, Beschaffung von Information über Herstellungsprozesse usw.

Die Angriffstechniken auf Netzwerke und Rechner haben heute eine ungeheure Kraft und Vielfalt erreicht. Die Erarbeitung und die konsequente Durchsetzung eines wirksamen Sicherheitskonzeptes sind heute für vernetzte Systeme eine absolute Notwendigkeit. Die potenziellen Schäden (im materiellen, informationstechnischen und juristischen Bereich) bei einem erfolgreichen Angriff sind erschreckend – und vielfach im voraus kaum abschätzbar.

Dieses Kapitel gibt eine Einführung in die Bedrohungen bei industriellen Netzwerken, zeigt die verfügbaren Sicherheitsmechanismen auf und erklärt das Vorgehen bei der Erarbeitung eines Sicherheitskonzeptes.

11.1 Sicherheitsbegriff in der Industrieautomation

11.1.1 Abgrenzung des Sicherheitsbegriffes

Der Begriff „Sicherheit" hat in der Industrieautomation drei verschiedene Bedeutungen (**Abbildung 11-1**):

1. **Sicherheitstechnik**: Man versteht darunter alle Maßnahmen in der Steuerung, den Programmen, der Installation und in der Bedienung zur Vermeidung von gefährlichen Anlagenzuständen. Ziel der Sicherheitstechnik ist der Schutz von Personen, der Anlage, von Material und der Umwelt. Man erreicht dies mit speziell gebauten und geprüften Systemen (Sicherheitsnormen).

2. **Betriebssicherheit**: Die Gewährleistung der Betriebssicherheit umfasst alle Maßnahmen zur Aufrechterhaltung der Funktionsfähigkeit der Anlage auch bei Teilausfällen, also beim Ausfall von Rechnern, Interfaces, Kommunikationsstrecken etc. Man kann dadurch Betriebsunterbrüche und Produktionsausfälle vermeiden.

3. **Netzwerksicherheit**: Dieser Begriff umfasst die Abwehr bei der Bedrohung von Daten, Programmen und Ressourcen durch Eingriffe über das Netzwerk von außen durch Dritte. Diese Bedrohung reicht von unbeabsichtigten Fehlern über absichtliche Manipulation oder Zerstörung von Daten und Programmen, bis hin zu blanker Computerkriminalität – wie z. B. Störung der Produktion, Lahmlegung der Anlage, Diebstahl von Rezepten, Veränderung von Qualitätssicherungsdaten, Beschaffung von Information über Herstellungsprozesse usw.

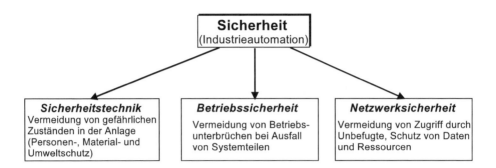

Abbildung 11-1: Sicherheitsbegriff in der Industrieautomation

Dieses Kapitel beschreibt ausschließlich die Netzwerksicherheit. *Sicherheitstechnik* wird in diesem Buch nicht behandelt, *Betriebssicherheit* wird im Kapitel 12 (Redundanz und Fehlertoleranz) kurz betrachtet.

11.1.2 Netzwerk- und Rechnersicherheit

Die Sicherheit von Netzwerken und der am Netzwerk angeschlossenen Rechner (= Netzwerkknoten) ist untrennbar: Wenn man von *Netzwerksicherheit* spricht, meint man daher auch immer die Computersicherheit[152]. Die Netzwerk-/Computersicherheit umfasst drei Bereiche:

1. Sicherung der Daten und Programme gegen *physische Zerstörung* (Pannen von Rechner- oder Speicherhardware, Feuer-/Wasserschäden, mutwillige oder unabsichtliche Zerstörung, Datenverlust durch Programmfehler etc.),
2. Sicherung der *Ressourcen*,
3. Sicherung der Daten und Programme gegen Angriffe über die Kommunikationssysteme[153].

Die erste Gefahr muss durch ein *Datensicherungskonzept* abgefangen werden: Datensicherungskonzepte beruhen auf dem regelmäßigen Kopieren – täglich, stündlich oder nach jeder Veränderung – aller wichtigen Daten auf einen abgesetzten Datenträger (Tape, CD-ROM oder Files auf einem speziellen Netzwerkserver). Der Save-Datenträger muss sich physisch an einem anderen Ort befinden um nicht der *gleichen* Gefährdung durch mögliche Feuer-/Wasserschäden zu unterliegen (Backup-Server in einem anderen Gebäude oder sofortiges Auslagern des Save-Datenträgers an einen sicheren Ort). Massnahmen gegen physische Zerstörung und Verlust von Daten sollen hier nicht weiter betrachtet werden. Dieses Problem darf aber nicht unterschätzt werden, umfasst es doch z. B. auch eine disziplinierte Versionenverwaltung – d. h. die jederzeitige, zweifelsfreie Kenntnis, welche Softwareversionen auf welchen Netzwerkknoten (Steuerungen, HMI's etc.) laufen.

---

[152] D. h. das Erkennen und Beheben von Sicherheitslücken in Betriebssystem, Kommunikationstreibern, Datenbanken, Anwendungsprogrammen etc. in den Netzwerkrechnern (PC's, Workstations, Steuerungen, Industrial PCs etc.).

[153] Im weitesten Sinne gehören dazu auch die Gefahren beim Austausch von Datenträgern (Disketten, CD-ROMs, Tapes etc.). Auch diese stellen sehr große Gefahren für die Sicherheit des einzelnen Rechners und des Rechnerverbundes dar.

Die zweite Gefahr umfasst einerseits die Behinderung oder Stilllegung der Funktion des Netzwerkes oder von Netzwerkknoten[154] und andererseits die illegale Benutzung von Ressourcen (Rechnerleistung, Diskkapazität, Kommunikationsfunktionen etc.). Die dritte Gefahr schließlich bezieht sich auf die unautorisierte Beschaffung, Veränderung, Zerstörung und Beeinflussung von Daten und Programmen in den Netzwerkknoten. Maßnahmen der Netzwerksicherheit stellen sich diesen beiden Gefahren entgegen.

11.1.3 Messung der Sicherheit

Immer wieder gestellte Fragen sind „Wie sicher ist mein Netzwerk", „Wie kann ich meine Netzwerksicherheit messen?" und „Wie garantiere ich die Wirksamkeit meiner Sicherheitsmechanismen?". Man möchte hier ein *Maß* für die Sicherheit anwenden. Leider kann die Netzwerksicherheit *nicht* gemessen oder garantiert werden. Es ist zwar möglich, für *einzelne* Sicherheitsmechanismen (z. B. kryptografische Algorithmen oder kryptografische Protokolle [100]) die Sicherheit nachzuweisen: Die Netzwerksicherheit ist aber ein komplexes Zusammenspiel einer Vielzahl von einzelnen Komponenten und Sicherheitsmechanismen – und wie in vielen Fällen bestimmt auch hier das schwächste Glied, resp. eine Kombination von schwachen Gliedern, den Grad der Sicherheit. In diesem Zusammenhang sind zwei Grundsätze wichtig:

1. Es gibt *keine* absolut sicheren Systeme. Jedes System hat Sicherheitslücken, die mit entsprechendem Aufwand gefunden und ausgenutzt werden können. Ziel der Sicherheitsmechanismen ist es, einerseits den Aufwand eines Angreifers hoch zu treiben und andererseits die Wirkung eines erfolgreichen Angriffes zu minimieren.
2. Die Sicherheit ist nicht statisch: Es werden täglich neue Sicherheitslücken erkannt, publiziert und ausgenutzt. Ohne disziplinierte Wartung der Sicherheit[155] nimmt deshalb der Grad der Sicherheit im Netzwerk dauernd ab. Die Gewährleistung der Sicherheit entspricht einer richtigen Hetzjagd zwischen Angreifern und den Sicherheitsbeauftragten!

Zur Beurteilung der Sicherheit kann man auf anerkannte Verfahren zurückgreifen, z. B. auf die *Information Technology Security Evaluation Criteria* ITSEC ([N-53], [109]) oder auf die *Common Criteria for Information Technology Security Evaluation* CC ([N-54], [N-55], [109]). Es ist auch möglich, sein IT-System von einer spezialiserten Firma gemäß diesen Kriterien zertifizieren zu lassen. Dies hat im kommerziellen Umfeld eine gewisse Bedeutung, für Automatisierungsnetzwerke ist dies aber nicht sinnvoll.

Ein wichtiger Aspekt ist, dass die Anforderungen von Benutzerfreundlichkeit und von Sicherheit gegenläufig sind: Hohe Sicherheit ist mit niedriger Benutzerfreundlichkeit verbunden (Strikte, aufwändige Prozeduren) und gute Benutzerfreundlichkeit hat i.A. eine tiefe Sicherheit zur Folge. Bei der Definition der Sicherheitsstrategie und der Sicherheitsmechanismen (Abschnitt 11.5) muss dies berücksichtigt werden: Falls die eingeführten Sicherheitsprozeduren die Benutzer an der effizienten Arbeit hindern, werden sie versuchen, diese zu umgehen. Die Benutzer müssen von den Sicherheitsprozeduren überzeugt sein und diese akzeptieren.

---

[154] Z. B. die negative Beeinflussung der Echtzeitfähigkeit des Automatisierungsnetzwerkes durch das Einspeisen einer größeren Anzahl von störenden Messages.

[155] Studien belegen, dass eines der größten Sicherheitsrisiken von alten Softwareversionen (mit weit herum bekannten Sicherheitslecks) stammt.

11.2 Sicherheitsbereiche

Eine der ersten Aufgaben bei der Sicherung eines Netzwerkes ist die Absteckung der *Sicherheitsbereiche*. Dabei definiert man exakt, welche Teile des Systemes (Netzwerkelemente, Netzwerkknoten, abgesetzte Terminals/PC's etc.) gesichert werden sollen – man bestimmt die Sicherheitsgrenze (den Sicherheitsperimeter). Elemente innerhalb des Sicherheitsperimeters[156] befinden sich im Sicherheitsbereich und müssen gemäß der Sicherheitsstrategie (vgl. Abschnitt 11.5) gesichert werden. Elemente ausserhalb des Sicherheitsperimeters gelten als nicht vertrauenswürdig und deren Zugang zum Sicherheitsbereich muss entsprechend kontrolliert (und verhindert) werden.

Beispiel 11-1: Sicherheitsbereiche bei einem Automatisierungsnetzwerk

Der Sicherheitsbereich in einem Automatisierungsnetzwerk[157] kann wie in **Abbildung 11-2** definiert werden. Der Sicherheitsbereich umfasst:

- Alle Elemente, die zur Steuerung, Überwachung und Führung der Anlage notwendig sind, d. h. das eigentliche Automatisierungsnetzwerk (vgl. Abschnitt 1.3).
- Programmiergeräte (meist Laptop-PC's mit den entsprechenden Entwicklungswerkzeugen und Kommunikationsschnittstellen zum Automatisierungsnetzwerk).
- Abgesetzte Workstations zur Remote Diagnose und Remote Wartung mit den entsprechenden Diagnoseprogrammen und Kommunikationsschnittstellen zum Automatisierungsnetzwerk.

Programmiergeräte und abgesetzte Workstations zur Remote Diagnose und für die Remote Wartung befinden sich *im* Sicherheitsbereich, weil sie einerseits sensitive Daten (z. B. Quellen der Steuerungsprogramme) speichern und andererseits privilegierten Zugang zu Funktionen des Automatisierungsnetzwerkes haben. Der Sicherheitsperimeter umfasst deshalb diese Funktionen, obwohl sie über das (unsichere) Internet oder über (ebenfalls unsichere) Telefon-Datenleitungen angekoppelt sind. Der Sicherheitsperimeter ist keine räumliche, sondern eine funktionale Grenze.

Nicht zum Sicherheitsbereich gehören (vgl. Abbildung 11-1):
- Das Unternehmens-Intranet (obwohl im gleichen Unternehmen!).
- Extranets von kooperierenden Unternehmen (Kunden, Lieferanten, Dienstleister, ...).
- Alle Zugriffe über das Internet (WWW., ftp. etc.).

Der Sicherheitsbereich muss exakt definiert und beschrieben werden. Dazu gehören vollständige Listen aller Netzwerkknoten, Netzwerkelemente und der abgesetzten Elemente.

---

[156] Man beachte, dass der Sicherheitsperimeter keine räumliche Grenze, sondern eine funktionale Grenze ist (vgl. Beispiel 11-1).

[157] Dies ist nur ein typisches *Beispiel*: Jede Anwendung hat ihren eigenen Sicherheitsbereich und ihren eigenen Sicherheitsperimeter.

11.3 Bedrohung

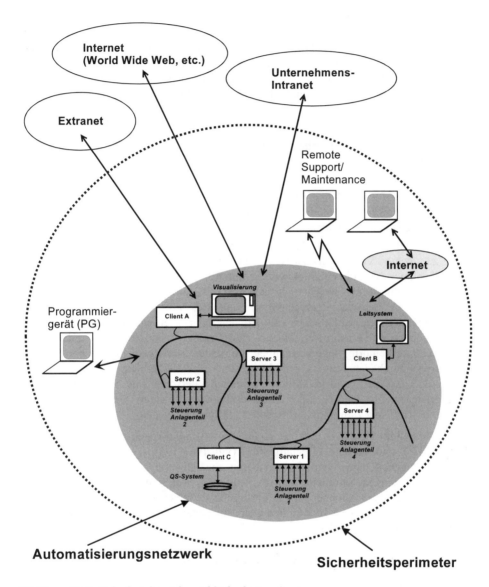

Abbildung 11-2: Sicherheitsbereiche und Sicherheitsperimeter

11.3 Bedrohung

11.3.1 Technische Bedrohung

In diesem Abschnitt wird ausschließlich die Bedrohung über das Netzwerk oder über angeschlossene Clients (Netzwerkknoten, Extranet, Internet) betrachtet. Leider besteht vielfach eine größere Bedrohung der Integrität eines Unternehmens – und seiner IT-Systeme – durch „klassische" Angriffe, wie z. B. durch das Abhören von Gesprächen in

Räumen oder in Telefonen durch Wanzen, durch das Aufzeichnen von (unchiffrierten) FAX-Übermittlungen, durch Kopieren von Unterlagen durch vertrauensunwürdige Angestellte oder Hilfspersonal (Putzmannschaft, Handwerker im Betrieb, Kunden oder Besucher, Einbruch) oder durch die Umgehung der Sicherheitsmechanismen durch die Benutzer. Bei vielen untersuchten Sicherheitslecks hat sich leider gezeigt, dass eigene Mitarbeiter willentlich oder unwissentlich beteiligt waren. Die Beeinflussung von Mitarbeitern zur Kollaboration bei Sicherheitsbrüchen ist leider manchmal die „billigste" und schnellste Methode und wird zynisch als *Social Engineering* ([118]) bezeichnet.

Die *Bedrohungsanalyse* ist ein sehr wichtiger Bestandteil des Sicherheitskonzeptes: Sie besteht aus zwei Teilen:

1. Welche *Personen* und mit welcher Motivation können ein Interesse haben, meinem IT-System oder meinem Unternehmen Schaden zuzufügen?
2. Welche *technischen* Möglichkeiten bestehen, um innerhalb meines Sicherheitsbereiches Schaden anzurichten?

Leider wird häufig nur der zweite Teil der Bedrohungsanalyse ausgeführt. Der erste Teil führt aber zum echten Verständnis der Bedrohung und damit auch zu wirksamen, gezielten Abwehrmaßnahmen (vgl. die eindrückliche Erzählung von Sherlock Holmes [127]): Dabei muss man sich überlegen, welchen potenziellen Angreifern das Sicherheitsdispositiv standhalten muss. Typische Personenkreise sind frustrierte (entlassene) Mitarbeiter, Konkurrenzunternehmen, Mitarbeiter von Kunden oder Lieferanten (mit privilegierter Information), potenzielle Erpresser, Hacker und Cracker (als „Hacker" werden nichtkriminelle Netzwerkeindringlinge bezeichnet: Sie richten im Allgemeinen keinen Schaden an und werden durch den Ehrgeiz getrieben, Netzwerkbetreibern ihre Überlegenheit zu demonstrieren. „Cracker" sind gefährliche, kriminelle Personen, die bewußt Schaden in den angegriffenen Netzwerken oder Netzwerkknoten anrichten wollen), industrielle Nachrichtenbeschaffung zum wirtschaftlichen Nachrichtendienst etc.

Eine (unvollständige) Übersicht über die *technischen* Möglichkeiten der Bedrohung ist in der **Tabelle 11-1** und **Tabelle 11-2** aufgeführt (vgl. [97], [98], [118]). Neue technische Bedrohungen tauchen täglich auf: Es existieren spezialisierte Stellen, welche die neu erkannten Bedrohungen sammeln, auflisten und in Newsletters oder Alerts[158] der Allgemeinheit oder ihren Abonnenten zur Verfügung stellen (z. B. [N-52], [N-56], [N-57], [N-58], [N-74]). Diese müssen vom Sicherheitsbeauftragten sofort gelesen, verstanden und gegebenenfalls umgesetzt werden.

11.3.2 Wahrscheinlichkeit eines Angriffes

Wie beurteilt man die Wahrscheinlichkeit eines Angriffes auf sein Netzwerk oder IT-System? Hier muss man zwei Szenarien unterscheiden:

Szenario A: Ein Angriff richtet sich *nicht* direkt gegen das eigene Netzwerk. Netzwerkknoten sollen nur dazu benutzt werden, um Angriffe auf Dritte durchzuführen (Typisch: DDoS-Attacks). Dabei werden häufig automatische Suchprogramme benutzt, welche ungeschützte Server finden und diese für ihre illegalen Zwecke missbrauchen.

---

[158] Die *CyberNotes* des NIPC ([N-52]) führt in der Ausgabe vom 2. Februar 2000 15 Seiten neu aufgetauchter Bedrohungen im Zeitraum der letzten zwei Wochen auf.

Tabelle 11-1: Übersicht über technische Angriffsmöglichkeiten (Teil 1)

Angriffstechnik	Wirkung	Funktionsweise	Bemerkungen
Virus	Zerstörung, Modifikation von Daten und Programmen.	Das Virusprogramm wird als verstecktes Programm eingeschleust.	Computerviren können sich fortpflanzen und über Netzwerke andere Rechner infizieren.
Trojanisches Pferd (Trojanische Programme)	Sehr weites Feld von Wirkungen, z. B. Ausspionieren von Passwörtern, kopieren und übermitteln von Files.	Ein Trojanisches Pferd ist ein Programm, das sich unbemerkt auf einem Netzwerkknoten installiert.	Trojanische Pferde können über E-Mail, Applets, Winword etc. verbreitet und installiert werden.
Denial of Service (= DoS) Distributed Denial of Service (= DDoS)	Der Rechner oder das Netzwerk kann seine primäre Funktion nicht mehr ausführen.	Durch Inhalt oder Anzahl von erhaltenen Messages wird der anvisierte Rechner derart überlastet, dass er extrem verlangsamt wird oder crasht.	
Illegales Hosting	Die eigene Rechner- und Netzwerkplattform wird zur Ausführung von fremden Programmen missbraucht.	Es gelingt dem Angreifer, ein ausführbares Programm zu installieren, welches anschließend ferngesteuert kontrolliert wird	z. B. beim Distributed Denial of Service werden ungeschützte Server als Plattformen für die Angriffsprogramme genutzt.
Flooding	Überschwemmen eines Rechners durch Messages.	Durch die große Anzahl von erhaltenen Messages wird der anvisierte Rechner derart überlastet, dass er extrem verlangsamt wird oder crasht.	Häufig werden ganz kurze Messages („Ping"-Message oder „SYN"-Messages) zum Flooding verwendet.
Spoofing	Fälschen der Source-Adresse im IP-Header.	Es wird ein falscher Absender vorgetäuscht.	Wird z. B. zur Durchdringung von Firewalls verwendet.
Sniffing	Mithören des Datenverkehrs auf der Leitung oder durch speziell auf dem Target illegal installierte Sniffer-Programme.	Ausspionieren von Adressen, Passwörtern, Inhalten etc.	
Ausnutzen von Lecks in Betriebssystemen	Zugriff auf Files, Programme und Ressourcen.	Über ein Sicherheitsleck im Betriebssystem gewinnt der Angreifer Zugang zum System wie ein autorisierter Benutzer.	Besonders gefährlich sind Angriffe auf der Systemebene (hohe Priorität und alle Zugriffsberechtigungen).

Tabelle 11-2: Übersicht über technische Angriffsmöglichkeiten (Teil 2)

Angriffstechnik	Wirkung	Funktionsweise	Bemerkungen
Buffer Overflowing	Nach Speicherüberläufen gelingt es, Programme zu installieren und auszuführen	Im angegriffenen Rechner wird durch Anzahl oder Inhalt der Messages ein Speicherbereichsüberlauf erzeugt	Dies ist ein Problem des Betriebssystemes oder der Kommunikationssoftware
Ausnutzen von Lecks in Hilfs- und in Anwendungsprogrammen (z. B. in Browser, Datenbank etc.)	Zugriff auf Files, Programme und Ressourcen, Installation von illegalen Programmen	Über ein Sicherheitsleck im Programm gewinnt der Angreifer Zugang zum System wie ein autorisierter Benutzer	Der Angreifer hat die gleiche Priorität und alle Zugriffsberechtigungen wie das undichte Programm
Heruntergeladene Programme als Teil einer dezentralen Netzwerkapplikation (Java Applets, ActiveX-Controls etc.)	Zugriff auf Files, Programme und Ressourcen, Installation von illegalen Programmen	Das downgeladene Programm führt nicht nur die erwartete Funktion aus, sondern noch eine Anzahl von illegalen Nebenfunktionen	Wird bereits benutzt, um Informationen über den Rechner des Benutzers zu gewinnen
Scanning	Auffinden von Sicherheitslecks in Betriebssystem, Kommunikationssoftware und Serversoftware	Ein Scanner-Programm sucht auf dem Zielserver alle Ports ab und identifiziert aktive Services und Sicherheitslecks	Häufig die erste Aktivität eines Angreifers
Passwortcracker	Cracker finden Passwörter oder ganze Passwortfiles auf dem Zielrechner	Über intelligente Suche, Absuchen oder Lecks im Betriebssystem wird Information über Passwörter erhalten	Sobald man im Besitz von Passwörtern ist, hat man Zugang wie die autorisierten Benutzer
Umkonfiguration	Switches, Routers oder Netzwerkrechner werden umkonfiguriert und erfüllen dadurch ihre primäre Funktion nicht mehr korrekt	Angriff über SNMP oder mit falschen Inter-Router Messages	Die Hilfsdienste des TCP/IP-Stacks sind leider in vielen Fällen schlecht geschützt
Broadcast-Angriffe	Das Netzwerk wird über Broadcast-Messages überlastet oder blockiert	Broadcast-Messages werden von Switches oder Routern vielfach an alle Ports weitergegeben und dadurch multipliziert sich der Verkehr	Moderne Switches und Router haben sog. Broadcast-Domains, welche die Vervielfachung mindestens hemmen

11.5 Planung der Sicherheit 251

Szenario B: Ein Angriff richtet sich *direkt* gegen die eigenen Server. Der Angreifer will bewusst Informationen manipulieren oder Schaden anrichten.

Die Wahrscheinlichkeit für das *erste* Szenario ist bei *ungeschützten* Servern relativ groß – Cyber-Kriminelle suchen immer häufiger fremde Server als Plattformen für ihre Aktivitäten, damit ihre wahre Identität nicht gefunden werden kann. Die Wahrscheinlichkeit für das *zweite* Szenario ist anwendungsspezifisch und muss aus dem ersten Teil der Bedrohungsanalyse abgeschätzt werden.

11.4 Sicherheitsmechanismen

Glücklicherweise stehen für den Schutz der IT-Systeme eine Reihe von wirksamen Sicherheitsmechanismen zur Verfügung (vgl. [100], [86], [110], [128], [129]). Die Sicherheitsmechanismen werden – parallel zu den Bedrohungen – ebenfalls ständig weiterentwickelt. Eine Übersicht über die technischen Sicherheitsmechanismen ist in der **Tabelle 11-3** bis **Tabelle 11-5** angegeben[159].

Bei der Implementierung von Sicherheitsmechanismen muss man auf kommerzielle Produkte zurückgreifen. Rechner- und Netzwerksicherheitstechnik ist heute ein eigenes, umfassendes Geschäftsgebiet geworden und eine Vielzahl von Firmen (Beispiele: [N-59] - [N-69][160]) arbeiten auf diesem Gebiet.

11.5 Planung der Sicherheit

Die Planung der Sicherheit ist ein detailliertes und anspruchsvolles Unterfangen. Für die Planung der Sicherheit haben verschiedene Institutionen gut durchdachte Vorgehensweisen vorgeschlagen (z. B. [99], [N-30]). Für die Sicherheit in industriellen Netzen bewährt sich eine Methodik, die aus den folgenden 7 Schritten besteht[161]:

1. Definition einer *Sicherheitsstrategie*[162] für das Unternehmen.
2. Festlegung der Systemabgrenzung und Erstellen einer Systembeschreibung.
3. Erfassung und Beschreibung der *Bedrohung*.
4. Ableitung der *Sicherheitsanforderungen*.
5. Festlegung der *Sicherheitsarchitektur* und Wahl der *Sicherheitsmechanismen*.
6. *Implementation* der Sicherheitsmechanismen.
7. Permanente *Überwachung*, Audit und Verbesserung der Sicherheitsvorkehren (1.-6.).

Sicherheit ist ein derart umfassendes und schnell änderndes Gebiet geworden, dass bei den meisten Unternehmen der Beizug externer, ausgewiesener Berater notwendig ist. Dabei gilt aber, dass die *Verantwortung* für die Sicherheit *immer* beim Unternehmen selbst verbleiben muss! Dies erfordert die Einführung entsprechender organisatorischer Strukturen mit den passenden Kompetenzen und Mitteln.

---

[159] Die Erklärung der Sicherheitsmechanismen ist in diesem Buch nicht geplant: Sie sind nur übersichtsmäßig aufgeführt. Es existiert eine reiche und gute Fachliteratur über Sicherheitsmechanismen und deren Anwendung (vgl. Literaturverzeichnis).

[160] Die angegebenen Beispiele stellen keine Empfehlungen dar, sondern geben dem Leser die Möglichkeit, den Einstieg in die kommerziellen Sicherheitsprodukte zu finden.

[161] Erweiterung von [99].

[162] Im kommerziellen Umfeld auch *Sicherheitspolitik* genannt.

Tabelle 11-3: Übersicht über technische Sicherheitsmechanismen (Teil 1)

Sicherheits-mechanismus	Wirkung	Funktionsweise	Bemerkungen
Virusschutzprogramm	Erkennt, blockiert und entfernt Viren (und z.T. auch trojanische Programme)	Alle Daten und Programme müssen vor deren Verwendung durch das Virenschutz-programm geprüft werden (inkl. E-Mails)	Virenschutzprogramme finden nur die ihnen bekannten Viren. Neu aufgetauchte Viren müssen dem Programm zuerst bekannt gemacht werden. Deshalb sind sehr häufige Updates unverzichtbar
Firewall	Steht zwischen dem eigenen Netzwerk und der Außenwelt und entscheidet bei jedem Datenpaket, ob es durchgelassen oder unterdrückt wird	Der Firewall analysiert jedes Datenpaket (in beide Richtungen) und entscheidet auf Grund von Konfigurations-tabellen über die Weiterleitung oder Unterdrückung des Datenpaketes	Firewalls existieren in sehr unterschiedlichen Leistungs- und Geschwindigkeits-klassen. Firewalls bilden die Grundlage der Netzwerksicher-heit
Chiffrierung der Daten (bei der Übermittlung, bei Speicherung auf dem Disk etc.)	Die Daten oder Programme werden über ein mathemati-sches Verfahren derart verschlüsselt, dass sie für Dritte nicht mehr verständlich sind	Das mathematische Verfahren (Kryptover-fahren) benutzt beim Sender und beim Empfänger Chiffrier-schlüssel. Ohne Kenntnis des Chiffrier-schlüssels sind die chiffrierten Daten und Programme wertlos	Moderne Kryptover-fahren sind sicher, Gefahren entstehen bei unsachgemäßer An-wendung. *Symmetrische* Ver-fahren benutzen den gleichen Chiffrier-schlüssel beim Sender und beim Empfänger. *Asymmetrische* Ver-fahren benutzen *ver-schiedene* Chiffrier-schlüssel für die Ver-schlüsselung (Sender) und für die Entschlüs-selung beim Empfänger und ermöglichen Public Key Kryptosysteme.
Benutzer-Authentifizierung	Die Identität eines Benutzers wird eindeutig etabliert	Der Benutzer identifi-ziert sich lokal[163]	Die Identifikation wird fälschungssicher über-mittelt (Kryptosystem)

---

[163] Schwache Identifikation: Passwörter. Stärkere Identifikation: Smart-Cards + Passwörter. Zuverlässige Identifikation: Biometrische Kennzeichen (Fingerkuppen-, Retinamuster etc.).

Tabelle 11-4: Übersicht über technische Sicherheitsmechanismen (Teil 2)

Sicherheits-mechanismus	Wirkung	Funktionsweise	Bemerkungen
Message-Authentifizierung	Die Herkunft einer Message wird eindeutig etabliert	Der sendende Rechner kennzeichnet die Message	Die Identifikation wird fälschungssicher übermittelt (Kryptosystem)
Server-Authentifizierung	Die Identität eines Servers wird beim ersten Zugriff eindeutig etabliert	Der Server schickt eine zuverlässige, fälschungssichere Identifikation	Die Identifikation wird fälschungssicher übermittelt (Kryptosystem) und ggf. von einer neutralen Stelle zertifiziert (CA)
Client-Authentifizierung	Die Identität eines Clients wird beim ersten Zugriff eindeutig etabliert	Der Client schickt eine zuverlässige, fälschungssichere Identifikation	Die Identifikation wird fälschungssicher übermittelt (Kryptosystem) und ggf. von einer neutralen Stelle zertifiziert (CA)
Digitale Zertifikate	Fälschungssichere Zertifikate zum Nachweis einer Identität	Eine vertrauenswürdige Stelle (= Certification Authority) bestätigt die Identität eines Benutzers, Servers, Message etc.	Der Zertifikatsinhaber muss sich nur einmal gegenüber der CA ausweisen. Alle weiteren Benutzer benutzen das von der CA ausgestellte digitale und fälschungssichere Zertifikat
Digitale Unterschriften	Fälschungssicherer Code zum Nachweis des Absenders und des Zeitpunktes einer Message	Die Message wird verschlüsselt und enthält zusätzliche Elemente	
Public Key Infrastructure (PKI)	Zentrale Stelle zur Verwaltung und Verteilung von Dechiffrierschlüsseln	Chiffrierschlüssel werden geheim gehalten. Dechiffrierschlüssel können publiziert werden	Ermöglicht durch die asymmetrischen Chiffrierverfahren
Zertifizierungsstelle (Certification Authority CA)	Vertrauenswürdige Ausgabestelle für fälschungssichere Identifikationszertifikate	Digitales Zertifikat = speziell verschlüsselte Message	Notwendige Infrastruktur für den Aufbau von sicheren Netzen mit unbekannten Partnern
Intrusion Detection	Erkennen von Einbruchsversuchen	Überwachung und Analyse aller Aktivitäten in Netzwerk	Automatische Programme

Tabelle 11-5: Übersicht über technische Sicherheitsmechanismen (Teil 3)

Zugriffsschutz	Hierarchie von Zugriffsberechtigungen zur Kontrolle des Zuganges zu Daten, Programmen und Ressourcen	Berechtigungssystem auf Grund der Benutzeridentifikation	Teil des Betriebs-, resp. Datenbanksystemes auf den einzelnen Rechnern im Netzwerk oder spezielle Sicherheitsprogramme
Security Scanner	Suchen von Sicherheitslecks	Absuche aller bekannten Lecks bei Rechnern und Netzwerken	Automatische Programme
Code Signing	Programmcode mit digitaler Unterschrift des Erstellers (Zertifikat)	Vor der Ausführung des Programmes kann man sich überzeugen, dass das Programm unverändert und vom gewünschten Absender kommt	Notwendig bei Code-Download (Applets, Updates, Neuinstallationen über das Netz)
Secure VPNs	Mit entsprechenden Sicherheitsmechanismen ausgestattete Private Virtuelle Netzwerke	Netzwerk mit eingeschränktem Teilnehmerkreis	

11.5.1 Sicherheitsstrategie

Bei den heutigen Netzwerken stellt sich nicht mehr die Frage, *ob* Sicherheit implementiert werden soll, sondern *wieviel* Sicherheit notwendig ist[164]. Diese grundsätzliche Frage muss von der Geschäftsleitung des Unternehmens in der Form einer *Sicherheitsstrategie* beantwortet werden. Die Geschäftsleitung wird dabei die Risiken, die Folgen, die Kosten und die Wirkung auf die Benutzer abwägen. Die schriftlich formulierte Sicherheitsstrategie bildet die Grundlage für die weitere Arbeit. Eine Sicherheitsstrategie besteht aus einer Anzahl Aussagen, welche die Frage „was will ich erreichen" umschreibt (eine Sicherheitsstrategie soll keine Tätigkeiten beschreiben). Zuoberst in der Sicherheitsstrategie steht die Formulierung des Mission, d. h. des übergeordneten Zieles.

Beispiel 11-2: Beispiel für eine Sicherheitsstrategie für ein Automatisierungsnetzwerk

Mission: Der korrekte Betrieb unseres Automatisierungsnetzwerkes und seiner Netzwerkknoten sind für unser Unternehmen von zentraler Bedeutung. Die Vertraulichkeit, Integrität und Verfügbarkeit seiner Daten, Programme und Ressourcen müssen kontinuierlich und nachweisbar sichergestellt werden.

Eine Sicherheitsstrategie ist als Beispiel in der **Tabelle 11-6** angegeben.

---

[164] Die in diesem Kapitel beschriebenen Sicherheitsvorkehrungen sind für gewisse Automatisierungsnetzwerke übertrieben (sie stammen vorwiegend aus der kommerziellen IT-Umgebung, vgl. z. B. [89]). Die entsprechenden Tabellen dienen aber als *Checklisten*, die von den Sicherheitsbeauftragten anwendungsbezogen gekürzt werden können.

11.5 Planung der Sicherheit

Tabelle 11-6: Tabellarische Formulierung einer Sicherheitsstrategie (Beispiel)

Sicherheitspunkte
1. Die Verantwortung für die Formulierung, Umsetzung und Überprüfung der Sicherheitsstrategie liegt bei der Geschäftsleitung
2. Diese Sicherheitsstrategie wird von der Geschäftsleitung bei Veränderung der Geschäftsprozesse (oder bei einer Veränderung der Risikosituation) angepasst
3. Die Sicherheitsstrategie beruht auf dem Modell der Adaptive Network Security (ANS)
4. Die Zykluszeit der ANS beruht auf kurzen Zyklen um den schnell ändernden Bedrohungen folgen zu können (Erkennung bis Reaktion: maximal zwei Wochen, Erkennung bis Implementation: maximal vier Wochen)
5. Die Sicherheit wird drei Mal pro Jahr durch kompetente Security Audits überprüft und deren Resultate gehen in Berichtform mit Empfehlungen an die Geschäftsleitung
6. Sicherheitsmechanismen müssen bekannten, offen gelegten und standardisierten Sicherheitsstandards entsprechen
7. Für die Planung, Implementation und Überwachung der Sicherheit werden die entsprechenden organisatorischen Stellen und Mittel bewilligt. Wo notwendig, soll die fachtechnische Kompetenz durch ausgewiesene externe Experten eingebracht werden
8. Für alle mit der Sicherheit beauftragten Stellen und Personen sind vollständige, verständliche, konsistente und zeitgerecht nachgeführte Pflichtenhefte vorhanden
9. Externe Berater unterzeichnen Verträge, bevor sie mit ihrer Arbeit beginnen
10. Die Sicherheit der Sicherheitsmechanismen darf nicht von Geheimhaltung abhängig sein (mit Ausnahme von Passwörtern, kryptographischen Schlüsseln etc.)
11. Sämtliche sicherheitsrelevanten Vorgänge werden lückenlos und rückverfolgbar archiviert
12. Die Entwicklung und Installation speziell entwickelter Software ist zu vermeiden und auf nachweisbar unvermeidliche Bedürfnisse zu beschränken
13. Sicherheit ist wichtiger als Benutzerfreundlichkeit. Bei Abwägungen ist immer der Sicherheit Vorrang zu geben
14. Es gilt der Grundsatz „Was nicht ausdrücklich erlaubt ist, ist nicht gestattet". Der Sicherheitsperimeter ist so sicher wie möglich zu gestalten
15. Die Sicherheit des Systemes muss testbar sein (zuverlässige Werkzeuge für die Prüfung der Sicherheit gehören zur Implementation der Sicherheit)
16. Die eigenen Mitarbeiter mit ausdrücklicher Authorisierung zur Benutzung des Netzwerkes gelten als vertrauenswürdig. Deren Arbeitsverträge sind derart zu formulieren, dass die Sicherheitsverantwortung und die Konsequenzen bei Missachtung ausdrücklich festgelegt sind
17. Alle anderen Personen (inkl. die beigezogenen Experten) gelten nicht als vertrauenswürdig
18. Die Zugriffsberechtigungen der authorisierten Personen auf Daten, Programme und Ressourcen werden in aktuellen Listen definiert und publiziert
19. Die Wirkung der Sicherheitsmaßnahmen soll permanent mit geeigneten Mitteln überwacht werden (Intrusion Detection, Meldesystem für verdächtige Vorgänge etc.)
20. Jeder Wechsel im Netzwerk (neue Benutzerstationen, neue Server, neue Services, neue Zugangsberechtigungen, neue Softwareversionen etc.) muss vor der Einführung auf Sicherheitsverträglichkeit geprüft und intern zertifiziert werden

Adaptive Network Security

Ein wichtiger Begriff in modernen Sicherheitsstrategien ist *Adaptive Network Security* (ANS). ANS beruht auf wiederholt durchlaufenen Zyklen Überwachung $\Rightarrow$ Beurteilung $\Rightarrow$ Verbesserung (**Abbildung 11-3**).

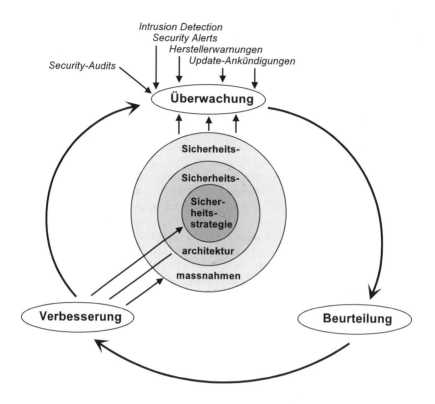

Abbildung 11-3: Adaptive Network Security (ANS)

Die permanente und lückenlose *Überwachung* der Netzwerksicherheit detektiert Lücken in der Sicherheit: Dazu benutzt man *alle* zur Verfügung stehenden Quellen, also die eigenen Überwachungsmechanismen (Intrusion Detection, Security Audits etc.), Security Alerts (z. B. [N-52], [N-56], [N-57], [N-58]) und Herstellerwarnungen. Die gefundenen Lücken und Schwachstellen werden in der *Beurteilung* auf ihre Wirkung auf das eigene System geprüft und durch die unmittelbar folgende *Verbesserung* werden Sicherheitsarchitektur und Sicherheitsmechanismen verstärkt[165].

11.5.2 Sicherheitsperimeter

Die Wichtigkeit einer exakten Systemabgrenzung und Systembeschreibung wurde bereits im Abschnitt 1-2 (Beispiel 11-1) gezeigt: Es muss für alle Beteiligten jederzeit klar sein, welche Teile zum Sicherheitsbereich gehören und wo der Sicherheitsperimeter verläuft.

11.5.3 Bedrohung

Aus der Bedrohungsanalyse (Abschnitt 11-3) müssen die Gefahren für das Netzwerk und für die Netzwerkknoten abgeleitet werden. Diese Gefahren werden häufig in der Form einer Tabelle aufgelistet (= Gefahrenanalyse).

---

[165] Es sei nochmals daran erinnert, dass die häufigsten Sicherheitsprobleme aus der Verwendung „alter" Software stammen – also auf Grund nicht durchgeführter Hersteller-Updates entstehen!

11.5 Planung der Sicherheit

Beispiel 11-3: Beispiel für eine Gefahrenanalyse für ein Automatisierungsnetzwerk

Für den in Abbildung 11-2 definierten Sicherheitsbereich eines Automatisierungsnetzwerkes sind die in der **Tabelle 11-7** aufgeführten Gefahren identifiziert worden[166].

Tabelle 11-7: Beispiel für eine Gefahrenanalyse für ein Automatisierungsnetzwerk

Gefahr für das Netzwerk/Rechner	*Bemerkungen*
Einschleusung von Computerviren auf die Netzwerkknoten	Modifikation, Zerstörung von Daten und Programmen
Einschleusung von trojanischen Pferden (trojanischen Programmen) auf die Netzwerkknoten	Ausführung von illegalen, schädlichen Programmen auf den Netzwerkknoten
Illegaler Zugriff auf Daten (Diebstahl, Modifikation) in den Netzwerkknoten	Beschaffung von Produktionsverfahren, Produktionsparametern, QoS-Daten etc.
Illegaler Zugriff auf Programme (Diebstahl, Modifikation) in den Netzwerkknoten	Beschaffung von Produktionsprogrammen. Störung oder Unterbruch der Produktion
Behinderung oder Lahmlegung des Echtzeitverkehrs auf dem Automationsnetzwerk	Denial-of-Service-Attack durch Überflutung des Netzwerkes mit sinnlosen Messages
Einschleusung oder Unterdrückung von Netzwerkmeldungen	Simulation von Alarmen, Unterdrückung von Fehlermeldungen
Einfügen einer neuen Station in das Automatisierungsnetzwerk	Phantom-Station außerhalb des Netzwerkes
Angriff auf die Konfigurationsdaten von Router, Switches im Netzwerk	Umkonfiguration (Verlust von Stationen, falsche Pfade, Umlenkung von sensitiver Information)
Crash von Netzwerkknoten	Durch Menge oder Inhalt von Meldungen an einen Netzwerkknoten
Vortäuschung eines autorisierten Benutzers	Passwortdiebstahl oder Umgehung der Benutzeridentifikation beim Log In
Diebstahl/Verlust eines Laptop-PC's mit Daten/Programmen der Anlage	Bei mobilen Einsätzen aus Hotelzimmer, Wohnung oder Fahrzeug

11.5.4 Sicherheitsarchitektur und Sicherheitsmechanismen

Die *Sicherheitsarchitektur* ist die Grundlage der Sicherheit: Sie bestimmt die Topologie, die Lage der Netzwerkknoten, den Sicherheitsperimeter und definiert die Sicherheitselemente. Der Entwurf einer guten Sicherheitsarchitektur ist eine anspruchsvolle Aufgabe und wird gerne mit den Lieferanten der Sicherheitselemente durchgeführt. Aber auch hier gilt wieder, dass die Verantwortung für die Sicherheitsarchitektur nicht außerhalb des Unternehmens delegiert werden kann!

Beispiel 11-4: Beispiel einer Sicherheitsarchitektur für ein Automatisierungsnetzwerk

Als Weiterführung der Beispiele 11-2 und 11-3 ist in der **Abbildung 11-4** eine Sicherheitsarchitektur für das Automatisierungsnetzwerk dargestellt. Dabei sind die Sicherheitsmechanismen gemäß der **Tabelle 11-8** eingeführt worden[167].

---

[166] Diese Liste ist nur ein Beispiel: Die aktuellen Gefahren müssen in jeder Anwendung sorgfältig identifiziert und tabelliert werden.

[167] Diese lassen sich gut als VPN (Virtual Private Network) realisieren.

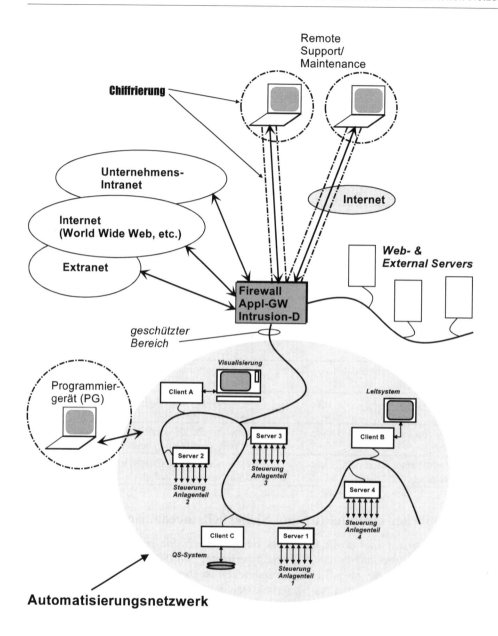

Abbildung 11-4: Sicherheitsarchitektur für ein Automatisierungsnetzwerk (Beispiel)

Aus der Abbildung 11-4 ersieht man die wichtigste Sicherheitsmaßnahme: Das Automatisierungsnetzwerk ist von der „Außenwelt" durch einen *Schutzrechner* (Border Protection) vollständig abgeschirmt worden. Dieser Schutzrechner inspiziert *jedes* übermittelte Paket und entscheidet über dessen Weiterleitung oder Zerstörung. Direkter Zugang zum Automatisierungsnetzwerk wird nur nach einer sicheren Authentizierung (Benutzeridentifikation) und nur für eingeschränkte Funktionalität (PG, Remote Maintenance, Remote Support) gewährt. Benutzer im Intranet und in Extranets oder über das Internet haben *nie* direkt

11.5 Planung der Sicherheit

Zugang zum Automatisierungsnetzwerk, sondern nur zu den Web- & External Servers, welche sich auf einem eigenen Ast des Netzwerkes ohne Datenverbindung zum Automatisierungsnetzwerk befinden[168].

Tabelle 11-8: Sicherheitsmechanismen für den Schutz des Automatisierungsnetzwerkes

Sicherheitsmechanismus	Bemerkungen
Schutzrechner (Border Protection)	Der Zugriff von außen auf die Komponenten des Automatisierungsnetzwerkes ist **ausschließlich** über den Schutzrechner möglich
Firewall	Der Schutzrechner implementiert einen modernen, zuverlässigen und intelligenten Firewall (Stateful Paket Filter, vgl. [118])
Application Gateway	Schutzprogramm auf dem Schutzrechner, welches **ausschließlich** identifizierte, authentizierte Messages zum und vom Automatisierungsnetzwerk passieren lässt
Intrusion Detection	Intelligentes Überwachungsprogramm, welches Einbruchsversuche und Attacken erkennt, protokolliert und den Sicherheitsbeauftragten alarmiert (vgl. [N-69]).
Lastbeschränkung	Queueing-Programm auf dem Schutzrechner, welches die auf dem Automatisierungsnetzwerk erzeugte Message-Last auf den vereinbarten Wert begrenzt (Erhaltung der Echtzeiteigenschaften)
File-Chiffrierung auf dem Programmiergerät (Laptop-PC mit Smart-Card Reader)	Alle anlagenspezifischen Daten und Steuerungsprogramme auf dem PG (Laptop) sind chiffriert. Zugang zu den Daten nur mit der richtigen Smart-Card und dem korrekten Passwort
File-Chiffrierung auf den PC's für Remote Maintenance und Remote Support (PCs mit Smart-Card Reader)	Alle anlagenspezifischen Daten und Steuerungsprogramme auf den PCs sind chiffriert. Zugang zu den Daten nur mit der richtigen Smart-Card und dem korrekten Passwort
Chiffrierung der Übertragung zwischen den PCs für Remote Maintenance und Remote Support (sowohl über Wahlleitungsnetz/GSM wie auch über das Internet)	Alle anlagenspezifischen Datenübertragungsvorgänge sind chiffriert. Chiffrierung und Dechiffrierung nur mit der richtigen Smart-Card und dem korrekten Passwort
Virenschutzprogramme	Alle PCs in der Anlage sind mit zuverlässigen, ständig aktiven Virenschutzprogrammen versehen
Code Signing	Heruntergeladener Programmcode ist mit einer digitalen Unterschrift versehen, welche sowohl Authentizität wie auch Unversehrtheit des Programmes garantieren

---

[168] Ein solcher Ast wird häufig Demilitarized Zone (DMZ) genannt, weil er sich zwischen der „feindlichen" Außenwelt und dem geschützten Netzwerk befindet.

11.5.5 Überwachung

Der permanenten Überwachung des Netzwerkes kommt für die Sicherheit eine große Bedeutung zu: Der Schutzrechner ist mit *Intrusion Detection* Mechanismen ([130] - [132]) versehen, welches Einbruchsversuche und Attacken erkennt, protokolliert und den Sicherheitsbeauftragten alarmiert (vgl. [N-69]). Eine vollständige Überwachung umfasst aber auch die konsequente Berücksichtigung aller Security Alerts und Herstellerwarnungen – um Gefahren zu erkennen möglichst *bevor* diese akut werden.

Eine erfolgreiche Überwachung ist die Grundlage der Adaptive Network Security (vgl. Abbildung 11-3) – und damit der langfristigen Netzwerksicherheit im Unternehmen!

11.6 IPSec

Die Frage der Sicherheit in IP-Netzwerken hat eine zentrale Bedeutung erlangt. Deshalb beschäftigt sich seit längerer Zeit bereits die IETF ([N-1]) damit und hat ein neues Mitglied der TCP/IP-Protokollfamilie[169] unter dem Namen *IPSec* (vgl. z. B. [86]) definiert. IPSec schützt die IP-Datagramme und kann damit mit allen übergeordneten Protokollen (TCP, UDP, ICMP etc.) verwendet werden. IPSec garantiert die *Netzwerksicherheit*, d. h. die Sicherheitsmechanismen sind auf der Netzwerkschicht (Network Layer) implementiert (**Abbildung 11-5**).

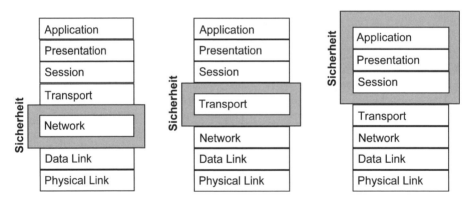

Abbildung 11-5: Implementation der Sicherheitsfunktionen im OSI-Modell

IPSec bietet die folgenden Sicherheitsfunktionen:
- Quellenauthentizierung (garantiert den Absender des IP-Datagrammes),
- Vertraulichkeit (die Daten im IP-Datagramm sind chiffriert und somit für Dritte nicht verständlich),
- Datenintegrität (Daten können durch Dritte nicht verändert werden),
- Antireplay (verhindert, dass ein früher übermitteltes Paket von einem Gegner nochmals eingespiesen werden kann).

IPSec ist ein guter, akzeptierter Standard für die *Kommunikationssicherheit*. Mit IPSec allein können aber nicht alle Sicherheitsfunktionen aus den Tabellen 11-3 bis 11-5 reali-

---

[169] IPSec Architektur in RFC 2401, AH in RFC 2402 und ESP in RFC 2406.

siert werden (z. B. Digitale Unterschriften, Code-Signing, Benutzeridentifikation[170]). Das vollständige Sicherheitskonzept erfordert deshalb zusätzliche Maßnahmen auf der Anwendungsebene (vgl. Abbildung 11-5).

Ein wichtiger Punkt bei IPSec ist, dass die Kryptoalgorithmen für die einzelnen Funktionen nicht vorgeschrieben sind: Die Benutzer von IPSec vereinbaren, welche Kryptoalgorithmen sie verwenden wollen und können auf diese Weise den Grad der Sicherheit (und damit auch den Rechenaufwand für die Chiffrierung/Dechiffrierung) wählen.

Der Begriff „IPSec" umfasst drei Kryptoprotokolle (vgl. [86] für Details):

- **ESP** (Encapsulating Security Payload): ESP setzt dem IP-Datagramm einen Header zu und ermöglicht dadurch den Schutz des Datagrammes (Vertraulichkeit und Integrität durch Chiffrierung der Daten, Authentizierung der Datenquelle, Antireplay). ESP kapselt das gesamte Datagramm, also auch den Inhalt (= z. B. TCP-Segment, ICMP-Messages etc.).
- **AH** (Authentication Header): AH setzt dem Datagramm ebenfalls einen (von ESP verschiedenen) Header zu und bietet Authentizierung der Datenquelle und die Gewährleistung der Datenintegrität. Der AH-Dienst chiffriert die Inhalte nicht.
- **IKE** (Internet Key Exchange): Bevor zwischen zwei Teilnehmern ein Sicherheitsmechanismus spielen kann, müssen die zwei Teilnehmer im Besitz von kompatiblen Chiffrierschlüsseln sein. IKE definiert einen sicheren Mechanismus zum Austausch von Chiffrierschlüsseln.

IPSec ist für zwei verschiedene Betriebsarten definiert:

- **Transport Mode**: wird nur zum Schutz der übergeordneten Protokolle (TCP, UDP, ICMP etc.) benutzt. Dieser Mode kann nur dann eingesetzt werden, wenn der Kommunikationsendpunkt auch gleichzeitig der Sicherheitsendpunkt (= Dechiffrierstelle) ist.
- **Tunnel Mode**: Im Tunnel Mode wird das gesamte IP-Datagramm geschützt. Es werden zwei Headers verwendet: Ein Header für die Sicherheitsfunktionen und ein Header für die Kommunikationsfunktionen. Der Sicherheitsendpunkt muss dadurch nicht mit dem Kommunikationsendpunkt identisch sein.

Im Zusammenhang mit der Industrieautomation wird IPSec seine Bedeutung im Verkehr mit den Unter-/Zulieferanten und den Kunden über Extranets/Internet und mit den eigenen Teilnehmern im Unternehmensnetzwerk (Intranet) erhalten. Für IPSec sind bereits Produkte für verschiedene Betriebssysteme erhältlich und diese Auswahl wird sich in näherer Zukunft rasch ausweiten. IPSec wird ein Interoperabilitätsstandard werden, wie TCP oder ICMP.

---

[170] IPSec authentiziert ausschließlich die Datenquelle, d. h. den sendenden Netzwerkknoten.

Ausgewählte Literatur zu Kapitel 11:

Anonymous: **Maximum Security** (Literaturverzeichnis [98])

Dieses Buch wurde von einem Hacker geschrieben, der über eine ungeheure Erfahrung verfügt und unbekannt bleiben will (deshalb Autor „Anonymous"). In 29 Kapiteln mit über 800 Seiten zeigt er Techniken, Werkzeuge und Verfahren zum Angriff auf Netzwerke[171] und auf Informationssysteme – und zu deren Abwehr. Neben der sehr gut organisierten Informationsfülle gelingt es dem Autor, beim Leser das – dringend notwendige – Angstgefühl gegenüber dieser realen Bedrohung zu wecken.

Peter Norton, Mike Stockman: **Network Security Fundamentals** (Literaturverzeichnis [118])

Die Kombination von Mike Stockmans großem Wissen über Netzwerksicherheit und Peter Nortons didaktischem Talent hat ein wertvolles Buch mit einem umfassenden, anschaulichen Material ergeben. Dieses Buch ist einerseits eine wirklich gezielte, direkte Einführung in die Problematik und bietet andererseits Lösungsansätze an, die dem modernsten Stand der Technik entsprechen. 10 übersichtliche Kapitel auf 230 Seiten ergeben einen Umfang, der auch für allgemein interessierte Leser gut verarbeitbar ist.

Bruce Schneier: **Applied Cryptography** (Literaturverzeichnis [100])

Dies ist zu einem der modernen Standardwerke über Sicherheitsmechanismen geworden. Es behandelt in ziemlicher Tiefe (bis zu Computeralgorithmen) fast das ganze Gebiet der möglichen Sicherheitsmechanismen. Dieses Buch eignet sich auch sehr gut als Nachschlagewerk, wenn man sich gezielt über ein Teilgebiet informieren will.

N. Doraswamy; D. Harkins: **IPSec** (Literaturverzeichnis [86])

IPSec entwickelt sich zu einem weit akzeptierten Standard für die Basis-Sicherheitsfunktionen in IP-Netzwerken. Hier wird in anschaulicher Art die Grundlage und die Architektur von IPSec eingeführt und anschließend werden die 3 Kryptoprotokolle AH, ESP und IKE des IPSec beschrieben.

---

[171] und wie leicht diese erhältlich sind – viele davon direkt, anonym und kostenlos aus dem Internet!

12 Redundanz und Fehlertoleranz

Hohe Verfügbarkeit (große Betriebssicherheit) ist heute bei vielen Produktionsanlagen eine wichtige Forderung. Ausfall oder Fehlfunktionen von Komponenten der dezentralen Steuerung können kostspielige und zeitaufwändige Folgen – Produktionsausfall, Qualitätsmängel, Schäden an Material oder Umwelt – haben. Bei gewissen Systemen führt die Einführung von Fehlertoleranz zu deutlich höherer Verfügbarkeit und damit zu wesentlich tieferen Ausfallzeiten. Das Mittel zur Erreichung von Fehlertoleranz ist Redundanz, d. h. die Verdoppelung von ausfallgefährdeten Systemelementen. Redundanz verteuert und verkompliziert die dezentrale Steuerung und muss gut überlegt, geplant und implementiert werden, um den gewünschten Nutzen zu bringen.

In diesem Kapitel wird eine Einführung vermittelt und es werden gewisse, bewährte Redundanztechniken beschrieben.

12.1 Verfügbarkeit und Fehlertoleranz

Die dezentrale Steuerung bietet für komplexe Anwendungen sehr viele Vorteile – u. A. übersichtliche Modularität, anlagengerechte Funktionsauftilung, Ausbaubarkeit, gute Wartbarkeit und Kostenreduktion sowohl bei der Installation, bei der Inbetriebnahme und bei der Programmierung. Allerdings kommt bei der dezentralen Steuerung eine neue Abhängigkeit dazu: Das *Automatisierungsnetzwerk*. In vielen Fällen kann die dezentrale Steuerung bei einem Ausfall oder bei einer Störung des Automatisierungsnetzwerkes ihre Aufgabe nicht mehr erfüllen. Die Verfügbarkeit des Automatisierungsnetzwerkes wird dadurch zu einem wichtigen Faktor für die Gesamtverfügbarkeit der Anlage.

Für jede Komponente in der dezentralen Steuerung besteht eine gewisse Ausfallwahrscheinlichkeit und damit das latente Risiko eines Stillstandes. Um dieses Risiko aufzufangen, können die betriebsnotwendigen Elemente der dezentralen Steuerung doppelt installiert werden[172] – diese Technik wird als *Redundanz* bezeichnet. Redundante Systeme besitzen einen 4-stufigen Mechanismus, um ausgefallene Systemteile zu kompensieren:

1. **Ausfall erkennen**: Das System muss (innerhalb einer akzeptablen Erkennungszeit) den Ausfall erkennen.
2. **Ausfall diagnostizieren**: Das ausgefallene Element muss (innerhalb einer akzeptablen Diagnosezeit) identifiziert werden.
3. **Reagieren**: Das System muss (innerhalb einer akzeptablen Reaktionszeit) korrekt reagieren, also entweder die Steuerung in den sicheren Zustand fahren und anhalten oder vom ausgefallenen Systemelement auf das redundante Systemelement umschalten und den Betrieb weiterführen.
4. **Beheben**: Das ausgefallene Systemelement muss (innerhalb einer akzeptablen Reparaturzeit) repariert oder ausgewechselt werden.

---

[172] Bei höchstverfügbaren Anlagen (wie Flugzeuge etc.) sind diese sogar dreifach vorhanden.

Falls die drei ersten Schritte innerhalb einer akzeptablen Zeit (Erkennungszeit + Diagnosezeit + Reaktionszeit) ausgeführt werden können, wird das System *fehlertolerant* genannt: Es kann trotz aufgetretener Fehler seinen Betrieb fortsetzen.

Die Implementierung von Fehlertoleranz ist keine einfache Aufgabe. Fehlertoleranz kann für verschiedene Funktionen in der dezentralen Steuerung eingeführt werden. Eine Übersicht ist in der **Abbildung 12-1** dargestellt. Redundanz kann für die folgenden Funktionen realisiert werden:

- Beim Netzwerk (inkl. Netzwerkadapter in den Netzwerkknoten).
- Bei den zentralen Netzwerkfunktionen (Globale Zeitbasis, Nameserver etc.).
- Bei der Steuerung (Steuerungshardware + Steuerungsprogramme).
- Bei den Prozessschnittstellen.

Zentrale Netzwerkfunktionen (falls solche vorhanden sind) müssen in den meisten Fällen redundant vorhanden sein. Redundanz bei den Prozessschnittstellen (Zweifache Einführung der Prozesseingänge in die Steuerung und Verdoppelung der Prozessausgänge mit Umschaltung) sind bekannte Techniken, die hier nicht behandelt werden sollen.

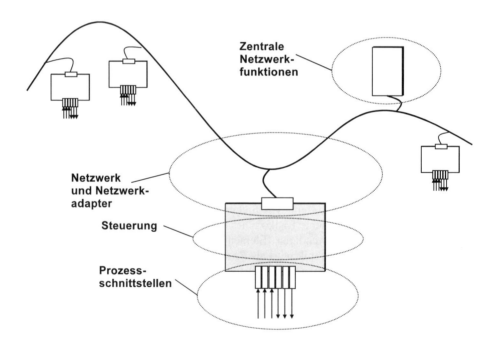

Abbildung 12-1: Systemelemente der dezentrale Steuerung für die Einführung von Redundanz

12.2 Netzwerkredundanz (Ethernet-Redundanz)

12.2.1 Fehleranalyse für das Automatisierungsnetzwerk

Das Automatisierungsnetzwerk hat in der dezentralen Steuerung eine lebenswichtige Bedeutung: In vielen Anwendungen bedeutet ein Ausfall des Automatisierungsnetzwerkes einen schwerwiegenden Fehler mit Konsequenzen wie Produktionsausfall, Ausschussproduktion, Verlust von Qualitätssicherungsdaten etc. Unglücklicherweise sind zugleich die Elemente des Automatisierungsnetzwerkes – Kabel, Stecker, Hubs, Switches etc. – am meisten durch Fremdeinwirkungen gefährdet (mechanische und elektrische Beschädigungen) und am stärksten den industriellen Umgebungsbedingungen ausgesetzt (Vibration, Temperaturunterschiede, korrodierende Stoffe etc.). Aus diesen Gründen wurde nach Methoden gesucht, um den Ausfall des Netzwerkes zu verhindern. In [28], Abschnitt 12.2: „Reliability, Availability, Survivability" wird eine Analyse der Ausfallgründe, bezogen auf die Elemente eines Lokalnetzwerkes durchgeführt. In [71] sind formale Methoden zur Klassifizierung von Ausfallgründen und zum Entwurf von zuverlässigen Systemen erklärt. In vereinfachter Darstellung lassen sich, auf das Ethernet-Automatisierungsnetzwerk bezogen die folgenden Fehler unterscheiden[173]:

1. *Physikalische Fehler*: Unterbrechung oder Kurzschluss des Übertragungsmediums, Kontaktverlust oder Wackelkontakte von Steckern, Ausfall eines Hub's, eines Repeaters, Switches oder einer Bridge etc.
2. *„Blabbering"*: ein Netzwerkadapter in einer Station, ein Hub, ein Repeater, ein Switch oder eine Bridge senden ununterbrochen (infolge eines Firmware- oder Hardwarefehlers im Device) und blockieren dadurch das Ethernet.
3. *Transiente elektromagnetische Störungen*: Vorübergehende, starke Einflüsse von Störungsquellen (Anlauf schwerer Elektromotoren, Stromversorgungsinstabilitäten, Ein-/Ausschalten großer Lasten etc.).
4. *Konfigurationsfehler*: Das Gesamtnetzwerk ist falsch konfiguriert und erzeugt dadurch bei gewissen Betriebsbedingungen zu viele Kollisionen/Wiederholungen oder Systemmeldungen, was zu einer untragbaren Verlangsamung des Netzes führt. Das Gleiche kann während der „Lernphase" gewisser Typen von Bridges auftreten.
5. *Verletzung der Lastbeschränkung*: Eine Station im Ethernet- Automatisierungsnetzwerk hält sich nicht an die vorgegebene Lastbeschränkung (zu viele und/oder zu lange Meldungen) und gefährdet dadurch das Echtzeitverhalten des Automatisierungsnetzwerkes.

Die Fehler 3. bis 5. können (und müssen!) durch eine sorgfältige Planung, Konfiguration, Installation und Überprüfung der Installation eliminiert werden. Physikalische Fehler können nie ausgeschlossen werden und müssen deshalb mit speziellen Maßnahmen bekämpft werden. Dies gilt auch für das – bei modernen Komponenten allerdings sehr seltene – „Blabbering".

12.2.2 Redundanz

Die größte Gefahr bei einem einwandfrei konfigurierten und installierten Netz sind während des Betriebes auftretende *physikalische Fehler*. Gegen diese kann man sich weitgehend durch die Einführung von *Redundanz*, d. h. durch die Verdoppelung der Netzwerkkomponenten, speziell durch die doppelte Führung des Buskabels (auf verschiedenen Wegen in der Anlage!), schützen. Redundanz kann auf vielfältige Weise eingeführt und auf verschiedenen Ebenen des OSI-Modelles implementiert werden. Im Folgenden sind vier mögliche Lösungen für Netzwerkredundanz dargestellt:

---

[173] Fremdeinwirkungen über das Netzwerk selbst werden hier nicht mehr betrachtet (vgl. Kapitel 11: Sicherheit in industriellen Netzwerken).

1. *Netzwerkumschaltung* (2 x Übertragungsmedium, 1 x Netzwerkadapter pro Station).
2. *Intelligente Transceiver* (2 x Übertragungsmedium, 1 x Netzwerkadapter pro Station).
3. *Doppelanschluss* (2 x Übertragungsmedium, 1 x Netzwerkadapter pro Station).
4. *Adapterredundanz* (2 x Übertragungsmedium, 2 x Netzwerkadapter pro Station).

Bei der *Netzwerkumschaltung* (**Abbildung 12-2**) wird die Adapterschnittstelle der Netzwerkstation auf einen Umschalter geführt. Der Umschalter ermöglicht hardwaremäßig den wahlweisen Zugriff auf das Ethernet „A" oder auf das Ethernet „B". Im Fall des Ausfalles eines Ethernet's schalten alle Stationen auf das Back-Up-Ethernet um. Die Betätigung des Netzwerkumschalters erfolgt von der Netzwerkstation aus über ein spezielles Signal (über einen digitalen Ausgang oder durch einen Befehl über ein RS-232-Port).

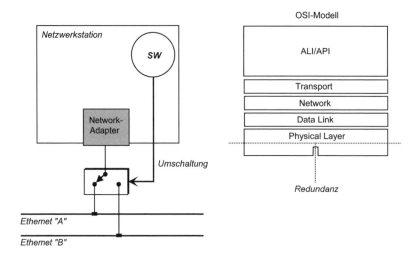

Abbildung 12-2: *Ethernet-Redundanz über Netzwerkumschaltung*

Intelligente Transceiver (**Abbildung 12-3**) sind kommerziell erhältliche, externe „Black Boxes", die untereinander über ein doppeltes Übertragungsmedium (z. B. zweifache Lichtwellenleiter) verbunden sind. Die Datenschnittstelle zur Netzwerkstation ist das AUI (= Attachment Unit Interface) und zusätzlich eine RS-232-Verbindung zur Übertragung von Statusinformation des intelligenten Transceivers. Der intelligente Transceiver erkennt selbstständig eine Unterbrechung in einer Verbindung und schaltet ohne Zutun der Netzwerkstation auf die redundante Verbindung um.

Beim *Doppelanschluss* (**Abbildung 12-4**) wird die Tatsache ausgenutzt, dass die Netzwerkadapter häufig über zwei Mediumanschlüsse (je nach Hersteller z. B. 10base2 und 10baseT) verfügen[174], die alternativ benutzt werden können. Jeder dieser zwei Mediumanschlüsse wird zu seinem eigenen Netzwerk verbunden. Die Wahl des aktiven Mediumanschlusses geschieht von der Software aus.

Bei der *Adapterredundanz* (**Abbildung 12-5**) besitzt jede Netzwerkstation *zwei* Ethernet-Adapter (und damit auch zwei IP-Adressen), die jeweils zu ihrem eigenen Netzwerk verbunden sind. Bei der Adapterredundanz-Lösung können gleichzeitig beide Netzwerke in Betrieb sein.

---

[174] Ist bei 10 MBit/s häufig anzutreffen. Bei 100 und 1'000 MBit/s eher selten.

12.2 Netzwerkredundanz (Ethernet-Redundanz)

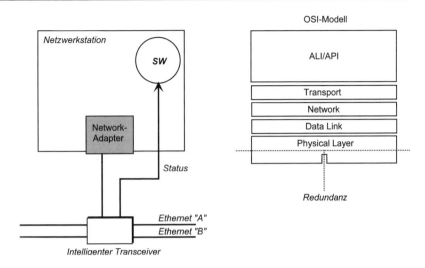

Abbildung 12-3: *Ethernet-Redundanz über intelligente Transceiver*

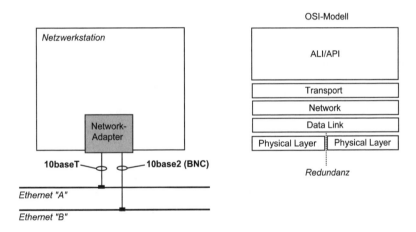

Abbildung 12-4: *Ethernet-Redundanz über Doppelanschluss*

12.2.3 Wechsel auf das redundante Netzwerk

Bevor eine Station einen Wechsel auf das redundante Netzwerk vornehmen kann, muss sie den *Ausfall* des zur Zeit im Betrieb stehenden Netzwerkes feststellen. Dies ist gar keine so einfache Aufgabe, da beim Netzwerk z. B. ein Fehler auftreten kann, bei dem nur wenige Stationen nicht mehr erreichbar sind (z. B. Unterbrechung nahe bei einem Ende des Übertragungsmediums oder nur ein Ast eines Hub oder Switches). So lange mit diesen Stationen nicht aktiv kommuniziert wird, wird ein Ausfall einer solchen Station nicht erkannt. Das zweite Problem besteht darin, dass nach dem Auftreten eines Netzwerkausfalles *alle* Stationen innerhalb einer nützlichen Frist – meist innerhalb von wenigen 10 ms – auf dem redundanten Netzwerk aktiv sein müssen.

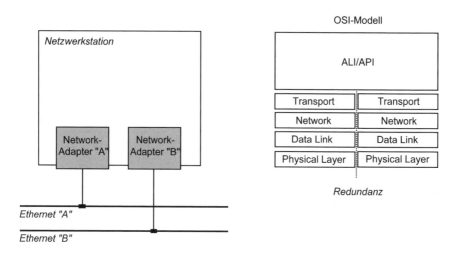

Abbildung 12-5: Ethernet-Redundanz über Adapterredundanz

Für die Erkennung und die Durchführung der Umschaltung auf das redundante Netzwerk bleibt also sehr wenig Zeit. Bevor nicht *alle* Stationen auf dem redundanten Netzwerk aktiv sind, sind die Netzwerkfunktionen nicht vollständig vorhanden. Da über das ausgefallene Netzwerk kein „Umschaltbefehl" übermittelt werden kann (Ausnahme: Systeme mit Adapterredundanz, vgl. Abbildung 12-5), ist auch dies kein ganz einfaches Problem. Die letzte Aktivität nach der Erkennung eines Netzwerkausfalles und der Umschaltung auf das redundante Netzwerk ist die Alarmierung des Wartungspersonals, damit die Fehlerquelle eruiert und eliminiert werden kann.

Bei der *Netzwerkumschaltung* (vgl. Abbildung 12-2) müssen Erkennung, Umschaltung und Alarmierung in der Software der Netzwerkstation durchgeführt werden. Bei der Lösung mit den *intelligenten Transceivern* (vgl. Abbildung 12-3) geschehen Erkennung und Umschaltung im Transceiver selbst, also ohne Aktivität der Software in der Netzwerkstation. Der Netzwerkzustand wird von Transceiver über eine RS-232-Leitung an die Netzwerkstation gemeldet, die ihrerseits dann die Alarmierung durchführen muss. Beim *Doppelanschluss* (vgl. Abbildung 12-4) müssen ebenfalls Erkennung, Umschaltung und Alarmierung in der Software der Netzwerkstation durchgeführt werden. Das Gleiche gilt bei der *Adapterredundanz* (vgl. Abbildung 12-5), wobei hier allerdings das redundante Netzwerk zur Synchronsation der Umschaltung der Netzwerkstationen zur Verfügung steht. Bei der Adapter-Redundanz werden die Erkennung, Umschaltung und Alarmierung auf der Ebene des Transportprotokolles durchgeführt. In [72] wird ein Verfahren beschrieben, bei dem alle Netzwerkstationen ihre sämtlichen Meldungen gleichzeitig über beide Netzwerke absetzen. In der Empfängerstation wird die erste der zwei ankommenden Meldungen an die Anwendungssoftware (oder an das ALI/API) weitergegeben, die zweite der ankommenden Meldungen wird ignoriert (= Duplikat). Falls die zweite Meldung nicht oder mit größerer Verspätung ankommt, so ist ein Netzwerkfehler erkannt worden. Die „Umschaltung" ist nicht notwendig, weil diese implizit durch die doppelte Übertragung realisiert worden ist. Die eventuelle Verzögerung der zweiten (redundanten) Meldung ist für den Betrieb nicht kritisch, da die Steuerung bereits auf Grund der ersten Meldung korrekt reagieren kann.

Der Autor in [72] kommt zu dem Schluss, dass nur die Lösung mit den intelligenten Transceivern (z. B. mit dem Produkt *WhisperLAN/DPT*) und die Lösung mit der Adapterredundanz die Anforderungen eines redundanten Netzwerkes für die industrielle Automation erfüllen können. Der Grund dafür ist die Schwierigkeit, einen Netzwerkausfall – bezogen auf *alle* Stationen in einem Netzwerk – zuverlässig und schnell zu erkennen und den anschließenden „gleichzeitigen" Wechsel aller Stationen auf das redundante Netzwerk durchzuführen. Das System mit der Adapterredundanz (Abbildung 12-5) hat den zusätzlichen Vorteil, dass während der Reparatur des verletzten Netzes das redundante Netz mit der vollen Leistungsfähigkeit zur Verfügung steht, d. h. die Anlagensteuerung voll betriebsfähig bleibt.

Bei Systemen mit Adapterredundanz, also bei Systemen mit einer vollen Redundanz bis zur Transportschicht (inkl. der Verdoppelung der IP-Adressen), stehen im fehlerfreien Fall beide Netzwerke mit der vollen Übertragungsbandbreite zur Verfügung. Man kann daher in diesem Fall den Netzwerkverkehr aufteilen, und damit die Netzwerklast auf jedem einzelnen der beiden Netzwerke mehr als halbieren. Dabei muss allerdings die Netzwerklast derart dimensioniert sein, dass auch bei einem Ausfall eines Netzwerkes die geforderten Echtzeitdaten immer noch zuverlässig erreicht werden können. In gewissen Systemen mit Adapterredundanz werden im fehlerfreien Betrieb über das redundante Netzwerk für den Betrieb unwichtige Daten übertragen (z. B. mehr Komfort für die Visualisierung, Videodaten etc.), auf die bei einem Ausfall des Netzwerkes sofort verzichtet werden kann.

Die doppelte Verlegung des „Buskabels"[175] muss konsequent durchgeführt werden, d. h. es darf kein einziger *single point of failure* existieren. Dies gilt speziell auch für Stromversorgungen, inkl. dem Stromversorgungsnetz. Ebenso muss darauf geachtet werden, dass die gegenseitig redundanten Übertragungsmedien auf keinen Fall den gleichen mechanischen Gefährdungen ausgesetzt werden – sie müssen daher strikte durch räumlich getrennte Kabelkanäle etc. verlegt werden.

12.3 Steuerungsredundanz

Der entscheidende Schritt für die Verfügbarkeit geschieht durch die zusätzliche Implementation der Redundanz in der eigentlichen Steuerung (vgl. Abbildung 12-1). Die sinnvolle Einführung der Steuerungsredundanz ist erst durch die verfügbare Bandbreite des Automatisierungsnetzwerkes (Bitrate des 100/1'000 MBit/s Ethernet) möglich geworden[176]. Bei diesen hohen Bitraten können alle aktuellen Programmvariablen zwischen der Steuerung und ihrem redundanten Partner (Standby-Steuerung) in genügend kurzer Zeit ausgetauscht werden, sodass die redundante Steuerung die Führung innerhalb eines Zyklus vollständig und nahtlos übernehmen kann.

---

[175] Mit dem symbolischen Ausdruck „Buskabel" wird der ganze Pfad durch das Netzwerk, also inkl. Hubs, Switches etc. bezeichnet.

[176] Dieser Vorteil durch das schnelle Ethernet-Automatisierungsnetzwerk wird noch nicht überall erkannt und geschätzt: In der Zukunft werden aber redundante, dezentrale Systeme auf dieser Basis eine größere Bedeutung erhalten.

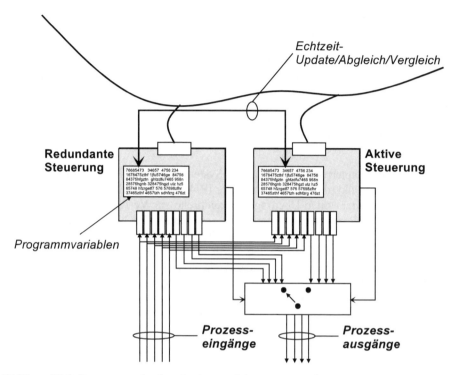

Abbildung 12-6: Steuerungsredundanz im Automatisierungsnetzwerk

12.3.1 Hardwareredundanz

Das Blockschema der Hardwareredundanz für eine Steuerungsredundanz ist in der **Abbildung 12-6** dargestellt.

Es sind zwei identische Steuerungen – die aktive Steuerung „A" und die redundante Steuerung „B" als Backup – vorhanden. Die Prozesseingänge sind parallel, doppelt eingeführt und die Prozessausgänge sind über einen Umschalter an den Prozess gekoppelt. Der Umschalter besitzt Steuereingänge von beiden Steuerungen[177].

12.3.2 Softwareredundanz

Die Steuerungsredundanz wird dadurch ermöglicht, dass alle Prozessvariablen der aktiven Steuerung in die redundante Steuerung übertragen werden (vgl. Abbildung 12-6). Die redundante Steuerung hat damit mit einer Verzögerung von maximal einem Zyklus die gleiche, vollständige Information wie die aktive Steuerung und kann die Führung des Prozesses bei einem Ausfall der aktiven Steuerung nahtlos und ohne Unterbrechung übernehmen. Dies ist nur dank der genügenden Bandbreite des Ethernet-Automatisierungsnetzwerkes[178] möglich geworden.

---

[177] Eine Möglichkeit für die Steuerung des Output-Umschalters besteht darin, dass die momentan aktive Steuerung in jedem Zyklus einen Impuls (z. B. über einen digitalen Ausgang) erzeugt und damit den Schaltzustand des Umschalters hält. Bei Ausfall einer Steuerung unterbleibt dieser Impuls und die redundante Steuerung kann den Umschalter über den gleichen Mechanismus betätigen.

[178] Und der korrekten Dimensionierung der Echtzeitfähigkeit des Netzwerkes.

12.3 Steuerungsredundanz

Die aktive Steuerung überwacht sich selbst durch geeignete Prüfsummenbildung und Programmchecks in jedem Zyklus. Das Resultat der Selbstüberwachung wird gemeinsam mit dem Block der Prozessvariablen (geschützt durch eine digitale Signatur, welche auch die Zeit beinhaltet) an die redundante Steuerung übermittelt. Falls in der aktiven Steuerung ein Hardwarefehler auftritt, steht die aktive Steuerung still und sowohl die Message an die redundante Steuerung wie auch die Halteimpulse an den Output-Switch unterbleiben: In diesem Falle übernimmt die redundante Steuerung die Prozessführung.

Die redundante Steuerung überwacht sich selbst mit dem gleichen Mechanismus und beide Steuerungen werden vom übergeordneten Leitsystem (ebenfalls pro Zyklus) einmal abgefragt. Das übergeordnete Leitsystem alarmiert bei einem festgestellten Problem das Wartungspersonal und stellt gleichzeitig die Diagnose. Die Umschaltung von aktiver auf redundante Steuerung findet ohne Intervention des übergeordneten Leitsystemes statt.

13 Ethernet-TCP/IP Planung und Einsatz

In diesem Kapitel wird die Umsetzung des Stoffes aus den vorangegangenen 12 Kapiteln in die praktische Planung des Ethernet-TCP/IP Kommunikationssystemes für eine dezentrale Steuerung beschrieben. Es wird eine schrittweise Methodik dargestellt, welche vom Anwender als Grundgerüst für das eigene Planungsverfahren verwendet werden kann.

13.1 Planung

Jede Planung einer dezentralen Steuerung beginnt mit der anwendungsgerechten *Funktionsaufteilung*. Gemäß dem Merkmal der dezentralen Steuerung (= die Anwendungssoftware läuft auf einer Anzahl von geografisch getrennten, kooperierenden Netzwerkknoten ab) müssen die einzelnen Netzwerkknoten bezüglich Hardware, Funktion und Schnittstellen zum gesteuerten Prozess definiert werden. Eine gute Funktionsaufteilung ist in vielen Fällen nicht offensichtlich[179] und benötigt die enge Zusammenarbeit des Verfahrens- oder Produktionsingenieurs (= Anwendungs-Knowhow) mit dem erfahrenen Steuerungstechniker (= Implementierungs-Knowhow). Für die Durchführung der Funktionsaufteilung gibt es leider keine allgemein gültige Lehre, sondern nur generelle Empfehlungen:

1. Zusammengehörige Funktionen nach Möglichkeit im gleichen Netzwerkknoten implementieren.
2. Kommunikation zwischen den Netzwerkknoten (vor allem die schnelle und zeitkritische Kommunikation) minimieren.
3. Funktionsaufteilung derart wählen, dass die gegenseitige Abhängigkeit der Netzwerkknoten minimal wird.
4. Den potenziellen Endausbau des Systemes (mögliche und geplante System- und Funktionserweiterungen) bereits vollständig in die Planung und die Dimensionierung des Systemes miteinbeziehen.

Das Resultat der Funktionsaufteilung ist eine Liste der Netzwerkknoten, je mit der Beschreibung ihrer Funktionalität, ihrer Kommunikationsbeziehungen und ihrer Prozessschnittstellen. Während der Funktionsaufteilung werden noch keine Hardware-/Software- oder Produktentscheide getroffen, sondern ausschließlich *funktionale* und *architektonische Spezifikationen* erarbeitet.

Nach der Spezifikation der einzelnen Netzwerkknoten wird definiert, in welcher Umgebung jeder Netzwerkknoten installiert wird. Grundsätzlich unterscheidet man zwischen der *industriellen Umgebung* (= Umgebung mit erschwerten Betriebsbedingungen für die Netzwerkknoten wie große Temperaturunterschiede, hohe oder tiefe Temperaturextreme, Schock, Vibration, agressive Gase oder Flüssigkeiten, Wasserbesprühung, hohes

---

[179] Eine korrekte Funktionsaufteilung entscheidet in den meisten Fällen bereits über Erfolg oder Misserfolg der dezentralen Steuerung! Der Architektur der dezentralen Steuerung (= Funktionsaufteilung + Netzwerktopologie) soll deshalb die ganze Aufmerksamkeit geschenkt werden.

Störniveau über verschiedene Medien – z. B. Stromversorgung, EMV, Kabeleinstrahlungen –, verschiedene Vorschriften bezüglich Abstrahlung etc.) und der *Büroumgebung* (= relativ moderate Umgebung, geeignet für den langfristigen Aufenthalt von Menschen)[180].

Schließlich gehört zur grundsätzlichen Planung einer dezentralen Steuerung auf der Basis von Ethernet-TCP/IP auch noch die *Zuteilung der IP-Adressen*. So lange man sich in einem privaten Netz befindet, ist man in dieser Zuteilung frei. Sobald Netzwerkknoten im Automatisierungsnetzwerk mit externen IP-Netzwerken (Intranets, Extranets, Internet) kommunizieren sollen, müssen verschiedene Randbedingungen berücksichtigt werden. Die Zuweisung der IP-Adressen ist in solchen Fällen nicht immer einfach.

Das hauptsächliche Resultat der Funktionsaufteilung lässt sich in eine Liste komprimieren, welche z. B. die Form von **Tabelle 13-1** im **Beispiel 13-1** haben kann.

Beispiel 13-1: Funktionsaufteilung für eine Anlagensteuerung

Während der Funktionsaufteilung für eine Anlagensteuerung (Verfahrenstechnik) wurden die folgenden Netzwerkknoten definiert:

- 4 Bedien-/Beobachterstationen (Operator Stations) + 1 geplante (zukünftige) Erweiterung.
- 1 Datenbankserver + 1 geplanter (zukünftiger) Back-Up Datenbankserver.
- Dezentrale Steuerungen für 4 Anlagenteile + 3 geplante (zukünftige) Anlagenteile,
- 2 Prozessleitrechner im firmeneigenen Intranet.
- 2 Management-Stationen im firmeneigenen Intranet + 1 geplante (zukünftige) Management-Station im firmeneigenen Intranet.
- 4 externe Lieferanten (Extranet) + 2 geplante (zukünftige) externe Lieferanten (Extranet).
- 2 Remote Maintenance/Programming-Stationen über Internet.
- Eine unbekannte Anzahl Informations-Clients über das Internet.

Das Resultat der Funktionsaufteilung wurde in einer Tabelle (vgl. Tabelle 13-1) zusammen gefasst.

Tabelle 13-1: Resultat der Funktionsaufteilung (Teil 1)

Name des Netzwerkknotens *Symbolische Bezeichnung* *IP-Adresse*	*Funktion* *Prozessschnittstellen*	*Betriebsumgebung*	*Bemerkungen*
Operatorstation A `OpS_A` 23.133.56.70	Bedienen und Beobachten, Visualisierung Keine Prozessschnittstellen	Büro	-
Operatorstation B `OpS_B` 23.133.56.71	Bedienen und Beobachten, Visualisierung Keine Prozessschnittstellen	Büro	-

---

[180] Die Unterscheidung ist in Wirklichkeit noch detaillierter: Man definiert z. B. noch explosionsgefährdete Umgebungen, spezielle Umgebungen wie auf Schiffen oder in militärischen Anwendungen, Sicherheitsanwendungen etc.

13.1 Planung

Tabelle 13-2: Resultat der Funktionsaufteilung (Teil 2)

Operatorstation C OpS_C 23.133.56.72	Bedienen und Beobachten, Visualisierung Keine Prozessschnittstellen	Büro	-
Operatorstation D OpS_D 23.133.56.73	Bedienen und Beobachten, Visualisierung Keine Prozessschnittstellen	Büro	-
Operatorstation E *OpS_E* *23.133.56.74*	*Bedienen und Beobachten, Visualisierung* *Keine Prozessschnittstellen*	*Büro*	*Geplante Erweiterung*
Datenbankserver 1 DB_Serv1 23.133.56.86	Datenbank für alle Prozessparameter, Rezepte, QS-Daten etc.	Büro	-
Datenbankserver 2 *DB_Serv2* *23.133.56.86*	*Datenbank für alle Prozessparameter, Rezepte, QS-Daten etc. (Redundanter Backup)*	*Büro*	*Geplante Erweiterung*
Steuerung Anlagenteil „FAS" CTRL_FAS 23.133.56.101	Echtzeitsteuerung und Führung des Anlagenteiles FAS Prozesssignale: Liste „FAS"[181]	Industrie	-
Steuerung Anlagenteil „REG" CTRL_REG 23.133.56.102	Echtzeitsteuerung und Führung des Anlagenteiles REGE Prozesssignale: Liste „REG"	Industrie	-
Steuerung Anlagenteil „RUF" CTRL_RUF 23.133.56.103	Echtzeitsteuerung und Führung des Anlagenteiles RUF Prozesssignale: Liste „RUF"	Industrie	-
Steuerung Anlagenteil „SEN" CTRL_SEN 23.133.56.104	Echtzeitsteuerung und Führung des Anlagenteiles SEN Prozesssignale: Liste „SEN"	Industrie	-
Steuerung Anlagenteil „X1" *CTRL_X1* *23.133.56.105*	*Echtzeitsteuerung und Führung des Anlagenteiles X1* *Prozesssignale: Liste „X1"*	*Industrie*	*Geplante Erweiterung*
Steuerung Anlagenteil „X2" *CTRL_X2* *23.133.56.106*	*Echtzeitsteuerung und Führung des Anlagenteiles X2* *Prozesssignale: Liste „X2"*	*Industrie*	*Geplante Erweiterung*

---

[181] Separate und detaillierte Liste der direkt oder über einen Sensor-/Aktorbus angeschlossenen Prozesssignale, inkl. Maximalausbau (Bemerkung: In diesem Buch nicht weiter beschrieben).

Tabelle 13-3: Resultat der Funktionsaufteilung (Teil 3)

Steuerung Anlagenteil „X3" CTRL_X3 23.133.56.107	Echtzeitsteuerung und Führung des Anlagenteiles X3 Prozesssignale: Liste „X3"	Industrie	Geplante Erweiterung
Intranet Prozessleit-rechner S1 IN_S1 45.67.3.21	Produktionsplanungssystem Keine Prozessschnittstellen	Büro	-
Intranet Prozessleit-rechner S2 IN_S2 45.67.3.22	Produktionsplanungssystem Keine Prozessschnittstellen	Büro	-
Intranet Management-station M1 IN_M1 45.67.3.44	Remote B&B Keine Prozessschnittstellen	Büro	--
Intranet Management-station M2 IN_M2 45.67.3.45	Remote B&B Keine Prozessschnittstellen	Büro	-
Intranet Management-station M3 IN_M3 *45.67.3.46*	*Remote B&B* *Keine Prozessschnittstellen*	*Büro*	Geplante Erweiterung
Programmiergerät lokal PG_FD1 90.55.6.2	Laptop für Programmierung Keine Prozessschnittstellen	Büro (temporär Industrie)	-
Programmiergerät lokal PG_FD2 90.55.6.3	Laptop für Programmierung Keine Prozessschnittstellen	Büro (temporär Industrie)	-
Programmiergerät lokal PG_FD3 *90.55.6.4*	*Laptop für Programmierung* *Keine Prozessschnittstellen*	*Büro (temporär Industrie)*	Geplante Erweiterung
Extranet Lieferant A EN_LiefA 77.4.5.111	Datenaustausch mit Zulieferant Keine Prozessschnittstellen	Büro	-
Extranet Lieferant B EN_LiefB 99.6.7.11	Datenaustausch mit Zulieferant Keine Prozessschnittstellen	Büro	-
Extranet Lieferant C EN_LiefC 33.56.112.0	Datenaustausch mit Zulieferant Keine Prozessschnittstellen	Büro	-

Tabelle 13-4: Resultat der Funktionsaufteilung (Teil 4)

Extranet Lieferant D EN_LiefD 1.22.34.6	Datenaustausch mit Zulieferant Keine Prozessschnittstellen	Büro	-
Extranet Lieferant E *EN_LiefE* *unbekannt*	*Datenaustausch mit Zulieferant* *Keine Prozessschnittstellen*	*Büro*	Geplante Erweiterung
Extranet Lieferant F *EN_LiefF* *unbekannt*	*Datenaustausch mit Zulieferant* *Keine Prozessschnittstellen*	*Büro*	Geplante Erweiterung
Internet Remote Maintenance/Progr IP_RPM1 9.88.121.7	Programmierung, Debugging und Remote Wartung über Internet Keine Prozessschnittstellen	Büro	-
Internet Remote Maintenance/Progr IP_RPM1 9.88.121.7	Programmierung, Debugging und Remote Wartung über Internet Keine Prozessschnittstellen	Büro	-
Internet Informations-Clients IP_Clients unknown	Zugriffsrechte auf eingeschränkte Anlagen- und Produktionsinformation	Büro	-

Zur Planung gehören noch die Definition des Zeitverhaltens (Abschnitt 13.2) und die Festlegung der Sicherheitsanforderungen und der Sicherheitsmassnahmen (Abschnitt 13.3). Die Resultate der Planung ergeben die *Netzwerkarchitektur* und die *Netzwerktopologie* (vgl. Abschnitt 13.4).

13.2 Zeitverhalten

Eine wichtige Grundlage der Planung ist die Erfassung und Beschreibung des gewünschten Zeitverhaltens des Automatisierungsnetzwerkes. Man definiert dabei die Datenübertragungsmenge und die zulässigen Übertragungszeiten paarweise zwischen allen Stationen im Netzwerk. Dabei erfasst man für jede Kommunikationsbeziehung (d. h. für jedes Kommunikationspaar) eine Anzahl Vektoren mit je 4 Elementen:

$$\{m_1, \lambda_1, \tau_1, UDP\}, \{m_2, \lambda_2, \tau_2, TCP\}, \{m_3, \lambda_3, \tau_3, MC\} \text{ etc.}$$

Dabei bedeuten die Elemente (vgl. Abschnitt 7.4):

m_n: Messagelänge (in Bytes, inkl. aller Protokollbytes).

λ_n: Messagerate (Messages/sec).

τ_n: maximal zulässige Übertragungszeit (Applikation-zu-Applikation, in ms).

UDP, TCP, MC[182] etc.: Protokolltyp.

Da die zeitlichen Randbedingungen im Automatisierungsnetzwerk unter *allen* Betriebsbedingungen erfüllt sein müssen, sind für die Werte der Parameter die Worst-cases einzusetzen.

---

[182] Multicast. Multicast-Übertragung wird nur bei der Quelle (d. h. beim Sender) definiert.

Die definierten Werte werden z. B. in der Form einer Tabelle dargestellt: Diese Tabelle enthält dadurch die *gesamte* Information über die Netzwerklast. Auf der Grundlage dieser Tabelle können für alle möglichen Netzwerktopologien die Belastungen (Netzwerkdatenrate) errechnet werden.

Beispiel 13-2: Erfassung der Datenübertragungsmengen und des Zeitverhaltens

Für das Automatisierungsnetzwerk aus Beispiel 13-1 wurden die Datenübertragungsmengen und die zulässigen maximalen Übertragungszeiten erfasst und in der **Tabelle 13-5** eingetragen[183]. Die Tabelle berücksichtigt bereits den geplanten Maximalausbau des Automatisierungsnetzwerkes.

Tabelle 13-5: Erfassung des Zeitverhaltens und der Datenübertragungsmengen (Beispiel)

Sender ⇒ Empfänger ⇓	OpS_A	OpS_B	OpS_C	....	....	DB_Serv1	etc.
OpS_A	0	{80,3,5, UDP} {80,6,10, UDP} {256,2,10, TCP}	{80,2,5, UDP} {80,8,10, UDP} {512,2,10, TCP}			{2048,2,40, TCP} {4096,1,50, TCP}	
OpS_B	{80,3,5, UDP} {80,6,10, UDP} {256,2,10, TCP}	0	{120,4,10, UDP} {256,3,20, TCP}			{2048,4,50, TCP} {4096,1,80, TCP}	
OpS_C	{80,2,5, UDP} {80,8,10, UDP} {512,2,10, TCP}	{80,6,10, UDP} {256,2,10, TCP}	0			{1024,1,50, TCP} {4096,1,90, TCP}	
....							
....							
DB_Serv1	{512,2,40, TCP}	{840,2,40, TCP}	{920,2,30, TCP}			0	
etc.							etc.

Die Erfassung der Datenübertragungsmengen und der zulässigen maximalen Übertragungszeiten für die Tabelle muss von der *Anwendung* aus geschehen: Beim Ausfüllen der Tabelle dürfen keine Rücksichten auf zukünftige Netzwerktopologien oder auf bestehende Netzwerkinfrastrukturen genommen werden. Fehler in der Netzwerklasttabelle können sich im späteren Betrieb außerordentlich unangenehm auswirken.

---

[183] Da es sich um ein Beispiel handelt, wurde diese Tabelle nicht vollständig ausgefüllt. Es geht hier darum, die *Methodik* aufzuzeigen.

13.3 Sicherheit

Der nächste Punkt in der Planung des Automatisierungsnetzwerkes ist die Feststellung der Bedrohung und die Definition der Sicherheitsmechanismen, welche implementiert werden sollen. Es sei daran erinnert, dass jedes Automatisierungsnetzwerk mit einer on-line-Verbindung mit einem externen Netzwerk (Internet, Extranets) gefährdet ist: Die Frage ist daher nicht, *ob* Sicherheit implementiert werden muss, sondern *wieviel* Sicherheit implementiert werden soll! In Kapitel 11 wurde eine mögliche Methodik beschrieben[184].

Beispiel 13-3: Sicherheitsmechanismen in einem Automatisierungsnetzwerk

In der dezentralen Steuerung aus Beispiel 13-1 wurden nach einer sorgfältigen Analyse die Sicherheitsmechanismen gemäß der **Tabelle 13-6** gewählt[185]. Bezüglich Ausfallsicherheit wurde entschieden, dass das physikalische Medium für das Automatisierungsnetzwerk verdoppelt werden soll.

Tabelle 13-6: Sicherheitsmechanismen für den Schutz des Automatisierungsnetzwerkes

Sicherheitsmechanismus	*Bemerkungen*
Schutzrechner (Border Protection)	Der Zugriff von aussen auf die Komponenten des Automatisierungsnetzwerkes ist **ausschliesslich** über den Schutzrechner möglich
Firewall	Der Schutzrechner implementiert einen modernen, zuverlässigen und intelligenten Firewall
Application Gateway	Schutzprogramm auf dem Schutzrechner, welches **ausschließlich** identifizierte, authentizierte Messages zum und vom Automatisierungsnetzwerk passieren lässt
Lastbeschränkung	Queueing-Programm auf dem Schutzrechner, welches die auf dem Automatisierungsnetzwerk erzeugte Message-Last auf den vereinbarten Wert begrenzt (Erhaltung der Echtzeiteigenschaften)
Chiffrierung der Übertragung zwischen den PCs für Remote Maintenance und Remote Support (sowohl über Wahlleitungsnetz/GSM wie auch über das Internet)	Alle anlagenspezifischen Datenübertragungsvorgänge sind chiffriert. Chiffrierung und Dechiffrierung nur mit der richtigen Smart-Card und dem korrekten Passwort
Virenschutzprogramme	Alle PC's in der Anlage sind mit zuverlässigen, ständig aktiven Virenschutzprogrammen versehen
Programm Download	Programm Download ist nur von authentizierten Netzwerkknoten mit der Berechtigung für Down/Upload möglich

---

[184] Die nachträgliche Erhöhung der Sicherheit (z. B. nach einem erfolgreichen Angriff!) kann mit erheblichen Kosten – ggf. der Änderung der Netzwerkarchitektur – verbunden sein.

[185] Diese entsprechen ungefähr dem *Minimum* in einem modernen Automatisierungsnetzwerk.

13.4 Netzwerkarchitektur und Topologie

Mit dem Wissen über die dezentrale Steuerung aus den Arbeiten gemäß Abschnitt 13.1 (Funktionsaufteilung), Abschnitt 13.2 (Zeitverhalten) und Abschnitt 13.3 (Sicherheit) kann die *Netzwerkarchitektur* definiert werden. Aus der Netzwerkarchitektur und den geografischen Gegebenheiten (Distanzen etc.) kann anschließend die *Netzwerktopologie* abgeleitet werden.

13.4.1 Netzwerkarchitektur

Zeitverhalten

Die schwierigste Aufgabe bei der Entwicklung der Netzwerkarchitektur ist die *Segmentierung* des Ethernets: Bei der Segmentierung werden die Netzwerkstationen den Collision Domains (vgl. Abschnitt 7.4) zugeteilt. Ziel ist es, die Segmente so zu wählen und derart mit Stationen zu bevölkern, dass die zeitlichen Randbedingungen (Echtzeitfähigkeit) über das gesamte Automatisierungsnetzwerk eingehalten werden können. Man muss dazu zwei verschiedene Segmentierungen planen:

- **Collision Domains**: Eine Collision Domain enthält alle Stationen, welche sich das gemeinsame Übertragungsmedium des Segmentes teilen – welche also Kollisionen verursachen können. Bridges, Router und Switches separieren Ethernet in unabhängige Collision Domains (vgl. Kapitel 3). Eine Collision Domain kann vereinfacht durch drei Parameter beschrieben werden (vgl. Abschnitt 7.4):

λ: Mittlere Meldungsrate auf dem Segment, Summe der Meldungsraten aller Stationen im Segment [Meldungen/s].

m: m = zeitliche Länge der vollständigen Meldung inkl. alle Protokollbytes ([s]). Zur Vereinfachung nimmt man hier wieder eine feste Länge aller Meldungen an.

τ: Maximale Signallaufzeit zwischen zwei Stationen, d. h. zwischen den zwei am weitesten entfernten Stationen im Segment [s]. Dies ist ein physikalischer Parameter und hängt vom Übertragungsmedium, von dessen Länge und von der Anzahl und der Signalverzögerung in Repeaters etc. – also von der *Topologie* des Segmentes – ab.

    Und daraus berechnet:

ρ: $\rho = \lambda * m$ = Last auf dem Segment.

a: $a = \tau/m$, wichtiger Parameter für die Kollisionswahrscheinlichkeit.

- **Broadcast Domains**: Eine Broadcastmeldung (gilt auch für Multicastmeldungen) von einer Station wird von allen Stationen auf dem Segment, inkl. der Bridges, Router und Switches empfangen. Die Bridges, Router und Switches können spezifisch konfiguriert werden, welche Broadcast- und Multicastmeldungen auf welchen Ausgangsports weiterzugeben sind. Auf diese Weise kann der Broadcast- und Multicastverkehr auf einem IP-Netzwerk wesentlich eingeschränkt werden und unnötige Netzwerklast wird vermieden. Alle Stationen, welche sich gegenseitig mit Broadcast- oder Multicastmeldungen erreichen können, gehören zur gleichen Broadcast Domain. Es ist wichtig für das Automatisierungsnetzwerk, dass die Broadcast- und Multicastdomains sorgfältig definiert und so klein wie möglich gehalten werden.

13.4 Netzwerkarchitektur und Topologie

Die Planung der Collision Domains – also die sinnvolle Segmentierung des Netzwerkes – ist eine „trial-and-error"-Aufgabe. Man beginnt mit einer Segmentierung auf Grund der geografischen und funktionalen Gegebenheiten und ermittelt anschließend das Zeitverhalten des Segmentes (vgl. unten). Falls dieses nicht befriedigend ist, versucht man eine neue Segmentierung (weniger Stationen in den Segmenten) und ermittelt wiederum das Zeitverhalten des Segmentes. Derart fortfahrend, findet man schließlich eine Segmentierung, welche die zeitlichen Randbedingungen (Echtzeitfähigkeit) über das gesamte Automatisierungsnetzwerk einhält.

Ermittlung des Zeitverhaltens eines Segmentes

Die Ermittlung des Zeitverhaltens eines Segmentes verläuft in 3 Schritten wie folgt:

1. Bestimmen der Segmentlast ($\Rightarrow$ Parameter λ und m) für die gewählte Segmentierung. Dabei müssen *alle* Stationen, also auch Ports von Switches etc., berücksichtigt werden. Dazu werden die Angaben aus der Arbeit aus Abschnitt 13.2 verwendet (Netzwerklasttabelle). Berechnung der Last auf dem Segment ($\rho = \lambda * m$).

2. Suchen des ähnlichsten Lastfalles aus den Simulationen (Abschnitte 7.8 und 7.9). Aus den Abbildungen 7-19 bis 7-34 und 7-37 bis 7-44 erhält man die erste – noch *nicht* verwendbare! – Aussage über das Zeitverhalten des Segmentes. Die Aussage ist deshalb nicht direkt verwendbar, weil für die Simulationen in den Abschnitten 7.8 und 7.9 der *Worst-case* für den Parameter τ (d. h. die maximal erlaubte Segmentausdehnung[186] von 25.6 µs) angenommen wurde. Die Resultate der Simulationen müssen daher auf das $\tau_{Segment}$ des vorhandenen Segmentes skaliert werden!

3. Berechnung des $\tau_{Segment}$ und $a_{Segment}$ des betrachteten Segmentes aus den physikalischen Daten des Segmentes und Skalierung der Simulationsresultate[187]. Für die Skalierung kann wieder die Formel von Schwartz (Abschnitt 7.4, Seite 120) verwendet werden. Diese lässt sich (alle numerischen Werte eingesetzt und gerundet) vereinfacht schreiben:

$$t_f/m = 1 + 6a - \frac{(1-e^{-2a\rho})(\frac{2}{\rho} - 5a)}{2(e^{-2a\rho} + e^{-1-\rho-a\rho} - 1)} + \frac{(1+13a+52a^2)\rho}{2(1-(1+6a)\rho)}$$

Beispiel 13-4: Zeitverhalten eines Segmentes

Während der Planung wurde ein 10 MBit/s Ethernet-Segment derart definiert, dass die folgenden Parameter resultieren:

λ = 500 Meldungen/s (für alle Stationen im Segment zusammen).
m = 1'024 Datenbit + 208 Protokollbytes (= 1'232*0.1µs = 123.2µs = 123*10^{-6}s).
$\rho = \lambda*m/10^6 = 500*1'232/10^6 = 0.0616$ (<u>Nutz</u>datendurchsatz: 512'000 Bit/s).

Das am besten dieser Segmentlast entsprechende Resultat ist in der Simulation Nr. 7 (vgl. Abbildung 7-25) dargestellt.

---

[186] für 10 MBit/s. Bei 100 MBit/s sind alle Zeiten 10 Mal kürzer.

[187] Diese verbessern sich bei einem kleineren a beträchtlich.

Für die Simulation Nr. 7 wurde das $\tau = 25.6$ µs benutzt (maximal mögliche Segmentlänge), d. h. $a = \tau/m = 25.6$ µs$/102.4$µs $= 0.25$. Durch Einsetzen der numerischen Werte:

$\rho = 0.0616$
$a = 0.25$

in die Formel errechnet man:

$t_f/m = 1.25$

Dieser Wert entspricht der *mittleren* Meldungsverzögerung bei diesem Lastfall, d. h. die Übertragung einer Meldung dauert im Mittel 25% länger als die reine Meldungsübertragungszeit (entspricht 154 µs[188] anstelle der reinen Meldungszeit von 123 µs). Aus der Abbildung 7-25 ersieht man die statistische Verteilung der Meldungsübertragungszeiten und deren Auftretenswahrscheinlichkeiten (Maximum: 5'460 µs, Tabelle 7-7).

Im *aktuellen Segment* hat τ nicht den maximalen, sondern den kleineren Wert $\tau_{Segment} = 10$ µs. Durch Einsetzen der neuen numerischen Werte:

$\rho = 0.0616$
$a_{Segment} = 0.1$

in die Formel errechnet man:

$t_f/m_{Segment} = 1.106$

Das kleinere a hat eine Verkürzung *aller* Zeiten um den Faktor $(t_f/m_{Segment})/(t_f/m) = 0.88$ zur Folge und die Abbildung 7-25 kann entsprechend skaliert werden (Verkleinerung aller Zeiten auf der x-Achse um diesen Faktor). In Wirklichkeit wird die Verbesserung wesentlich besser ausfallen, da sich auch die Statistik positiv (d. h. in Richtung kleinerer Verzögerungszeiten) verschiebt.

Sicherheit

Nachdem die Segmente funktional und echtzeitmäßig definiert worden sind, werden die Sgemente gemäß ihren Sicherheitsanforderungen (vgl. Abschnitt 13.3) eingeteilt. Diese Einteilung wird bei der Netzwerkarchitektur mitberücksichtigt.

Redundanz

Ebenfalls zu den Voraussetzungen für die Netzwerkarchitektur gehören alle Redundanzanforderungen in der dezentralen Steuerung.

Beispiel 13-5: Netzwerkarchitektur

Die in den Beispielen 13-1, 13-2 und 13-3 entwickelten Grundlagen lassen sich (in diesem Beispiel für eine deutlich größere Anlage) in einer Netzwerkarchitektur gemäß **Abbildung 13-1** implementieren. Um die zeitlichen Randbedingungen für die Steuerungen zu garantieren, hat sich der Netzwerkarchitekt entschieden, diese in *kollisionsfreien* Domains anzusiedeln. Damit resultiert als Basisarchitektur ein Switched-Ethernet. Die For- derung nach einer Verdopplung (Redundanz) des Übertragungsmediums für das eigentliche Automatisierungsnetzwerk kann mit einem verteilten Switch mit redundanter Fiber-Optik „Backplane" realisiert werden[189]. Das Automatisierungnetzwerk ist von der Außen-

---

[188] Die Simulation ergibt exakt 148 µs für diesen Wert (Tabelle 7-7).
[189] Kommerzielles Produkt, vgl. z. B. [N-42].

13.4 Netzwerkarchitektur und Topologie

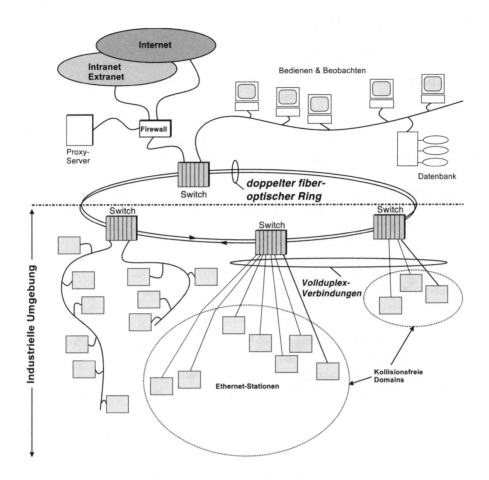

Abbildung 13-1: Netzwerkarchitektur für das Automatisierungsnetzwerkbeispiel

welt (Internet, Intranet, Extranets) vollständig durch einen Firewall (= Schutzrechner mit allen notwendigen Sicherheitsprogrammen, vgl. Kapitel 11) getrennt. Die externen Clients haben keinen direkten Zugriff auf die Netzwerkknoten des Automatisierungsnetzwerkes, sondern nur auf den Proxy-Server, welche alle notwendigen Informationen enthält. Der direkte Zugriff auf die Netzwerkknoten im Automatisierungsnetzwerk ist nur für wenige Clients (Remote Programming, Remote Maintenance) und nur nach einer sicheren Identifizierung möglich.

13.4.2 Netzwerktopologie

Der nächste Schritt in der Planung besteht in der sorgfältigen Übertragung der Netzwerkarchitektur auf die baulichen Gegebenheiten der Anlage: Hier kommen die Länge der benutzbaren Kabelkanäle, ev. notwendige Repeater etc. ins Spiel. Zur Netzwerktopologie gehört auch die exakte Dokumentation des Netzwerkes[190] und seiner Konfiguration.

---

[190] Eine korrekte, zeitgerecht nachgeführte und vollständige Dokumentation ist eine wesentliche Voraussetzung für den zuverlässigen Betrieb eines Automatisierungsnetzwerkes.

13.5 Industrietaugliche Installation

13.5.1 Industrielle Umgebung

In der Planung wird die die Installationsumgebung[191] für die einzelnen Netzwerkknoten festgelegt (vgl. die Tabellen 13-1 bis 13-4 für ein Beispiel): Ein Teil der Knoten des Automatisierungsnetzwerkes – vielfach z. B. die Workstations für das Bedienen und Beobachten – befinden sich in normaler Büroumgebung. Der andere Teil – die Steuerungen, die Subsysteme mit Prozessinterfaces etc. – sind in der *industriellen Umgebung* installiert. Diese Aufteilung ist für ein Beispiel in der Abbildung 13-1 auf die Netzwerkarchitektur abgebildet.

Der Begriff „industrielle Umgebung" ist in verschiedenen Normen (ISO, IEC, UL, Veritas etc.) je nach dem Anwendungsgebiet definiert. Allen gemeinsam ist, dass die Anforderungen an die Hardware und Software der Netzwerkknoten und an das Installationsmaterial (Stecker, Kabel, Bedienelemente etc.) bezüglich:

- Temperaturbereich (häufig -20°C bis +70°C),
- Vibrations- und Schockfestigkeit,
- Widerstandsfähigkeit gegen agressive Flüssigkeiten und Gase,
- Robustheit,
- Langlebigkeit,
- Störungsfestigkeit (leitungsgebundene und drahtlose elektromagnetische Störungen),
- Störabstrahlung (EMV-Verträglichkeit),
- Immunität gegen Schwankungen oder Kurzzeitausfälle in der Stromversorgung,
- Installationsfreundlichkeit (z. B. Unverwechselbarkeit der Stecker, Beschriftungen, ...),

wesentlich höher als in der Büroumgebung sind. Es ist daher im Allgemeinen nicht möglich, für die Büroumgebung gedachte Geräte direkt in der industriellen Umgebung einzusetzen.

Zusätzlich müssen in der industriellen Umgebung viel aufwändigere Installationsverfahren geplant und implementiert werden. Es sind gut durchdachte Stromversorgungs-, Erdungs-, Schutz- und Wartungsmaßnahmen zu planen und konsequent zu installieren. Die Betriebszuverlässigkeit einer dezentralen Steuerung hängt in hohem Maße von deren Installationsqualität ab[192]. Geld oder Zeit während der Planung und Durchführung der Installation zu sparen kann sich sehr leicht in der Form einer später instabilen dezentralen Steuerung rächen!

13.5.2 Galvanische Isolation

Eine konsequente *galvanische Isolation* zwischen der Elektronik der Netzwerkstationen und dem Übertragungsmedium (über Trenntransformatoren oder Optokoppler) ist die wichtigste Maßnahme sowohl für die Betriebszuverlässigkeit, als auch für den Personenschutz im industriellen Umfeld. Die galvanische Trennung erhöht die Störsicherheit der Ethernet-Datenübertragung wesentlich und gewährleistet gleichzeitig eine

---

[191] Es wurden vereinfacht nur die zwei Installationsumgebungen „Büro" und „Industrie" aufgeführt. In gewissen Anlagen kann diese Unterscheidung noch weiter verfeinert werden, z. B. „explosionsgefährdet" etc.

[192] Diese Anforderungen werden vom IT-Personal häufig wesentlich unterschätzt und erhalten nicht die notwendige Aufmerksamkeit und das gebührende Gewicht.

saubere Potentialtrennung der Netzwerkstationen. Zusätzlich wird durch die galvanische Isolation auch das Durchschlagen eventueller, gefährlicher Fremdspannungen auf die Elektronikseite (und damit auf die Bedienerseite) zuverlässig verhindert. Diese Schutzfunktion wird durch den Parameter „Isolationsspannung" definiert. Gebräuchliche Isolationsspannungen sind 400 VDC, 2'500 VDC und 4'000 VDC: Beim Anlegen der spezifizierten Isolationsspannung auf dem Netzwerkanschluss darf auf der Bedienerseite keine gefährliche Spannung entstehen (auch nicht nach einer eventuellen Zerstörung der leitungsseitigen Elektronik). In einem industriellen Ethernet-Netzwerk soll ausnahmslos jede Station vom Übertragungsmedium galvanisch isoliert werden. Die notwendige Isolationsspannung hängt von der Umgebung (z. B. von maximal vorhandenen Fremdspannungen) und von den geltenden Normen und Sicherheitsvorschriften ab. Der Einsatz von Lichtwellenleitern als Übertragungsmedium ist in vielen Fällen eine ideale Lösung und sollte immer bevorzugt werden.

13.5.3 Erdung

Die Erdung erfüllt erstens eine Schutzfunktion (Schutzerde) und zweitens verhindert sie das Auftreten von statischen Spannungen (Geräteerde). Die Schutzfunktion verlangt, dass mindestens die berührbaren Teile der Gehäuse keine personengefährdenden Spannungen annehmen können. Deshalb werden die Gehäuse über Leiter mit genügendem Querschnitt mit der Gebäudeschutzerde verbunden. Als Gebäudeschutzerde dient in modernen Gebäuden ein separat verlegter „Erdleiter", der an allen Steckdosen zur Verfügung steht. In älteren Gebäuden behilft man sich oft mit dem Anschluss der Schutzerde an eine Wasserleitung. Das Erdungskonzept muss in einer industriellen Anlage sehr sorgfältig überlegt, dokumentiert und eingehalten werden. Es besteht die naheliegende Gefahr, dass durch die Erdung der Stationen die galvanische Isolation überbrückt und damit wirkungslos gemacht wird (galvanische Verbindung der Stationen über die Schutzerde des Gebäudes).

13.5.4 Stromversorgung

Die Stromversorgung der Netzwerkstationen wird leider häufig zu wenig sorgfältig ausgeführt. Schlechte Stromversorgungen übertragen Störungen vom Stromnetz in die Netzwerkstation, können Erdschlaufen bewirken oder beeinträchtigen die Betriebszuverlässigkeit durch Spannungseinbrüche. In industriellen, gestörten Umgebungen bewähren sich „klassische" Stromversorgungen mit einem möglichst groß dimensionierten Ringkerntransformator, Doppelgleichrichter, Siebketten und anschliessendem Gleichspannungswandler. Ein direkter Anschluss des Gleichspannungswandlers an die primäre Stromversorgung – also an das 230 VAC-Spannungsversorgungsnetz – ist schlecht geeignet. Falls ein käufliches Gerät (z. B. eine SPS oder ein Industrie-PC) eine solche Direktanschaltung besitzt, ist die Vorschaltung eines Störfilters mit Drosseln in den 230 VAC-Netzpfad empfehlenswert.

13.5.5 Zerstörungsschutz

Auf galvanischen Übertragungsmedien, z. B. auf Koaxialkabeln oder Twisted Pairs können erhebliche Überspannungsspitzen entstehen. Ursache für solche Überspannungsspitzen sind Blitzeinschläge, Einschaltvorgänge anderer Anlagenteile, schnelle Erdpotentialschwankungen etc. Die Überspannungsspitzen breiten sich vom Ort des Entstehens als elektromagnetische Welle auf dem Übertragungsmedium aus und treffen auf die leitungsseitige Elektronik der Netzwerkstationen (Netzwerkadapter), wo sie eine zerstörerische Wirkung entfalten können. Ethernet-Empfängerschaltungen sind relativ empfindlich eingestellte Elektronikbauteile, weil auch noch schwach ankommende Datensignale zuverlässig erkannt und verwertet werden müssen. Überspannungsspitzen lassen sich durch spezielle Schutzschaltungen neutralisieren. Allerdings können wirksame Schutzschaltungen eine negative Wirkung auf die Nutzdatensignale haben, sodass man hier immer mit Kompromissen arbeiten muss. Glücklicherweise kann man bei 10baseT (STP und UTP) sehr wirksame Schutzschaltungen einsetzen, ohne dass die Datenübertragung ungebührlich beeinträchtigt wird. Diese Schutzschaltungen können auch nachträglich und extern zwischen der Netzwerkstation (dem Netzwerkadapter) und dem Übertragungsmedium STP/UTP installiert werden. Sie werden dann als *Line Surge Protectors* bezeichnet und sind von verschiedenen Herstellern erhältlich. Typischerweise reagiert ein Line Surge Protector in weniger als 10 ns (0.01 µs) und begrenzt die ankommende Leitungsspannung auf die ungefährliche Spannung von etwa 8 V_{max}. Dem Zerstörungsschutz sollte die richtige Aufmerksamkeit geschenkt werden, da die langfristige Betriebssicherheit des Automatisierungsnetzwerkes wesentlich davon abhängt. Leider sparen die Hersteller der Netzwerkadapter häufig aus Platz- oder aus Kostengründen bei den Schutzschaltungen.

13.5.6 Übertragungsmedien

Die Übertragungsmedien zwischen den einzelnen Netzwerkstationen und ihrem Netzwerkzugang (Hub, Switch etc.) sind genormt und in der Tabelle 4-1 aufgelistet. Beim Verbinden der Switches untereinander (Trunking, distributed Backbone) gehen verschiedene Hersteller ihren eigenen Weg: In der industriellen Umgebung sind immer optische Verbindungen vorzuziehen.

Für mobile Stationen, wie z. B. Qualitätssicherungs- oder Messdatenerfassungsstationen, die an verschiedenen Stellen des Prozesses eingesetzt werden, sind die drahtlosen Verbindungsmöglichkeiten („Wireless LANs", vgl. [40]) gut geeignet. Ein Ethernet Wireless LAN ersetzt grundsätzlich nur die physikalische Übertragungsschicht und ist für das TCP/IP-Protokoll nicht sichtbar. Bei Wireless LANs entsteht aber für für das Zeitverhalten des Automatisierungsnetzwerkes eine neue Gefahrenquelle: Die drahtlosen Verbindungen sind deutlich störanfälliger als die Kabel oder Lichtwellenleiter, d. h. es werden häufiger Meldungen auf dem drahtlosen Übertragungsweg verstümmelt, zerstört oder sie gehen verloren. TCP/IP erkennt unrichtige oder verlorene Meldungen und der TCP/IP-Fehlerkorrekturmechanismus greift ein (Fehlerkorrektur über mehrfache Wiederholung). Dadurch wird unsichtbar mehr Last auf Ethernet erzeugt, und zwar umso mehr, je schlechter die drahtlose Verbindung ist. Falls mehrere drahtlose Segmente vorhanden sind, kann dies bereits zu einer Lasterhöhung mit merkbaren Folgen führen. Besonders unangenehm sind Segmente, die eine wechselnde Verbindungsqualität aufweisen. Beispiele dafür sind bewegliche Stationen oder die Anwesenheit von unregelmäßig aktiven Störquellen (Liftmotoren, Lichtbogenschweißanlagen, schwere Werkzeugmaschinen etc.). Beim Einbezug von drahtlosen Verbindungen in ein Automatisierungsnetzwerk wird daher das vorgängige – und über eine längerere Zeitdauer ausgedehnte – Ausmessen der drahtlosen Segmente mittels eines Ethernet Protokollanalysators notwendig. Im Falle von unzuverlässigen oder instabilen drahtlosen Segmenten sollen diese nicht im Automatisierungsnetzwerk eingesetzt werden.

13.5.7 Kabel und Stecker

Die Kabel und die Stecker[193] aus der Büroumgebung sind für Automatisierungsnetzwerke die größte Hypothek. Mehrere Lieferanten von industriellem Netzwerkmaterial bieten deshalb eigene, industrietaugliche Lösungen (z. B. DSub-9 Stecker für STP und UTP, stabile Fiberoptik-Verbindungsstecker etc.). Leider bestehen hier noch keine akzeptierten Standards, sodass eigentlich jeder Anlagenbauer (resp. sein Hauptlieferant) diese Fragen entscheiden muss. Verschiedene Gremien arbeiten an Vorschlägen für eine einheitliche Ethernet-Verkabelung für Automatisierungsnetzwerke (z. B. [N-9], [N-11], IEEE802.3af DTE Power via MDI Task Force). Unzuverlässigen Steckverbindungen können Unterbrechungen – fallweise nur von einigen µs (durch Vibrationen oder Erschütterungen) – auslösen, welche Fehler in den Telegrammen erzeugen und dadurch die übergeordneten Protokollschichten zu Fehlerkorrekturmaßnahmen zwingen. Diese Fehlerkorrekturmaßnahmen sind meist sehr zeitaufwändig (bis zu einigen 10 ms bei TCP) und können bei gehäuftem Auftreten wesentlich stören. Die Steckverbindungen bilden einen lächerlich kleinen Kostenposten im Automatisierungsnetzwerk, sind aber für einen großen Teil der späteren Probleme verantwortlich[194].

13.6 Implementierung

Die Implementierung des Automatisisierungsnetzwerkes bedeutet den Übergang von der Theorie zur Praxis. Durch die Theorie werden alle Grundlagen bereitgestellt: Technologien, Perfomancedaten, Planungs- und Dokumentationswerkzeuge etc. Die Umsetzung in die Praxis hat zum Ziel, eine betriebssichere Anlage (dezentrale Steuerung), welche alle funktionalen Anforderungen erfüllt, zu haben.

13.6.1 Produkte

Die Brücke von der Theorie zur Praxis sind geeignete *Produkte*. Die für die Anlage notwendigen Produkte müssen gefunden, evaluiert und beschafft werden. Gegebenenfalls müssen Teile, welche sich nicht auf dem Markt finden lassen, selbst entwickelt oder als Auftragsentwicklung vergeben werden (betrifft vor allem Software).

Geeignete Produkte für die dezentrale Steuerung mit Ethernet-TCP/IP zu finden ist nicht immer ganz einfach. Noch schwieriger ist deren Evaluation, d. h. die vorgängige Prüfung, ob ein Produkt (Hardware oder Software) wirklich alle funktionalen Eigenschaften besitzt und die Leistungsdaten unter allen Betriebsbedingungen erbringen kann. Auch die längerfristige Standhaftigkeit in der industriellen Umgebung ist häufig schwierig zu beurteilen.

Glücklicherweise sind die Lieferanten von Produkten für die dezentrale Steuerung mit Ethernet-TCP/IP auf dem Internet gut vertreten. Zusätzlich existieren herstellerübergreifende Informationsquellen, die ebenfalls on-line eingesehen werden können (z. B. „The Industrial Ethernet Book" auf [N-70]; [N-9], [N-10], [N-11], [N-39], [N-58]).

Während der Systemintegrationsphase werden die beschafften Produkte zusammengebaut und schrittweise in Betrieb genommen.

---

[193] Zum Beispiel Coaxialkabel und Coaxialstecker.

[194] Eine Studie in Automatisierungsnetzwerken (mit Ethernet und verschiedenen Feldbussen) hat gezeigt, dass etwa 60% der Probleme von unzuverlässigen Steckverbindungen herrühren.

13.6.2 Lastbeschränkung

Das voraussagbare Zeitverhalten von Ethernet-Segmenten (vgl. Kapitel 7) ist nur dann gewährleistet, wenn die Lastbeschränkung von *allen* mit diesem Segment kommunizierenden Netzwerkstationen strikt eingehalten wird[195]. Die Gewährleistung der Lastbeschränkung in allen Betriebsfällen – also auch in abnormalen Betriebssituationen – ist daher eine zwingende Notwendigkeit. Da die Lastbeschränkung nicht in den Standard-Ethernet-TCP/IP-Treibern vorhanden ist, muss diese ggf. durch eine separate Programmroutine implementiert werden. Dieser Abschnitt gibt dazu Hinweise.

Die Lastbeschränkung wirkt sich ausschließlich beim Senden aus. In den Simulationen von Kapitel 7 wurde die Beschränkung auf die zwei Parameter „mittlere Meldungsrate σ" pro Station und „mittlere Meldungsrate *mle*" pro Station – also auf statistische Parameter des Poisson-Generators – angewandt. Für eine tatsächliche Implementierung der Lastbeschränkung in Software ist eine Beschränkung von statistischen Parametern, d. h. von Mittelwerten, ungünstig und mit viel Programmier- und Rechenaufwand verbunden. Man erreicht das gleiche Ziel, indem man die zwei Parameter:

- die maximale Anzahl Meldungen pro Sekunde (= σ_{max}, Meldungen/s).
- die maximale Länge der Meldung (mle$_{max}$, Nutzdatenbytes/Meldung)

hart begrenzt. Für die Abschätzung des Echtzeitverhaltens kann man in diesem Fall in den Tabellen σ_{max} für die „Anzahl Meldungen" und mle$_{max}$ für die „mittlere Meldungslänge" einsetzen. Dadurch werden die tatsächlichen Resultate sogar noch deutlich besser sein als die Simulationsresultate.

Die Lastbegrenzung kann grundsätzlich auf drei verschiedene Arten realisiert werden:

1. Die *Anwendung* wird derart geschrieben, dass sie in keinem Fall mehr als σ_{max} Meldungen/s erzeugen kann und nie eine längere Meldung als mle$_{max}$ Nutzdatenbytes generiert (disziplinierte Anwendungssoftware).
2. Zwischen Anwendung und ALI/API, resp. zwischen ALI/API und der Socket Library wird in den Sendepfad eine *Lastbeschränkungsroutine* (**Abbildung 13-2**) eingebaut.
3. Die Lastbeschränkung wird direkt in das ALI/API eingebaut.

Vom Standpunkt der Anwendungsprogrammierung ist die dritte Möglichkeit vorzuziehen. Da diese aber noch nicht in standardisierten API/ALIs vorhanden ist, muss eine der ersten beiden Methoden verwendet werden. Es gibt Fälle, bei denen ist die Methode 1 (disziplinierte Anwendungssoftware) möglich. so z. B. bei SPSen, welche pro Zyklus nur eine einzige Meldung senden: Dadurch ist die maximale Anzahl Meldungen pro Sekunde (= σ_{max} Meldungen/s) durch den fixen Zyklus des SPS-Programmes starr gegeben. Die maximale Länge der Meldungen (= mle$_{max}$ Nutzdatenbytes/Meldung) ist durch die maximale SPS-Meldungslänge limitiert. Falls die Gewährleistung eines disziplinierten Verhaltens der Anwendungssoftware nicht in allen Fällen, also auch in Alarm- und Fehlersituationen, garantiert werden kann, so muss eine zusätzliche *Lastbeschränkungsroutine* im Sendepfad verwendet werden. Diese kann sich entweder zwischen der Anwendung und dem ALI/API oder zwischen dem ALI/API und der Socket Library befinden.

---

[195] Es genügt eine einzige Station, die sehr viel mehr als die vorgesehene Netzwerklast erzeugt, um das Echtzeitverhalten des Ethernet-Segments negativ zu beeinflussen oder sogar zu zerstören.

13.6 Implementierung

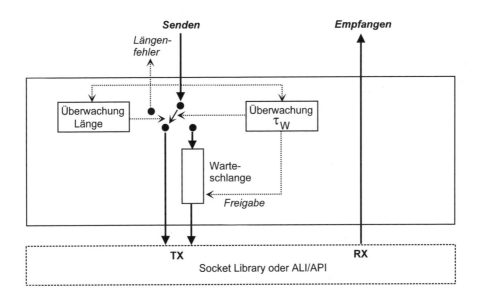

Abbildung 13-2: *Funktion einer deterministischen Lastbeschränkungsroutine*

Die Funktion der Lastbeschränkungsroutine ist sehr einfach und benötigt wenig Programmier- und auch wenig Rechenaufwand während der Laufzeit: Bei jeder TX-Meldung (Sendepfad) wird geprüft:

1. Ist die Meldung nicht länger als mle_{max} Nutzdatenbytes? Falls sie länger ist, wird sie mit einem „Längenfehler" an die Anwendung retourniert.
2. Ist seit dem Eintreffen der letzten TX-Meldung bereits eine Zeitspanne von mindestens $\tau_W = 1/\sigma_{max}$ vergangen? Falls ja, wird die Meldung direkt weiter gegeben. Falls nein, wird die Meldung in eine temporäre Warteschlange eingereiht und es wird mit dem Senden gewartet, bis seit dem Absenden der vorhergehenden Meldung exakt die Zeitspanne von $\tau_W = 1/\sigma_{max}$ abgelaufen ist.

Der Mechanismus dieser Lastbeschränkungsroutine ist in der **Abbildung 13-3** dargestellt: Man erkennt, dass von der Anwendungssoftware „zu früh" übergebene Meldungen in der Warteschlange zurück behalten werden, bis die vorgeschriebene Wartezeit $\tau_W = 1/\sigma_{max}$ seit dem Senden der letzten Meldung abgelaufen ist. Dadurch kann maximal eine Meldungsrate von σ_{max} erzeugt werden, weil die Meldungen höchstens im Intervall von τ_W aufeinander folgen können, d. h. die Lastbeschränkung ist in jedem Falle garantiert. Im Mittel wird die Last einer Station sogar deutlich unter der erlaubten maximalen Meldungsrate σ_{max} liegen. Der Grund dafür liegt darin, dass jede Meldung, die von der Anwendungssoftware nicht *unmittelbar* nach Ablauf der Wartezeit τ_W übergeben wird, automatisch die Meldungsrate senkt ($\Rightarrow$ zusätzliche Wartezeiten, die mit diesem Verfahren nie mehr kompensiert werden können). Damit stellen die Simulationsresultate wirklich Worst-case-Werte dar, welche im tatsächlichen Betrieb nicht erreicht werden.

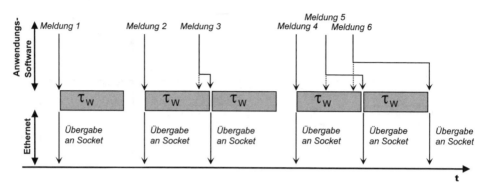

Abbildung 13-3: Funktionsweise der Lastbeschränkungsroutine

13.6.3 TCP/IP-Treibersoftware

Das Zeitverhalten der TCP/IP-Treibersoftware ist für das Gesamtsystem entscheidend. Bei verschiedenen Test hat sich gezeigt, dass das Verhalten der TCP/IP-Treibersoftware von verschiedenen Lieferanten um Faktoren 10 verschieden sein kann. Für die Anwendung in Automatisierungsnetzwerken müssen mindestens die zwei Fragen beantwortet werden:

1. Welche Funktionen des TCP/IP-Stacks[196] sind blockierend, resp. nicht-blockierend? Sind diese Restriktionen mit der geplanten Anwendung verträglich?

2. Wie ist das Zeitverhalten des TCP/IP-Stacks[197], d. h. wieviel Rechenzeit wird in der Protokollsoftware gebraucht? Wieviel Zeit geht durch die Fehlerbehandlung verloren?

Diese Fragen müssen für jeden Versionswechsel neu gestellt (und beantwortet) werden.

13.6.4 Intelligente Netzwerkadapter

Das Rezept für beherrschbare Echtzeitsysteme sind *Multiprozessorsysteme*: Die Funktionen im Netzwerknoten werden auf spezialisierte Mikrocontroller verteilt. Speziell geeignet ist eine Implementierung des gesamten TCP/IP-Protokollstacks (inkl. API/ALI) auf einem dedizierten Mikroprozessor auf der Netzwerkadapterkarte (**Abbildung 13-4**). Auf diese Weise wird der eigentliche Steuerungsrechner (SPS-CPU, iPC, HMI, B&B etc.) von sämtlichen Kommunikationsfunktionen entlastet und die Echtzeitfähigkeit der Steuerung und der Kommunikation werden entkoppelt und können unabhängig gewährleistet werden. Zusätzlich kann diese intelligente Adapterkarte den Hardwaresupport für weitere Funktionen – z. B. den Global Clock (vgl. Abschnitt 10.2.5) – implementieren (vgl. [N-73]).

---

[196] Hier versteht man wieder die gesamte eingesetzte TCP/IP-Protokollfamilie, d. h. inkl. UDP etc.

[197] Bei Tests durch den Autor hat sich gezeigt, das bei Versionenwechsel des gleichen Treibers Performance-Unterschiede von mehr als 50% (nach oben und nach unten) resultieren!

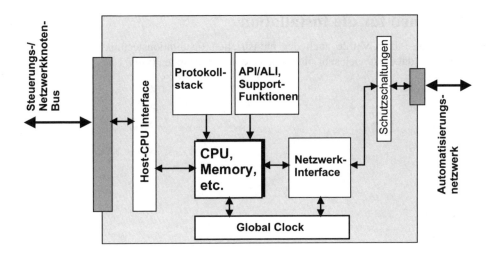

Abbildung 13-4: Intelligente Ethernet-TCP/IP Adapterkarte für dezentrale Steuerungen

13.7 Betrieb

Der Betrieb einer dezentralen Steuerung ist eine umfangreiche Tätigkeit und soll hier nicht behandelt werden. Es sollen nur die folgenden Hinweise, die sich speziell auf das Automatisierungsnetzwerk beziehen, angeführt werden:

1. Das Automatisierungsnetzwerk soll regelmäßig (falls möglich: permanent) *überwacht* werden. Zu diesem Zwecke genügt ein handelsüblicher Ethernet/IP-Analyzer, welcher die Auslastung, die Fehler, die abgebrochenen Pakete etc. erfassen, zählen und die Resultate in verdichteter Form darstellen kann. Man erkennt auf diese Weise früh, ob im Netz Fehlfunktionen entstehen[198] und kann etwas dagegen unternehmen, bevor die Leistungsdaten des Automatisierungsnetzwerkes negativ beeinflusst werden.

2. Jede *Änderung* im Automatisierungsnetzwerk (neue Stationen, neue Funktionen, Erweiterungen, Veränderung von Zugriffsrechten, Konfigurationsänderungen, Einführung von neuen Treiber- oder Softwareversionen etc.) soll vor der Durchführung validiert werden. Unter Validierung versteht man die strenge Prüfung der Auswirkungen auf das Zeitverhalten, auf die Sicherheit und auf die Betriebszuverlässigkeit des Automatisierungsnetzwerkes. „Schleichende" Änderungen, die unvalidiert über die Zeit eingeführt werden, bilden eine latente Gefahr für das Automatisierungsnetzwerk.

3. Die *Dokumentation* über das Automatisierungsnetzwerk (Konfigurationsänderungen, Sicherheitsmechanismen, Stationslisten etc.) muss strikte und konsequent auf dem aktuellen Stand gehalten werden.

---

[198] Es sei an die früher erwähnte Situation von Telegrammverlusten durch Wackelkontakte in Steckern erinnert. Solche mechanischen Probleme können auch nach Jahren von störungsfreiem Betrieb auftreten.

13.8 Normen für die Installation

In den letzten Jahren wurde auch der industriellen Installationstechnik viel Beachtung geschenkt und dabei ist auch sehr nützliche Literatur entstanden (vgl. [168], [169]).

14 Internet und Web-Technologie

Das „Internet" und das „World Wide Web (WWW)" haben in der kommerziellen Welt einen erstaunlichen Aufschwung mit einem phänomenalen Wachstum an Teilnehmern, Anwendungen und modernen Technologien erlebt. Mit kurzer Verzögerung haben einzelne Technologieelemente des WWW Verwendung in der Industrieautomation gefunden und das Internet wird für verschiedene Funktionen eingesetzt.

In diesem Kapitel werden die Technologieelemente des Internet und des WWW von einem ingenieurmäßigen Blickwinkel aus eingeführt und ihre Verwendung in der modernen Industrieautomation dargestellt.

14.1 Internet und World Wide Web

Die Begriffe „Internet" und „World Wide Web" werden in der Umgangssprache häufig im gleichen Sinne benutzt: In der Tat sind dies aber zwei verschiedene Infrastrukturen mit jeweils eigenen Applikationen. Das „Internet" ist eine weltweite, dezentrale, „demokratische"[199] Kommunikationsinfrastruktur, während das World Wide Web eine auf dem Internet beruhende, ebenfalls weltweite Infrastruktur zur Verwaltung und zur interaktiven Verteilung von Information darstellt (**Abbildung 14-1**).

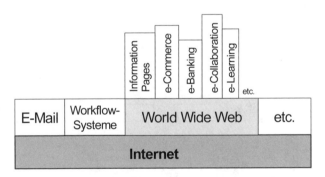

Abbildung 14-1: *Zusammenspiel von Internet und World Wide Web*

Das Internet ist die Basis für eine Vielzahl von Anwendungen, so z. B. Electronic Mail (E-Mail), Workflow-Systeme zur automatischen Abwicklung von Geschäftsprozessen zwischen Firmen etc. Auch das World Wide Web ist eine auf dem Internet beruhende Anwendung.

---

[199] d. h. ohne zentrale Steuerung oder zentrale Kontrolle.

14.2 Internet

14.2.1 Internet Grundlagen

Das Internet ist nicht – wie der Name vermuten lässt – ein Computernetzwerk, sondern ein vielfältiges, stündlich änderndes Geflecht einer Vielzahl von einzelnen, zusammenhängenden Computernetzwerken. Die Interoperabilität dieser Netzwerke wird durch die TCP/IP-Protokollfamilie gewährleistet. Über das Internet kann jeder Rechner auf der Welt, der einerseits über einen Internet-Anschluss und andererseits über eine gültige Internet-Adresse verfügt[200], mit jedem anderen Rechner Daten austauschen (**Abbildung 14-2**). Das Internet wird nicht von einer einzigen Organisation betrieben oder beherrscht, sondern Zehntausende von Sub-Netzwerkbetreibern und Backbone-Operators bilden die Internet-Infrastruktur. Zusammengehalten wird das Internet durch fünf neutrale Organisationen:

- Internet Society (vgl. [N-86]),
- Internet Engineering Steering Group (vgl. [N-1]),
- Internet Architecture Board (vgl. [N-87]),
- Internet Research Task Force (vgl. [N-88]),
- Internet Assigned Numbers Authority (vgl. [N-89]).

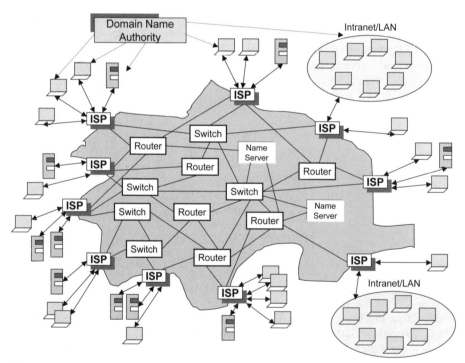

Abbildung 14-2: *Internet-Struktur*

---

[200] d. h. eine Internet assigned Domain Address.

14.2.2 Internet-Technologieelemente

Das Internet hat eine Reihe von neuen Technologieelementen eingebracht: Diese sind in der **Tabelle 14-1** übersichtsmäßig zusammengefasst. Neu sind für den Stoffumfang dieses Buches das *Domain Name System*, der *Name Server*, die *Internet Service Providers* und neue *File-Formate*[201] zur Übertragung von Multimedia-Daten (Sprache, Video).

Tabelle 14-1: Übersicht über die Internet-Technologieelemente

Technologieelement	Funktion	Bemerkungen
IP-Protokoll/IP-Adresse	Empfängerbezeichnung, Kommunikationsregeln und Pfadsuche im Internet	Vgl. Kapitel 5
Domain Name System (DNS)	Weltweit eindeutige Namensgebung und Namensverwaltung für Internet-Teilnehmer	Namenshierarchie und Namensvergebung
Name Server	On-Line Auskunftsstelle über die Korrespondenz von IP-Adressen und Domain Names	Anfragen/Antworten über TCP/IP
Bridge	Trennung und Organisation des IP-Datenverkehrs	Vgl. Kapitel 3
Switch	Trennung, Führung und Organisation des IP-Datenverkehrs	Vgl. Kapitel 3
Router	Trennung, Führung und Organisation des IP-Datenverkehrs	Vgl. Kapitel 3
TCP-Protokoll/TCP-Adresse	Empfängerbezeichnung und Kommunikationsregeln für die übergeordneten Anwendungen	Vgl. Kapitel 5
Internet Service Provider (ISP)	Zugangspunkt zum Internet	Schnittstelle zwischen dem Internet und den Teilnehmern
Multimedia File-Formate	Vielzahl von spezialisierten Fileformaten zur Übertragung von Sprache, Musik, Video, komprimierten Daten etc. über TCP/IP	z. B. VoIP

Domain Name System (DNS) und Name Servers

Damit ein Client über das Internet eine Ressource (d. h. einen Kommunikationspartner, einen Server etc.) ansprechen kann, muss er eine Möglichkeit haben, diesen zu lokalisieren. Dies erfordert eine verständliche, weltweit eindeutige und standardisierte *Namensgebung*. Da Ressourcen nicht fest an einen bestimmten Rechner gebunden werden können, eignet sich die IP-Adresse dazu nicht. Ressourcen-Namen sollten langfristig stabil und gültig bleiben, während Netzwerkumkonfigurationen zum Tagesgeschäft gehören.

---

[201] Zusätzlich zu den bis jetzt eingeführten ASCII-, EBCDIC- und Binärfiles.

Diese Adressieraufgabe wird durch das Domain Name System (DNS, [160], [149]) gelöst: DNS führt einen globalen Namensraum[202] ein, der die Vergabe von eindeutigen Adressen – unabhängig von den IP-Adressen[203] – ermöglicht. Die Struktur dieses Namensraumes ist in der **Abbildung 14-3** dargestellt. Der Namensraum besitzt eine hierarchische Struktur: Ausgehend von „Top Level Domains" werden die Ressourcen-Adressen über Second Level Domains etc. zusammengesetzt. Jede Domainverwaltung (= Domain Name Authority) ist für die Eindeutigkeit ihrer Namen in ihren Subdomains verantwortlich.

Der Ressource-Name: spacelink.msfc.nasa.gov (vgl. [161]) gehört zur Top Level Domain .gov (= USA government), in die Subdomain .nasa (= Adressbereich der NASA, USA National Space Agency), die nächste Ebene .msfc identifiziert das Intranet des Marshall Space Flight Centers und schließlich bezeichnet spacelink denjenigen NASA-Rechner, auf dem die Spacelink-Applikation läuft. Obwohl sich die IP-Adresse dieses Rechners mehrfach verändert hat, ist der Ressource-Name ständig der gleiche.

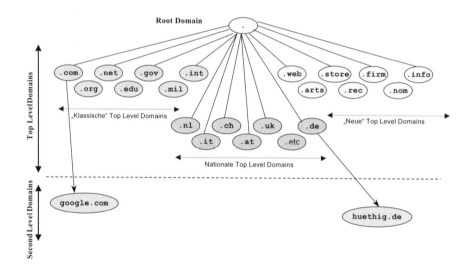

Abbildung 14-3: Domain Name System (DNS)

Damit ein Rechner ein TCP/IP-Paket an einen Empfängerrechner adressieren kann, muss er dessen IP-Adresse kennen. Zu diesem Zwecke stellt das DNS die *Name-Servers* zur Verfügung ([161]): Die Name-Servers bilden ein dezentrales Verzeichnis (Directory), welches über TCP/IP zugänglich ist. Jeder Rechner kann damit über einen TCP/IP-Aufruf für einen Ressource-Namen (DNS-Name) die momentan zugehörige IP-Adresse erhalten. Das Netz der Name-Servers bildet damit einen entscheidenden Bestandteil des Internet (vgl. **Abbildung 14-2**). DNS wird heute auf praktisch allen Plattformen durch fast alle Betriebssysteme unterstützt.

---

[202] Namespace

[203] Die 3 verschiedenen Adressen: OUI = Netzwerkkartenadresse (Kapitel 4), IP-Adresse (Kapitel 5) und Domain-Name (Kapitel 14) müssen auseinandergehalten werden. Alle drei zusammen bilden die Adressmanigfaltigkeit des Internet und hängen über Abbildungen zusammen (vgl. [149]).

Internet Service Provider (ISP)

Internet Service Providers (vgl. **Abbildung 14-2**) bilden die Schnittstelle zwischen dem Internet und dem Teilnehmer. Vielfach verwaltet der ISP auch die IP-Adressen, d. h. der individuelle Teilnehmer besitzt keine eigene, permanente IP-Adresse. TCP/IP-Pakets werden an den ISP adressiert, welcher diese dann (z. B. auf Grund temporär zugewiesener IP-Adressen) an den Teilnehmer weiterschickt. Der ISP trägt auch die Verantwortung für die organisatorischen und finanziellen Aspekte gegenüber dem Teilnehmer. In vielen Fällen bietet der ISP Zusatzdienstleistungen (E-Mail Adressen, WWW-Homepages etc.) an.

Multimedia File-Formate

Das ursprüngliche Internet war für die Übertragung von Daten (ASCII-, EBCDIC- und Binärfiles) konzipiert: Mehr und mehr wurden jedoch über das Internet auch andere Daten transportiert, so z. B. Audio, Video, komprimierte Dateien, spezialisierte Dateien (Grafik etc.). Dies hat zu einer Anzahl von speziellen Dateiformaten und entsprechenden Standards geführt, welche heute interaktive Multimedia-Anwendungen und Virtual Reality über das Internet erlauben (vgl. [161]).

14.2.3 Internet-Sicherheitsmechanismen

Das Internet gilt heute als hoch gefährdete Zone und jeder Internet-Teilnehmer muss sich durch geeignete Schutzmaßnahmen gegen eine Vielzahl von Gefahren schützen (**Abbildung 14-4**).

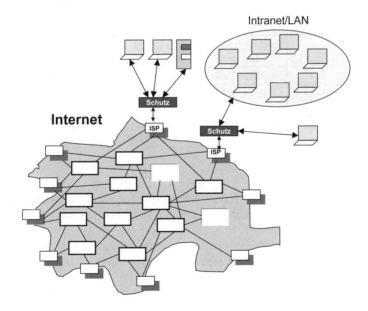

Abbildung 14-4: Teilnehmerschutz im Internet

Man unterscheidet heute nach *Netzwerksicherheit* und *applikatorischer Sicherheit*. Netzwerksicherheit soll destruktive Angriffe – wie Viren, netzwerkmäßige Fremdzugriffe, Eindringversuche, Denial-of-Service Angriffe – verhindern[204]. Applikatorische Sicherheit bei Netzwerkanwendungen soll die Anwendungsseite schützen: Die applikatorische Sicherheit wird im Abschnitt 14.3.3 behandelt.

Die Sicherheitsaspekte in industriellen Netzen (Intranet) wurden bereits im Kapitel 11 ausführlich erläutert. Hier wird nur noch einmal explizit auf die Verantwortung des Intranet-Betreibers oder des Internet-Teilnehmers hingewiesen, wirksame Schutzmaßnahmen (**Abbildung 14-4**) einzuführen und zu unterhalten! Die verfügbaren Netzwerksicherheitsmechanismen sind in der **Tabelle 14-2** übersichtsmäßig zusammengefasst. Mit Ausnahme des *Content Scanners* und des *Denial-of-Service* Schutzes wurden alle bereits in früheren Kapiteln behandelt.

Tabelle 14-2: Übersicht über die Internet-Sicherheitsmechanismen

Sicherheitsmechanismus	Funktion	Bemerkungen
Firewall	Paketfilter zur Abweisung von unerwünschten TCP/IP-Pakets	Vgl. Kapitel 11
Virus-Scanner	Programme zur Erkennung, Blockierung und ggf. Entfernung von Computerviren	Vgl. Kapitel 11
Content-Scanner	Mechanismus zur Suche nach speziellen Eigenschaften in den TCP/IP-Pakets	z. B. Key-Words, Bitmuster Abschnitt 14.2.3
Intrusion-Detection	Erkennung von Eindringversuchen	Vgl. Kapitel 11
Incidence Monitor	Erkennung, Klassifizierung und Reaktion auf Sicherheitsvorfälle	Vgl. Kapitel 11
IPSec	Secure IP-Protokoll	Vgl. Abschnitt 11.6
SSL (Secure Socket Layer)	Chiffriertes Socket-Interface Protokoll	
Denial-of-Service Schutz	Verfahren zur Erkennung und Bekämpfung von DoS-Angriffen	Abschnitt 14.2.3

Content Scanning

Content Scanning ist eine kontroverse Technologie: Sie wurde ursprünglich von SEC (= U.S. Security Exchange Commission) für den Nachweis von Insider-Geschäften eingeführt und verlangte die ausnahmslose Suche nach Schlüsselwörtern in allen von den akkreditierten Börsenbrokern gesendeten und empfangenen E-Mails. In diesem Sinne bewirkt sie eine Überwachungsfunktion des Inhaltes. Später hat sich gezeigt, dass das Content Scanning eine wirksame Abwehr gegen unerwünschte Inhalte ermöglicht – und damit den Schutz eines Intranets verbessert. Content Scanning ist eine Technologie, die sich erst in der Entwicklung befindet und hier nur der Vollständigkeit halber erwähnt wird.

---

[204] Oder zumindest signifikant erschweren.

Denial-of-Service Schutz

Denial-of-Service (DoS) bedeutet die Blockierung einer Internet-Ressource durch Dritte. Ein typischer Denial-of-Service Angriff besteht darin, die Internet-Ressource in sehr kurzer Zeit mit einer sehr großen Anzahl von TCP/IP-Paketen zu bombardieren, und dadurch den Zusammenbruch des entsprechenden Rechners auszulösen[205]. Die bekannteste Angriffstechnik besteht darin, derartige „Angriffsprogramme" auf unbeteiligten Servern illegal zu installieren und anschließend über einen gleichzeitigen Befehl alle zum Auslösen des Denial-of-Service Angriffes auf das Ziel zu kommandieren. Auf diese Weise kann das Ziel gleichzeitig von Tausenden von (unwilligen und unfreiwilligen) Netzwerkrechnern angegriffen werden.

Ein Schutz gegen Denial-of-Service Angriffe ist nicht allein auf der Seite des angegriffenen Netzwerkrechners möglich. Es ist notwendig, dass alle – oder wenigstens möglichst viele – der Netzwerkrechner im Internet mit Schutzprogrammen ausgerüstet werden (vgl. [162], [161]). Eine Erkennung eines Denial-of-Service Angriffes ist allerdings nur im angegriffenen Netzwerkrechner möglich.

Im industriellen Umfeld ist ein DoS-Angriff dann unangenehm, wenn eine für die Steuerung notwendige Funktion nicht mehr zugänglich ist (z. B. keine Daten oder zeitgerechten Aufträge mehr liefern kann). Der Sicherheitsbeauftragte für die Automationsanlage muss sich deshalb (mindestens) eine Verhaltensweise für einen solchen Fall zurechtlegen.

14.3 World Wide Web

14.3.1 Grundlage des World Wide Web

Das World Wide Web (WWW) stellt ein riesiges Behältnis für elektronische Dokumente[206] dar. Die Dokumente sind auf vielen Millionen von Rechnern – sogenannten Web-Servern – gespeichert. Das WWW stellt ein unorganisiertes, hierarchiefreies, vollständig dezentrales System dar. Seine Funktionsweise beruht auf zwei grundlegenden Ideen:

- Dem „Unique Resource Locator" URL: Jedes Dokument auf dem Web besitzt eine eindeutige, unverwechselbare Identifikation. Die URL [158] beruht auf dem DNS (vgl. Abschnitt 14.2.2). Über das DNS hat jeder Rechner am Internet eine eindeutige Adresse und kann mit deren Hilfe aufgefunden und angesprochen werden. Dokumente auf dem Rechner selbst werden in üblichen Directory-Pfaden abgelegt und sind dadurch auffindbar. Der Rechner spacelink.msfc.nasa.gov (Abschnitt 14.2.2) stellt z. B. das Dokument „HTML Style Guide" wie folgt zur Verfügung: spacelink.msfc.nasa.gov/masterdir/guidelines/html_guide.
- Dem „Hypertext" oder den „Links": In klassischen Textdokumenten, z. B. im vorliegenden Lehrbuch, sind Referenzdokumente numeriert und in einem speziellen

---

[205] Derartige Angriffe haben in 2001 bekannte e-Commerce Sites – z. B. Amazon.com – für längere Zeit vollständig lahm gelegt.

[206] Der Begriff „Dokument" umfasst im WWW viel mehr als ein Textdokument: unter diesen Begriff fallen auch Grafiken, Bilder, bewegte Bilder, Programme, Services (wie z. B. Suchmaschinen, Web-Services) etc. Der Begriff *Resource* Locator (= „Hilfsmittel" Standort) trifft damit den Sachverhalt genau.

Kapitel aufgelistet (dem Literaturverzeichnis, Kapitel 16). Falls ein Leser ein Referenzdokument benutzen möchte, kann er über die Literaturangabe bei seiner Bibliothek oder Buchhandlung ein Exemplar bestellen oder ausleihen. Auf der Grundlage des WWW – der Welt der elektronischen Dokumente – kann dies dank der Idee von Ted Nelson (Projekt XANADU, [N-91]) wesentlich vereinfacht werden. Er schlug vor, dass jede URL *direkt* zum gewünschten Dokument führen sollte. In einem elektro-nischen Dokument kann an jeder Stelle die URL in den Text eingefügt werden und das Anklicken der URL bewirkt direkt den Sprung auf den richtigen Server, navigiert durch das Directory und führt zur Anzeige des gewünschten Dokumentes.

Diese beiden Grundideen – zusammen mit später entwickelten Technologien, wie z. B. *interaktive* Dokumente – begründeten die ungeheure Leistungsfähigkeit des World Wide Web. Die frühe, nicht von kommerziellen Interessen eingeschränkte Normierungstätigkeit des World Wide Web Consortiums ([N-90]), ermöglichten das phänomenale Wachstum.

14.3.2 World Wide Web Technologieelemente

Die vom WWW eingebrachten Technologieelemente sind in der **Tabelle 14-3** dargestellt. Diese werden im Folgenden beschrieben.

Tabelle 14-3: Übersicht über die World Wide Web-Technologieelemente

Technologieelement	*Funktion*	*Bemerkungen*
Unique Resource Locator (URL)	Weltweit eineindeutige Adressierung einer Resource im Internet	Tim Berners-Lee ([158])
Link	Elektronischer Direktzugriff auf ein Dokument über eine URL	Ted Nelson ([N-91])
Hypertext Transfer Protocol (http:)	Dem TCP/IP übergeordnetes Anwendungsprotokoll für das WWW	RFC 2616
Hypertext Mark Up Language (HTML)	Formatierungssprache für die Darstellung von Dokumenten	ietf.org
eXtensible Markup Language (XML)	Weiterentwickelte Formatierungs-sprache mit benutzerdefinierbaren Tags	ietf.org
Browser	Client-Software zu Darstellung von Information	
Web-Server	Programmsystem zur Verwaltung von Web-Anwendungen	
Suchmaschine	Suchwort-Verfahren im ganzen WWW	
Multimedia-Anwendungen	Verwendung von Bild, Ton, Text und anderen Elementen in Anwendungen	
Web-Services	Auslagerung von Datenverarbeitungs-Teilprozessen an Dritte über WWW	

Hypertext Transfer Protocol (http:)

Das Hypertext Transfer Protocol (http) ist ein Internet Anwendungsprotokoll für verteilte, kollaborative Hypermedia-Informationssysteme. Es ist ein generisches, zustandsloses Protokoll, welches primär für Hypertext/Hyperlink-Anwendungen entwickelt wurde, aber auch für andere Zwecke eingesetzt werden kann, z. B. für Name Servers und Systeme mit verteilten Objekten. Das Protokoll http ist im RFC 2616 ([N-1]) definiert.

14.3 World Wide Web

Das Protokoll http: wird über TCP/IP abgewickelt[207] (**Abbildung 14-5**). Der Ablauf von http ist wie folgt:

1. Der Client baut mit dem Server die TCP/IP-Verbindung auf.
2. Der Server akzeptiert die Verbindung.
3. Der Client schickt einen http:-Request zur Anwendung auf dem Server.
4. Der Server beantwortet den Request mit einer Response, welche das gewünschte Dokument enthält.
5. Die Schritte 3. und 4. können mehrfach wiederholt werden.
6. Die TCP/IP-Verbindung wird aufgehoben.

Request und Responses in http: bestehen aus genau definierten Elementen und haben eine vorgeschriebene Struktur (definiert im RFC 2616).

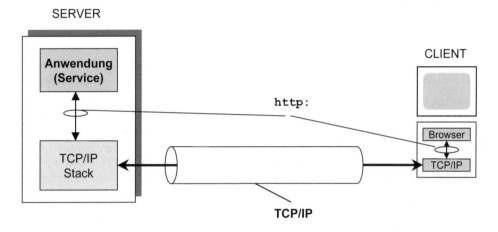

Abbildung 14-5: Anwendungsprotokoll http: über TCP/IP

Hypertext Mark Up Language (HTML)

Die http:-Requests und Responses transportieren beliebige Daten, ohne Rücksicht und ohne Kenntnis ihrer Bedeutung. Damit fehlt ein ganz wesentliches Element: Angaben über die Darstellung der Information z. B. auf dem Bildschirm des Client. HTML erfüllt genau diese Aufgabe und zwar mittels von „Tags". Tags sind Markierungen, welche das Darstellungsprogramm (z. B. den Browser) instruieren, was mit den von den Tags eingeschlossenen Daten geschehen soll. HTML-Ausdrücke haben die Form:

`<Start-Tag>Daten</End-Tag>`

Als Beispiel wird:

`<H2>World Wide Web Technologieelemente</H2>`

als Titel dargestellt. `<H2>` ist hier das Start-Tag, welches dem Browser mitteilt, dass die Linie `World Wide Web Technologieelemente` als Großschrift darzustellen ist. `</H2>` ist das End-Tag, welches diese Anweisung abschließt.

---

[207] Von der Spezifikation her lässt sich http: auch über andere verbindungsorientierte Transportprotokolle ausführen.

Der Ausdrucksreichtum von HTML kommt von den vielfältigen Tags her: Der erlaubte Katalog von Tags ermöglicht eine sehr flexible Formatierung von Web-Seiten. HTML kann in diesem Sinne als „Programmiersprache für Web-Seiten" verstanden werden. Beim Aufbau einer Web-Seite muss der Web-Designer allerdings die Tags nicht kennen, sondern er kann sich auf „Web Authoring Tools"[208] verlassen, welche große Benutzerfreundlichkeit aufweisen.

Neben der Darstellungsformatierung hat HTML noch die ganz wichtigen Eigenschaften, dass *Links* (Hypertext-Links, vgl. 14.3.1) und fast beliebige *Multimedia-Elemente* (Bilder, Ton etc.) definiert und dargestellt werden können. Der HTML-Text – wie er vom Web-Server übertragen wurde – kann im Browser über die Befehle Select View, Source (Internet Explorer) oder View, Page Source (Netscape Communicator) betrachtet werden.

HTML erfährt immer noch Weiterentwicklungen, so z. B. zu Dynamic HTML (DHTML), welche das Ausführen von Animationen ermöglichen und mehr Interaktivität und Flexibilität haben ([161]).

eXtensible Markup Language (XML)

HTML hat das WWW groß gemacht: Die Browser-Hersteller haben sich (weitgehend) an die HTML-Spezifikationen gehalten und Millionen von Benutzern waren damit zufrieden.

HTML hat einen gewichtigen Nachteil, welcher sich erst bei der Entwicklung von fortgeschrittenen Web-Anwendungen gezeigt hat: Alle HTML-Tags sind fix definiert und die Definition neuer Tags bedingt die Anpassung des HTML-„Standards"[209]. Das WWW-Consortium hat diesen Nachteil erkannt und die Definition einer neuen Formatierungssprache geleitet – der eXtensible Markup Language (XML). XML ([111], [N-82]) erlaubt jedem Benutzer die Definition eigener Tags, daher das „eXtensible" (erweiterbar) im Namen.

XML ist in kürzester Zeit ein durchschlagender Erfolg bei vielen Anwendungen gelungen: auf der Basis von XML wurden ganze Workflow-, e-Business-, Web-Services- und Dokumentations-Systeme aufgebaut (vgl. [170], [171]).

Browser und Web-Server

Der Browser ist das „klassische" Zugangsprogramm zum WWW. Der Browser ist ein Standardprogramm, z. B. Microsoft Internet Explorer ([N-79]), Netscape Communicator ([N-80]), oder Opera ([N-81]). Der Browser implementiert den Client-Teil, der Web-Server den Server-Teil des Client-/Server-Modelles.

Ein Browser erhält HTML-Seiten – gegebenenfalls mit Erweiterungen die hier nicht beschrieben werden sollen – und zeigt diese in seinen Fenstern auf dem Client-Bildschirm an.

Web-Services

Im „klassischen" Web beansprucht ein Client über das Netzwerk Dienstleistungen von einem ihm bekannten Server. Sobald der Client die gewünschte Dienstleistung vom Server erhalten hat, wird die Beziehung abgebrochen und der Client kann einen weiteren Server

---

[208] HTML-Editoren

[209] Obwohl gewisse Browser-Hersteller davon unberührt eigene Tags eingeführt haben und dadurch eine Inkompatibilität von Browsern verbrochen haben.

ansprechen. Die Grundidee der *Web Services* ([171]) erweitert diese Client-Server Beziehung durch drei neue Eigenschaften:

1. Ein Server soll seine Dienstleistung (= seinen Web Service) „öffentlich" anbieten und verrechnen können.
2. Es sollen verkettete Transaktionen über die Dienstleistungen von mehreren, unabhängigen Servern möglich sein (Verkettung von Web Services).
3. Ein Client soll gewünschte Dienstleistungen (resp. die Server welche diese anbieten) über das Web selbst ausfindig machen – und anschließend benutzen – können.

Web Services stellen eine neue Form von Web Anwendungen dar: Sie müssen eine vollständige, abgeschlossene und modulare Funktionalität anbieten. Diese Funktionalität muss sich über das Web veröffentlichen, anbieten, auffinden, verwenden und verrechnen lassen (**Abbildung 14-6**). Die Spannweite der Funktionalität von Web Services ist groß: Sie reicht von einfachen Transaktionen (z. B. eine Kreditkartenbelastung) bis zu komplexen Geschäftsprozessen (z. B. eine gesamte Produktionsplanungsanwendung oder Lager-verwaltungsapplikation). Der Vorteil bei der Verwendung eines Web Services ist, dass die entsprechende Anwendungssoftware nicht mehr auf dem eigenen Rechnersystem installiert und gewartet werden muss. Die benötigte Anwendungssoftware wird durch den Web Service zur Verfügung gestellt. Der Benutzer übermittelt die notwendigen Daten und erhält die Resultate zurück[210]. Dies kann erhebliche wirtschaftliche Vorteile zur Folge haben.

Web Services entfalten aber ihre volle Wirkung erst dann, wenn sie bei Bedarf über das Web gesucht, gefunden und benutzt werden können und wenn zuverlässige, verkettete Transaktionen möglich werden. Geschäftsprozesse eines Unternehmens können dann in Teilschritte aufgeteilt werden und jeder Teilschritt könnte von einem Web Service ausgeführt werden (eigener oder fremder Web Service).

Falls es gelingt, die Standardisierung der Web Services derart weit zu bringen, dass universell akzeptierte, stabile, sichere und zuverlässige Schnittstellen für Web Services zur Verfügung stehen, so sehen viele Experten eine sehr gute Zukunft für die Web Services voraus.

Die Web Service Architektur besteht aus der *Web Service Plattform* und den eigentlichen *Applikationen* (**Abbildung 14-7**). Die Web Service Plattform wird durch die bekannten Internet-Technologien:

- TCP/IP (Transmission Control Protocol/Internet Protocol),
- http: (Hypertext Transfer Protocol),
- XML (eXtensible Markup Language)

---

[210] Diese Idee ist bereits auf einigen Spezialgebieten als ASP (Application Service Provider) realisiert.

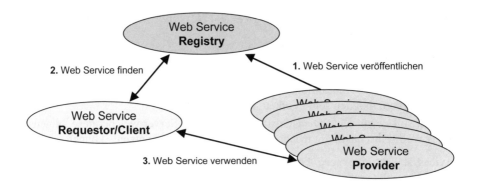

Abbildung 14-6: Web-Services

und durch die neu eingeführten Web Service Technologien
- SOAP (Simple Object Access Protocol),
- WSDL (Web Services Description Language),
- UDDI (Universal Description, Discovery and Integration Service)

sowie durch eine Anzahl „fakultativer" Hilfsstandards, wie
- den XML-Erweiterungen XAML, XLANG, XKMS, XFS

gebildet[211].

Von größter technischer Wichtigkeit für die Web Serviccs sind die Standards. Neben TCP/IP (Kapitel 4, 5), http: (Kapitel 14) und XML (Kapitel 14) kommen SOAP, WSDL und UDDI dazu (**Abbildung 14-7**).

SOAP (Simple Object Access Protocol)

SOAP ist eine auf XML beruhende Protokollspezifikation, welche den Transport von XML-codierten Daten regelt und den Zugriff auf die Funktionen (Methoden) von verteilten Objekten über das Netzwerk – genauer: über http: – ermöglicht. SOAP ist ein typischer Interoperabilitätsstandard, der auf jedem Rechner in seine entsprechende Middleware übersetzt wird (z. B. in die CORBA-, DCOM- oder .NET-Umgebung).

WSDL (Web Services Description Language)

WSDL (vgl. [171]) beschreibt, was ein Web Service kann, wo er beheimatet ist und wie man auf seine Dienstleistungen zugreift.

UDDI (Universal Description, Discovery and Integration Service)

UDDI stellt Verfahren zur Verfügung, mit denen Clients dynamisch Web Services suchen und finden können, welche ihnen genau die benötigten Applikationen zur Verfügung stellen können. Der Mechanismus beruht auf einem Register, in welchem die Anbieter ihre Services eintragen und die Clients ebenfalls ihre Bedürfnisse auflisten können. UDDI basiert auf SOAP-Messages.

---

[211] Das ehrgeizige Ziel der Web Services – universelle Verfügbarkeit, allgemeine Benutzbarkeit, Auffindbarkeit im Web – kann nur durch eine vollständige und strikte Standardisierung erreicht werden.

14.3 World Wide Web

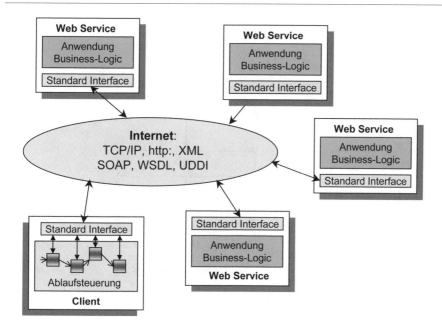

Abbildung 14-7: Web Services Architektur

14.3.3 World Wide Web Sicherheitsmechanismen

Die Internet-Sicherheitsmechanismen (vgl. Kapitel 11 und Abschnitt 14.2.3) haben zum Ziel, das *Netzwerk* und die *Computerressourcen* zu schützen. Dies genügt bei WWW-Verwendung für z. B. Web-Services, e-Banking, E-Manufacturing nicht. Bei solcher Verwendung müssen auch die *Anwendungen* selbst geschützt werden. Zu diesem Zweck stellt die WWW-Technologie die in der **Tabelle 14-4** angegebenen Sicherheitsmechanismen zur Verfügung.

Tabelle 14-4: Übersicht über die World Wide Web Sicherheitsmechanismen

Sicherheitsmechanismus	Funktion
Secure Socket Layer (SSL)	Sicherer (chiffrierter Kanal) zwischen einem Server und einem Web-Client
Public Key Infrastructure (PKI)	Vertraulichkeit, Authentisierung, Integrität, Nicht-Abstreitbarkeit bei elektronischen Transaktionen

Secure Socket Layer (SSL)

Bei der Verwendung von SSL[212] (Secure Socket Layer [172]) wird eine sichere, d. h. chiffrierte Verbindung direkt zwischen dem Client und dem Server aufgebaut. SSL ist eine Sicherungsschicht, welche oberhalb von TCP angesiedelt ist (**Abbildung 14-8**).

---

[212] SSL wird in naher Zukunft durch den Standard TLS (Transport Layer Security) ersetzt werden.

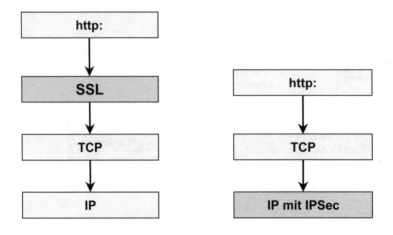

a) Sicherung mit SSL   b) Sicherung mit IPSec

Abbildung 14-8: *Sicherung mit SSL und IPSec*

Die Lösung mit SSL hat die zwei großen Vorteile, dass einerseits das standardmäßige, unmodifizierte TCP/IP verwendet wird und andererseits auch andere übergeordnete Protokolle als http: verwendet werden können.

Der Aufbau einer SSL-Verbindung beinhaltet einen Chiffrierschlüsselaustauschmechanismus, welcher auf Public-Key Kryptographie beruht (vgl. PKI unten). Aus dem asymmetrischen Schlüsselpaar wird ein symmetrischer Session-Key generiert. Anschließend werden alle Messages zwischen Client und Server in beiden Richtungen mit dem Session-Key chiffriert. Nach dem heutigen Stand der Kryptoanalyse ist eine solche Verbindung sicher, d. h. auch mit sehr großem Aufwand nicht zu entschlüsseln[213].

Die notwendige Software für das SSL-Protokoll, für die Schlüsselgenerierung und für den Schlüsselaustausch befinden sich heute in jedem Browser und in jedem Web-Server. Dadurch lassen sich Web-Verbindungen (d. h. http: Client/Server-Verbindungen) sehr einfach und sehr zuverlässig sichern.

Public Key Infrastructure (PKI)

SSL und IPSec sichern „nur" die Datenverbindung[214], d. h. sie erlauben einen zuverlässig chiffrierten Datenaustausch zwischen einem Client und einem Server. Dies genügt noch nicht für den Schutz von Anwendungen. Für den vollständigen Schutz von Anwendungen sind vier Funktionen notwendig, welche dem englischen Kürzel „PAIN" entsprechen:

P: Privacy/Confidentiality (= Vertraulichkeit)
A: Authentication (= Authentisierung)
I: Integrity (= Integrität)
N: Non-Repudiation (= Nicht-Abstreitbarkeit)

---

[213] Diese Aussage gilt für Schlüssellängen von mindestens 128 Bit. Es gibt ältere Implementationen, welche mit kürzeren Schlüssellängen (häufig nur 40 Bit!) arbeiten.

[214] SSL und TLS bieten zusätzlich auch eine Möglichkeit zur Server-Authentisierung.

Dabei bedeuten:

Vertraulichkeit: Die Daten können ausschließlich von den Berechtigten verwertet werden. Unberechtigte sind nicht in der Lage, die Daten zu verstehen (d. h. zu entschlüsseln).

Authentisierung: Die Partner in einem Datenaustausch beweisen ihre Identität allen anderen Partnern. Damit kann sich kein Fremder „einschleichen".

Integrität: Die Daten sind beweisbar nicht verändert worden, oder eine Veränderung wird mit Sicherheit erkannt. Die vom Empfänger erhaltenen Daten stimmen vollständig mit den vom Sender abgesendeten Daten überein. Zur Integrität gehört auch noch, dass die Meldung eindeutig einem Absender zugeordnet werden kann.

Nicht-Abstreitbarkeit: Für jeden Datenaustausch ist elektronisches Beweismaterial[215] vorhanden. Die Beweise sollen umfassen: Die Identität des Absenders, die Integrität der Daten, und ggf. der Zeitpunkt der Übermittlung (Zeitstempel).

Die Internet-Technologie, welche diese vier Funktionen implementiert, ist die *Public Key Infrastructure* (PKI, vgl. [155], [156], [157]). PKI ist selbst ein breites Wissens- und Anwendungsgebiet geworden, und verschiedene Anbieter stellen dazu Software zur Verfügung (z. B. [N-83], [N-84], [N-85]). Hier soll nur eine ganz kurze Einführung gegeben werden.

Eine PKI beruht auf einem sogenannten Public_Key/Private_Key-Schlüsselpaar. Die Grundidee dabei ist, dass ein Schlüssel – z. B. der Public Key – zum Chiffrieren einer Nachricht verwendet wird. Diese verschlüsselte Nachricht kann ohne weiteren Schutz veröffentlicht, d. h. übermittelt werden. Nur ein einziger Empfänger ist in der Lage, diese Nachricht zu entschlüsseln: Der Besitzer des zugehörigen Private Key (**Abbildung 14-9**)! Alle Public Keys der Teilnehmer können in einem weltweiten, öffentlich zugänglichen Verzeichnis (Directory) zur Verfügung gestellt werden, während die Private Keys vom jeweiligen Besitzer streng gehütet werden müssen. Man nennt diese Technologie *asymmetrische Kryptographie*, weil zwei verschiedene Schlüssel zum Chiffrieren und zum Dechiffrieren verwendet werden. Bei den heutigen Algorithmen (häufig: RSA-Algorithmus) ist eine Kryptoanalyse bei Kenntnis des Public Keys (also des Chiffrierschlüssels) ohne die Kenntnis des Private Keys (also des notwendigen Dechiffrierschlüssels) nicht machbar[216].

Der nächste Baustein einer PKI sind die *digitalen Zertifikate*. Diese dienen dazu, den im öffentlichen Verzeichnis abgelegten Public_Key eindeutig und vertrauenswürdig einer Identität – also einer Person oder einer Firma – zuzuordnen. Zu diesem Zwecke setzt man eine *Certification Authority* (CA) ein: Eine CA prüft die Identität des Antragstellers (mit amtlichen Dokumenten) und generiert das Public_Key/Private_Key-Schlüsselpaar. Der Public_Key wird in einer Datenstruktur mit den notwendigen Daten des Inhabers abgelegt. Diese Datenstruktur wird anschließend von der CA mit ihrer digitalen Unterschrift signiert und wird damit fälschungssicher. Wenn die CA vertrauenswürdig ist, kann sich jedermann auf das digitale Zertifikat verlassen und hat die Gewissheit, dass ein bestimmter Public_Key wirklich einer bestimmten Identität zugewiesen wurde. Im öffentlichen Verzeichnis wird das digitale Zertifikat abgelegt und jedermann zugänglich gemacht. Das digitale Zertifikat ist mit dem Private_Key der CA unterschrieben, sodass jedermann über den Public_Key der CA die Integrität des Zertifikates prüfen kann. Voraussetzung dafür

---

[215] Dies ist vor allem z. B. beim e-Banking notwendig.
[216] Bezogen auf RSA-Schlüssellängen von mindestens 1'024 Bit.

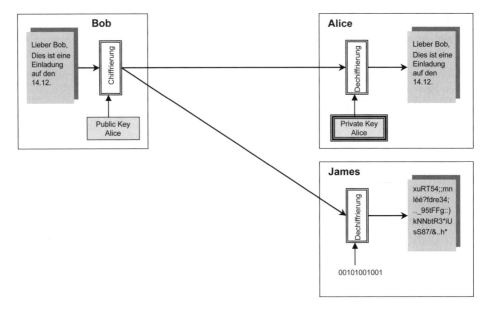

Abbildung 14-9: Public und Private Key bei asymmetrischer Kryptographie

ist, dass man über einen zuverlässigen Weg in den Besitz des Public_Keys der CA gekommen ist[217]. Mit diesen Elementen können die PAIN-Funktionen nun elegant realisiert werden:

Vertraulichkeit: Vor jedem Sessionaufbau oder Meldungsaustausch wird ein Session_Key für die Chiffrierung der Übermittlung vereinbart. Der Initiator der Verbindung holt sich dazu den Public_Key des gewünschten Partners aus dem öffentlichen Verzeichnis, generiert mit einem Zufallsgenerator eine große Zahl als Session-Key und verschlüsselt den Session-Key mit dem Public_Key. Nur der Besitzer des zugehörigen Private_Key kann den Session_Key zurückgewinnen und damit eine sichere Verbindung – z. B. über SSL – aufbauen.

Authentisierung: Der Initiator, welcher eine Authentisierung wünscht, holt sich den Public_Key des gewünschten Partners aus dem öffentlichen Verzeichnis. Er formuliert eine „Challenge", d. h. eine Meldung bestehend z. B. aus einer langen Zufallszahl und der Aufforderung diese zu verdoppeln, verschlüsselt diese mit dem Public_Key des erwarteten Partners und sendet ihm diese zu. Der Partner wird die Meldung mit seinem Private_Key entschlüsseln, die Anweisung befolgen und die Zahl verdoppeln, verschlüsselt sie mit dem Public_Key des Initiators und sendet diese Message zurück. Damit ist die (einseitige) Authentisierung vollbracht. Sie kann selbstverständlich in die andere Richtung wiederholt werden (Wechselseitige Authentisierung).

---

[217] In den heutigen Browsern sind bereits „ab Werk" eine Anzahl digitaler Zertifikate von Security-Firmen implementiert, auf welche sich viele Anwendungen implizit verlassen.

Integrität: a] Integrität der *Meldung*: Der Sender einer Meldung berechnet über die ganze digitale Darstellung der Meldung (auch Bilder etc.) eine komplizierte Quersumme. Dies geschieht mittels sogenannter Hash-Funktionen, die mittlerweile genormt worden sind. Die Quersumme – meistens eine Zahl von 1'024 bis 4'096 Bit – wird mit dem Private_Key des Absenders verschlüsselt und der Meldung am Ende beigefügt. Der Empfänger rechnet die Hash-Funktion nach und vergleicht die erhaltene Quersumme mit dem empfangenen, entschlüsselten Hash-Wert, wobei er den Public_Key aus dem digitalen Zertifikat des Absenders verwendet. Stimmen diese überein, ist die Meldung nicht verändert worden.

b] Integrität des *Absenders*: Mit diesem Verfahren ist automatisch auch der Absender zuverlässig identifiziert, weil nur er in der Lage war mit seinem Private_Key den Hash zu bilden.

Nicht-Abstreitbarkeit: Hier wird der Begriff der elektronischen (oder digitalen) Unterschrift eingeführt. Die Bildung eines Hash über ein Dokument und die anschließende Verschlüsselung des Hash-Wertes mit dem Private_Key des Absenders entspricht einer elektronischen Unterschrift. Solange der Private_Key geheim ist, konnte nur der rechtmäßige Absender sowohl das Dokument verfassen und den Hash chiffrieren. Jedermann kann aber die Richtigkeit mit Hilfe des digitalen Zertifikates (resp. des im digitalen Zertifikat enthaltenen Public_Keys) des Absenders nachprüfen.

Diese Mechanismen können nur kombiniert werden, um höhere Funktionen zu realisieren. So kann ein Absender sein Dokument digital unterschreiben (wie oben beschrieben) und anschließend das Dokument samt Unterschrift zusätzlich mit dem Public_Key des Empfängers verschlüsseln. Jetzt kann nur ein einziger Empfänger – der Besitzer des zugehörigen Private_Keys – das Dokument entschlüsseln.

14.4 Web-Technologie in der Industrieautomation

Dank dem Internet und dem World Wide Web steht eine ganze Palette von neuen Technologien zur Verfügung, welche selektiv in der Industrieautomation genutzt werden kann. Neben den technologischen Eigenschaften haben die Internet-/WWW-Technologien den Vorteil der *Standardisierung* (und damit der Interoperabilität) und der *Skalierbarkeit* (Einsatzbereich in ganz kleinen bis in sehr großen Systemen möglich). Dank der sehr weitläufigen Verbreitung ist die Nutzung vielen Anwendern vertraut und die kommerziell erhältlichen Produkte sind preisgünstig.

Die größten Nachteile der WWW-Technologien sind einerseits ihre beschränkte Stabilität und andererseits die kurzen Innovationszyklen[218]. Die beschränkte Stabilität äußert sich dadurch, dass die eingesetzten Produkte mitunter unerwartetes (meist sehr störendes) Verhalten zeigen können. Die kurzen Innovationszyklen zwingen entweder zum Nachziehen bei neuen Versionen (aufwändig) oder zum Verzicht auf Funktionalität (und damit in gewissem Sinne gleichzeitig zum Verzicht auf Interoperabilität). Mit beiden Problemen muss sich der Anwender von Web-Technologie in der Industrieautomation gründlich auseinandersetzen.

---

[218] Gilt glücklicherweise nicht für die Internet-Technologien (diese haben sich als sehr stabil und langwährend erwiesen).

Die Anwendung von Internet- und Web-Technologie in der Industrieautomation wurde für dieses Buch in drei Gebiete gegliedert[219]:

1. *Vertikale Integration*: Datenverfügbarkeit über alle Ebenen und Systeme im eigenen Unternehmen.
2. *Horizontale Integration*: Wertschöpfungskette über das eigene Unternehmen hinaus erweitern.
3. *E-Manufacturing*: Datenmäßig integrierter Verbund des Unternehmens, seiner Zulieferer und seiner Kunden.

Diese drei Gebiete sollen im Folgenden beschrieben werden.

14.4.1 Vertikale Integration

Vertikale Integration ist auf das eigene Unternehmen beschränkt und umfasst zwei Bereiche:

1. Unternehmensweite Verfügbarkeit der Daten und Durchgängigkeit des Zugriffes.
2. Multi-Media Integration: Transport von Daten, Sprache und Bildinformation über das Kommunikationssystem.

Unternehmensweite Verfügbarkeit der Daten und Durchgängigkeit des Zugriffes

In einem Unternehmen entstehen einerseits Daten an vielerlei verschiedenen Orten und werden durch die unterschiedlichsten Quellen generiert und andererseits werden die Daten an anderen Orten, in anderen Systemen und in anderen Formaten gebraucht und verarbeitet. Die ideale Vorstellung verlangt, dass alle Daten zu jeder Zeit, an jedem Ort und in jedem System des Unternehmens zur Verfügung stehen sollen[220] – eine Vision, die in kommerziellen Systemen heute weitgehend zum Alltag geworden ist.

Diese Vorstellung ist in **Abbildung 14-10** dargestellt: Man erkennt ein sechsschichtiges Unternehmensmodell, d. h. die Funktionen des Unternehmens sind auf sechs horizontal getrennte Bereiche aufgeteilt (dieses Unternehmensmodell wird „Purdue-Modell" ([173]) genannt und stammt aus der Frühzeit der CIM-Aktivitäten – die vertikale Integration kann aber auch an jedem anderen Unternehmensmodell erklärt werden). Die Funktionen beginnen auf der tiefsten Ebene als *Feldebene* und auf der höchsten Ebene findet man die *Unternehmensebene* mit ihren Führungs-, Reporting- und Managementsystemen. Rechtwinklig zu den sechs horizontal angeordneten *Funktionen* findet man vertikal die *Verantwortlichkeiten*. Die Aufteilung der Verantwortlichkeiten gehorcht ebenfalls einem bestimmten Unternehmensmodell, typische Aufgabenbereiche sind aber die Unternehmensführung (Management), das Engineering, die Produktionsplanung etc.

Die Aufgabe der vertikalen Integration lautet nun: Die auf jeder Ebene und in jedem Verantwortlichkeitsbereich entstehenden Daten sollen grundsätzlich auf allen Ebenen und in allen Verantwortlichkeitsbereichen zur Verfügung stehen (es machen natürlich nicht alle Kombinationen Sinn – so benötigt man in der Feldebene gewiss keine Personaldaten). Um dies zu erreichen, benötigt man nicht nur das verbindende Kommunikationssystem, sondern auch noch einen strikten Satz von Standards, z. B. für die Datenformate.

---

[219] Es sind auch andere Ansätze möglich (und in der Literatur oder bei Herstellern zu finden).
[220] Natürlich unter Berücksichtigung von Zugriffsberechtigungen!

14.4 Web-Technologie in der Industrieautomation

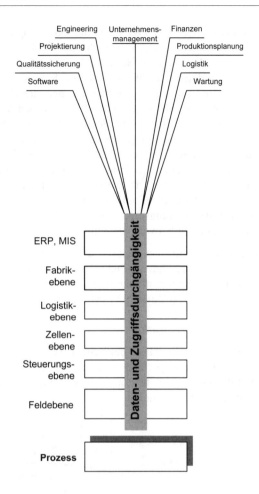

Abbildung 14-10: *Unternehmensmodell mit durchgängiger Daten- und Zugriffsverfügbarkeit*

Hier bietet die Internet/WWW-Technologie einen außerordentlich starken Werkzeugkasten:

1. Ethernet-TCP/IP als durchgängiges Kommunikationssystem,
2. Web-Browser und Web-Server als Applikationsarchitektur,
3. http: als Anwendungsprotokoll (SSL in der Form von https: falls sichere Verbindungen verlangt werden),
4. HTML und XML als Beschreibungs-/Darstellungssprachen,
5. eine Auswahl von XML-basierten Standards wie ebXML ([170]),
6. ausgezeichnete Entwicklungswerkzeuge und kommerzielle Software für die Entwicklung und Nutzung von Applikationen mit diesen Technologien.

Das schwächste Glied in dieser Kette sind zur Zeit noch die XML-basierten Standards. Die verschiedenen Anstrengungen in der Industrieautomation (vgl. Kapitel 9) haben noch keinen einheitlichen, vollständigen Standard hervorgebracht.

Die Browser/Web-Server Kombination ermöglicht einerseit *Thin Clients* und andererseits die Zusammenfassung von wichtigen Funktionen in spezielle Server. Die Server haben definierte Aufgaben, z. B. das Einsammeln, Speichern und Vorverarbeiten von Qualitätssicherungsdaten oder die koordinierte Verwaltung und Triage von Fehler- und Alarmmeldungen und eine davon abhängige gezielte Alarmierung über einen geeigneten Kanal (intern, e-Mail, SMS, ...). Thin Clients haben *keine* installierten Anwendungsprogramme mehr, sondern beruhen auf der Funktionalität des Standardbrowsers: Damit lassen sich u. a. sehr leistungsfähige Visualisierungssysteme aufbauen. Die ganze Visualisierungsfunktionalität befindet sich dabei im „Gerät" (das sich in diesem Falle wie ein Web-Server benimmt) und über den Thin Client kann auf eine Vielzahl von verschiedenen Systemen zugegriffen werden, teilweise sogar parallel und gleichzeitig (Fenstertechnik des Browsers). Falls die Funktionalität des Browsers nicht ausreicht, kann der Web-Server „kleine" Anwendungsprogramme – z. B. Java Applets – in den Thin Client herunterladen, welche dann im Browser ausgeführt werden.

Die Vision wird also dadurch umgesetzt, dass jede Datenquelle sich als „Web Server" verhält und ihre Daten beliebigen Clients zur Verfügung stellt. Die Browser/Web Server Funktionalität erlaubt aber nicht nur den passiven Datenabruf, sondern auch die aktive Veränderung von Daten oder Prozessabläufen im Server.

Multi-Media Integration

Multi-Media Integration bezeichnet den Transport von Daten, Sprache und Bildinformation über das gleiche Kommunikationssystem, in diesem Falle Ethernet-(TCP)/IP (**Abbildung 14-11**). TCP steht in Klammer, weil Ton- und Bildinformationen meist mit UDP übertragen werden.

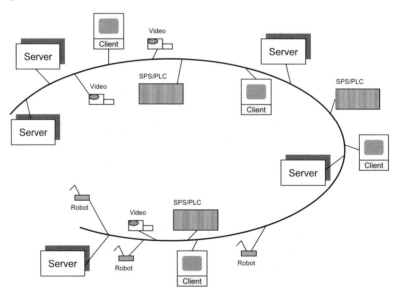

Abbildung 14-11: Muti-Media über Ethernet-(TCP)/IP

Man findet dabei am Kommunikationssystem plötzlich nicht mehr nur die gewohnten digitalen Netzwerkknoten wie Server, Clients, Roboter und SPS/PLCs, sondern zusätzlich Telefone (VoIP), Aufnahmegeräte für stehende oder bewegte Bilder und Monitore für die

Wiedergabe der Bilder. Die Leistungsfähigkeit der Datenintegration zeigt sich darin, dass die Multi-Media Daten grundsätzlich in jede Client (und Server) benutzt und verarbeitet werden können. Damit werden Bilderkennung, visuelle Robotersteuerung, visuelle Qualitätssicherungen etc. möglich.

Ein in diesem Zusammenhang häufig angeführtes Beispiel ist die Unterstützung der Wartung: Bei einer Fehlermeldung aus der Produktionslinie kann man eine Aufnahmekamera auf den Fehlerort richten und vom Steuerungsraum aus entscheiden, was zu tun ist. Die Bildinformation kann im Browser in ein spezielles Fenster eingeblendet werden und unterstützt den Bediener dadurch ganz enorm.

Die Liste von bereits eingeführten[221] Multi-Media Anwendungen ist eindrucksvoll und wird in der Zukunft eine Wirkung auf die verschiedensten Verantwortungsbereiche haben.

14.4.2 Horizontale Integration

Bei der horizontalen Integration verlässt man datenmäßig das eigene Unternehmen und integriert sich in Datenbanken oder Prozesse (Workflow) von Drittfirmen, wie Partner, Zulieferer, Behörden, Kunden etc. (**Abbildung 14-12**). Man erhält dabei Daten für die eigene Verarbeitung oder liefert Daten an die externen Partner für deren Koordinations- oder Planungsaufgaben.

Auch hier stellt die Internet/WWW-Technologie sehr gute Werkzeuge zur Verfügung:

1. TCP/IP als durchgängiges Kommunikationssystem[222],
2. Web-Browser und Web-Server als Applikationsarchitektur,
3. http: als Anwendungsprotokoll (SSL in der Form von https: falls sichere Verbindungen verlangt werden),
4. PKI für die applikatorische Sicherheit (Abschnitt 14.3.3),
5. HTML und XML als Beschreibungs-/Darstellungssprachen,
6. eine Auswahl von XML-basierten Standards wie ebXML ([170]), xbrl ([N-86]),
7. Web-Services (Abschnitt 14.3.2),
8. ausgezeichnete Entwicklungswerkzeuge und kommerzielle Software für die Entwicklung und Nutzung von Applikationen mit diesen Technologien.

Kennzeichnend für die heutige horizontale Integration ist, dass man mit den ausgewählten Partnern arbeitet (meist beruhend auf einem Vertragsverhältnis, z.B: einem Zuliefervertrag, der auch den elektronischen Datenaustausch regelt). Dies umfasst fast immer auch die Banken (Zahlungsverkehr) und häufig auch die Behörden.

In der Zukunft wird dies durch Web-Services erweitert werden: Web-Services erlauben die Suche, das Auffinden und die Nutzung einer bestimmten Dienstleistung. Man wird also Einmalaufträge – z. B. aufwändige Simulationen oder Konstruktionsaufgaben im Engineering – extern durchführen lassen und die Resultate zur Verfügung haben, ohne dass man die Programme beschaffen und installieren muss.

---

[221] Oder mindestens von den Herstellern angebotenen Multi-Media Möglichkeiten
[222] Meist nicht mehr über Ethernet, sondern über direkte oder WAN-Protokolle (unsichtbar für die Applikationen, da immer noch IP benutzt wird).

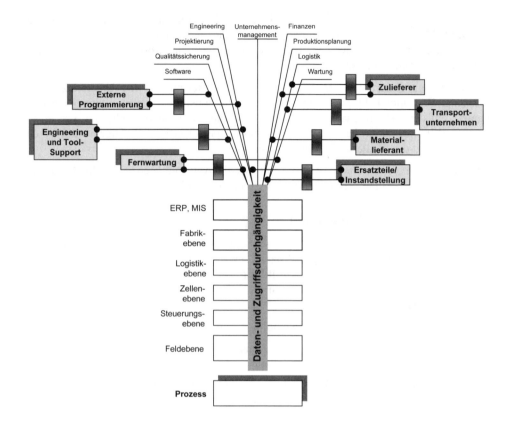

Abbildung 14-12: *Horizontale Integration*

Für den Einsatz von Web Services in der Industrieautomation werden wirtschaftliche Faktoren ausschlaggebend sein. Wesentliche Ersparnisse verspricht man sich von der hohen Standardisierung (Wegfall von kundenspezifischen Schnittstellen), von der Konkurrenz unter den Web Service Anbietern und von der höheren Wiederverwendbarkeit der eigenen (als Web Services gebauten) Anwendungssoftware – wie z. B. Produktionsplanung, Produktionsoptmierung, Qualitätskontrolle, Management Information Systems usw. Nicht zu unterschätzen ist auch, dass der konsequente Einsatz von Web Service Standards die Interoperabilität fördert und die Integration von Software-Drittprodukten ganz wesentlich erleichtert (Kosten- und Zeitgewinn).

14.4.3 E-Manufacturing

Der immer häufiger gebrauchte Begriff „E-Manufacturing" ([166], [167]) ist nicht exakt definiert und wird unterschiedlich verwendet. Eine sinnvolle Definition ist die Folgende:

> „E-Manufacturing ist die vollständige Integration des Unternehmens von der Feldebene bis zur Unternehmensebene und mit allen Partnern, Kunden, Zulieferern, Banken und Behörden"

Diese Situation ist in **Abbildung 14-13** dargestellt.

14.4 Web-Technologie in der Industrieautomation

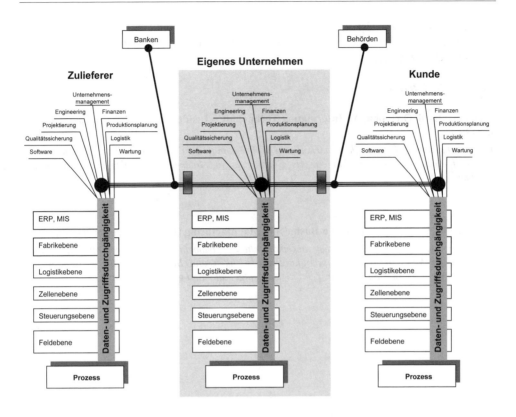

Abbildung 14-13: E-Manufacturing als vertikale und horizontale Integration des Unternehmens

Basis des E-Manufacturing sind gut ausgebaute Intranets (Unternehmensnetzwerke) und das Internet, also die erfolgreiche vertikale und horizontale Integration. Entscheidend für das E-Manufacturing ist aber nicht mehr nur die datenmäßige Integration, sondern die *prozessmäßige Integration*. Die Prozesse im eigenen Unternehmen müssen sinnvoll mit den Prozessen der Zulieferer, Kunden und Partner verzahnt sein[223]. Dies ist eine schwierige Aufgabe und wird in der Zukunft ausgeprägtes Business Process Engineering verlangen. Es handelt sich hier um typische B2B (Business-to-Business) Transaktionen.

Die prognostizierten Vorteile des E-Manufacturing sind:

- Verkürzte *Zeiten* für Entwicklung, Produktion, Kommunikation mit den Kunden, Lieferungen, Problembehandlung (infolge paralleler anstatt serieller Prozesse).
- Deutlich weniger *Fehler* in allen Prozessen (dank gut definierter, transparenter und hoch automatisierter Prozesse).
- Reduzierter *Personalaufwand* (dank höherem Automatisierungsgrad und optimaler Verteilung der Aufgaben und Verantwortlichkeiten).
- Wesentlich reduzierter administrativer Aufwand (tiefere *Verwaltungskosten*).

---

[223] Auch hier darf die Sicherheit (Netzwerk- und applikatorische Sicherheit!) nicht vernachlässigt werden. Die Angriffsflächen in diesen Modellen sind unternehmensbedrohend wenn sie nicht mit geeigneten Abwehrmaßnahmen neutralisiert werden.

Das E-Manufacturing ist die Krone (wenigstens nach heutigem Wissensstand) der Produktionstechnologie und wird nach Meinung der Experten nochmals einen gewaltigen Effizienzschub auslösen.

Ausgewählte Literatur

Cyganski, David; Orr, John, A.: **Information Technology – Inside and Outside** (Literaturverzeichnis [149])

Ausgezeichnete Kurzfassung der Internet- und Web-Technologien. Kommerziell ausgerichtet. Viele gute und eindrückliche Abbildungen. Als Einstieg in die Internet- und Web-Technologien gut geeignet.

Worthington, Shari; Boyes, Walter: **e-Business in Manufacturing** (Literaturverzeichnis [166])

Das derzeitige „Standardwerk" der amerikanischen Instrumentation, Systems and Automation Society. Gute Mischung von Technologie, Prozessdenken und Betrachtung der wirtschaftlichen Auswirkungen des E-Manufacturing. Zehn logisch aufgebaute und gut lesbare Kapitel.

15 Industrieautomation als Systemintegration

Der „Werkzeugkasten", der heute für die Industrieautomation zur Verfügung steht, ist sehr umfangreich und wächst von Jahr zu Jahr. In den meisten Fällen kann kein einzelner Hersteller mehr sämtliche Bedürfnisse einer industriellen Automation abdecken, sondern es sind mehrere Produktfamilien notwendig. Der Entwurf, die Planung und die Implementation einer modernen Industrieautomation wird dadurch zu einer typischen Systemintegration: Technologien, Produkte und Dienstleistungen verschiedener Anbieter müssen sinnvoll evaluiert, kombiniert, integriert, betrieben und gewartet werden. Der erfolgversprechende Weg für die Industrieautomation der Zukunft lautet daher Systemintegration – entweder durch den Anlagenbesitzer selbst oder durch kompetente, vertrauenswürdige Systemintegratoren[224].

15.1 Einführung

Beim Entwurf einer industriellen Automationslösung steht dem Planer heute ein großes Arsenal an Architekturen, Technologien, Produkten und Lieferanten zur Verfügung. Dies stellt ihn vor die schwierige Aufgabe der Auswahl: Das Angebot ist vielfältig, fragmentiert, vielfach nicht kompatibel, teilweise (noch) nicht bis zur Serienreife entwickelt und wird mit viel Marketingaufwand angepriesen. Dieser Schwierigkeit steht der Vorteil gegenüber, dass heute sehr viel am Markt vorhanden ist und zusehends weniger anlagenspezifisch entwickelt werden muss (der "make or buy" Entscheid verschiebt sich zunehmend zu "buy").

Diese Tatsache ist speziell bei der industriellen Kommunikationstechnologie sichtbar: Mehrere Hersteller-/Nutzergruppierungen bieten (nahezu) vollständige *Automationsarchitekturen* an, d. h. nicht nur die ursprünglich angestrebte Kommunikationsarchitektur[225], sondern auch zugehörige *Softwarearchitekturen*. Die Wahl der "Middleware" wird damit – wie bereits an verschiedenen Stellen in diesem Buch gezeigt – zur wichtigen Entscheidung!

Diese fragmentierte Situation widerspiegelt sich auch in diesem Buch: Die Technologien wurden einzeln, unbewertet beschrieben – dabei wurde auch eine gewisse Überlappung und Wiederholung bewusst in Kauf genommen (z. B. bei XML). Wie soll der

---

[224] Diese Ansicht ist die persönliche Überzeugung des Autors und ist durch parallele Entwicklungen in anderen, komplexen Anwendungsgebieten gestützt. In der absehbaren Zukunft müssen die Unternehmen ihre Kernkompetenzen – und dazu gehört in vielen Fällen das Automatisierungs-Know-How – in-house unterhalten.

[225] Beruhend auf verschiedenen Feldbustechnologien und Ethernet-IP/UDP/TCP Anwendungsprotokollen.

Anlagenplaner in dieser Situation vorgehen? Die Antwort lautet: methodisch! Der Anlagenplaner muss sich eine klare Vorgehensweise zurechtlegen, welche als Resultat die Erfüllung der Anforderungen an die industrielle Automationslösung ergibt. Die Implementation einer industriellen Automationslösung ist deshalb heute weitgehend zu einer *Systemintegrationsaufgabe* geworden, d. h. zur erfolgreichen, interoperablen Kombination von Fremdkomponenten (Regelfall: mehrere Lieferanten) und der Integration von selbstentwickelten Teilen.

Dieses Kapitel konzentriert sich auf zwei Kerngebiete der Systemintegration[226]: Architektur und Methodik. Die korrekte Architektur einer industriellen Automationslösung ist unabdingbare Grundlage für deren Erfolg. Eine gute Methodik definiert das Vorgehen bei deren Implementation, und damit die Erfüllung der Anforderungen.

15.2 Ziel der Industrieautomation

Der *Zweck* einer industriellen Automationslösung liegt in der Herstellung von Produkten. Das *Ziel* ist die Herstellung dieser Produkte unter optimalem Mitteleinsatz (Geld, Zeit, Rohstoffe, Umweltbelastung), bei maximaler Konkurrenzfähigkeit (Qualität, Flexibilität, Lieferfristen, Losgrößen, Kundenwünsche) und mit maximalem Investitionsschutz der Produktionsanlage (schnelle Umstellung auf neue Produkte, Erweiterbarkeit, Wartbarkeit, Einbindung in vertikale und horizontale Integration). Diese Zielsetzung – welche allerdings für den Einzelfall wesentlich konkretisiert und quantifiziert werden muss – soll bei der Definition der Architektur und bei der Wahl der Methodik wegweisend sein.

15.3 Architektur einer industriellen Automationslösung

Der *Zweck* Architektur ist der übergeordnete Bauplan einer industriellen Automationslösung. Eine Architektur teilt sich in Teilarchitekturen auf, die zusammen die Architektur der Anlage bilden. Eine mögliche Aufteilung ist in **Abbildung 15-1** dargestellt. Man erkennt:

- Die *technische Architektur*: beinhaltet die Struktur der Laufzeitplattform, die Kommunikation (d. h. die Middleware) und die Ausbildung der Schnittstellen zu den neben- und übergeordneten Systemen (Integration),
- die *Softwarearchitektur*: definiert die Komponenten der Anwendungssoftware und ihre Beziehungen untereinander (Betriebssoftware ist Bestandteil der technischen Architektur),
- die *Prozess-Architektur*: legt die Abläufe der Produktion fest. Definiert formale Regeln für die Definition, Beschreibung und Umsetzung der Prozessschritte,
- die *Sicherheits-Architektur*: definiert den Sicherheitsperimeter und legt das Abwehrdispositiv für die gesamte Anlage fest,
- die *Systemmanagement-Architektur*: spezifiziert die Struktur und die Funktionalität der Konfigurationsfunktionen (Komponentenkonfigurationen, Versionierung, Change Management etc.) in der Anlage und deren Interaktion mit den Entwicklungs- und Laufzeitkomponenten und Werkzeugen.

---

[226] Weiterführende Literatur: [180], [181], [182]

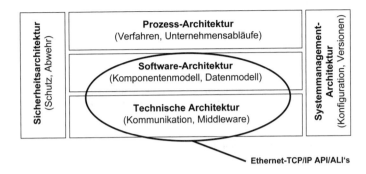

Abbildung 15-1: Architektur einer industriellen Automationslösung

Von besonderer Bedeutung ist, dass alle in Kapitel 9 beschriebenen Ethernet-TCP/IP API/ALIs einen großen Teil der technischen Architektur (nämlich die Kommunikationsarchitektur und die Middleware), praktisch die vollständige Softwarearchitektur und auch wesentlich die Systemmanagement-Architektur festlegen! Die Wahl des Ethernet-TCP/IP API/ALIs ist daher ein schwerwiegender Schritt[227].

Der Einfluss einer guten Architektur ist enorm. Leider kennt man heute eher den umgekehrten Fall: Eine ad-hoc aufgebaute und stückweise ausgebaute Anlage macht Schwierigkeiten, weil die Funktionen nicht klar abgegrenzt und zugewiesen sind, weil Schnittstellen nicht einwandfrei funktionieren und weil moderne Erweiterungen sehr kostspielig werden. Als positiver Nebeneffekt erlaubt eine klare Architektur auch die Zuweisung von klar abgegrenzten, konsistenten Verantwortlichkeiten und bewirkt damit eine Managementvereinfachung.

15.4 Methodik

Methodik ist definiert als "Vorgegebenes Verfahren zum systematischen und schrittweisen Vorgehen zur Erreichung eines definierten Zieles". Eine Methodik ist ein durchdachter, nach bewährten Regeln aufgestellter Plan. Jede komplexe Tätigkeit – und die Planung und Implementation einer industriellen Automationslösung ist eine sehr komplexe Tätigkeit! – benötigt eine Methodik um der Gefahr von Chaos und Unübersichtlichkeit zu begegnen. Die Methodik muss von der Unternehmensführung definiert und festgeschrieben werden. Anschließend muss deren Einhaltung kontrolliert werden.

Die hauptsächlichen Schritte einer Methodik für eine industrielle Automationslösung ist in der **Abbildung 15-2** dargestellt. Ein wichtiger Bestandteil jeder Methodik sind die in den einzelnen Phasen abzuliefernden Arbeitsergebnisse, wie z. B. Dokumente, Rapporte, Protokolle (= Deliverables). Auch die Methodik – hauptsächlich im Bezug auf die Komponentenmodelle – wird zu einem Teil durch die Ethernet-TCP/IP API/ALIs aus

---

[227] Man bindet sich dabei auch bewusst in einem gewissen Maße an eine eingeschränkte Gruppe von Herstellern.

Kapitel 9 festgelegt[228]. Die Definition der gesamten Methodik obliegt aber immer der Unternehmensführung.

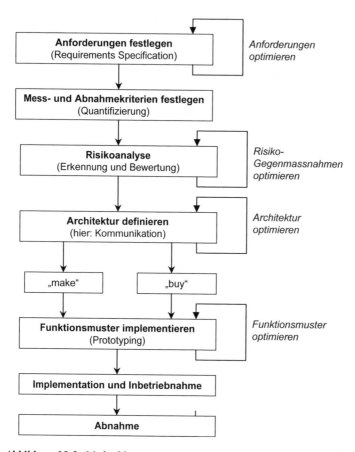

Abbildung 15-2: Methodik

---

[228] Auch einzelne Lieferanten von Automationskomponenten bieten Hilfe für die Methodik, oder für einzelne Schritte der Methodik.

Literaturverzeichnis

Bücher und Zeitschriften (Bibliografie)

[1] Martin, James; Leben, Joe: **TCP/IP NETWORKING - Architecture, Administration, and Programming**. PTR Prentice-Hall, Inc., Englewood Cliffs, USA, 1994. ISBN 0-13-642232-2.

[2] Hegering, Heinz-Gerd; Läpple, Alfred: **Ethernet - Building a Communications Infrastructure**. Addison-Wesley Publishers Company, Inc., 1993. ISBN 0-201-62405-2. (Deutsche Ausgabe: Ethernet - Basis für Kommunikationsstrukturen, Datacom-Verlag)

[3] Santifaller, Michael: **TCP/IP und ONC/NFS in Theorie und Praxis**. Addison-Wesley Publishing Company GmbH, Bonn, 1993. ISBN 3-89319-531-9.

[4] Hardy, James, K.: **Inside Networks**. Prentice Hall, Inc., Englewood Cliffs, N.J., 1995. ISBN 0-02-350091-3.

[5] IEEE Std 802-1990: **Overview and Architecture**. IEEE, N.J.,1990. ISBN 1-55937-052-1. IEEE Order-Code: SH13557 (Bestelladresse vgl. Abschnitt 2.4)

[6] IEEE Std 802.2-1994 (Second Edition 1994-12-30): **Logical Link Control**. IEEE, N.J.,1994. ISBN 1-55937-392-X. IEEE Order-Code: SH94215

[7] IEEE Std 802.3-1993 (Fourth Edition, 1993-07-08): **Carrier Sense with Collision Detection (CSMA/CD) Access Method and Physical Layer Specifications**. IEEE, N.J.,1993. ISBN 1-55937-324-5. IEEE Order-Code: SH16337 (Bestelladresse vgl. Abschnitt 2.4)

[8] IEEE Std 802.3b, c, d, e-1989: **Supplements to CSMA/CD**. IEEE, N.J.,1989. ISBN 1-55937-013-0. IEEE Order-Code: SH12351 (Bestelladresse vgl. Abschnitt 2.4)

[9] Hammond, Joseph ,L.; O'Reilly, Peter: **Performance Analysis of Local Computer Networks**. Addison-Wesley Publishing Co., Reading, MA, 1986. ISBN 0-201-11530-1.

[10] Shoch, J.F.; Dalal, Y.K.; Redall, D.D.; Crane, R.C.: *Evolution of the Ethernet Local Computer Network*. COMPUTER, Vol. 15, Nr. 8, August 1982, pp. 10-27.

[11] Peterson, W.W.; Weldon, E.J.: **Error-Correcting Codes**. MIT Press, Massachussetts, USA, 1972. ISBN 0-262-16039-0.

[12] Pimentel, Juan, R.: **Communication Networks for Manufacturing**. Prentice-Hall Inc. Englewood Cliffs, N.J., 1990. ISBN 0-13-168576-7.

[13] Furrer, Frank J. (Hrsg.): **BITBUS - Grundlagen und Praxis**. Hüthig Verlag GmbH, Heidelberg, 1994. ISBN 3-7785-2250-7.

[14] Knowles, T.; Larmouth, J.; Knightson, K.G.: **Standards for Open Systems Interconnection**. BSP Professional Books, Oxford, 1987. ISBN 0-632-01868-2.

[15] Borst, Walter: **Der Feldbus in der Maschinen- und Anlagentechnik**. Franzis-Verlag GmbH, München, 1992. ISBN 3-7723-4621-9.

[16] Schnell, Gerhard (Hrsg.): **Bussysteme in der Automatisierungstechnik**. Fried. Vieweg & Sohn Verlag GmbH, Braunschweig, 1994. ISBN 3-528-06569-9.

[17] Bonfig, Walter (Hrsg.): **Feldbussysteme**. Expert-Verlag, Renningen-Malmsheim, 1992. ISBN 3-8169-1141-2.

[18] Jordan, J.,R.: **Serial Networked Field Instrumentation**. John Wiley & Sons, Chichester, UK, 1995. ISBN 0-471-95326-1.

[19] Scheller, M.; Boden, K.-P.; Geenen, A.; Kampermann, J.: **Internet - Werkzeuge und Dienste**. Springer-Verlag, Berlin, 1994. ISBN 3-540-57968-0.

[20] Comer, Douglas: **Internetworking with TCP/IP. Volume 1: Principles, Protocols, and Architecture**. Prentice Hall, Inc., Englewood Cliffs, N.J., 3. Auflage, 1995. ISBN 0-13-216987-8.

[21] TCP/IP und die Anwendungsprotokolle sind in „**RFCs**" (= Request for Comments) definiert. Mittlerweile existieren mehrere 100 RFCs, z. B. RFC 791 = IP Protokoll, RFC 792 = ICMP-Protokoll, RFC 793 = TCP-Protokoll. Detaillierte Erklärung und Überblick über RFCs z. B. in [20], Anhang 1.

[22] Hunt, Craig: **Networking Personal Computers with TCP/IP**. O'Reilly & Associates, USA, 1995. ISBN 1-56592-123-2.

[23] Stevens, W. Richard: **Programmieren von UNIX-Netzen**. Carl Hanser Verlag, München, 1992. ISBN 3-446-16318-2.

[24] EUROMAP (European Committee of Machinery Manufacturers for the Plastics and Rubber Industries): *Protocol for Communication between Blow Moulding Machines and a Central Computer*. EUROMAP 45 Recommendation, Draft Version 1.0, May 1993.

[25] Tanenbaum, Andrew S.: **Computer Networks**. Prentice Hall, Inc., Englewood Cliffs, N.J., USA, 1981. ISBN 0-13-165183-8. Als *dritte* Auflage (1996) neu erschienen (Deutsche Ausgabe: Prentice Hall, München).

[26] MiTS Forum: MiTS - *Maritime Information Technology Standard*. SINTEF, Dept. Automatic Control, N-7034 Trondheim (Norwegen), 1994.

[27] Bartee, Thomas, C. (Ed.): **Data Communications, Networks and Systems**. Howard W. Sams & Co. (Macmillan Inc.), Indianapolis USA. 4. Nachdruck der ersten Auflage 1987. ISBN 0-672-22235-3.

[28] Stallings, William: **Local Networks**. Macmillan Publishing Company, New York, USA, 1984. ISBN 0-02-415460-1.

[29] Falk, Herbert; Tomlinson, John: *Manufacturing Message Specification (MMS)*. S. 108-126 in Rizzardi, Victor A. (Editor): Understanding MAP (Manufacturing Automation Protocol). Society of Manufacturing Engineers, Dearborn MI, 1988. ISBN 0-87263-302-0.

[30] Schwartz, Mischa: **Telecommunication Networks - Protocols, Modeling and Analysis**. Addison-Wesley Publishing Company, Reading, MA, USA, 1988. ISBN 0-201-16423-X.

[31] Zhang Hui: *Service Disciplines for Guaranteed Performance Service in Paket-Switching Networks*. Proceedings of the IEEE, Vol. 83, N0. 10, October 1995, pp. 1374-1396.

[32] Johnson, Howard, W.: **Fast Ethernet - Dawn of a New Network**. Prentice Hall PTR, Upper Saddle River, N.J. 07458, USA, 1996. ISBN 0-13-352643-7.

[33] Seifert, Rich: *The Effect of Ethernet Behaviour on Networks using High-Perfomance Workstations and Servers*. Technical Report, Networks and Communications Consulting, Cupertino CA 95014. March 1995.

[34] Boggs, David R.; Mogul, Jeffrey C.; Kent, Christopher A.: *Measured Capacity of an Ethernet - Myths and Reality*. WRL Research Report 88/4, DIGITAL Equipment Western Laboratory, Palo Alto CA 94301. September 1988.

[35] Hayes, Jeremiah, F.: **Modeling and Analysis of Computer Communications Networks**. Plenum Press, N.Y., 2nd printing 1986. ISBN 0-306-41782-0.

[36] Papoulis, Athanasios: **Probability, Random Variables and Stochastic Processes**. McGraw Hill, N.Y., 2. Auflage 1984.

[37] Wilson, Andrew, Varhol, Peter D.: *TCP/IP and Windows 95 - Adding Network Support to every Program*. Dr. Dobb's Journal, Vol. 21, Nr. 1, Januar 1996, S. 78-82 und S. 104-105.

[38] Chiueh, T., Venkatramani, C.: *Supporting Real-Time Traffic on Ethernet*. Technical Report 94-7, Department of Computer Science SUNY (State University of New York at Stony Brook) und Proceedings of the IEEE Real-Time Systems Symposium, December 1994.

[39] Gburzynski, Pawel: **Protocol Design for Local and Metropolitan Area Networks**. Prentice Hall, Englewood Cliffs, N.J. 07632, USA, 1996. ISBN 0-13-554270-7.

[40] Santamaria, A.; Lopez-Hernandez, F., J.: **Wireless LAN Systems**. Artech House Inc., Norwood, MA 02062, 1994. ISBN 0-89006-609-4.

[41] Brown, Derek; Hall Martin: *Fast Networking with WinSock 2.0.* . Dr. Dobb's Journal, Vol. 21, Nr. 2, Feburar 1996, S. 76-78 und S. 105-111.

[42] Gameiro Gil: *Networking Intelligent Devices - NEST brings Client/Server to Embedded Systems*. Dr. Dobb's Journal, Vol. 21, Nr. 2, Feburar 1996, S. 68-74 und S. 104-105.

[43] Hein, Mathias: **Ethernet - Standards, Protokolle, Komponenten**. Thomson Publishing Company, Bonn, 1995. ISBN 3-8266-0103-3.

[44] Frost, Victor S.; Melamed Benjamin: *Traffic Modeling for Telecommunications Networks*. IEEE Communications Magazine, Vol. 32, No. 3, March 1994, S. 70-80.

[45] Law, Averill M.; McComas, Michael G.: *Simulation Software for Communications Networks - The State of the Art*. IEEE Communications Magazine, Vol. 32, No. 3, March 1994, S. 44-50.

[46] Chow, David; Spangler, Richard: **KUNG FU - History, Philosophy and Technique**. Unique Publications, Burbank CA, USA, 1982. ISBN 0-86568-011-6.

[47] Jacobson, V.; Karels, M.,J.: *Congestion Avoidance and Control*. Proceedings of the SIGCOMM '88 Symposium on Communications Architectures and Protocols. Stanford CA, August 1988

[48] Kay, J.; Pasquale, J.: *The Importance of Non-Data Touching Processing Overheads in TCP/IP*. Proceedings of the SIGCOMM '93 Symposium on Communications Architectures and Protocols. September 1993.

[49] Nagle, J.: *Congestion Control in IP/TCP*. Internetworks. June 1, 1984.

[50] IEC (International Electrotechnical Commission): *1162-4 Standard* (Internal Draft), Geneva 1995.

[51] Rodseth, O.,J.; Hallset, J.O.; Haave, P.: *A Standard for Integrated Ship Control*. Proceedings of SCCS '93, Ottawa, October 1993.

[52] SINTEF (Foundation for Scientific and Industrial Research at the Norwegian Institute of Technology): *Maritime Information Technology Standard (MiTS)* V3.0, Trondheim 1994.

[53] Bender, Klaus (Hrsg.): **PROFIBUS**. Carl Hanser Verlag, München, 1990. ISBN 3-446-16170-8.

[54] Sweet, William: *Robert M. Metcalfe*. IEEE Spectrum, Vol 33, Nr. 6, June 1996, pp. 49 - 55.

[55] Bauer, Bodo et. al.: **Handbuch zur S.u.S.E. Linux**. S.u.S.E. GmbH, D-90762 Fürth. 4. Auflage, November 1995. ISBN 3-930419-23-8.

[56] MathSoft Inc.: **AXUM - Technical Graphics and Data Analysis**. MathSoft Inc., Cambridge MA, USA. Zweite Auflage 1996.

[57] VXIbus Consortium, Inc.: *TCP/IP Instrument Protocol and Interface Mapping Specifications*
VXI-11, Rev 1.0: TCP/IP IP Instrument Protocol Specifications
VXI-11.2: Rev. 1.0: TCP/IP-IEEE 488.1 Interface Specification
VXI-11.3: Rev. 1.0: TCP/IP-IEEE 488.2 Instrument Interface Specification
July 1995, revised October 2000. Herunterladbar von www.vxi.org.

[58] DATA BECKER Team: **Windows NT 4 intern**. Data Becker GmbH & Co. KG, Düsseldorf, 1996. ISBN 3-8158-1216-X.

[59] SCPI Consortium:
[a] Standard Commands for Programmable Instruments Vol 1: *Syntax and Style*. Version 1995.0, February 1995
[b] Standard Commands for Programmable Instruments Vol 2: *Command Reference*. Version 1995.0, February 1995
[c] Standard Commands for Programmable Instruments Vol 3: *Data Interchange Format*. Version 1995.0, February 1995
[d] Standard Commands for Programmable Instruments Vol 4: *Instrument Classes*. Version 1995.0, February 1995
[e] Standard Commands for Programmable Instruments: *Addendum 1996*: Version 1996.0, February 1996

[60] Rose, Marshall, T.; Cass, Dwight, E.: RFC1006: *ISO Transport Service on Top of the TCP*. Version 3, May 1987 (abrufbar ab [A], vgl. unten).

[61] VanEijck, Patrick: *Gigabit-Ethernet - Technology, Systems, and Network Applications*. Electronic Design, Vol. 45, No. 7, April 1, 1997, p. 85-90.

[62] Reinhardt, Helmut: **Automatisierungstechnik - Theoretische und gerätetechnische Grundlagen, SPS**. Springer-Verlag, Berlin, 1996. ISBN 3-540-60626-2.

[63] SIEMENS AG: **Kommunikation mit SIMATIC (Handbuch)**, Siemens Aktiengesellschaft, Nürnberg, 1. Ausgabe 1997. Document Order Code: 6ES7398-8EA00-8AA0.

[64] SIEMENS AG: **SIMATIC-NET S7-Programmierschnittstelle**, Siemens Aktiengesellschaft, Nürnberg, 2. Ausgabe 1996. Document Order Code: C79000-G8900-C077.

[65] Kopetz, Hermann: **Real-Time Systems – Design Principles for Distributed Embedded Applications**. Kluwer Academic Publishers, Norwell, USA, 1997. ISBN 0-7923-9894-7.

[66] Rodseth, Jan Ornulf: *What are the Benefits of Integrated Ship Control?* Proceedings of the 16th Annual International Marine Propulsion Conference, London UK, März 1994.

[67] Piotrowski, Anton: **IEC-Bus**. Franzis Verlag GmbH, München, 1982. ISBN 3-7723-6951-0.

[68] IEEE Std 488.1-1987: *IEEE Standard Digital Interface for Programmable Instrumentation*, 1992.

[69] IEEE Std 488.2-1992, *IEEE Standard Codes, Formats, Protocols and Common Commands for Use with IEEE Std 488.1-1987, IEEE Standard Digital Interface for Programmable Instrumentation*, 1992.

[70] American Industry/Government Emissions Research (AIGER):
[a] *AIGER Standard Network Interface Requirements*, Version 2.5 [Draft], April 19, 1996
[b] *AIGER Specifications for Advanced Emissions Test Instrumentation*, Version 2.0 (PD/93-2)
[c] *AIGER General Interfacing Guidelines for New Vehicle Emission Test Instrumentation*, Version 1, (PD/96-1), January 1996
[d] *AIGER Standard Analyzer Bench Interface*, Version 2.0 [Draft], April 22, 1996 (WIP/96-2)

[71] Siewiorek, Daniel P.; Swarz, Robert S.: **The Theory and Practice of Reliable System Design**. DIGITAL PRESS (Digital Equipment Corporation), Bedford, MA 01730, USA, 1982. ISBN 0-932376-17-7.

[72] Haugland, Halvard: *Dual Network Report*. MiTS Technical Note No.. 1, SINTEF (Foundation for Scientific and Industrial Research at the Norwegian Institute of Technology), 24. November 1993.

[73] Goldberg, Lee: *Teaching IP New Tricks – VLANs, QoS, And Other Advanced LAN Protocols*. ELECTRONIC DESIGN, Vol. 46, Nr. 20, September 1, 1998.

[74] Hein, Mathias: **Switching-Technologie in lokalen Netzen**. International Thomson Publishing, Bonn, 1996. ISBN 3-8266-0207-2.

[75] Bradner, Scott, O.; Mankin, Allison (Eds.): **IPNG – The Future Direction of the Internet Protocol**. Addison, Wesley, Longman, Inc., USA, 1996. ISBN 0-201-63395-7.

[76] Hinden, Robert, M.; Deering, Stephen, H.: **IPv6 Protocols**. Addison, Wesley, Longman, Inc., USA, 1997. ISBN 0-201-63486-4.

[77] Dittler, Hans Peter: **IPv6 – Das neue Internet-Protokoll**. dpunkt-Verlag, Heidelberg, 1998. ISBN 3-932588-18-5.

[78] Blach, Darryl, P: **Building Switched Networks**. Addison-Wesley Longman, Inc., Reading, USA, 1999. ISBN 0-201-37953-8.

[79] Ferrero, Alexis: **The Eternal Ethernet**. Addison-Wesley Longman, Inc., UK. 2nd Edition, 1999. ISBN 0-201-36056-X.

[80] Breyer, Robert; Riley, Sean: **Switched and Fast Ethernet**. MacMillan Computer Publishing, Emeryville, USA, 2nd Edition, 1996. ISBN 1-56276-426-8.

[81] Kyas, Othmar: **ATM-Netzwerke**. Thomson Publishing, ITP Bonn, 4. Auflage, 1998. ISBN 3-8266-4023-3.

[82] Giroux, Natalie; Ganti, Sudhakar: **Quality of Service in ATM Networks**. Prentice Hall PTR, New Jersey, USA, 1999. ISBN 0-13-095387-3.

[83] Jones, A.M.; Davies, N.J.; Firth, M.A.; Wright, C.J. (Editors): **The Network Designer's Handbook**. IOS Press, Amsterdam, 1997. ISBN 90-5199-380-3.

[84] Seifert, Rich: **Gigabit-Ethernet**. Addison Wesely Longman, Reading USA, 1998. ISBN 0-201-18553-9.

[85] Ferguson, Paul; Huston, Geoff: **Quality of Service**. John Wiley & Sons, Inc., N.Y., 1998. ISBN 0-471-24358-2.

[86] Doraswamy, Naganand; Harkins, Dan: **IPSec**. Prentice Hall PTR, Inc., N.J., USA, 1999. ISBN 0-13-011898-2.

[87] Yeh, Chai: **Applied Photonics**. Academic Press, Inc., USA, 1994. ISBN 0-12-770458-2. (Kapitel 12: Photonic Switches)

[88] ControlNet International Ltd.: *Real-Time Control on Ethernet*. ControlNet International White Paper, 1999 (herunterladbar von [N-17]).

[89] Furrer, Frank, J.: **Objekt-Technologie – Software Engineering mit dezentralen Softwarekomponenten, Business-Objekten und intelligenten Agenten.** Bd. 1: Grundlagen und Technologie. SYSLOGIC Press, 1999. ISBN 3-9520919-1-X (Digitales Buch auf CD-ROM, herunterladbar von [N-27]).

[90] Furrer, Frank, J.: **Objekt-Technologie – Software Engineering mit dezentralen Softwarekomponenten, Business-Objekten und intelligenten Agenten.** Bd. 2: Methodik und Anwendungen. SYSLOGIC Press, 2000. ISBN 3-9520919-2-8. (Digitales Buch auf CD-ROM, herunterladbar von [N-27]).

Literaturverzeichnis 327

[92] Orfali, Robert; Harkey, Dan: Edwards, Jery: **Instant CORBA**. John Wiley & Sons, Inc., New York, 1997. ISBN 0-471-18333-4.

[93] Siegel, Jon: **CORBA – Fundamentals and Programming**. John Wiley & Sons, Inc., New York, 1996. ISBN 0-471-12148-7.

[94] Orfali, Robert; Harkey, Dan: Edwards, Jery: **The Essential Distributed Objects Survival Guide**. John Wiley & Sons, Inc, New York, 1996. ISBN 0-471-12993-3

[95] Szyperski, Clemens: **Component Software – Beyond Object-Oriented Programming**. Addison-Wesley, UK, 1998. ISBN 0-201-17888-5.

[96] Auer, Adolf: **Speicherprogrammierbare Steuerungen – Aufbau und Programmierung**. Hüthig Buch-Verlag, Heidelberg, 1988. ISBN 3-7785-1655-8.

[97] Parker, Don, B.: **Fighting Computer Crime – A New Framework for Protecting Information**. John Wiley & Sons, N.Y., 1998. ISBN 0-471-16378-3.

[98] Anonymous: **Maximum Security**. MacMillan Computer Publishing, USA. 2nd Edition, 1998. ISBN 0-672-31341-3. (Deutsche Ausgabe: Verlag Markt & Technik)

[99] ECMA: *Extended Commercially Oriented Functionality Class for Security Evaluation*. Standard ECMA-271, December 1997 (herunterladbar von [N-30]).

[100] Schneier, Bruce: **Applied Cryptography**. John Wiley & Sons, N.Y. 2nd edition, 1996. ISBN 0-471-11709-9 (Deutsche Ausgabe: Addison-Wesley, Bonn).

[101] Douglass, Bruce, Powel: **Real-Time UML** – *Developing Efficient Objects for Embedded Systems*. Addison-Wesley Longman, Inc., MA., USA, 1998. ISBN 0-201-32579-9.

[102] Taylor, David, A.: **Object-Technology – A Manager's Guide**. Addison-Wesley Longman, USA, 1998. ISBN 0-201-30994-7.

[103] Edwards, Chris: *Safety drives automotive design towards new bus standards*. Embedded Systems Programming Europe, Vol. 3, No. 22, Nov. 1999, pp. 49-55.

[104] Furrer, Frank, J.: *Das Plattformkonzept für dezentrale Softwaresysteme*. Technical Paper der Object Technology Source GmbH, August 1999. (herunterladbar ab [N-27]).

[105] Canosa, John: *Fundamentals of Firewire*. Embedded Systems Programming, Vol. 12, No. 6, June 1999, pp. 52-72.

[106] Bass, Len; Clements, Paul; Kazman, Rick: **Software Architecture in Practice**. Addison-Wesley Longman, Inc., USA, 1998. ISBN 0-201-19930-0.

[107] Scott, Charlie; Wolfe, Paul; Erwin, Mike: **Virtual Private Networks**. O'Reilly & Associates, Inc., USA. 2nd edition 1999. ISBN 1-56592-529-7.

[108] NORTEL: *IP QoS – A Bold New Network*. White Paper. (herunterladbar von [N-30]).

[109] Görtz, Horst; Stolp, Jutta: **Informationssicherheit im Unternehmen**. Addison-Wesley Longman GmbH, Bonn, 1999. ISBN 3-8273-1426-7.

[110] Saleh, Bahaa, E.A.; Teich, Malvin, Carl: **Fundamentals of Photonics**. John Wiley & Sons, Inc., N.Y., 1991. ISBN 0-471-83965-5.

[111] Goldfarb, Charles; Prescod, Paul: **The XML-Handbook**. Prentice Hall PTR, N.J., 1998. ISBN 0-13-081152-1.

[112] Davies, Neil; Holyer, Judy; Stephens, Adam; Thompson, Peter: *Generating Service Level Agreements from User Requirements*. Technical Report CSTR-99-010, Dept. of Computer Science, University of Bristol UK, November 1999. (herunterladbar von: http://www.cs.bris.ac.uk)

[113] Clos, C.: *A Study of Non-Blocking Switching Networks*. BELL SYSTEMS Technical Journal, Vol. 32, 1953, pp. 406-424.

[114] Sessions, Roger: **COM and DCOM**. John Wiley & Sons, N.Y., 1998. ISBN 0-471-19381-X.

[115] Eddon, Guy; Eddon, Henry: **Inside Distributed COM**. Microsoft Press, Redmond, USA, 1998. ISBN 1-57231-849-X.

[116] Microsoft Technical Staff: *DCOM Technical Overview*. White Paper Microsoft Corporation, Nov. 1996 (Herunterladbar von http://www.microsoft.com)

[117] Horstmann, Markus; Kirtland, Mary: *DCOM Architecture*. White Paper Microsoft Corporation, July 1997 (Herunterladbar von http://www.microsoft.com)

[118] Norton, Peter; Stockman, Mike: **Network Security Fundamentals**. SAMS Publishing (McMillan, USA), 2000. ISBN 0-672-31691-9.

[119] SIEMENS AG: *Informationssicherheit in der industriellen Kommunikation*. White Paper, 2000 (Herunterladbar von http://www.ad.siemens.de/net)

[120] OPC Foundation (Herunterladbar von http://www.opcfoundation.org):
The OPC Data Access Custom Specification, Version 2.0, 1998.
The OPC Data Access Automation Specification, Version 2.0, 1998.
The OPC Alarm & Event Access Specification, Version 1.0, 1998.
The OPC Historical Data Access Specification, Version 1.0, 1998.

[121] International Electrotechnical Commission (IEC): *Maritime Navigation and Radiocommunication Equipment and Systems – Digital Interfaces*.
Standard IEC-61162-4, Part 410: Transport Profile Requirements and Basic Transport Profile (T-Profile), 1999.

[122] International Electrotechnical Commission (IEC): *Maritime Navigation and Radiocommunication Equipment and Systems – Digital Interfaces*.
Standard IEC-61162-4, Part 401: Application Profile (A-Profile), 1999.

[123] Sheriff, Paul, D.: *Pass Data Through XML Strings*. Component Advisor, Vol. 2, Number 2, February 2000, pp. 42-47

[124] Witt, Bernard, I.; Baker, Terry, F.; Merritt, Everett, W.: **Software Architecture and Design**. Van Nostrand Reinhold, N.Y., 1994. ISBN 0-442-01556-9.

[125] Selic, Bran; Gullekson, Garth; Ward, Paul, T.: **Real-Time Object-Oriented Modeling**. John Wiley & Sons, Inc. USA, 1994. ISBN 0-471-59917-4.

[126] Douglass, Bruce, Powel: **Doing Hard Time – Developing Real-Time Systems with UML, Objects, Frameworks, and Patterns**. Addison Wesley Longman, Inc., USA, 1999. ISBN 0-201-49837-5.

[127] Doyle, Arthur, Conan: *The Empty House* (The Complete Sherlock Holmes Short

Literaturverzeichnis 329

Stories), John Murray Ltd, London. 22nd Impression 1980. ISBN 0-7195-0355-8.

[128] Feghhi, Jalal; Feghhi, Jalil; Williams, P.: **Digital Certificates – Applied Internet Security**. Addison-Wesley Longman, Inc., USA, 1999. ISBN 0-201-30980-7.

[129] Knudsen, Jonathan: **JAVA Cryptography**. O'Reilly & Associates Inc., USA, 1998. ISBN 1-56592-402-9.

[130] Gurley Bace, Rebecca: **Intrusion Detection**. McMillan Technical Publishing, USA, 1999. ISBN 1-578-70185-6.

[131] Northcutt, Stephen: **Network Intrusion Detection – An Analyst's Handbook**. New Rider Publishing Inc., 1999. ISBN 0-73570-868-1.

[132] Escamilla, Terry: **Intrusion Detection – Network Security Beyond the Firewall** John Wiley & Sons, Inc., N.Y., 1998. ISBN 0-471-29000-9.

[133] Britcher, Robert, N.: **The Limits of Software**. Addison-Wesley Longman, Inc., USA, 1999. ISBN 0-201-43323-0.

[134] Wranovics, John: **It's Gigabit-Ethernet Time**. RTC Europe, Vol. IX, Nr. 2, February 2000, pp. 37-43. ISSN #1092-1524.

[135] Shokri, Eltefaat; Sheu, Phillip: *Real-Time Distributed Object Computing – An Emerging Field*. COMPUTER (IEEE Computer Society), Vol. 33, Nr. 6, June 2000, pp. 45-46.

[136] Bolella, Greg; Gosling, James: *The Real-Time Specification for Java*. COMPUTER (IEEE Computer Society), Vol. 33, Nr. 6, June 2000, pp. 47-54.

[137] Schmidt, Douglas, C.; Kuhns, Fred: *An Overview of the Real-Time CORBA Specification*. COMPUTER (IEEE Computer Society), Vol. 33, Nr. 6, June 2000, pp. 56-63.

[138] Selic, Bran: *A Generic Framework for Modeling Resources with UML*. COMPUTER (IEEE Computer Society), Vol. 33, Nr. 6, June 2000, pp. 64-69.

[139] Kim, K.H.: *API's for Real-Time Distributed Object Programming*. COMPUTER (IEEE Computer Society), Vol. 33, Nr. 6, June 2000, pp. 72-79.

[140] Degree2 Innovations (White Paper): *Implementing Efficient Converged Networks*, March 2001 [Herunterladbar von `http://www.degree2.com`]

[141] Ellis, Juanita; Speed, Timothy: **The Internet Security Guidebook**. Academic Press, USA, 2001. ISBN 0-12-237471-1.

[142] Oram, Andy (Editor): **Peer-to-Peer – Harnessing the Power of Disruptive Technologies**. O'Reilly & Associates, USA, 2001. ISBN 0-596-00110-X.

[143] Gray, Eric, W.: **MPLS – Implementing the Technology**. Addison-Wesley, Inc., USA, 2001. ISBN 0-201-65762-7.

[144] IDA-Group: *IDA – Interface for Distributed Automation*, White Paper. Revision 1.0, April 18, 2001 [herunterladbar von `www.ida-group.org`]

[145] Fieldbus Inc.: *The Foundation™ Fieldbus Primer*, Rev. 1.1, June 24, 2001. [herunterladbar von www.fieldbusinc.com]

[146] ControlNet International & Open DeviceNet Vendor Association: *CIP (Control*

and Information Protocol) Common Specification, Release 1.0, June 5, 2001. [herunterladbar von www.odva.org]

[147] ControlNet International & Open DeviceNet Vendor Association: *EtherNet/IP Adaptation of CIP (Control and Information Protocol) Specification.* Release 1.0, June 5, 2001 [herunterladbar von www.odva.org]

[148] Zentralverband Elektrotechnik- und Elektronikindustrie (ZVEI): *Technologiebewertung im Spannungsfeld neuer Standards und Technologien*, Juni 2001. [On-Line Bestellung bei: www.zvei.de]

[149] Cyganski, David; Orr, John, A.: **Information Technology – Inside and Outside**. Prentice Hall, Inc., N.J., USA, 2001. ISBN 0-13-011496-0.

[150] Sendler, Ulrich: **Webtime in Engineering – Internetstrategien für Prozessmanagement**. Springer-Verlag, Berlin, 2001. ISBN 3-540-41434-7.

[151] DiMarzio, J.F.: **Network Architecture and Design – A Field Guide for IT-Consultants**. SAMS Publishing Inc., Indiana, USA, 2001. ISBN 0-672-32082-7.

[152] DuCharme, Bob: **XSLT Quickly – A concise user's guide and tutorial**. Manning Publications Co., Greenwich CT, USA, 2001. ISBN 1-930110-11-1.

[153] Spurgeon, Charles, E.: **Ethernet – The Definitive Guide**. O'Reilly & Associates, Inc., Sebastopol CA, USA, 2000. ISBN 1-56592-660-9.

[154] Chowdhuri, Dhiman, D.: **Unified IP Internetworking**. Springer-Verlag, Berlin, 2001. ISBN 3-540-67370-9.

[155] Nash, Andrew; Duane, William; Joseph, Celia; Brink, Derek: **PKI – Implementing and Managing E-Security**. Osborne/McGraw-Hill, CA, USA, 2001. ISBN 0-07-213123-3.

[156] Adams, Carlisle; Lloyd, Steve: **Understanding Public-Key Infrastructure (Concepts, Standards, and Deployment Considerations)**. McMillan Technical Publishing, Indianapolis, USA, 1999. ISBN 1-57870-166-X.

[157] Housley, Russ; Polk, Tim: **Planning for PKI (Best Practices Guide for Deploying Public Key Infrastructure)**. John Wiley & Sons, N.Y., USA, 2001. ISBN 0-471-39702-4.

[158] Berners-Lee, Tim: *Information Management – A Proposal.* CERN, March 1989 and May 1989. [herunterladbar von www.w3.org / → History]

[159] Britton, Chris: **IT Architectures and Middlware – Strategies for Building Large, Integrated Systems**. Addison-Wesley (Unisys), N.J., USA, 2001. ISBN 0-201-70907-4.

[160] Sheresh, Beth; Sheresh, Doug: **Understanding Directory Services**. New Riders Publications, Indiana, USA, 1999. ISBN 0-7357-0910-6.

[161] Gralla, Preston: **So funktioniert das Internet – Ein visueller Streifzug durch das Internet**. Markt & Technik Verlag, München, 2001. ISBN 3-8272-5973-8.

[162] Harris, Shon: *Denying Denial-of-Service.* Information Security, Vol. 4, Nr. 9, September 2001, pp. 45-61 (www.infosecuritymag.com)

[163] Bizari, Ed: *OEMs and Integrators can harness new PICMG 2.16 Ethernet-Based*

Literaturverzeichnis 331

        Backplane Standard Today. RTC Europe, Volume X, Nr. 11, November 2001.

[164]   Platt, David, S.: **Microsoft .NET – Eine Einführung**. Microsoft Press Deutschland, 2001. ISBN 3-86063-638-3.

[165]   DePetrillo, Bart, A.: **Think Microsoft .NET**. Que Publishing, USA, 2001. ISBN 0-7897-2595-9.

[166]   Worthington, Shari; Boyes, Walt: **e-Business in Manufacturing – Putting the Internet to Work in the Industrial Enterprise**. ISA (Instrumentation, Systems and Automation Society), USA, 2002. ISBN 1-55617-758-5.

[167]   Rockwell Automation: *Making Sense of e-Manufacturing – A Roadmap for Manufacturers*. White Paper, 2001 (www.rockwell.com).

[168]   IAONA (Industrial Automation Open Networking Association Europe): **Industrial Ethernet Planning and Installation Guide**. Version 1.0, 2001. (www.iaona-eu.com).

[169]   Marshall, Perry, S.: **Industrial Ethernet – A Pocket Guide**. ISA Instrumentation, Systems and Automation Society), USA, 2002. ISBN 1-55617-774-7.

[170]   Kotok, Alan; Webber, David, R., R.: **ebXML – The New Global Standard**. New Riders Publishing, Indiana, USA, 2001. ISBN 0-7357-1117-8.

[171]   Cerami, Ethan: **Web Services Essentials**.O'Reilly & Associates, CA, USA, 2002. ISBN 0-596-00224-6.

[172]   Thomas, A. Stephen: **SSL & TLS Essentials – Securing the Web**. John Wiley & Sons Inc., N.Y., 2000. ISBN 0-471-38354-6.

[173]   CIM Reference Model Committee International Purdue Workshop on Industrial Computer Systems*: A Reference Model for Computer Integrated Manufacturing (CIM)*. Instrument Society of America, 1989.

[174]   IDA Specification: *Architecture Description and Specification*. Revision 1.0, November 2001. Herunterladbar von [N-78].
Part 1: Architecture
Part 2: Communication
Part 3: WEB
Part 4: Safety
Part 5: XDDML
Part 6: Example (Global Data)

[175]   Real-Time Innovations, Inc., Sunnyvale, CA, USA: *Real-Time Publish-Subscribe (RTPS)- Wire Protocol Specification*. Version 1.15, November 2001. Herunterladbar von [N-78].

[176]   Profibus Nutzerorganisation e.V. (Karlsruhe): *ProfiNet – Architecture Description and Specification*. Version V1.0, August 2001 (herunterladbar von [N-24])

[177]   Fieldbus Inc., Texas, USA: **The Foundation Fieldbus Primer**. Revision 1.1, June 24, 2001 (herunterladbar von http://www.fieldbusinc.com)

[178]   ISA – The Instrumentation, Systems, and Automation Society: American National Standard ANSI/ISA-95.00.01-2000: **Enterprise Control System Integration**

Part 1: **Models and Terminology**. July 15, 2000. Herunterladbar von www.isa.org.

[179] ISA – The Instrumentation, Systems, and Automation Society: American National Standard ANSI/ISA-95.00.01-2000: **Enterprise Control System Integration Part 2: Object Model Attributes**. Draft 6, October, 2000. Herunterladbar von www.isa.org.

[179] World Batch Forum: **Business To Manufacturing Markup Language** (B2MML) – Common Schema Documentation. Version 01, April 7, 2002. Herunterladbar von www.wbf.org

[180] Robertson, Suzanne; Robertson, James: **Mastering the Requirements Process**. Addison-Wesley, Inc., USA, 1999. ISBN 0-201-36046-2.

[181] Royce, Walker: **Software Project Management**. Addison-Wesley, Inc., USA, 1998. ISBN 0-201-30958-0.

[182] Kruchten, Philippe: **The Rational Unified Process**. Addison-Wesley, Inc., USA, 1998. ISBN 0-201-60459-0.

Internet-Adressen (Cybergrafie)

[N-1] Internet Site für das Herunterladen der RFCs (Request for Comments, vgl. [21]): www.ietf.org.

[N-2] Information über RPCs (Remote Procedure Calls, vgl. [23]): www.sun.com

[N-3] Information über IEEE Standards (vgl. [5] - [8]): www.standards.ieee.org/index.html

[N-4] Information über MiTS (Maritime Information Technology Standard, vgl. [52]): www.itk.ntnu.no/SINTEF/MITS/

[N-5] Information über ISO Standards (vgl. [14]): www.iso.ch

[N-6] Kontaktadresse für SMURPH (vgl. [39]): pawel@cs.ualberta.ca (= Prof. Pawel Gburzynski, Department of Computing Science, University of Alberta, CANADA)

[N-7] Information über SIEMENS-Implementation: www.aut.siemens.de/net

[N-8] Information über TCP/IP Instrument Protocol and Interface Mapping Standard ([57]) und SCPI Standard Commands for Programmable Instruments([59]): 76516.254@compuserve.com

[N-9] Industrial Ethernet Association: www.industrialethernet.com

[N-10] Industrial Automation Open Networking Association USA: www.iaona.com

[N-11] Industrial Automation Open Networking Association Europe: www.iaona-eu.com

[N-12] ArcNet: www.arcnet.de

[N-13] AS-i: www.as-interface.com

Literaturverzeichnis 333

[N-14] BACnet: www.bacnet.org
[N-15] Bitbus: www.bitbus.org
[N-16] CAN: www.can-cia.de
[N-17] ControlNet: www.controlnet.org
[N-18] DeviceNet: www.odva.org
[N-19] DIN-Messbus: www.measurement-bus.de
[N-20] EIB: www.eiba.com
[N-21] Foundation Fieldbus: www.fieldbus.org
[N-22] Interbus: www.interbusclub.com
[N-23] LON: www.lonmark.org
[N-24] Profibus: www.profibus.com
[N-25] Sercos: www.cimsi.cim.ch/sercos
[N-26] WorldFIP: www.worldfip.org
[N-27] Object Technology Source GmbH: www.objecttechnologysource.com
[N-28] OPC (= OLE for Process Control) Foundation: www.opcfoundation.org
[N-29] European OPC Foundation: www.opceurope.org
[N-30] ECMA Standardization: www.ecma.ch
[N-31] Fachzeitschrift „Application Development Trends": www.adtmag.com
[N-32] Outer Net Connection Strategies Inc.: www.vpn.outer.net
[N-33] Fieldbus World Association: www.fieldbus.com
[N-34] Northern Telecom (NORTEL): www.nortel.com
[N-35] BATM Advanced Communications: www.batm.com (www.netwiz.com)
[N-36] Advanced Networks & Services Inc.: www.advanced.org
[N-37] Cooperative Association for Internet Data Analysis: www.caida.org
[N-38] Gigabit-Ethernet Alliance: www.gigabit-ethernet.org
[N-39] Virtual Private Networking Technologies: www.vpn.com
[N-40] Ethernet Vendor Codes: www.map-ne.com/Ethernet/vendor.html
[N-41] Internet Assigned Numbers Authority (IANA): www.iana.org
[N-42] SIEMENS Industrial Ethernet: www.ad.siemens.de/net
[N-43] Esprit Project ANIA: www.ania-esprit.com
[N-44] Object Management Group: www.omg.org
[N-45] XML Industry Portal: www.xml.org
[N-46] XML/EDI Group: www.xmledi.com
[N-47] Product Definition eXchange Group: www.pdxstandard.org

[N-48] Rational Inc.: www.rational.com
(speziell: www.rational.com/tools/rosert)

[N-49] Association for the Standardization in Industrial Control Programming:
www.plcopen.org

[N-50] ARC Advisory Group: www.arcweb.com

[N-51] Time Triggered Technology (TTTech Computertechnik GmbH):
www.tttech.com

[N-52] USA National Infrastructure Protection Center: www.nipc.gov
(auch: www.fbi.gov/nipc)

[N-53] ITSEC: www.itsec.gov.uk

[N-54] Radium Customer Information Provider: www.radium.ncsc.mil

[N-55] National Information Assurance Partnership: www.niap.nist.gov

[N-56] Computer Emergency Response Team (CERT): www.cert.org

[N-57] Forum of Incident Response and Security Teams: www.first.org

[N-58] Security Focus: www.securityfocus.com

[N-59] RSA Security Inc., USA: www.rsa.com

[N-60] Virus Help Munich: www.vhm.haitec.de

[N-61] McAfee Inc. (Anti-Virus): www.mcafee.com

[N-62] Microsoft Security Advisor: www.microsoft.com/security

[N-63] Axent Security Inc. (Intrusion Detection): www.axent.com

[N-64] Sun Microsystems Inc. (Firewalls, Secure Net): www.sun.com/security

[N-65] IBM (Firewall, E-Net): www.software.ibm.com

[N-66] CISCO Corp. (Firewalls): www.cisco.com

[N-67] Internet Security Systems (Secure Networking): www.iss.net

[N-68] Checkpoint Software Technologies (Secure Internet): www.checkpoint.com

[N-69] Security Assurance Services: www.icsa.net

[N-70] Fieldbus.pub Ltd. (The Industrial Ethernet Book):
http://ethernet.industrial-networking.com

[N-71] Manufacturing Marketplace Web Site: www.manufacturing.net

[N-72] Japanese Factory Automation Open Systems Promotion Group[229]:
www.mstc.or.jp/jop/index.html

[N-73] Tekelec Sarl: www.tekelec.fr

[N-74] US Cybercrime Protection Site[230]: www.cybercrime.gov

---

[229] Für gewisse der (englischsprachigen) Files muss von Adobe der japanische Fontsatz heruntergeladen werden.

Literaturverzeichnis

[N-75] RTC Magazine: www.rtcmagazine.com

[N-76] Objective Interface Inc.: www.ois.com

[N-77] Degree2 Innovations Inc., London UK: www.degree2.com

[N-78] Interface for Distributed Automation (IDA): www.ida-group.org

[N-79] Fieldbus Inc., Austin TX, USA: www.fieldbusinc.com

[N-80] CORA-Computer Science Paper Search Engine: www.cora.whizbang.com

[N-81] Practically networked-Excellent website: www.practicallynetworked.com

[N-82] Zentralverband Elektrotechnik- und Elektronikindustrie (ZVEI) e.V. Frankfurt am Main, BRD: www.zvei.de

[N-83] Verband Deutscher Maschinen- und Anlagenbauer (VDMA), e.V., Frankfurt am Main, BRD: www.vdma.de

[N-84] ANXeBusiness: www.anx.com

[N-85] WebTime Engineering: www.xbrioso.com

[N-86] Internet Society: www.isoc.org

[N-87] Internet Architecture Board: www.iab.org

[N-88] Internet Research Task Force: www.irtf.org

[N-89] Internet Assigned Numbers Authority: www.iana.org

[N-90] World Wide Web Consortium: www.w3.org

[N-91] Ted Nelson/XANADU: www.iath.virginia.edu/elab

[N-92] Information Science Institute (University of Southern California) www.isi.edu

[N-93] PCI Industrial Computer Manufacturers Group (PICMG): www.picmg.com

[N-94] Performance Technologies, Inc. : www.pt.com

[N-95] Intel Corporation: www.intel.com

[N-96] ISA – The Instrumentation, Systems, and Automation Society: www.isa.org

[N-79] Microsoft Corporation: www.microsoft.com

[N-80] Netscape Corporation: www.netscape.com

[N-81] Opera Inc.: www.opera.com

[N-82] XML-Consortium: www.xml.com

[N-83] Entrust Inc.: www.entrust.com

[N-84] Baltimore Inc.: www.baltimore.com

[N-85] Verisign Inc.: www.verisign.com

---

[230] www.cybercrime.org und www.cybercrime.com existieren ebenfalls (sind aber verschiedene Sites!).

[N-86]　Extensible Business Reporting Language Home Page: www.xbrl.org
[N-87]　Real-Time Innovations, Inc. Sunnyvale, CA, USA: www.rti.com
[N-88]　World Batch Forum (USA): www.wbf.org

Abkürzungen

ACK	Acknowledgment (Protokollfunktion)
AH	Authentication Header (IPSec)
ALI	Application Layer Interface
ANS	Adaptive Network Security
API	Application Programming Interface
ARP	Adress Resolution Protocol (IP Funktion)
ATM	Asynchronous Transfer Mode
AUI	Attachement Unit Interface
B2B	Business-to-Business
B2MML	Business-to-Manufacturing Markup Language
BER	Bit Error Rate (Bitfehlerwahrscheinlichkeit)
CA	Certification Authority
CAN	Controller Area Network
CC	Common Criteria for Information Technology Security
CCITT	Comité Consultatif International pour la Télégraphie et Téléphonie
CIM	Computer Integrated Manufacturing
CPU	Central Processor Unit (Rechnerkern)
CORBA	Common Object Request Broker Architecture (OMG)
CoS	Class of Service (Serviceklasse)
CRC	Cyclic Redundancy Check (Fehlerprüfsumme)
CSMA/CD	Carrier Sense Multiple Access with Collision Detection
DA	Destination Address (Empfängeradresse)
DAP	Data Access Protocol
DDoS	Distributed Denial of Service Attack
DES	Data Encryption Standard (USA)
DHCP	Dynamic Host Configuration Protocol
DHTML	Dynamic HTML
DIN	Deutsches Institut für Normung
DIX-Group	Firmengruppe aus der Ethernet-Frühzeit (DEC, Intel, Xerox)
DMZ	Demilitarisierte Zone (Informationsschutzzone)
DNA	Digital Network Architecture
DNS	Domain Name System
DoD	Department of Defense (USA)
DoS	Denial of Service Attack
DSAP	Destination Service Access Point
DTE	Data Terminal Equipment
DTP	Desk Top Publishing
EAI	Enterprise Application Integration
ECF	Echo Frame
EGP	Exterior Gateway Protocol
EIA	Electronic Industry Association (USA)
EN	Europäische Norm
ERP	Enterprise Resource Planning
ESP	Encapsulating Security Payload (IPSec)
ETA	Event-Triggered Architecture (Ereignisgesteuerte Architektur)
FC	Frame Control

FCS	Frame Check Sequence
FDDI	Fiber Distributed Data Interchange
FDX	Full Duplex
FIFO	First-In First-Out
FTAM	File Transport Access and Management
FTP	File Transfer Protocol
GDMO	Guidelines for the Definition of Managed Objects
GE	Gigabit-Ethernet
GGP	Gateway-to-Gateway Protocol
GoS	Guarantee of Service
HDLC	High Level Data Link Control
HDX	Halbduplex
HMI	Human-Machine Interface
HOL	Head-of-Line
HTML	Hypertext Markup Language
HTTP	Hypertext Transfer Protocol
ICMP	Internet Control Message Protocol
IEEE	Institute of Electrical and Electronics Engineers
IETF	Internet Engineering Task Force
IFG	Interframe Gap
IGMP	Internet Group Management Protocol
IKE	Internet Key Exchange
IP	Internet Protocol
IP	Industrial Ethernet Protocol
IPC	Industrial PC
IPv4	Internet Protocol Version 4
IPv6	Internet Protocol Version 6
IPSec	Internet Security-Protocol
IPX	Internet Paket Exchange
IRTF	Internet Research Task Force
ISAKMP	Internet Security Association and Key Management Protocol
ISC	Integrated Ship Control (MiTS)
ISDN	Integrated Services Digital Network
ISO	International Standardization Organization
ISP	Internet Service Provider
ITSEC	Information Technology Security Evaluation Criteria
ITU	International Telecommunications Union
LAN	Local Area Network
LAN_E	LAN-Emulation
LAPB	Link Access Procedure Balanced
LASP	Link Access Service Point
LEM	Line Error Monitoring
LLC	Logical Link Control
LNA	MiTS Local Network Administrator
LSB	Least Significant Bit (niederwertiges Bit)
LU	Logical Unit
LWL	Lichtwellenleiter (Optische Faser, Fiber)
MAC	Media Access Control
MAN	Metropolitan Area Network
MAP	Manufacturing Automation Protocol
MAPI	MiTS API
MAU	Medium Access Unit
MAU	MiTS Application Unit
MIC	Media Attachment Connector

MII	Media Independent Interface
MIS	Management Information System
MiTS	Maritime Information Technology Standard
MMF	Multi-Mode Fiber
MOM	Message-Oriented Middleware
MPLS	Multiprotocol Label Switching
MTBF	Mean Time Between Failure
MTS	Message Transfer System
NFS	Network File System
NIC	Network Interface Card
NOS	Network Operating System
NRZ	Non Return to Zero
NRZI	Non Return to Zero, Inverted
NSAP	Network Service Access Point
NSP	Network Service Protocol
NTP	Network Time Protocol
ODVA	Open DeviceNet Vendor Organization
OPC	OLE for Process Control
ORB	Object Request Broker
OSFP	Open Shortest Path First
OS	Operating System
OSI	Open System Interconnect
OUI	Organizational Unique Identifier
PC	Personal Computer
PDU	Protocol Data Unit
PHY	Physical Layer, Physical Layer Protocol
PKI	Public Key Infrastructure
PLC	Programmable Logic Controller (Speicherprogrammierbare Steuerung)
PNO	Profibus Nutzerorganisation
PPP	Point-to-Point Protocol
PSPDN	Paket Switched Public Domain Network
PVN	Private Virtual Network
QoS	Quality of Service
RARP	Reverse Address Resolution Protocol
RFC	Request for Comments (TCP/IP Spezifikationen)
RI	Routing Information
RIP	Routing Information Protocol
RMI	Remote Method Invocation
RMON	Remote Monitoring
RPC	Remote Procedure Call
RSA	Rivest-Shamir-Adleman (die drei Erfinder des RSA Keyschemas)
RSVP	Resource Reservation Protocol
RT	Real-Time
RTPS	Real-Time Publish-Subscribe
SA	Source Address (Senderadresse)
SAP	Service Access Point
SDU	Service Data Unit
SFB	Special Function Block (SPS-Programm-Modul)
SGMP	Simple Gateway Monitoring Protocol
SLA	Service Level Agreement
SMF	Single Mode Fiber
SMP	Simple Management Protocol
SMT	Station Management
SMTP	Simple Mail Transport Protocol

SNMP	Simple Network Management Protocol
SONET	Synchronous Optical Network
SPS	Speicherprogrammierbare Steuerung
SSAP	Source Service Access Point
SSL	Secure Socket Layer
SSN	Secure Server Net (= DMZ)
STA	Spanning Tree Algorithm
STP	Shielded Twisted Pair
SYN	Synchronization
TCP	Transmission Control Protocol
TFTP	Trivial File Transfer Protocol
TLS	Transport Layer Security
TTA	Time-Triggered Architecture (Zeitgesteuerte Architektur)
TTP	Time Triggered Protocol (TTP/C)
UA	Unnumbered Acknowledgment
URL	Uniform Resource Locator
UTP	Unshielded Twisted Pair
UDP	User Datagram Protocol
VoIP	Voice over IP
VPN	Virtual Private Network
WAN	Wide Area Network
WBF	World Batch Forum
WLAN	Wireless Local Area Network
WWW	World Wide Web
XDR	External Data Representation
XML	eXtensible Markup Language
XNS	Xerox Network System

Sachwörterverzeichnis

1

1 GBit/s 9, 73
10 GBit/s 75
100 MBit/s 9, 69
1'000 MBit/s 73
10base5 38, 60
10baseT 38, 284

A

Absenderintegrität 307
`accept()` 106
ACK 96
active topology 40
Adapter Card Address 67
Adapter Serienummer 67
Adapter-Karte 60
Adapter-Redundanz 264, 267
Adaptive Network Security 253
Address Resolution Protocol 82, 85
Adresse 67
Adressfilter 66
Adress-Korrespondenztabelle 39
Adresstyp 67, 83
Advanced Research Project Agency 77
aktive Topologie 40
Aktor 2, 10
Alert 246
ALI 26, 36, 102, 131, 188, 189, 190, 266, 286
Alterungszähler 40
Angriff 246
ANS 253
ANSI/ISA-95 207
Antwortzeit 16, 25
Anwendungsprotokoll 190
Anwendungssoftware 2, 12, 21, 37
API 9, 26, 34, 36, 45, 102, 131, 185, 188, 189, 190, 266, 286
API-Standard 225
Application Layer Interface 26, 36, 96, 102

Application Program Interface 26, 36, 96, 102
applikatorische Sicherheit 296
Architektur 12
ARP 82, 85
ARP Response 85
ARPANET 78
ARP-Request 85
asymmetrische Kryptographie 305
ATM 9
AUI 60
Authentisierung 305, 306
Automationsarchitektur 315
Automatisierungsnetzwerk 243, 244, 252, 255, 261, 262, 267, 275, 276, 280
Automatisierungssystem 8
Autonegotiation 70, 72

B

Backbone-Switch 73
back-off 62
Bedrohung 245, 249, 276
Bedrohungsanalyse 246, 254
Berkeley UNIX V4.2 101
Betriebsfunktionen 188
Betriebsphilosophie 25, 103
Betriebssicherheit 241
Betriebssystem 25, 78, 104
`bind()` 106
BITBUS 4
Bit-Synchronisation 65
Blockierung 64, 107, 110, 181
Blockierungsschwelle 181
Bridge 38, 41
Broadcast 25, 40, 58, 68, 85, 278
Broadcast Collapse 40
Broadcast Domain 278
Browser 299, 300, 310
BSD-Sockets 102
Bus 58
Business Process Engineering 313
Business-To-Manufacturing Markup Language 208

Bussystem 5
Busvergleich 29

C

CAN 23
Capture Effect 63
Carrier Extension 75
Carrier Sense 61
Certification Authority 305
Checksumme 83
CIP Objektmodell 204
Client 5, 103, 104, 109, 211, 214, 245
Client Procedure 111
Client-/Server 5, 9
Client-/Server-Modell 103, 300
Client-Funktion 103
CLOSE 101
close() 107
Codepolynom 66
Collision Detection 61
COM 216
COM-Komponentenmodell 217
COM-Objekt 216, 217
CompactPCI 184
Computerkriminalität 241
Computersimulation 133
Concurrent Server 103
Congestion 95
Congestion Collapse 95
connect() 107
Control and Information Protocol 202, 204
Control Area Network 23
Control Message 203
Controller 191
ControlNet 202, 204
ControlNet International 202
Convergent Engineering 9
CORBA 8, 12, 31, 213
CoS 51, 52, 183
Cracker 246
CSMA/CD 57, 61, 70, 73
Cut-Through-Switch 179

D

Datagram Socket 106
Datagramm 81, 82, 84
Datagramm-Service 90
Datenbyte 77
Datenfeld 80
Datenmeldung 158, 172
Datenmenge 16
Datenmodell 222

Datenobjekt 211
Datensicherungskonzept 242
Datenstrom 90
DCOM 31, 217
DCOM-Funktion 217
DCOM-Objekt 217
Delayed Acknowledgement 175
Department of Defense 77
Destination 77, 92
Destination Address 38, 58, 65, 67, 82
Destination Port 93, 99
Destination-Adresse 178
deterministisch 63
Device 191
DeviceNet 202, 204
Dezentrale Objekte 235
dezentrale Software 21, 227
dezentrale SPS im asynchronen Betrieb 233
dezentrale SPS im synchronen Betrieb 234
dezentrale Steuerung 4, 15, 18, 104, 188, 190, 215, 261, 262, 271, 277, 282
dezentrales Peripheriekonzept 24
Diagnoseinformation 25
Dienst 189
Dienstqualität 44
Diff-Serv 51, 52
digitales Zertifikat 305
direct delivery 41
Distributed Control 4, 15
Disziplinierte Anwendungssoftware 286
Domain Name Authority 294
Domain Name System 294
Doppelanschluss 264
Down-Load 189
Downstream Congestion 181
DTE 60
Duplikat 266

E

Echtzeit 17, 23
Echtzeit Publish/Subscribe Protokoll 196
Echtzeit-Betriebssystem 174
Echtzeitfähigkeit 17, 42, 279
Echtzeit-Multitasking 25, 104
Echtzeit-System 25
Echtzeitverhalten 18, 19, 131, 133, 159, 173, 286
Echtzeitzustand 159
E-Manufacturing 308, 312, 314
Embedded System 1, 188
Embedded Systems Area Netzwerke 184
embedded Web-Site 198
EMV-Richtlinie 26

Encapsulation Protocol 205
Endpoint 95
Engineeringschnittstelle 220
Engineering-Werkzeug 199, 201
Enterprise Level 207
Erdung 283
Ereignis 3, 232, 235
Ereignisrate 135
erweitertes Quellenmodell 173
ESAN 184
Ether 61, 62, 63
Ethernet 9, 23, 29, 38, 40, 57, 59, 60, 63, 65, 77, 82, 187
Ethernet Adresse 38, 85
Ethernet Controller 66
Ethernet Paket 65
Ethernet Standard 69
Ethernet/IP 204
EtherNet/IP 204
EtherNet/IP Architektur 204
Ethernet-Address 67
Ethernet-Controller 80
Ethernet-TCP/IP 9, 10, 12, 37, 42, 45
Ethernet-Übertragungsmedien 59
Event-Triggered Architektur 232
eXtensible Markup Language 300
eXtensible Markup Lanugage 301
Extranet 16, 29, 35, 240, 244, 256, 272

F

Fast Ethernet 69, 70, 71, 117
FCS 83
FCS-Feld 66
Fehler 263
Fehlerdiagnose 189
Fehlerfall 92
Fehlerkorrektur 284
Fehlerkorrekturmassnahme 174
Fehlersituation 107
Fehlertoleranz 262
Feldbus 25, 26, 27
Feldbus-Technologie 26
Festformat-Messag 222
Field Device Access 206
Fieldbus Foundation 205
Fieldbus Message Specification 206
Filter-Tabelle 39
FIN 96
Firewall 281
Flow 51
Flow Control 70, 72
Foundation Fieldbus Architektur 206
Fragment 82

Fragmentierung 88
Frame Check Sequence 65
Full-Duplex 72
Function Block 206
Funktionsaufteilung 15, 21, 228, 271, 272, 277

G

galvanische Isolation 282
Gap 136, 172, 176
Gateway 42, 82
Gebäudeschutzerde 283
Geräteerde 283
geschachteltes Protokoll 80
Geschäftsprozess 239
Gigabit-Ethernet 73, 117
Gleichspannungswandler 283
Globale Daten 230
globaler Clock 233, 235
Globaler Clock 231
GoS 55, 186
GPIB 190
Grundfunktionen 26
Gruppenadresse 68
Guarantee of Service 55, 186

H

Hacker 246
Handshake-Meldung 95
Header 38, 80, 82, 87, 178
Head-of-Line Contention 181
Hersteller Identifikation 67
Hierarchie 15
High Speed Ethernet 205
horizontale Integration 311
Horizontale Integration 308
Host 95
HTML 31, 223
http 31
Hypertext 297
Hypertext Markup Language 299
Hypertext Transfer Protocol 298, 301

I

I/O Gateway 206
IANA 95
ICMP 52, 82, 85
IDA Architektur 196
IDA Safety Protokoll 197
IDA Web-Technologie 198
IDL 9, 216

IEC-1131 31
IEC-625 190
IEEE 57, 67, 68
IEEE 488 193
IEEE 802.3 66
IEEE Std 802 58
IEEE-488 190, 192
IEEE-488.2 190
IEEE-Standard 68
Implementationsform 102
indirect delivery 41
Industrial Ethernet Association 202
Industrieautomation 1, 6, 12, 25, 32, 43, 45, 133, 228, 232, 235, 259
industrielle Umgebung 282
Industrie-PC 283
Industrietauglichkeit 10
Information Message 203
Infrastruktur 31
Innovationszyklus 307
Installationstechnik 25
Institute of Electrical and Electronics Engineers 57, 67
Integrität 305, 307
intelligente Adapterkarte 288
Intelligente Transceiver 264
Interbus-S Protokoll 37
Interfacc for Distributed Automation 195
Interfacedefinitionssprache 9
International Standards Organization 35
Internet 9, 16, 29, 32, 35, 239, 244, 256, 272, 291, 313
Internet Architecture Board 292
Internet Assigned Numbers Authority 95, 292
Internet Control Message Protokoll 85
Internet Engineering Steering Group 292
Internet Paket 82
Internet Protokoll 81, 82
Internet Research Task Force 292
Internet Service Provider 295
Internet Society 292
Internet Technologieelemente 293
Internet-Adresse 81, 83, 85
Internet-Paket 84
Internet-Protokoll 47
Interoperabilität 259
Interprocess-Communications 216
Intranet 9, 34, 240, 244, 256, 259, 272, 313
Intrusion Detection 254
Int-Serv 51
IP 78, 90, 97
IP QoS 47
IP Routing Algorithm 41
IP-Adresse 294

IP-Adressen 83
IP-Datagramm 40
IP-Netzwerk 258
IP-QoS 51
IPSec 78, 90, 258, 259
IPv4 52, 83
IPv6 52, 86, 89
IPv6 Paket 87
ISO 35, 112
Isolation 283
Isolationsspannung 283
ISO-Transportprotokoll 112
Iterativer Server 103

J

Jamming Burst 62
JavaBean 12
Jitter 44

K

Koaxialkabel 57, 59
Kollision 62, 63, 116, 122, 130, 172, 178, 278
Kollisionsbereich 116, 118, 178, 183, 184, 278
Kollisionsbewältigung 62, 122, 134
Kollisionsfenster 61, 62, 70, 75, 116
Kollisionsfreie Topologie 183
Kollisionshäufigkeit 118
Kollisionssignal 62
Kollisionswahrscheinlichkeit 118, 175
Kommunikationsanforderung 4
Kommunikationsanforderungen 16
Kommunikationsarchitektur 315
Kommunikationsbedürfnis 16
Kommunikations-Funktionen 26
Kompatibilität 77
Komplexität 6, 227
Komponentenmodell 7, 199, 201
Konfigurationssystem 12
Kryptoprotokoll 259

L

LAN 25, 34, 69
Länge 65
Längenbyte 66
Lastbegrenzung 133, 174, 286
Lastbeschränkung 47, 118, 131, 134, 159, 175, 181, 263, 286
Lastbeschränkungsroutine 286, 287
Lastfall 133

Lastverhalten 130
Laufzeit 116
Layer-2 Switching 178
Layer-3 Switching 178
Layer-4 Switching 178
Leitebene 4, 209
LEN/TYPE-Feld 80
Lichtwellenleiter 38, 57, 283
Line Surge Protector 284
Link 297
Link Device 206
Link Impulse 72
listen() 106
LLC 60, 66
LNA 210
logische Architektur 23
Lokalnetzwerk 4

M

MAC 60
MAC-Adresse 67
MAN 34
managed Switch 179
Management der Anlage 13
Maritime Information Technology Standard 208
Markup-Sprache 223
Markup-Technologie 223
Master-Slave 25, 61
MAU 60
MDI 60
Mehrfachkollision 116
Mehrfachpfad 40
Meldungsintegrität 307
Meldungslänge 136
Meldungslängengenerator 134
Meldungslängenverteilung 134
Meldungsrate 136, 176, 286
Meldungsüberlastung 125
Meldungsübertragungszeit 25, 133, 174
Meldungsverzögerung 172, 173
Meldungsverzögerungszeit 133
Merker 3
Message 229
Message-Oriented Middleware 222, 230
Metainformation 222
Methodik 249, 277, 316, 317
Middleware 7, 9, 10, 31, 205, 214, 216, 222, 235, 315
MiTS 208, 210
MiTS Application Unit 210, 211
MiTS-API 210, 211
Mittelwert 133

MPLS 55, 186
Multicast 25, 39, 58, 278
Multicast-Message 230
Multi-Media 310
Multiport Bridge 38
Multiport Repeater 60
Multiprotocol Label Switching 55, 186

N

Nagle-Algorithmus 175
Name-Server 294
Network File System 190
Network Instrument Protocol 191, 192
Network Time Protocol 231
Netzwerk 33, 46
Netzwerkadapter 284
Netzwerkadresse 33
Netzwerkarchitektur 278, 280
Netzwerkausfall 95
Netzwerkbelastung 63
Netzwerkbetriebssystem 7
Netzwerkdurchsatz 44, 63
Netzwerkgrundlagen 33
Netzwerklast 42, 136, 278
Netzwerklasttabelle 276
Netzwerkprotokoll 33
Netzwerksicherheit 9, 241, 258, 296
Netzwerkstruktur 82
Netzwerktopologie 127, 183
Netzwerküberlastung 95
Netzwerkumschaltung 263, 265
Netzwerkverhalten 184
NFS 190
Nicht-Abstreitbarkeit 305, 307
Norm 12, 26
NTP 231
Nutzdaten 65
Nutzdatenbyte 66

O

Object Broker 213
Objekt 8, 10, 216
Objekt-Bus 216, 238
Objektmodell 202, 206, 207, 216
Objekt-Technologie 29, 235
offenes System 26
OLE for Process Control 215
OMG 8, 213
OPC 10, 195, 199, 200, 215
OPC Data eXchange 215
OPC DX 215, 220
OPC-Client 215

OPC-Foundation 215
OPC-Server 215
OPEN 101
Open Device Vendor Association 202
Open DeviceNet Vendor Organization 215
OSI-Architektur 79
OSI-Modell 35, 38, 45, 79, 110, 112, 185, 209
OSI-Transportprotokoll 65
OUI 67
Output Queue 43
Overhead 65

P

Padding 65, 66
Paket 38, 65, 66, 68, 77
Paket-Driver 80
Paketverlust 44, 54
Parser 223
PC 193
Personenschutz 282
physikalische Adresse 67
physische Architektur 23
Planung 271
Plattform 23, 235
PLS 60
PMA 60
Poisson-Generator 136, 137, 286
Poisson-Prozess 134
Poisson-Verteilung 137
Port 91, 95, 101, 106, 112
Port-Nummer 91, 95
Potentialtrennung 283
Preamble 65
Predictable Ethernet 133, 134, 159, 173, 174, 284
Producer/Consumer-Modell 204
Profibus International 215
Profibus-Nutzerorganisation 199
Profil 26
ProfiNet 199
ProfiNet Architektur 200
ProfiNet Object 199
ProfiNet Verschaltungseditor 202
ProfiNet-Komponente 201
Protokollbyte 65, 80, 136
Proxy 199, 200
Prozessabbild 3
Prozessingeniur 14
prozessmäßige Integration 313
Prüfsumme 39, 90, 92, 269
Prüfsummenfehler 58
Prüfzeichen 65, 66

Public Key Infrastructure 305, 311
Public-Key Kryptographie 304
Publisher 196
Purdue-Modell 308

Q

QoS 19, 44, 46, 51, 52, 53, 55, 86, 90, 186
QoS-Algorithmus 53
QoS-Architektur 49, 51
QoS-Implementation 46, 50, 51
QoS-Management 48, 50
QoS-Netzwerk 50
QoS-Netzwerke 47
QoS-Parameter 44, 46, 47, 48, 49, 115, 118
QoS-Protokoll 50
QoS-Verhalten 181
Quality of Service 19, 44
Quellenmodell 159
Queue 222

R

RARP 85
READ 101
read() 107, 109
Read-Only Memory 67
Reaktionszeit 18
Real-Time Publish-Subscribe Protokoll 195
RECEIVE 101
Rechenzeit 174
recv() 107
Redundanz 227, 261, 263
Remote Interrupt 230
Remote Method Invocation 228
Remote Procedure 110
Remote Procedure Call 110, 112, 191, 217, 228
Repeater 38, 65, 116
Resource Reservation Protocol 52
Restart-Delay 175
Retry 174
Reverse Address Resolution Protocol 85
RFC1006 112
Ringkerntransformator 283
RMI 228
Robert M. Metcalfe 58
Router 41, 81, 82, 85, 95
RPC 110, 191, 228
RPC Fehlerbehandlung 112
RPC-facility 111, 112
RSVP 52
Rundspruchadresse 68

S

Sättigungseffekt 126
Schicht 35
Schichtenmodell 58, 65, 80
Schlüsselpaar 305
Schutz von Anwendungen 304
Schutzerde 283
Schutzfunktion 283
Schutzrechner 256, 281
Schutzschaltung 284
Secure Socket Layer 303
Segment 57
Segmentierung 47, 82, 278
SEND 101
send() 107
Sensor 2, 10
Sensor-/Aktorbus 24
Sensor-/Aktorebene 4
Serienummer 67
Server 103, 109, 211, 214
Server Procedure 111
Server-Funktion 103
Server-to-Server Kommunikation 221
Serviceklasse 46, 49, 51, 52
Sicherheit 241, 243, 258, 277
Sicherheitsarchitektur 249, 255
Sicherheitsbereich 244
Sicherheitsbus 30
Sicherheitsmechanismus 29
Sicherheitsperimeter 244, 254, 255
Sicherheitsstrategie 243, 249, 252
Sicherheitstechnik 241
Sicherung 65
Sicherungsmechanismus 92
Sicherungsschicht 303
Signallaufzeit 61
Simple Object Access Protocol 302
Simulation 63, 126, 136, 163
Simulationsmodell 134
Simulationsparameter 162, 163
Simulationsresultat 287
Simulationsresultate 129, 163
Simulator 134
Skalierbarkeit 307
Sliding Window 94
Small Paket 175
Small Pakets 175
SMURPH 127, 136, 162
SNMP 96
Socket Interface 96, 101, 106, 108
Socket Library 96, 102, 106, 109, 110, 174, 175, 187, 286
socket() 106

Softwarearchitektur 5, 22, 25, 42, 45, 228, 315
Softwarekomponente 6, 8, 199
Softwaretechnologie 3
Source 77, 92
Source Address 65, 68, 82
Source Port 93, 99
Spanning Tree Algorithm 40
Spezifikation 26
SPS 3, 283
STA 40
Standard 12, 26, 68
Standard-Ethernet 117
Standardisierung 32, 307
Standby-Steuerung 267
Starting Frame Delimiter 65
Stationsadresse 67
Status-/Control-Meldung 158
Stausituation 42, 47
Sterntopologie 70
Steuerungsarchitektur 21, 22, 23, 29, 32
Steuerungsebene 4
Steuerungsknoten 4, 10, 15
Steuerungsprogramm 25
Steuerungsredundanz 267, 268
Steuerungssoftware 21, 235
Store-and-Forward 39
Store-and-Forward Switch 179
Störfilter 283
Störquelle 284
Störsicherheit 282
STP 284
Stream 90, 102
Stream Socket 106, 107, 187
Stromversorgung 283
Subscriber 196
Support-Funktionen 188
Switch 23, 42, 47, 48, 53, 116, 177, 179, 265
Switch Fabric 185
Switched Network in a Box 184
Switching 69, 179
Switch-Management 182
Switch-Matrix 179
Switch-Steuerungssoftware 182
Synchronisation 159
Systembus 23, 209, 284
Systemintegration 316
Systemsoftware 10
Systemzeit 231

T

Tag 223, 299
Task 109, 174

TCP 36, 78, 90, 95, 96
TCP/IP 42, 59, 65, 73, 78, 79, 80, 94, 96, 101, 106, 107, 111, 112, 115, 126, 174, 178, 187, 240, 258, 284
TCP/IP Instrument Protocol 191
TCP/IP-IEEE 488.1 Interface Specification 191, 192
TCP/IP-IEEE 488.2 Instrument Interface Specification 191, 193
TCP-Header 92, 95
TCP-Segment 92, 93
Technologiefortschritt 10
Telegramm 58
Telegrammfluss 59
Telnet 190
Terminal-Switch 73
TFTP 96
Thin Client 310
ThinNet 57
Time-Out 81, 92, 94, 108
Time-Triggered Architektur 232, 233, 234
Token Ring 38, 40
T-Profile 212
Transmission Control Protocol 36, 90
Transport Class 0 Protocol 112
Transport Class 4 Protocol 112
Transportnetzwerk 95
Transportprotokoll 112, 174
Transportschicht 36, 79, 110
Truncated Binary Back-Off Algorithm 63
Trunk Cable 59
Trunking 70, 73
TTA 233
Tunnelprotokoll 29, 37
TYPE 66, 80

U

UDP 78, 80, 90, 97
UDP Datagramm 98
UDP-Segment 98, 99
Überspannungsspitze 283
Übertragungsfehler 66
Übertragungsmedium 35, 60, 67
Unique Resource Locator 297
UNIX 78
unmanaged Switch 179
Unternehmensmodell 308
User Datagram Protocol 80
UTP 284

V

Validierung 289

verbindungsorientiertes Protokoll 101, 106
Verfügbarkeit 44, 261
Verkehrsstatistik 118
Vertikale Integration 308
Vertraulichkeit 305
Vertraulichkeit: 306
Verweilzeit 82, 88
Verzögerungsmodell 19
Verzögerungszeit 133
Virtual Private Network 35
Visualisierung 310
Vollduplex-Kanal 90
Vorspann 65
VPN 35

W

WAN 34
Warteschlange 181, 287
Warteschlangenüberlauf 43
Wartezeit 62, 130, 134, 136
Wartezeitgenerator 134
Web Service 301
Web Service Architektur 301
Web Services Description Language 302
Web-Server 310
Web-Service 311
Web-Technologie 13, 196
WebTime-Engineering 14
Wiederholung 284
Wiederverwendbarkeit 6
Window 94
WINDOWS-Sockets 102
WinSock.DLL 106
Wireless LAN 284
Workgroup-Switch 73
World Batch Forum 207
World Wide Web 12, 291, 297
Worldwide Internet 78, 84
Worst-case 125, 173, 287
WRITE 101
write() 107, 109
WWW Technologieelemente 298

X

XML 31, 223
XML-Message 224
XML-Technologie 221

Y

Yellow Cable 59

Sachwörterverzeichnis

Z

Zeitverhalten 65, 275, 277, 279, 288
Zeitverzögerung 63

Zugriffsalgorithmus 63
Zukunft des Switching 186
Zusammenbruch 64

ELEKTROTECHNIK/ELEKTRONIK
BUSSYSTEME

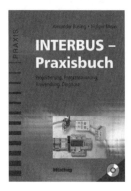

Büsing, Alexander/Meyer, Holger
INTERBUS-Praxisbuch
Projektierung, Programmierung, Anwendung, Diagnose
2002. XV, 343 Seiten. Kart. Mit CD-ROM.
€ 46,– sFr 76,–
ISBN 3-7785-2862-9

Dembowski, Klaus
Computerschnittstellen und Bussysteme
2., neu bearb. u. erw. Aufl. 2001.
534 Seiten. Geb. Mit CD-ROM.
€ 60,– sFr 97,–
ISBN 3-7785-2782-7

Dietrich, Dietmar/Kastner, Wolfgang/Sauter, Thilo (Hrsg.)
EIB
Gebäudebussystem
2000. XIV, 325 Seiten. Kart.
€ 45,– sFr 74,50
ISBN 3-7785-2795-9

Dietrich, Dietmar/Loy, Dietmar/Schweinzer, Hans-Jörg (Hrsg.)
LON-Technologie
Verteilte Systeme in der Anwendung
2., überarb. Aufl. 1999. XIX, 369 Seiten. Geb.
€ 45,– sFr 74,50
ISBN 3-7785-2770-3

Kriesel, Werner/Heimbold, Tilo/Telschow, Dietmar
Bustechnologien für die Automation
Vernetzung, Auswahl und Anwendung von Kommunikationssystemen
2., überarb. Aufl. 2000. XV, 226 Seiten. Geb. Mit CD-ROM.
€ 40,– sFr 67,–
ISBN 3-7785-2778-9

Iwanitz, Frank/Lange, Jürgen
OPC
Grundlagen, Implementierung und Anwendung
2., neu bearb. u. erw. Aufl. 2002. XVII, 248 Seiten. Kart. Mit CD-ROM.
€ 44,– sFr 73,–
ISBN 3-7785-2866-1

Englische Ausgabe:
OPC
Fundamentals, Implementation, and Application
2 nd rev. Ed. 2002. XV, 225 pp. Softcover. Incl. CD-ROM.
€ 52,– sFr 85,– ISBN 3-7785-2883-1

Lawrenz, Wolfhard (Hrsg.)
CAN Controller Area Network
Grundlagen und Praxis
4., überarb. Aufl. 2000. XI, 467 Seiten.
Geb. Mit CD-ROM.
€ 86,– sFr 137,–
ISBN 3-7785-2780-0

Popp, Manfred
PROFIBUS-DP/DPV1
Grundlagen, Tipps und Tricks für Anwender
2., überarb. Aufl. 2000. XI, 183 Seiten. Geb.
€ 40,– sFr 67,–
ISBN 3-7785-2781-9

Reinert, Dietmar/Schaefer, Michael (Hrsg.)
Sichere Bussysteme für die Automation
2001. X, 209 Seiten. Kart.
€ 40,– sFr 67,–
ISBN 3-7785-2797-5

Hüthig GmbH & Co. KG
Postfach 10 28 69 · 69018 Heidelberg
Tel. 0 62 21/4 89-3 67 · Fax: 0 62 21/4 89-6 23

Ausführliche Informationen unter
http://www.huethig.de

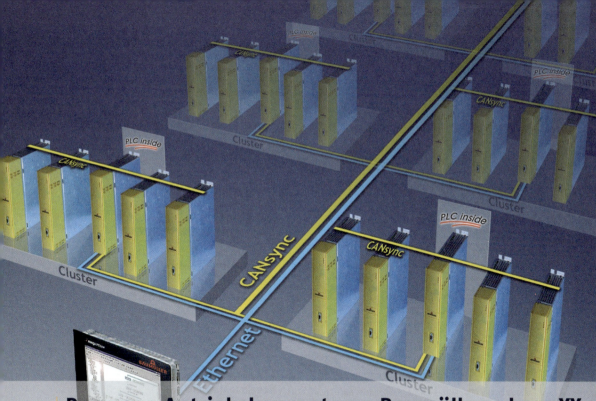

Das neue Antriebskonzept von Baumüller - b maXX

Der Antriebsregler b maXX 4400 kann mit Steckkarten einfach und schnell an Anforderungen in der Automatisierung angepasst werden. Für die Übertragung von Soll- und Istwerten in Echtzeit werden die Feldbusse CANopen, PROFIBUS und Sercos genutzt. Mit Ethernet TCP/IP und dem OPC-Server steht eine komfortable und standardisierte Zugriffsmöglichkeit zur Diagnose, IT-Integration und Fernwartung des Antriebes zur Verfügung. Der Standard IEC 61131 erlaubt dem Anwender, Steuerungsprogramme und Technologiefunktionen einfach einzubinden oder zu erstellen.

Ostendstraße 80–90   90482 Nürnberg   T: +49(0) 9 11 54 32-0   F: +49(0) 9 11 54 32-13 0   www.baumueller.de

ELEKTROTECHNIK/ELEKTRONIK
REGELUNGS- UND STEUERUNGSTECHNIK

Arbeitskreis der Professoren für Regelungstechnik
in der Versorgungstechnik (Hrsg.)
Regelungs- und Steuerungstechnik in der Versorgungstechnik
5., neu bearb. u. erw. Aufl. 2002.
XII, 542 Seiten. Geb.
€ 66,– sFr 107,– ISBN 3-7880-7600-3

Aspern, Jens von
SPS – Softwareentwicklung mit IEC 61131
2000. XII, 452 Seiten. Kart. Mit CD-ROM.
€ 50,– sFr 82,– ISBN 3-7785-2681-2

Auer, A.
SPS – Aufbau und Programmierung
5., überarb. und erw. Aufl. 1996. X, 203 Seiten. Kart.
€ 23,50 sFr 39,60 ISBN 3-7785-2503-4

Auer, A.
SPS-Programmierung: Beispiele und Aufgaben
4., überarb. und erw. Aufl. 1994. VIII, 161 Seiten. Kart.
€ 17,40 sFr 29,70 ISBN 3-7785-2292-2

Becker, Claus et al.
Regelungstechnik
Übungsbuch
4., überarb. Aufl. 1993. XI, 288 Seiten. Kart.
€ 17,40 sFr 29,70 ISBN 3-7785-2145-4

Schraft, R.D./Bender, Klaus/Brandenburg, Günther (Hrsg.)
Tagungsband SPS/IPC/DRIVES 2001
12. Fachmesse und Kongress 27.-29. November 2001
2001. 992 Seiten. Geb. Mit CD-ROM.
€ 118,– sFr 180,– ISBN 3-7785-2833-5

Föllinger, Otto
Regelungstechnik
Einführung in die Methoden und ihre Anwendung
8., überarb. Aufl. 1994. XIII, 633 Seiten. Geb.
€ 48,– sFr 78,50 ISBN 3-7785-2336-8

Harms, Detlef
SPS-Fachkraft-Training Grundstufe
Siemens Simatic®S7-200 Version 3.0 Step7®
Micro/WIN 3.0
2000. CD-ROM.
€ 48,– sFr 82,50 ISBN 3-7785-2807-6

Holder, Manfred/Plagemann, Bernhard/Weber, Gerhard
**Der Industrie-PC
in der Automatisierungstechnik**
2., überarb. und erw. Aufl. 1999.
XI, 146 Seiten. Kart. Mit CD-ROM.
€ 33,70 sFr 55,90 ISBN 3-7785-2715-0

Roth, Günter
Regelungstechnik
Wirkungsweisen, Anwendungen und systemorientierte
Grundlagen in anschaulicher Darstellung
2., völlig neu bearb. u. erw. Aufl. 2001.
XI, 288 Seiten. Kart.
€ 34,80 sFr 57,50 ISBN 3-7785-2820-3

Schulz, Dieter
Praktische Regelungstechnik
Ein Leitfaden für Einsteiger
1994. X, 181 Seiten. Kart.
€ 27,80 sFr 46,80
ISBN 3-7785-2119-5 Hüthig

Süss, Georg
Prozessvisualisierungssysteme
Funktionalität, Anforderungen, Trends
2000. XI, 130 Seiten. Kart.
€ 29,80 sFr 50,10 ISBN 3-7785-2731-2

Hüthig GmbH & Co. KG
Postfach 10 28 69 · 69018 Heidelberg
Tel. 0 62 21/4 89-3 67 · Fax: 0 62 21/4 89-6 23

Ausführliche Informationen unter

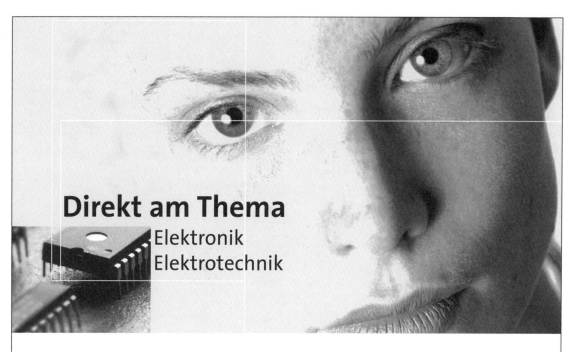

Direkt am Thema
Elektronik
Elektrotechnik

Fordern Sie Ihr kostenloses Probeheft an:

○ IEE
○ Auto & Elektronik
○ productronic
○ elektronik industrie

13444

Name, Vorname

Firma

Straße/Postfach

PLZ, Ort

Tel., Fax, E-Mail

Hüthig GmbH & Co. KG
Abonnementservice
Justus-von-Liebig-Str. 1
D-86899 Landsberg
Telefon: 0 8191/12 56 41
Telefax: 0 8191/12 51 03
aboservice@huethig.de
www.huethig.de